Arduino IDEで作る!

ESP32 完全ガイド

著
福田和宏

編
ラズパイマガジン

日経BP

はじめに

今やIoTが一般的になっています。IoTは「モノのインターネット」という概念で、さまざまなモノがインターネットに接続されている状態を表します。身の回りの機器がIoTに対応すると、これまでにない使い方が可能になったり、利便性が高まったりします。例えば家電製品の分野では、照明やエアコンを手元のスマホで操作できるようになり、帰宅時に快適な環境にしておけるように外出先から設定することができます。カメラがIoTに対応すると、留守中のペットの様子を外出先から確認したり、リビングで寝かしつけている子供の様子を台所で確認したりできます。農業用機器の分野でも同様で、遠隔地の農地の状態を事務所からリアルタイムで確認したり、異常があれば即座に通知を受けたりすることが可能になります。物流用機器の分野であれば、荷物を輸送しているトラックの走行状態を事務所で一元管理することができます。このように、さまざまな分野でIoTが活用されています。今や、機器をネットワークに接続することが当たり前になっています。

IoTは、既存の製品の機器だけでなく、特注した機器や、個人が製作した作品も同様にインターネットに接続してさまざまな活用を可能にします。

■マイコンをネットワークに接続して活用する方法

LED（発光ダイオード）やモーター、センサーなどの電子パーツは、組み合わせることでさまざまな作品を作ることができます。この際、制御に使用されるのが「マイコン（マイクロコントローラー）」です。電子パーツとマイコンを組み合わせることで、複雑な制御が可能になります。例えば、周囲の明るさを測定する光センサーと光を発するLEDを組み合わせることで、「周囲が暗くなると自動的にLEDが点灯する」といった制御を簡単に実現できます。

このような電子工作を楽しむためのマイコンボードは、さまざまなメーカーから販売されています。代表的なものとしては、「Arduino（アルドゥイーノ）」や「micro:bit（マイクロビット）」、「Raspberry Pi Pico」などが挙げられます。また、他にも多くの種類のマイコンが販売されています。

IoTを実現するには、マイコンに通信機能を追加する必要があります。通信モジュールを別途接続する方法や、通信機能を備えたマイコンボードを使用する方法があります。その中でも、よく利用されている人気のマイコンボードが、中国のEspressif Systems社が提供する「ESP32」です。ESP32は無線通信機能を標準搭載していることが特徴で、通信モジュールを別途用意する必要がなく、手軽に無線通信を実現できます。価格も1000円程度と手頃で、この値ごろ感も人気の要因です。

本書では、ESP32を使用して電子工作を行う方法を一から解説します。プログラム作成には、著名なマイコンボードの一つであるArduinoの開発でよく使用される開発環境アプリ「Arduino IDE」を利用しています。

■電子工作の基本からネットワーク接続まで網羅的に学べる

電子工作で作品を作るには、電子パーツを適切に接続し、電流の流れを考え、マイコンのプログラムを作成し、筐体を製作して組み込むなど、さまざまな知識と技術が必要です。特に初心者にとっては、これらの技術を一度に習得する必要があり、大きなハードルとなることが多いです。そのため、せっかく電子工作に興味を持っても、多くの人が途中で諦めてしまうことも少なくありません。本書では、このようなハードルを乗り越えられるように、ESP32を使った電子工作を基礎から丁寧に解説しています。

まず、初心者がつまずきやすい「電気の基礎知識」と「電子回路の基本原理」を分かりやすく図解します。次に、LEDやモーターなどの電子パーツの基本的な操作方法を説明し、それらを制御するために必要なデジタル入出力、アナログ入出力、PWM出力、デジタル通信方式についても実際の動かし方を交えながら解説します。

電子工作を楽しむためには、さまざまな電子パーツを操作できることが重要です。本書では、主要な50種類の電子パーツの使い方を詳細に紹介しています。すべての電子パーツには、実際の配線方法を示す「実体配線図」と、制御に使用するプログラムのソースコードを付けています。本書の配線図に従って接続し、本書のサポートサイトから入手したソースコードを実行すれば、電子パーツの動作を確認できます。こうした「実際に動かす」体験が成功体験となり、学習の進行に良い効果をもたらします。

電子パーツの操作ができるようになったら、ESP32の特徴である無線通信を使ってPCなどとデータをやり取りする方法を試してみましょう。本書では、Wi-FiとBluetoothの二つの通信方法について解説しています。

電子パーツの接続方法、プログラムの作成方法、主要な電子パーツの操作方法、無線通信の方法を習得すれば、あとは作りたい作品に合わせてこれらを組み合わせるだけです。しかし、初めての場合、どのように組み合わせればよいのかと、迷うことがあるでしょう。本書の最後の章では、作品の作り方に関するガイドと、実際の作品例を紹介しています。本書を読み進めながら手を動かすことで、自分が作りたい作品を実現できるでしょう。

本書が、読者の皆さんにとって電子工作を楽しむ第一歩となり、魅力ある作品作りの手助けとなることを願っています。

2024年10月

福田 和宏

本書の読み方

本書は、中国Espressif Systems社のマイコン「ESP32」シリーズを使った電子工作の方法について解説しています。プログラミングの経験や電子パーツを制御した経験を持っていなくても、本書を読み進めていくことでESP32を使って電子パーツを制御できるようになります。なお、ESP32は複数のモデルが存在しますが、本書ではESP32-WROOM-32Eモジュールを搭載した開発キット「ESP32-DevKitC-32E」を利用した方法について紹介します。

ESP32向けのプログラム開発には、プログラミング言語として主に「C/C++」が利用されています。本書でもC/C++を使ってプログラムを作成する方法を紹介しています。さらに、プログラムの開発環境には、非営利団体のArduino Foundationが無償で提供する「Arduino IDE 2.0」を利用します。

電子パーツの接続方法については、一目で分かりやすいように電子パーツなどの外観や配線をそのまま図示した実体配線図を掲載しています。同じ電子パーツを用意し、同じように配線することで、すぐに動かせます。なお、一般的には電子パーツなどを記号化した「電子回路図」が用いられますが、本書ではスペースの都合上、割愛しています。代わりに、後述する「本書のサポートサイト」で各電子回路図を配布しているので、必要に応じてダウンロードしてください。

本書は、第1章から第8章までの全8章で構成しています。初めてESP32を触る人は、第1章「ESP32について知る」から順番に読み進めることをお勧めします。既にESP32の開発環境を準備し終えている人や、電子回路についての基本的な知識を持っている人は、第2章「ESP32の準備」、第3章「C言語の基本」、第4章「電子回路の基本」をスキップして、第5章「電子パーツの制御方法の基本」から読み始めてもよいでしょう。

ESP32や電子パーツの基本は分かっているという人で、特定の電子パーツの制御方法だけを知りたい場合には、第6章「50種の電子パーツを動かす」を活用してください。主要な電子パーツ50種類の使い方を個別に詳しく説明しています。ここを読めば、一般的な電子工作で使われる大抵の電子パーツの動かし方が分かるでしょう。すべての記事に、その記事で扱う電子パーツをESP32とつないで制御するための実体配線図とプログラムを用意しています。

第7章「無線通信の利用」では、ESP32が標準搭載する無線通信機能を使って遠隔から制御する方法について説明します。無線LANとBluetoothでの通信方法について紹介しています。

電子パーツを組み合わせて本格的な電子工作の作品を作りたい人は、第8章「電子パーツを組み合わせて作品を作る」が必読です。どのようにして作品を作り進めるかを詳しく説明しています。具体的な作例も二つ掲載しているので、参考にしてください。

■電子パーツの購入先について

本書で紹介した電子パーツなどの購入先については、「(オンラインショップ：通販用のコード)」の形式でオンラインショップの通販用のコード（以下、通販コード）を記載しています。例えば、5-1のLED点灯制御に利用する電子パーツの場合は、**下図**のように記載しています。

図　電子パーツの購入先の掲載例

> 実際にLEDを接続してプログラムで点灯／消灯を制御してみましょう。利用する電子パーツは次の二つです。
>
> ◉赤色LED×1（秋：111655）
> ◉抵抗器330Ω×1（秋：125331）
>
> 通販コード
> オンラインショップ

オンラインショップは、一文字に略して記載しています。それぞれ以下のオンラインショップを表します。

- ◉秋：秋月電子通商（https://akizukidenshi.com/）
- ◉ス：スイッチサイエンス（https://www.switch-science.com/）
- ◉千：せんごくネット通販（千石電商　https://www.sengoku.co.jp/）
- ◉マ：マルツオンライン（マルツエレック　https://www.marutsu.co.jp/）
- ◉L：LEDパラダイス（https://www.led-paradise.com/）
- ◉タ：タミヤショップオンライン（https://tamiyashop.jp/）

各オンラインショップのWebサイトにアクセスし、通販コードで検索することで目的の電子パーツの販売ページにアクセスできます（詳細は1-3参照）。

■掲載している接続図について

本書に掲載する接続図は、電子回路設計アプリ「Fritzing」を使用して作成しています。Fritzingの詳細は公式サイト（https://fritzing.org/）を参照してください。公式サイトでは、Windows／macOS／Linuxのインストール用パッケージをダウンロードできます。

■掲載しているプログラムについて

本書に掲載するプログラム（ソース）は、**下図**に示すフォーマットで掲載しています。プログラムの左上には、本書のサポートサイト（後述）で配布するプログラムのファイル名を記載しています。この図の1行目を見ると「── SPI関連のクラスを読み込む」と書かれていますが、これは説明のためのテキストなので入力無用です。

プログラムの各行が1行に収まらない場合には、行末に「➚」マークで次の行に続くことを示しています。改行せずに続けて次の行の内容を入力してください。また、掲載ページに収まらない場合は、右下に「次ページに続く」と記載しています。

図　本書におけるプログラム（ソース）の掲載フォーマット

プログラムのファイル名

spi_press.ino

```
#include <SPI.h> ── SPI関連のクラスを読み込む

const int PIN_MOSI = 13; ── 接続したMOSIのGPIO番号
const int PIN_MISO = 12; ── 接続したMISOのGPIO番号
const int PIN_CLK = 14; ── 接続したCLKのGPIO番号
const int PIN_CS = 15; ── 接続したCSのGPIO番号

SPIClass hspi( HSPI ); ── SPIのインスタンスを用意し、「hspi」という名前で利用できるようにする

void setup() {
    Serial.begin( 115200 );
    pinMode( PIN_CS, OUTPUT ); ── CSはデジタル出力モードにする
    digitalWrite( PIN_CS, HIGH ); ── 通信をしない場合はCSをHighにしておく
                                                    SPIを利用できるようにする
    hspi.begin( PIN_CLK, PIN_MISO, PIN_MOSI, PIN_CS); ─┘
    hspi.beginTransaction( SPISettings( 100000, MSBFIRST, SPI_MODE0 ) );
                              通信速度 ─┘        SPI通信の設定をする ─┘
    digitalWrite(PIN_CS, LOW); ── CSをLowにしてセンサーと通信できるようにする
    hspi.transfer( 0x00 | 0x20 ); ── 書き込み対象のレジスタアドレスを指定する。書き込みの場合は7ビット目を0にする
    hspi.transfer( 0x90 ); ── レジスタに書き込む値を指定する
    digitalWrite(PIN_CS, HIGH); ── 通信が終わったらHighに戻す
    delay( 100 );
}
```

次ページに続く

続きは次のページに掲載

第6章では、プログラムによっては長いソースコードをコンパクトに収めるために、2段に分けて掲載している場合があります。この場合は左の段の最下部に「➚」マークを付けています（**下図**）。このあとは、右の段の上にプログラムが続いています。

図　第６章での長いプログラムの掲載例

servo.ino

```
#include <ESP32Servo.h>

const int SERVO_PIN = 25;

Servo mservo;

void setup() {
  mservo.attach( SERVO_PIN );
}
```

```
void loop() {
  mservo.writeMicroseconds( 1500 );
  delay( 1000 );
  mservo.writeMicroseconds( 500 );
  delay( 1000 );
  mservo.writeMicroseconds( 1500 );
  delay( 1000 );
  mservo.writeMicroseconds( 2500 );
  delay( 1000 );
}
```

信号線を接続したGPIOの番号

0度

右90度

0度

左90度

右上に続く

■本書のサポートサイト

本書の中で紹介しているプログラム（ソースコード）や、プログラムを動かすのに必要となるライブラリファイル（一部については配布元からダウンロードします）、電子回路図などは本書のサポートサイトからダウンロードできます。

本書のサポートサイトにアクセスするには、Webブラウザーで以下のURLを入力してください。「本書のサポートサイト」にある＜こちら＞をクリックするとダウンロードページが表示されます。

https://nkbp.jp/esp32

章ごとに用意しているダウンロードファイル（ZIP形式）をダウンロードし、展開するとプログラムなどを取り出して利用できます。もし、同じフォルダー内に「README.txt」ファイルがある場合は、注意事項が記載されているので利用前に必ず読んでください。

■参考ドキュメント

ESP32シリーズの製品情報やデータシート、関連ドキュメント、プログラミング言語C/C++に関するドキュメントなどについては、本書のサポートサイトにアクセス先URLの一覧を記載したドキュメントを用意しています。電子パーツの詳しい仕様などについては、オンラインショップの販売ページや電子デバイスメーカーのWebサイトなどで公開されているデータシートを参照してください。

免責事項

● 本書に記載している内容によって生じた、いかなる社会的、金銭的な被害について、著者ならびに本書の発行元である株式会社日経BPは一切の責任を負いかねますのであらかじめご了承ください。

● 本書は2024年8月下旬時点での情報を基に執筆しています。その後、紹介しているアプリケーションやライブラリなどがバージョンアップした結果、本書の説明や掲載している画面とは異なる状態になることがあります。場合によっては、本書に掲載しているプログラムが動作しなくなることも考えられますが、本書の内容を新しい情報に合わせて更新するといったサポートは原則としていたしません。

● 本書では、ESP32-DevKitC-32Eの利用を前提に説明しています。他のモデルでも基本的に同様な操作が可能ですが、端子の配列が異なっていたり、利用するボードの設定が違っていたりして、接続や操作方法が異なることがあります。また、他のモデルについては検証していないため、動作しない可能性があります。他のモデルを利用する場合は、別途ドキュメントを参照するなど独自に調べてください。

● 本書で紹介した電子パーツによっては、メーカーの生産終了や各オンラインショップでの終売などの理由により購入できなくなることがあります。あらかじめご了承ください。そうした場合に代替品を案内するといったサポートも一切できかねます。

● 掲載しているESP32や電子パーツなどの価格情報は、2024年8月下旬時点で著者が調べた情報を基にしています。価格情報は常に変動します。本書入手時に同じ価格で購入できる保証はありませんのであらかじめご了承ください。

● 本書のサポートサイトで配布する著者が作成したプログラムおよびライブラリは、「MITライセンス」に準じます。MITライセンスは、著者の許諾を得ることなく、利用者の全責任で自由に利用および改変、再頒布が可能です。この際、著者ならびに本書の発行元である株式会社日経BPは一切の責任は負わないものとします。MITライセンスの内容は以下の通りです。利用前に必ずお読みください（日本語訳は「https://licenses.opensource.jp/」で確認できます）。

目次

第2章 ESP32の準備 …… 29

第1章

ESP32について知る

1-1 ESP32とは

「ESP32」は、中国Espressif Systems社が開発・販売するマイコンです。特徴は標準で無線通信機能を搭載していることで、無線LANやBluetoothといった無線通信で制御が可能となっています。また、LEDやモーターといったさまざまな電子パーツを接続してプログラムで制御できます。

「ESP32」は、中国Espressif Systems社（以下、Espressif社）によって、2016年に開発された小型のマイコンです（**下図**）。ESP32は無線LANやBluetoothの通信機能を標準搭載しており、さまざまな用途で使われています。小型でありながら、豊富な入出力端子を備えており、LED（発光ダイオード）やモーター、ディスプレイ、センサーなど、さまざまな電子パーツと接続することができます。また、最大240MHzで動作するデュアルコアの32ビットプロセッサーを搭載しており、画像処理などの比較的高性能が必要な処理でもこなすことが可能です。

ESP32と電子パーツを組み合わせることで、さまざまな電子工作の作品を生み出せます。LEDと光センサーを組み合わせれば、夜になったら自動的に照明をつけるといった利用方法も可能です。

また、ESP32は無線LANやBluetoothでの通信機能を利用することで、PCやスマートフォンといった機器からの遠隔操作にも対応しています。例えば、センサーが取得した情報をインターネットを通じて他のデバイスに送信して確認できるようにしたり、ESP32に接続したLEDやモーターをPCやスマートフォンから自由に制御することができます。ロボットやドローンといった動く作品をスマートフォンから遠隔操作するといったことも可能となります。

図　中国Espressif Systems社のマイコンESP32を搭載した開発用モジュール「ESP32-DevKitC-32E」の外観

（日経BP撮影）

ESPシリーズが登場する以前、無線通信を搭載するためには複雑な設定や高価な機材が必要でした。このため、電子工作で通信を実現するには比較的手間のかかる作業となっていました。この状況を一変したのが、Espressif社が2014年にリリースした「ESP8266」です。ESP8266は無線LAN通信機能を標準で内蔵しているにもかかわらず安価であったのが大きな特徴です。さらに、ESP8266を搭載したモジュール「ESP-WROOM-02」が登場しました（**下図**）。ESP8266自体は小さなチップ状だったため、一般のユーザーが電子回路に組み込むのは困難でした。一方、ESP-WROOM-02は端子の間隔が2.54mm（1インチ）と一般的に電子工作などで利用されているICなどの電子パーツと同じ間隔となっているため、はんだ付けなどがしやすい形状となっています。このため、高度なはんだ付け技術を持たないユーザーでも、ESP-WROOM-02を手軽に電子回路に取り付けられようになりました。さらに日本では、無線通信機能を備える機器を使うには「技術基準適合証明」（いわゆる技適）を取得する必要があります。ESP-WROOM-02は販売当初から技適を取得済みであったのも人気が高まった一因でしょう。

図　2014年リリースしたESP8266を搭載するマイコンモジュール「ESP-WROOM-02」の外観

（著者撮影）

そして、2016年にさらに高機能なESP32が登場し、無線LAN通信だけでなくBluetoothでの通信にも対応しました。さらに、多くの電子パーツを制御が可能な端子（GPIO）や高度なセキュリティ機能を備えています。現在では、ESP32が多くの用途に利用されるようになっています。

ESP32のモデル

Espressif社が開発したESP32は、非常に小型のチップです。サイズはおおよそ5×5mmと非常に小さな形状をしています。このチップの中に、プロセッサー、メモリー、無線通信モジュールなどが格納されています。

ESP32には、**下表**に示すようにいくつかのモデルが用意されています。標準的なESP32モデルは、無線LANやBluetoothでの通信が可能です。電子パーツを接続して制御できるGPIOは34端子を備えております。18チャンネルはアナログ入力に対応し、2チャンネルはアナログ出力が可能です。他にも電子パーツと通信でデータをやり取りするI^2CやSPI、UARTの利用も可能となっています。

一方、ESP32-SシリーズはESP32よりも多数のGPIOを利用できるのが特徴です。このため、たくさんの電子パーツを接続して利用ルのに向いています。さらに、ESP32-S3では、AIの処理をサポートするアクセラレーション機能を搭載しています。

ESP32-Cシリーズは、プロセッサーにRISC-Vを採用したモデルです。特にESP32-C6は、Wi-Fi 6（IEEE 802.11 ax）に対応しており、近距離無線通信のIEEE 802.15.4も利用可能です。

ESP32-Hシリーズは低消費電力が特徴です。プロセッサーの性能は他のESP32シリーズに比べて低いものの、消費電力が少ないため、電池駆動に適しています。このシリーズは無線LANには対応していませんが、BluetoothやIEEE 802.15.4といった近距離通信が可能です。

表　ESP32シリーズの主なマイコンチップ

チップモデル	ESP32	ESP32-S2	ESP32-S3
プロセッサー	Xtensa 32-bit LX6 シングル/デュアルコア	Xtensa 32-bit LX7 シングルコア	Xtensa 32-bit LX7 デュアルコア
最大動作周波数	240MHz	240MHz	240MHz
メモリー（SRAM）	520Kバイト	320Kバイト	512Kバイト
内蔵フラッシュメモリー	448Kバイト	128Kバイト	384Kバイト
無線LAN	Wi-Fi 4（IEEE 802.11 n） 2.4GHz	Wi-Fi 4（IEEE 802.11 n） 2.4GHz	Wi-Fi 4（IEEE 802.11 n） 2.4GHz
Bluetooth	Bluetooth 4.2 BR/EDR、BLE	—	Bluetooth 5 BLE
IEEE 802.15.4	—	—	—
GPIO	34端子	43端子	45端子
アナログ入力	18チャンネル	20チャンネル	20チャンネル
アナログ出力	2チャンネル	2チャンネル	—
I^2C	2チャンネル	2チャンネル	2チャンネル
SPI	4チャンネル	4チャンネル	4チャンネル
UART	3チャンネル	2チャンネル	3チャンネル

チップモデル	ESP32-C3	ESP32-C6	ESP32-H2
プロセッサー	32-bit RISC-V シングルコア	32-bit RISC-V シングルコア	32-bit RISC-V シングルコア
最大動作周波数	160MHz	160MHz	96MHz
メモリー(SRAM)	400Kバイト	512Kバイト	320Kバイト
内蔵フラッシュメモリー	384Kバイト	320Kバイト	128Kバイト
無線LAN	Wi-Fi 4(IEEE 802.11 n) 2.4GHz	Wi-Fi 6(IEEE 802.11 ax) 2.4GHz	—
Bluetooth	Bluetooth 5 BLE	Bluetooth 5.3 BLE	Bluetooth 5.3 BLE
IEEE 802.15.4	—	IEEE802.15.4-2015 ZigBee 3.0 Thread 1.3	IEEE802.15.4-2015 ZigBee 3.0 Thread 1.3
GPIO	22または16端子	30端子または22端子	19端子
アナログ入力	6チャンネル	7チャンネル	5チャンネル
アナログ出力	—	—	—
I^2C	1チャンネル	1チャンネル	2チャンネル
SPI	3チャンネル	2チャンネル	3チャンネル
UART	2チャンネル	2チャンネル	2チャンネル

■メモリーやアンテナなどをパッケージングしたモジュール

前述したESP32のマイコンチップは無線通信機能を搭載していますが、そのままでは通信できません。マイコンチップのアンテナ端子に適切なアンテナを接続することで、通信が可能になります。また、内蔵フラッシュメモリーは100K〜500Kバイト程度と容量が小さいため、大きなプログラムを使用することができません。

そこで、ESP32のマイコンチップに加え、アンテナや外部フラッシュメモリーなどを一つのパッケージにまとめたモジュールが販売されています（**下図**）。基板上の金属製ボックスの中に、マイコンチップやメモリーなどが格納されており、その上にある黒い部分がアンテナとなっています。また、基板の3辺には端子があり、これに電子部品などを接続することで制御が可能です。

ただし、マイコンチップのすべての端子がモジュールの端子部分に提供されているわけではありません。一部の端子はフラッシュメモリーなどで使用されているため、実際に利用できるGPIOの端子数はマイコンチップに搭載されている端子数よりも少なくなります。

図　ESP32 モジュールの外観（ESP32-WROOM-32E）

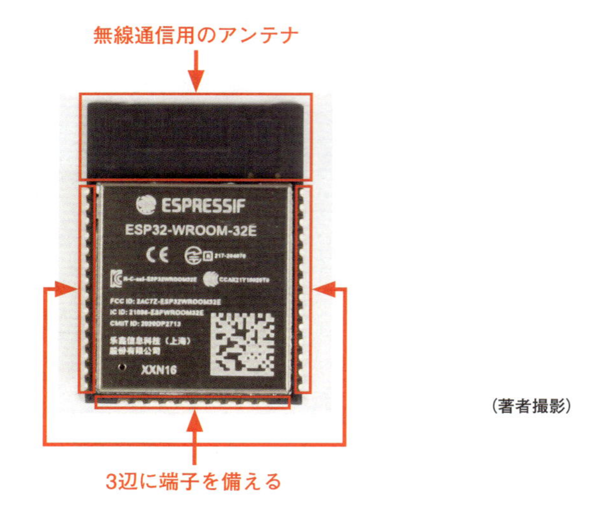

Espressif社は、主に**下表**のようなESP32モジュールを販売しています。

表　Espressif 社の主な ESP32 モジュール

モデル	ESP32-WROOM-32E-N16	ESP32-WROVER-E-N8R8	ESP32-S2-MINI-2-N4R2	ESP32-S3-WROOM-1-N16R8
搭載チップ	ESP32	ESP32	ESP32-S2	ESP32-S3
フラッシュメモリー	16Mバイト	8Mバイト	4Mバイト	16Mバイト
GPIO	26端子	24端子	37端子	36端子
アナログ入力	16チャンネル	16チャンネル	20チャンネル	20チャンネル
アナログ出力	2チャンネル	2チャンネル	2チャンネル	—
I^2C	2チャンネル	2チャンネル	2チャンネル	2チャンネル
SPI	4チャンネル	4チャンネル	4チャンネル	4チャンネル
UART	3チャンネル	3チャンネル	2チャンネル	2チャンネル
動作電圧	3〜3.6V	3〜3.6V	3〜3.6V	3〜3.6V
サイズ	18×25.5mm	18×31.4mm	15.4×20.5mm	18×25.5mm
備考	—	外部アンテナ端子搭載	—	—

モデル	ESP32-C3-WROOM-02-N4	ESP32-C6-WROOM-1-N8	ESP32-H2-MINI-1-N4
搭載チップ	ESP32-C3	ESP32-C6	ESP32-H2
フラッシュメモリー	4Mバイト	8Mバイト	4Mバイト
GPIO	15端子	23端子	19端子
アナログ入力	6チャンネル	7チャンネル	5チャンネル
アナログ出力	―	―	―
I^2C	1チャンネル	2チャンネル	2チャンネル
SPI	1チャンネル	1チャンネル	1チャンネル
UART	1チャンネル	3チャンネル	2チャンネル
動作電圧	3〜3.6V	3〜3.6V	3〜3.6V
サイズ	18×20mm	18×25.5mm	13.2×16.6mm
備考	―	―	―

■ESP32を使った開発向けの開発キット

ESP32モジュールは、電子製品などに組み込む用途に適しています。プリント基板にESP32を取り付ける設計を行い、はんだ付けして使用するのが一般的です。

しかし、ESP32の動作確認や電子パーツの試験接続をするためには、ESP32モジュールを直接利用するのには向きません。たとえば、プログラムを転送するためにPCと接続する際には、USBケーブルでPCと接続する必要がありますが、モジュール自体にはUSB端子がないため、別途USB端子を取り付ける必要があります。また、ESP32の動作には適切な電源電圧の調整も必要です。さらに、ESP32モジュールは端子が左右だけでなく、底面にも配置されており、それぞれにピンヘッダーを取り付けると、開発でよく使われるブレッドボードに差し込むことができません。このため、専用のプリント基板を準備してESP32モジュールを取り付けるなどが必要となり、手軽に試すことができません。

そこで、開発がしやすいように設計された開発キットが提供されています（**下図**）。この開発キットの基板にはピンヘッダーが取り付けられており、直接ブレッドボードに差し込んで使用できます。さらに、USBコネクタも装備されており、ここにPCを接続してプログラムを書き込むことが可能です。

図　ESP32の開発キット「ESP32-DevKitC-32E」はブレッドボードに差し込んで開発できる

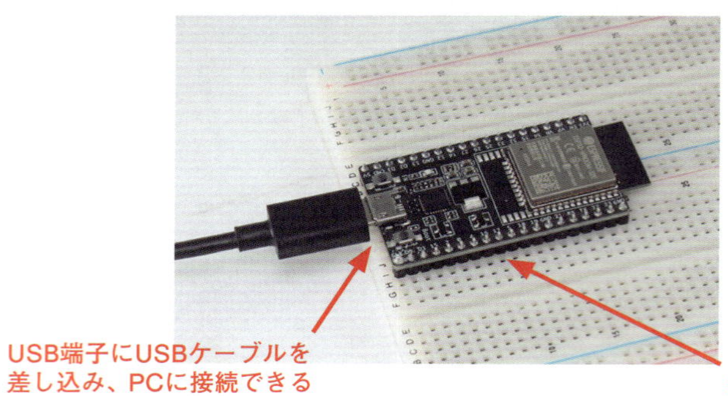
USB端子にUSBケーブルを
差し込み、PCに接続できる
ブレッドボードに
差し込める

（著者撮影）

Espressif社では、主に**下表**のようなESP32の開発キットが販売されています。

表　Espressif社の主なESP32開発キット

モデル	ESP32-DevKitC-32E	ESP32-DevKitC-VE	ESP32-S2-DevKitM-1-N4R2
搭載モジュール	ESP32-WROOM-32E	ESP32-WROVER-E	ESP32-S2-MINI-2
フラッシュメモリー	4Mバイト	8Mバイト	4Mバイト
USB端子	Micro-B	Micro-B	Micro-B
GPIO	32端子	32端子	37端子
電源電圧	5V、3.3V	5V、3.3V	5V、3.3V
サイズ	48.2×27.9mm	48.2×27.9mm	54×25.4mm
販売サイト	秋：115673	秋：115674	秋：118287
実勢価格*1	1600円	1770円	1750円

モデル	ESP32-S3-DevKitC-1-N8	ESP32-C6-DevKitC-1-N8
搭載モジュール	ESP32-S3-WROOM-1	ESP32-C6-WROOM-1
フラッシュメモリー	8Mバイト	8Mバイト
USB端子	Micro-B×2	Type-C×2
GPIO	36端子	23端子
電源電圧	5V、3.3V	5V、3.3V
サイズ	62.74×25.4mm	51.8×25.4mm
販売サイト	秋：117073	秋：117846
実勢価格*1	2410円	1840円

＊1　2024年9月上旬時点

本書では、ESP32を搭載した開発キット「ESP32-DevKitC-32E」を使用した方法について解説しています。他の開発キットを利用しても同様に電子パーツを制御することは可能ですが、プログラム書き込み時のボードの選択や端子の配置が異なるため、ESP32-DevKitC-32Eの利用法をそのまま適用することはできません。

ESP32を初めて利用する読者には、まずESP32-DevKitC-32Eを使って試すことをお勧めします。ESP32の使い方に慣れたあとであれば、他の開発キットを試してみるのも良いでしょう。

なお、本書ではESP32-DevKitC-32Eを「ESP32-DevKitC」と記載します。

1-2 ESP32の詳細と互換マイコンボード

ESP32-DevKitCの各部分の機能を紹介します。ESP32-DevKitCが備える38個の端子に電子パーツを接続してプログラムで制御できます。ESP32-DevKitC以外にも、ESP32を搭載する互換マイコンボードが販売されています。用途によっては、そうした互換マイコンボードを選択するのもよいでしょう。

1-2では、ESP32-DevKitCのハードウエアや機能について詳しく見ていきましょう。ESP32-DevKitCと同じマイコンESP32を搭載する互換ボードについても紹介します。

まずはESP32-DevKitCのボード表面（**下図**）をじっくりと眺めてみましょう。

図　ESP32-DevKitC の基板表面

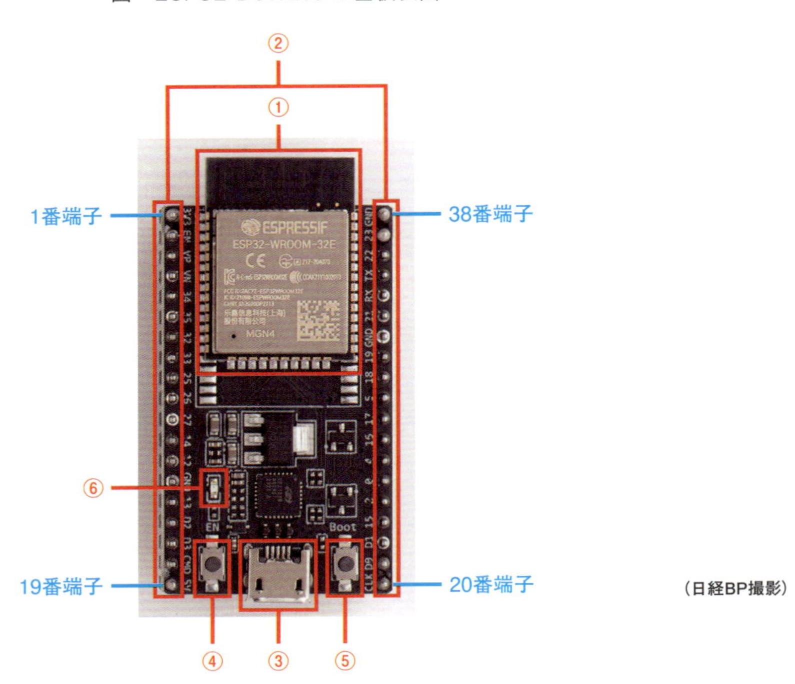

（日経BP撮影）

図中の①～⑧で示した部品や端子の役割や用途は以下の通りです。

① ESP32モジュール「ESP32-WROOM-32E」

Espressif社が開発したマイコンモジュールです。プログラムの実行や電子パーツの制御など、コンピュータの中核的な働きをします。また、無線モジュールを搭載しており、無線LAN通信やBluetooth通信が可能となっています。上部の波形の配線が取り付けられている基板部分は無線アンテナとなっています。

② 38個の端子

左右両端（上の図のように置いた場合）には、38個の端子があります。ここに電子パーツなどを接続することで、ESP32に書き込んだプログラムで制御できます。各端子には番号が振られています。左上が1番で、下に向かって19番まで順に番号が振られています。20番端子は右下で、左側とは逆にここから上に向かって38番まで番号が振られています。また、端子の横には各機能が分かるよう文字（シルク）が印刷されています。

③ USB端子（Micro-B）

Micro-BのUSBケーブル経由でPCや電源などに接続できます。電気の供給（給電）を受けたり、PCからプログラムを書き込んだりするのに利用します。

④ ENボタン

ボタンを押すことで、ESP32をリセットします。ボタンから指を離すと、ESP32に書き込まれているプログラムを初めから実行します。

⑤ BOOTボタン

「SPI Boot」モードと「Download Boot」モードという二つのモードの切り替えに利用します。ボタンを押さないで電源を入れると「SPI Boot」モードとして起動し、ESP32に書き込まれたプログラムが実行されます。Bootボタンを押した状態で電源を入れると「Download Boot」モードに切り替わり、PCからESP32のメモリー内へアクセスできるようになります。Download Bootモードの状態にすることで、Arduino IDEなどの開発環境からプログラムをESP32へ書き込めます。

⑥ 電源LED

ESP32に電源を供給すると、赤色に点灯します。なお、プログラムで点灯制御することはできません。

38個ある端子の用途

ESP32-DevKitCが備える38個の端子は、**下図**に示すようにそれぞれ役割が決まっています。

図　ESP32-DevKitC が搭載する 38 個の端子の役割
端子の役割を分かりやすくするため、ESP32 のデータシートに記載された端子名とは
一部異なる名称で表記しています。

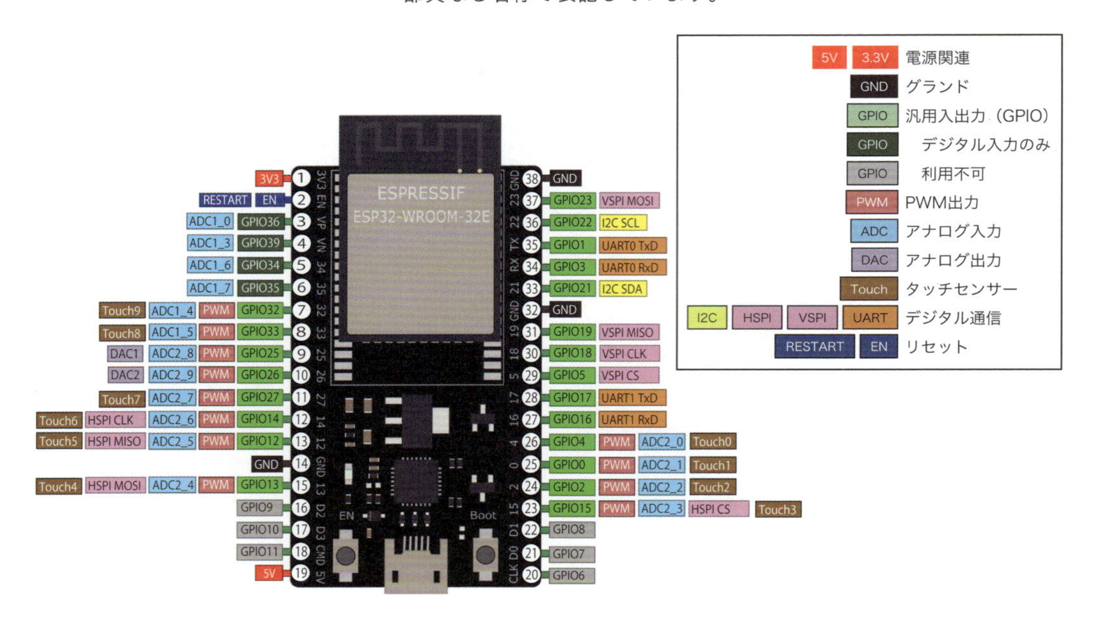

図を見ると、一つの端子に複数の役割が割り当てられているものがあります。これらはプログラムで切り替えられることを表しています。例えば、7番端子は「GPIO32」「PWM」「ADC1_4」「Touch9」のいずれかに設定して利用可能です。

1番端子と19番端子（「3V3」「5V」の二つ）は、電源関連の端子です。ここにACアダプターや電池などを接続してESP32に給電したり、逆にESP32から制御対象の電子パーツに給電したりするのに使います。

14番端子、32番端子、38番端子の「GND」はGround（グラウンドまたはグランド）の略で、電圧が0Vとなる端子です。電源の－側と同じような働きをします。

7番〜13番と15番、23番〜31番、33番〜37番の「GPIO」から始まる端子は、「汎用入出力」とも呼ばれ（GPIOはGeneral Purpose Input/Outputの略）、デジタルでの入出力が可能な端子です。ここにLEDやスイッチなどの電子パーツを接続して制御できます。他にも3番〜6番に「GPIO」から始まる端子があります。同じGPIOですが、こちらはデジタル入力のみに対応した端子です。デジタル出力することはできません。さらに、16番〜18番と20番〜22番にも「GPIO」で始まる端子があります。これらもGPIOですが、内蔵しているフラッシュメモリーなどで利用されているため、デジタル入出力には利用できません。

7番〜13番、15番、23番〜26番にある「PWM」の端子は、PWM出力が可能な端子です。アナログ出力したのと同じように、LEDの明るさやモーターの回転速度を調節することが可能で

す。

33番と36番の「I2C」から始まる端子や、12番、13番、15番、23番の「HSPI」から始まる端子、29番〜31番、37番の「VSPI」から始まる端子、さらに27番、28番、34番、35番の「UART」から始まる端子は、電子パーツなどとデジタルでデータをやり取りできるデジタル通信に対応した端子です。センサーの計測値をESP32で受信する用途のほか、PCとの間でデータをやり取りしたり、ディスプレイデバイスへ表示データを転送したりする際にもデジタル通信が使われます。

3番〜13番、15番、23番〜26番の「ADC」から始まる端子は、アナログ入力が可能な端子です。端子にかかる電圧を細かく読み取れます。計測値を電圧の変化で出力するタイプのセンサーなどを接続する目的で利用できます。

9番と10番の「DAC」から始まる端子は、アナログ出力が可能な端子です。任意の電圧を出力する事ができ、LEDの点灯する明るさを調節するなどに活用できます。

2番の「RESET」「EN」端子は、GNDに接続することでESP32をリセットできます。基板上の「EN」ボタンにつながっています。

ESP32を搭載した「互換マイコンボート」

米Adafruit Industries社や米SparkFun Electronics社などのメーカーは、ESP32-DevKitCと同じマイコンモジュールのESP32-WROOM-32Eを搭載した独自のマイコンボード（以下、互換マイコンボードと表記）を販売しています。これらの互換マイコンボードは、ESP32-DevKitCと同じようにプログラムを作って電子パーツを制御でき、ESP32向けに作られたプログラムが基本的にはそのまま動作します。

また、単にESP32-DevKitCと同等の機能を搭載しているだけでなく、各種センサーを搭載していたり、モーターを直接制御できる機能を備えていたり、ESP32-DevKitCよりさらに小型化されていたりするなど、さまざまな工夫を盛り込んだ特徴的な製品が販売されています。

ESP32-WROOM-32E以外のマイコンモジュールを搭載する互換マイコンボートもあります。例えば、小型のESP32Cを利用すれば、指にもせられるほど小さな互換マイコンボードにすることができます。また、8Mバイトと大きなメモリーを搭載したESP32-WROVERでは、カメラモジュールを接続して画像処理ができる互換マイコンも販売されています。

なお、本書がサポート対象とするマイコンボードはESP32-DevKitCのみです。互換マイコンボードといっても、ボードの構成やその他の理由により、ESP32向けのプログラムが確実に動く保証はありません。

また、プログラムが動作しても利用可能な入出力端子の数などが異なれば、当然、電子回路の構成を変更する必要なども生じます。このため、本書を読みながらESP32を触りたい人は、ESP32-DevKitCを購入してください。互換マイコンボードでの動作は一切保証しないので注意してください。

一方、本書を読み終え、ひと通りESP32を理解して触れるようになったあとであれば、互換マイコンボードを購入してあれこれ触ってみるのは、電子工作の幅を広げる意味でも大いにお勧めです。その場合、どの互換マイコンボードを使うかは、以下の点に注目して選択するとよいでしょう。

◉ボードのサイズ

製作する作品によっては、「ボードのサイズ」が重要な要素となります。小さな作品を作る場合、ESP32-DevKitCでは大き過ぎて収められないことがあります。そういう場合には、よりサイズが小さい互換マイコンボードを選択するとよいでしょう。指先に載るほど極小サイズの互換マイコンボードも販売されています。

◉メモリーの容量

ESP32-DevKitCは、520kバイトのRAMを搭載しますが、画像や音声の処理、AIでの処理が必要な場合、メモリー不足になることがあります。また、フラッシュメモリーの容量も4Mバイトとなっており、動画の処理には容量が十分ではありません。そういう場合は、より容量の大きなRAMやフラッシュメモリーを搭載する互換マイコンボードを選択するとよいでしょう。

◉入出力端子の数

利用可能な入出力端子の数は製品によって異なります。接続したい電子パーツが多い場合は、その数以上の端子を備えた互換マイコンボードを選択する必要があります。逆に、数個程度の電子パーツしか接続しないなら、端子数が少ない代わりにサイズを抑えた小型の互換マイコンボードを選択できます。

◉リチウムポリマーバッテリーへの対応

リチウムポリマーバッテリーは、サイズの割に大容量の電気を蓄積できるという特徴があります。けれども、安全に扱うには専用のコントローラー（制御チップ）を用意する必要があるなど取り扱いが面倒です。互換マイコンボードの中には、このリチウムポリマーバッテリー用コントローラーを搭載している製品があります。そうした製品では、バッテリー接続用の端子に差し込むだけで安全に利用できます。

◉「エコシステム」への対応

センサーなどの電子パーツは、電源や通信線などを適切に接続する必要があります。もし誤って配線すると、正常に動作しないばかりか電子パーツやESP32本体を壊してしまう恐れがあります。

Adafruit Industries社やSparkFun Electronics社、中国Seeed Studio社などのメーカーは、そうした誤配線によるリスクをなくし、配線作業の煩わしさを軽減するための「エコシステム」を用意しています。ここでいうエコシステムとは、さまざまな電子パーツをモジュール化し、統一した形状・仕様のコネクタとケーブルを使って簡単に接続できるようにした製品群を意味する言葉です。

互換マイコンボード上に備える専用の端子に専用のケーブルを差し込み、その先にセンサーなどの電子パーツモジュールを接続するだけで利用できます。専用ケーブルは、逆向きに差し込めないようにデザインされているため、配線ミスで壊してしまう心配がありません。

代表的なエコシステムとしては、Adafruit Industries社の「STEMMA QT」、SparkFun Electronics社の「Qwiic」、Seeed Studio社の「Grove」の三つがあります。なお、STEMMA QTとQwiicの二つについては、コネクタが同じ形状でコネクタ内の各ピンの役割も同一のため、相互にモジュールを接続して利用できます。

◉センサーやモータードライバーの搭載

特定の用途向けの互換マイコンボードも販売されています。そうした製品は、それぞれの用途に必要となる電子パーツを標準搭載しているため、別途購入して接続する必要がありません。例えば、モーター駆動に特化した互換マイコンボードであれば、モーターを駆動するのに必要な電子パーツである「モータードライバー」などが標準搭載されており、対応するモーターを接続するだけでプログラムから制御できます。

このほか、各種センサーやカメラ、ディスプレイなどを搭載するタイプの互換マイコンボードも販売されています。

■主な互換マイコンボード

国内で入手しやすい主な互換マイコンボードを**下表**で紹介します（2024年9月上旬時点）。作成した作品の用途に合った互換マイコンボードを選択するとよいでしょう。

なお、海外で販売されている互換マイコンボードによっては、技的が未取得のマイコンモジュールを利用している製品もあります。こうした製品の場合は日本国内で利用できないので注意しましょう[*1]。

表　ESP32シリーズのマイコンモジュールを搭載した互換マイコンボード

互換マイコンボード名	Adafruit HUZZAH32 - ESP32 Feather Board	SparkFun Thing Plus - ESP32 WROOM	ESP32-WROOM-32Eマイコンボード	ESPr ESPr Developer S3 Type-C
メーカー	米Adafruit Industries社	米SparkFun Electronics社	秋月電子通商	スイッチサイエンス
通販コード	ス:6446	ス:6229	秋:116108	ス:6364
実勢価格(税込)	ス:4112円	ス:4365円	秋:800円	ス:2200円
搭載マイコンモジュール	ESP32-WROOM-32E	ESP32-WROOM-32D	ESP32-WROOM-32E	ESP32-WROOM-32
RAM	520kバイト	520kバイト	520kバイト	520kバイト
フラッシュメモリー	4Mバイト	16Mバイト	16Mバイト	4Mバイト
USB	Micro-B	Micro-B	ピンヘッダー	Type-C
GPIO	21	21	24	19
アナログ入力	13	13	14	11
アナログ出力	2	2	2	2
リチウムポリマーバッテリー端子	○	○	—	—
エコシステム	Qwiic/STEMMA QT	Qwiic/STEMMA QT	—	—
搭載LED[*1]	—	—	—	—
その他の特徴	—	—	—	—
サイズ	51×22.7mm	64.8×22.8mm	48×25.5mm	18×25.5mm

＊1　電源用LEDといったプログラムで制御できないLEDは除く

[*1] 日本国内で無線通信をするために必要な「技術基準適合証明」を取得していない互換マイコンボードであっても、「技適未取得機器を用いた実験等の特例制度」(https://exp-sp.denpa.soumu.go.jp/public/)に基づく申請をすることで、実験や動作検証を目的とした場合に限り日本国内で利用することが可能となります。

互換マイコンボード名	Seeed Studio XIAO ESP32C6	ESPr Developer C3	ESP32モータドライバボード Rev2
メーカー	中国Seeed Studio社	スイッチサイエンス	G.Products
通販コード	秋:129481、ス:9688	ス:9185	ス:8001
実勢価格(税込)	秋:1040円、ス:1107円	ス:1760円	ス:3500円
搭載マイコンモジュール	ESP32-C6	ESP32-C3-MINI-1	ESP32-WROOM-32E
RAM	512kバイト	400kバイト	512kバイト
フラッシュメモリー	4Mバイト	4Mバイト	4Mバイト
USB	Type-C	Type-C	ピンヘッダ
GPIO	11*2	11	12
アナログ入力	3*2	5	12
アナログ出力	0	0	2
リチウムポリマーバッテリー端子	—	—	—
エコシステム	—	—	—
搭載LED*1	—	青色:1、赤外線:1	—
その他の特徴	—	—	モータードライバー搭載
サイズ	21×17.5mm	17.8×30.5mm	35×64mm

*1　電源用LEDといったプログラムで制御できないLEDは除く
*2　背面のパッド状の端子は含まない

1-3 ESP32と電子パーツの購入方法

ESP32本体と、LEDやスイッチ、センサーなどESP32から制御する電子パーツは、代理店や電子パーツ販売店のオンラインショップで購入できます。実際に触りながら本書を読み進められるように、必要なパーツを購入しておきましょう。

ESP32の本体は、秋月電子通商（https://akizukidenshi.com/）やスイッチサイエンス（https://www.switch-science.com/）、マルツオンライン（https://www.marutsu.co.jp/）などのWebサイト／オンラインショップから購入できます。

例えば、秋月電子通商の場合、画面左上の検索ボックスに「ESP32」と入力して検索すると商品が表示されます（**下図**）。目的の商品をクリックすると商品の詳細が表示されます。「かごに入れる」をクリックすることで購入できます。

図　秋月電子通商のWebサイトでESP32を購入する
URLは「https://akizukidenshi.com/」。

①「ESP32」と入力して検索

②購入したいモデルをクリック

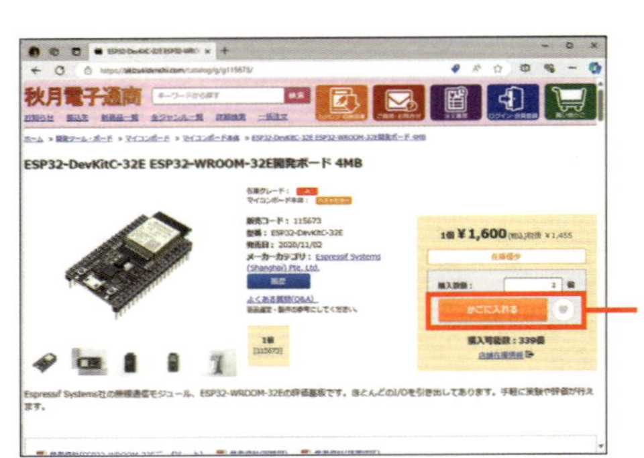

③クリックすると購入できる

スイッチサイエンスでは、Espressif社のDevKitは販売されていませんが、「ESPr Developer

32 Type-C」などのスイッチサイエンスが開発した互換マイコンボードを購入できます（ただし、端子の配列が異なるので注意）。「ESP32」と検索することで見つけることができます（**下図**）。

図　スイッチサイエンスでESP32の互換マイコンボードを購入する
URLは「https://www.switch-science.com/」。

①「ESP32」と入力

秋月電子通商やスイッチサイエンス、マルツオンラインのWebサイトで、ESP32が在庫切れなどにより購入できない場合でも、以下に示すような電子パーツを取り扱うオンラインショップには在庫があって購入できるかもしれません。

◉せんごくネット通販（千石電商）　https://www.sengoku.co.jp/
◉共立エレショップ（共立電子産業）　https://eleshop.jp/shop/

各サイトの検索ボックスに「ESP32」と入力することで見つけられます。

このほか、Amazon.co.jp（マーケットプレイス）や楽天市場などでも販売されています。ただし、出品しているショップや業者によっては平均的な市場価格よりもかなり高い値付けをしていたり、送料が高額だったり、付属品を多数抱き合わせで販売していたり、中古品であったりする場合があります。購入の際にはそうした点をよく確認しましょう。

ESP32の価格は、オンラインショップによって異なります。例えば、秋月電子通商では1600円、マルツオンラインでは2108円という具合です（いずれも税込みで2024年8月現在の価格）。通常はこれに送料が別途かかります。主要な販売サイト／オンラインショップにおけるESP32 DevKitの価格と送料を**下表**に示します。送料が無料になる条件なども考慮しつつ、在庫を確認した上で、どこで購入するかを検討してください。

表　ESP32 DevKitの販売価格と送料の比較
主要な販売サイト／オンラインショップにおける2024年8月時点の価格を調べた。
価格や送料は変動するため、実際に購入する際には各自で最新価格をチェックしよう。

サイト/ショップ名	商品名	価格（税込）	送料（税込）	送料が無料となる条件
秋月電子通商	ESP32-DevKitC-32E	1600円	佐川急便：500円、ヤマト運輸：500円	合計1万1000円以上
スイッチサイエンス	ESPr Developer 32 Type-C	2200円	ネコポス：200円、宅配便：650円	ネコポス：合計3000円以上、宅配便：合計8000円以上
マルツオンライン	ESP32-DEVKITC-32E	2108円	ネコポス：385円、宅配便：550円	合計3300円以上
せんごくネット通販	ESPr Developer 32 Type-C	2830円	ネコポス：350円、宅配便：660円	合計1万円以上
共立エレショップ	ESPr Developer 32 Type-C	2200円	クロネコゆうパケット：310円、宅配便：550円*1	合計7500円以上

＊1　北海道、沖縄は1300円

なお、国内のオンラインショップはどこも在庫切れとなっている場合もあるかもしれません。そういう場合は海外のオンラインショップを利用する手もあります。例えば、英国の「Pimoroni」や米国の「Adafruit」などです（**下図**）。

図　ESP32を購入可能な英国のオンラインショップ「Adafruit」
日本への商品発送に対応している。

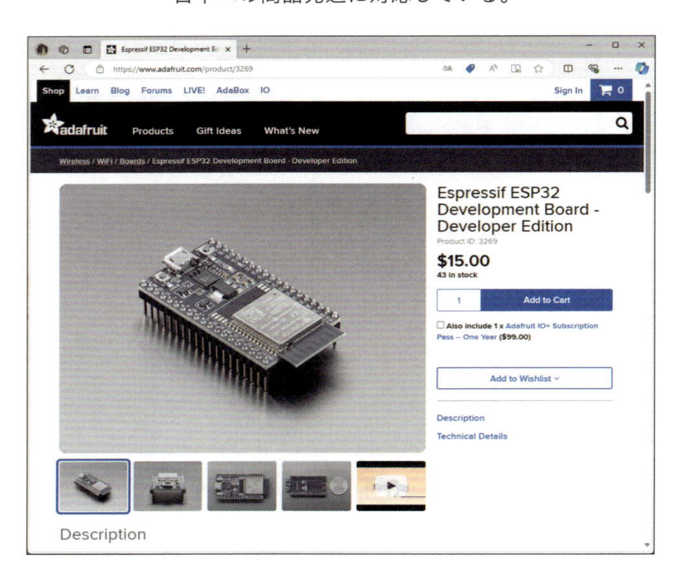

日本向けの商品発送に対応している主なオンラインショップを以下に示します。

- Pimoroni（英国） https://shop.pimoroni.com/
- Adafruit Industries（米国） https://www.adafruit.com/
- Sparkfun Electronics（米国） https://www.sparkfun.com/
- Digi-Key（米国） https://www.digikey.jp/

ただし、海外のオンラインショップを使う場合、送料が高額だったり、到着まで数週間かかったりすることがあるため注意が必要です。ちなみに、筆者が以前Pimoroniで商品を注文した際には、送料が5ポンド（約800円）、到着まで10日ほどかかりました。

■ESP32の利用に必要な機材

ESP32は、一般的なPCのようにディスプレイをつないでマウスとキーボードで操作するような使い方はできません。このため、ESP32上で動かしたいプログラムは、別途用意したPC上で作成し、ESP32に転送して実行させる必要があります。PCの種類は、Windows PCやMac、Linux PCなど一般的なPCであれば何でも構いません。少々古くても十分使えます。

PCで作成したプログラムは、PCとESP32をUSBケーブルで接続して転送します。ESP32にはUSBケーブルが付属しないので、別途用意する必要があります。ESP32側のUSBポートの形状は「Micro-B」です（**下図**）。

図　ESP32のUSB端子

（著者撮影）

PC側はUSB Type-AまたはType-Cポートを備えているのが一般的です。これらのポートからMicro-Bポートに接続できるケーブルを用意します（**下図**）。

USBケーブルは、家電量販店やホームセンター、コンビニエンスストア、100円ショップなどで購入できます。購入の際は、データ転送に対応していることを確認してください。間違って充電のみ対応しているケーブルを購入してしまうと、PCで作成したプログラムをESP32に転送できません。

図　ESP32とPCを接続するUSBケーブルの例
図はエレコムの「U2C-CMB10NBK」。USB Type-CからMicro-Bに変換できる。

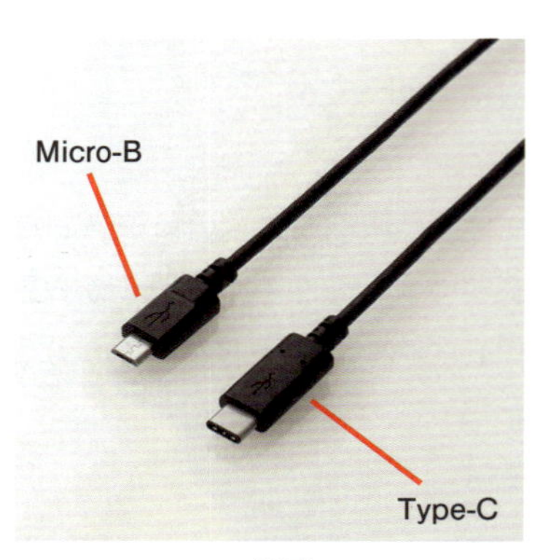

（出所：https://www.elecom.co.jp/products/U2C-CMB10NBK.html）

ノートPCによっては、USBポートの数が少なく、既に別の機器を接続していてESP32を接続できないこともあるでしょう。そういう場合は、USBハブを利用して接続しても問題ありません（**下図**）。

図　USBハブの例
図はバッファローの「BSH4U500C1PBK」。Type-A×2、Type-C×2の4ポートを増やせる。

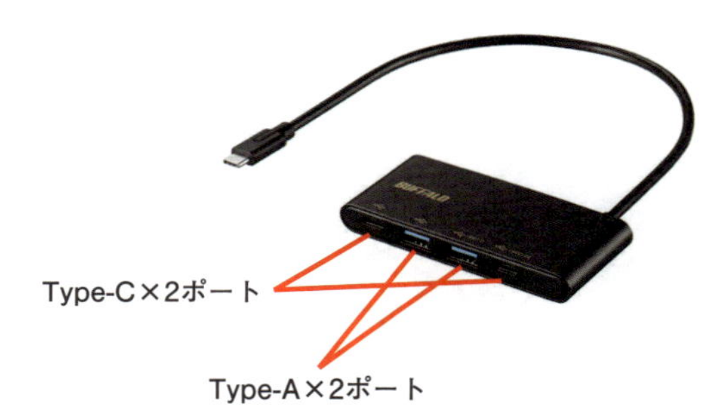

（出所：https://www.buffalo.jp/product/detail/bsh4u500c1pbk.html）

電子パーツを購入する

ESP32には電子パーツは付属していないので、必要な電子パーツは自分で調達する必要があります。そこで、ここではまず電子パーツの購入方法について詳しく説明しましょう。

LEDやモーター、センサーといった電子パーツは、電子パーツショップが運営するオンラインショップで購入するのがお勧めです。オンラインショップなら、近所に実店舗がなくても全国どこからでも購入できます。

個人で電子パーツを購入する際によく利用されている、主要なオンラインショップを以下に示します。

- 秋月電子通商　https://akizukidenshi.com/
- スイッチサイエンス　https://www.switch-science.com/
- せんごくネット通販（千石電商）　https://www.sengoku.co.jp/
- マルツオンライン（マルツエレック）　https://www.marutsu.co.jp/
- 共立エレショップ（共立電子産業）　https://eleshop.jp/shop/
- RSコンポーネンツ（アールエスコンポーネンツ）　https://jp.rs-online.com/

オンラインショップによって扱っている商品の傾向が異なります。例えば、秋月電子通商やマルツオンラインは、抵抗器やLEDといった小さな電子パーツの品ぞろえが豊富です。スイッチサイエンスはセンサーやモジュール化された電子パーツを数多く扱っているという具合です。

このため、自分が必要とする電子パーツが販売されているかどうか、それぞれのサイトで検索して見つける必要があります。

価格については、同じ商品であれば安い方のショップを選択して問題ありません。ここで紹介しているような信頼のおける国内の主要なオンラインショップであれば、品質の悪い製品や偽物を購入させられる心配はほぼありません（海外のショップを利用する際はこうした点にも注意が必要です）。

ただし、価格については送料を含めた総額で考える必要があります。例えば秋月電子通商では、電子パーツの代金に加えて1個口当たり500円の送料がかかります（佐川急便を利用する場合）。一方、スイッチサイエンスなど他のショップでは、サイズが小さく少量であればメール便などが利用でき、送料が200円前後で済むことがあります。

なお、多くのショップでは合計金額が一定以上になると送料が無料になります。このため、バラバラに購入するよりは、まとめて買った方が安く済み、注文の手間も省けます。まだESP32本体を購入していない場合には、電子パーツも併せて購入するとよいでしょう。

実店舗が近くにある場合は、一度は足を運んで購入することをお勧めします。東京であれば秋葉原、大阪であれば日本橋、名古屋であれば大須に電子パーツショップがあります（**下図**）。実店舗で購入する利点は、サイズや色などを直接確認できることです。仕様などに関して分からないことがあったらその場で店員に相談できるのも、利点といえるでしょう。

図　電子パーツショップの実店舗の例
写真は秋葉原にある秋月電子通商の店舗。

（著者撮影）

■オンラインショップで購入してみる

実際にオンラインショップで電子パーツを購入する方法を見てみましょう。秋月電子通商のオンラインショップを例に紹介します（**下図**）。

図　電子パーツの購入方法の例
秋月電子通商で赤色LEDを探す方法を示した。

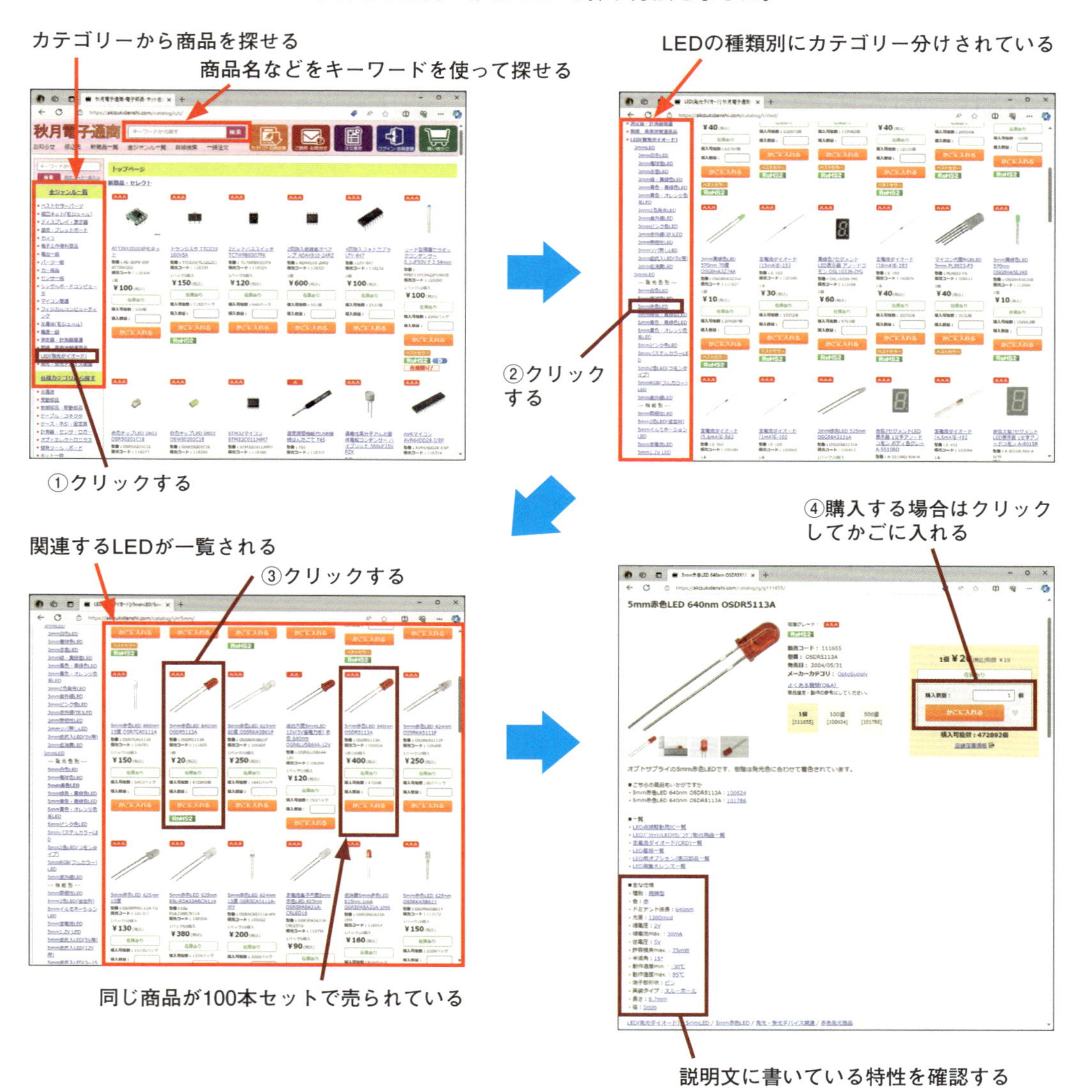

まずは購入したいパーツを探します。オンラインショップのWebページにアクセスし、検索キーワードまたはカテゴリーを利用して探します。例えばLEDを購入したければ、左のカテゴリー一覧にある「LED（発光ダイオード）」をクリックします（①）。すると、サブカテゴリーが表示されます。秋月電子通商のオンラインショップでは「大きさ」「形状」「色」などで分類されています。

購入したいパーツが「直径5mmの赤色LED」だとすると、サブカテゴリーの項目として「5mm赤色LED」がちょうどあるのでをこれをクリックします（②）。該当する多数の5mm赤色LED

が一覧表示されるので、この中から購入したいLEDを探してクリックします（③）。クリックすると詳細情報が表示されますが、注目すべきは写真の下側に記載された説明文です。ここには動作条件や電気的特性などが記載されています。

例えば、「OSDR5113A」という商品の説明文を読むと、LEDにかかる電圧（順電圧）が「2V」であると分かります。また、最大電流（順電流max.）は「30mA」とも書かれています。ESP32の電源端子などにつないで動かせるかどうかは、このような電気的特性を参照して判断します。最初はよく分からないと思うので、本書や、他の電子工作系の雑誌・書籍で紹介されているパーツを選択するのが無難です。

パーツによっては、“セット売り”されていることがあります。例えば、「5mm赤色LED」の一覧に表示されている「OSDR5113A」という商品を見ると、1本売りで20円、100本売りで400円と記載されています。利用する本数を考えて、どちらが安いかを判断して選択するとよいでしょう。

筆者としては、電子パーツは安価な商品であれば常に余分に購入しておくことをお勧めします。誤って接続したり、過度の電流を流したり、静電気が流れ込んだりして壊れることがあるからです。加えて、初期不良品が混入していることも当然あります。必要数ピッタリで購入すると、壊れるなどして不足したパーツを改めて購入する必要が生じ、再度送料が発生するだけでなく届くまでの時間も無駄にしてしまいます。

なお、本書で利用した電子パーツについては、すべて通販用のコード（以下、「通販コード*2」）を掲載しています。この通販コードを各オンラインショップの検索ボックスに入力することで、目的の商品のページにすぐアクセスできます。

例えば、第6章の「8」で紹介している「サーボモーター」には、秋月電子通商の通販コード「114806」を記載しています。秋月電子通商のオンラインショップの検索ボックスにこの通販コードを入力すると、すぐに目的の商品ページにアクセスできます（**下図**）。

本書では、主に秋月電子通商とスイッチサイエンスで販売されている電子パーツを利用します。秋月電子通商の場合は「秋：114806」、スイッチサイエンスの場合は「ス：7216」のように表記します。

---

*2 秋月電子通商では「販売コード」、スイッチサイエンスでは「SKU」という具合に、各オンラインショップで呼び方が異なりますが、本書では「通販コード」に統一します。

図　通販コードを使うと目的の商品ページにすぐアクセスできる

第2章

ESP32の準備

2-1 ESP32に必要な機器と電源供給

ESP32を動かすには、電源に接続して電気を供給する必要があります。電源にはPCのUSBポートやACアダプター、電池などが使えます。それぞれの接続方法や注意点について理解し、安全に給電できるようになりましょう。

ESP32や電子パーツは、電源に接続して電気を供給することで動作します。この電気を供給することを「給電」と呼びます。ESP32では、給電のためにPC（パソコン）やACアダプター、モバイルバッテリー、乾電池などさまざまな電源が利用可能です。それぞれの使い方について説明します。

MicroUSB経由で給電する

PCのインタフェースとしておなじみのUSB（Universal Serial Bus）は、5Vの電圧で給電できます。PCのUSB端子とESP32のMicroUSB（Micro-B）端子をUSBケーブルで接続することでESP32に給電できます（**下図**）。

図　MicroUSB端子から給電する

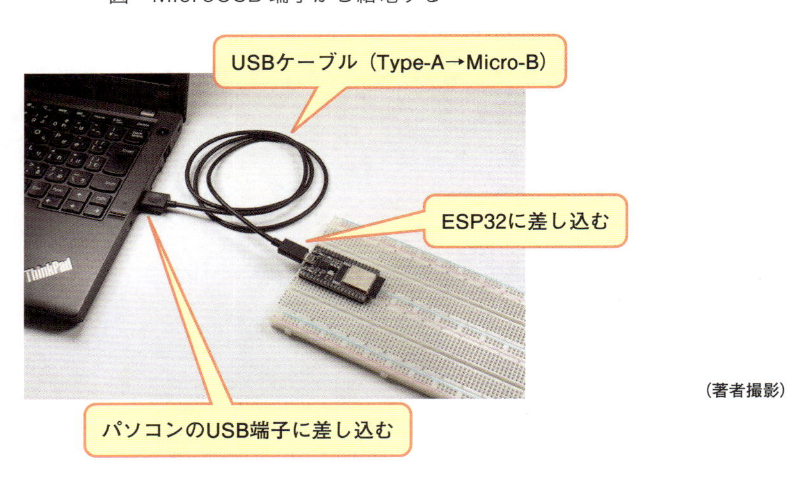

（著者撮影）

PC以外に、スマートフォンへの給電などに利用する「USB-ACアダプター」やモバイルバッテリーを使ってもESP32へUSBで給電可能です（**下図**）。どちらもUSBケーブルを介して5Vの電源を出力できます。USB-ACアダプターを使えば、PCを用意しなくてもESP32を単体で動かせるので、持っていない人はこの機会に一つ購入しておくことをお勧めします。ESP32への給電目的なら、数百円程度の安価な製品で十分です。

モバイルバッテリーを使えば、家庭用コンセントなどに常時接続する必要がなくなるため、ワイヤレスで動作させたい電子工作の作品などに活用できます。モバイルバッテリーは、さまざまな容量とサイズの製品が市販されています。容量の大きなモバイルバッテリーを使えば、長時間充電することなく駆動できます。ただし容量が大きいものほど重くなる傾向があるため、動き回るような作品に使う場合は、容量は小さいけれども小型のモバイルバッテリーを選択するとよいでしょう。用途に合わせて選んでください。

図　USB-ACアダプターやモバイルバッテリーを使ってESP32へ給電できる

USB-ACアダプター　大容量モバイルバッテリー　小型モバイルバッテリー

Type-C　Type-A　Type-A　Type-C　Type-A　Type-C

Anker社「Anker 323 Charger」[*1]　Sunvalley社「RAVPower RP-PB232」[*2]　TNTOR社「TNTOR PowerPod5000」[*3]

放電容量：30000mAh　放電容量：5000mAh

＊1　出所：https://www.ankerjapan.com/products/a2331
＊2　出所：https://www.ravpower.jp/rp-pb232/
＊3　出所：https://tntor.com/product/tntor-%E3%83%A2%E3%83%90%E3%82%A4%E3%83%AB%E3%83%90%E3%83%83%E3%83%86%E3%83%AA%E3%83%BC-5000mah-%E8%BB%BD%E9%87%8F%E8%B6%85%E5%B0%8F%E5%9E%8B-1%E5%80%8B%E9%BB%92#

USB-ACアダプターやモバイルバッテリーは、Type-AあるいはType-CのUSB端子を備えているのが一般的です。それぞれの端子に合わせて、ESP32が備えるMicro-B端子に変換するケーブルなどを用意し、ESP32と接続します。

電圧は電荷を押し出す力

電圧とは、「電気を帯びた電荷を押し出す強さ」を表す言葉です。電圧が大きいほど、たくさんの電荷を押し出せます。電圧の単位はボルト（V）です。例えば、電池（乾電池）なら1.5V、スマホで利用するUSB-ACアダプターであれば5Vの電圧を出力できます。

電圧については、4-1の解説も参照してください。

電流は電荷の流れる量

電流とは導線に流れる電荷の量のことです。電流が大きいほど、たくさんの電荷が流れていることを表します。電流の単位はアンペア（A）です。電流については、4-1の解説も参照してください。

モバイルバッテリーの容量

モバイルバッテリーは、充電できる容量を「放電容量」という値（単位はAh、アンペアアワー）で記載しています。これは、1時間でフル充電の状態から空になるまでの間に、どの程度の電流を流し続けられるかを表しています。例えば、10000mAhのモバイルバッテリーであれば、10000mA（10A）の電流を流し続けると、1時間で空になるということです。

モバイルバッテリーを使って、どれくらいの時間ESP32を動作させられるかは、ESP32に流れる電流が分かれば「モバイルバッテリーの放電容量 ÷ ESP32の電流」を計算することでおおよその時間を求められます。

筆者が試したところ、シリアル通信でPCにテキストを送るプログラム（p.58）を実行したところ、約60mAの電流が流れました。何も電子パーツを接続していないので、最低限の電流となります。この状態で10000mAhの放電容量のあるモバイルバッテリーを利用して動作させると、約166時間動作させ続けられると求まります。ただし、他に電子パーツを動作させたり、比較的大きな電力を消費する無線LAN通信をすると、さらに多く消費することとなり、動作させる時間が短くなります。

実際にどれくらいの電流がESP32に流れるかは、電源とESP32の間にテスターを接続すれば計測できます（テスターの使い方については4-2を参照）。しばらく動作させて一定時間間隔で電流を測定・記録し、その平均を使って見積もるとよいでしょう。

コラム

USB Type-Cで給電する

最近ではUSB Type-Cが主流のため、PCやUSB-ACアダプター、モバイルバッテリーがUSB Type-C端子しか搭載していない場合もあります。この場合はUSB Type-CをMicro-Bに変換するケーブルを使ってESP32に接続してください。

秋月電子通商が販売する「USBtype-CコネクタDIP化キット」（秋：113080）を使うと、両端がType-Cのケーブルでも給電できます（**下図**）。

図　「USBtype-C コネクタ DIP 化キット」の外観

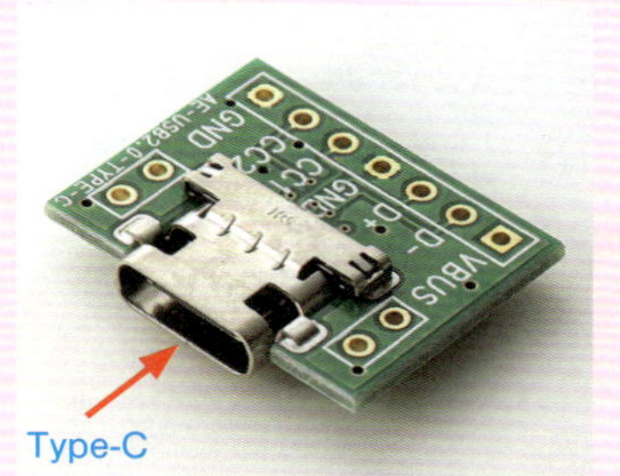

（日経BP撮影）

同キットのVBUS端子をESP32の5V端子（19番端子）、GND端子をESP32のGND端子（14、32、38番端子のいずれか）に接続します。ただし、Type-C のUSB-ACアダプターによっては、ESP32を接続しても給電対象と認識しない場合があります。この場合は、**下図**のようにCC1端子とCC2端子を5.1kΩ（秋：107832）の抵抗を介してGNDに接続することで給電可能になります（この図でESP32や電子パーツの接続に利用している「ブレッドボード」の使い方については、4-2を参照してください）。

図　USB Type-C を使って ESP32 に給電する接続図

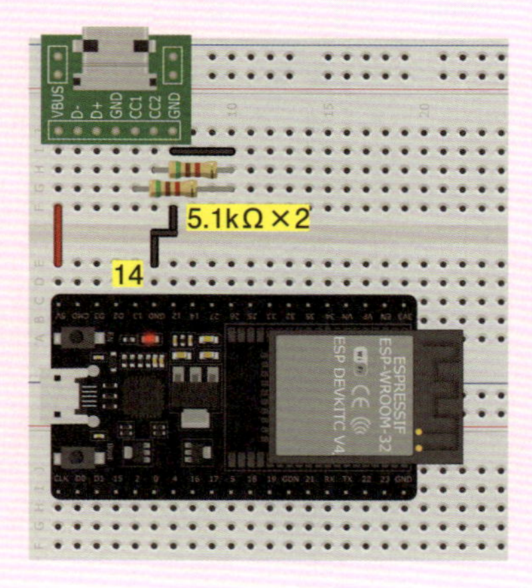

（Fritzingで作成）

なお、この接続方法では給電のみが可能で、USBケーブルを介してのデータ通信はできません。PCに接続してプログラムなどを転送する場合は、通常のType-CからMicro-Bへ変換するケーブルを使って接続してください。

ACアダプターや乾電池で給電する

ESP32-DevKitCが搭載するマイコンは3.3Vの電圧で動作します。一方、USBなどの電源から取得できる電圧は5Vと異なります。そこで、ESP32の電源端子の付近には、電圧を変換するコンバーター（電源IC）が搭載されており、5Vの電圧を3.3Vに変換してESP32を動作させています。このコンバーターは、4.5～12Vの範囲の電圧を3.3Vに変換可能です。つまり、この範囲の電圧を出力できる電源であればよいので、乾電池（1.5V）3本を直列に接続し、4.5Vの電圧として給電してもESP32は動作します（後述）。

ESP32への給電には、前述したUSB Micro-B端子のほか、「5V」端子（19番端子）が利用可能です（**下図**）。5V端子を使えば、USBケーブルを差し込まずに給電できます。

図　ESP32への給電が可能な端子

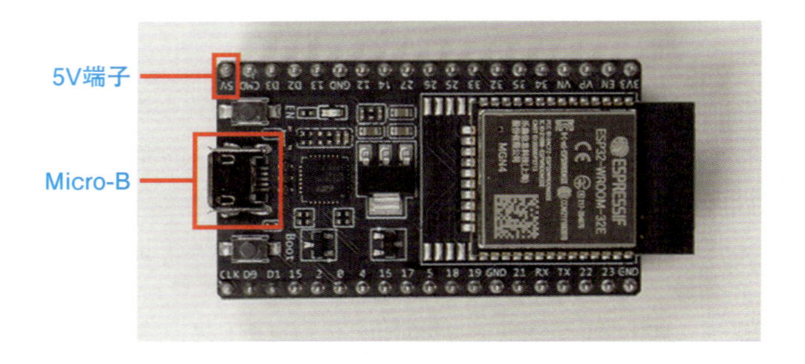

（日経BP撮影）

5V端子は、4.5～12Vの電圧を出力する電源を接続可能です。このため、乾電池を電源とする場合は5V端子に接続します。

乾電池を使う場合は、秋月電子通商などで入手できる電池ボックスを利用するのが簡単です。単3の乾電池3本で4.5Vを出力したい場合は3本用の電池ボックス（秋：102666）を選択しましょう（**下図**）。なお、スイッチ付きの電池ボックスを選ぶと、配線を取り外さずにESP32の電源を簡単にオン／オフできるので便利です。

電池ボックスには、通常、赤と黒の導線が取り付けられています。赤い線が電源の＋側、黒い線が－側です。

図　電池ボックスの例

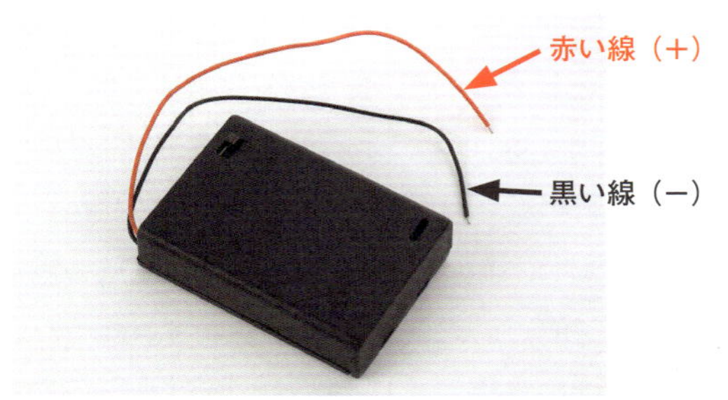

単3乾電池3本用（蓋付きタイプ）

（日経BP撮影）

乾電池でESP32を動かすには、**下図**のように接続します。接続後、電池ボックスのスイッチを入れるとESP32が起動します。なお、この状態でプログラムを書き込むためにUSBケーブルを使ってPCと接続する場合、電池ボックスのスイッチは**必ず**切っておいてください。USBケーブルをつなぐとPCからも給電されることになり、同時に給電するとPCや乾電池などに悪影響を及ぼす危険があるためです。

図　乾電池でESP32に給電する接続図

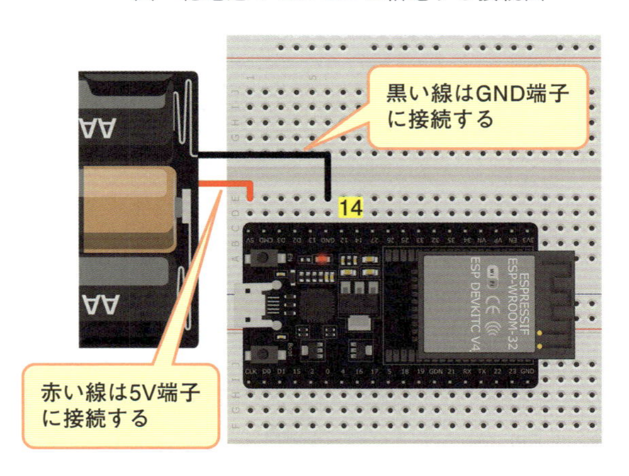

（Fritzingで作成）

レギュレーターIC「AMS1117-3.3」

ESP32-DevKitCでは、入力した電源を3.3Vに変換するレギュレーターIC「AMS1117-3.3」を搭載しています。入力した電圧を3.3Vに変換して出力するようになっています。しかし、入力した電圧より、約1.2V程度電圧が降下する特性があります。入力が4.5V以上に電圧を掛けないと出力が3.3V以下になってしまいます。このため、4.5V以上で電源を接続する必要があります。

■ACアダプターでの給電

乾電池を使い続けると、やがて電気を十分に供給できなくなります。持ち運んで動かす必要がなく、家庭用コンセントが近くにある場所でESP32を動作させるなら、コンセントから給電した方がよいでしょう。電池切れを心配せず、永続的に動作させられます。

ただし、家庭用コンセントに供給されている電気（電力会社から届く電気）は一定間隔でプラスとマイナスが入れ替わる交流（Alternating Current、AC）の電気であり、ESP32をはじめとする直流（Direct Current、DC）の電気を必要とする機器はつないでも動作しません。電圧も100Vと高いため、無理に家庭用コンセントとつなぐとESP32が壊れるだけでなく火災の原因となったり、漏電によって感電したりする恐れがあります。このため**絶対に**家庭用コンセントに直接つないではいけません。

家庭用コンセントにつなぐには、AC100V電源をESP32が使えるDC電源に変換する「ACアダプター」を使います（**下図**）。ACアダプターは、商品によって出力する電圧が異なります。前述したように、4.5～12Vの電圧であれば5V端子に接続して動作可能です。ただし、電子パーツによっては動作させるのに5Vの給電が必要なものもあるため、特別な理由がなければ5Vの電圧を出力するACアダプターを選択しましょう。

電圧だけでなく、供給可能な電流についても考慮する必要があります。モーターなど電子パーツによっては大きな電流を必要とするものがあるためです。もし利用しているACアダプターが供給できる電流が足りないと、そうしたパーツは動作しなかったりうまく動かなかったりします。どういう電子パーツを使ってどういう回路を組むかによりますが、通常は2A程度の電流を供給できるACアダプターを選択するとよいでしょう。例えば、秋月電子通商が販売している「AD-T50P200」（秋：111996）は、5V、2Aの供給が可能です（**下図**）。

図　ACアダプターの例

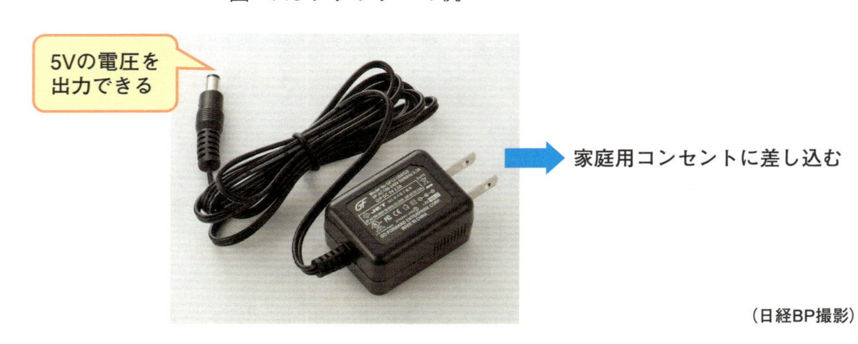

このAD-T50P200のように、ACアダプターの多くは出力端子が円筒形状の「DCプラグ」になっています。円筒の内側が+、外側が－です。このままではESP32に接続しづらいので、秋月電子通商が販売している「2.1mm標準DCジャック⇔スクリュー端子台」（秋：108849）な

どの変換コネクタを介して導線を引き出しましょう。円状の差し込み口（DCジャック）の方にACアダプターのDCプラグを差し込むと、反対側のスクリュー端子から＋と－を取り出せます。各穴に導線を差し込んで上のネジを回すことで固定できます（**下図**）。

図　2.1mm 標準 DC ジャック⇔スクリュー端子台の外観

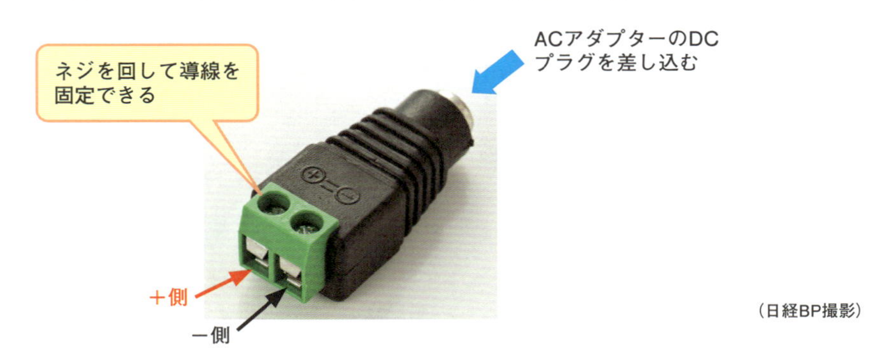

（日経BP撮影）

この変換コネクタを使ってACアダプターからESP32に給電するには、**下図**に示すように接続します。

図　AC アダプターと変換コネクタで ESP32 に給電する接続図

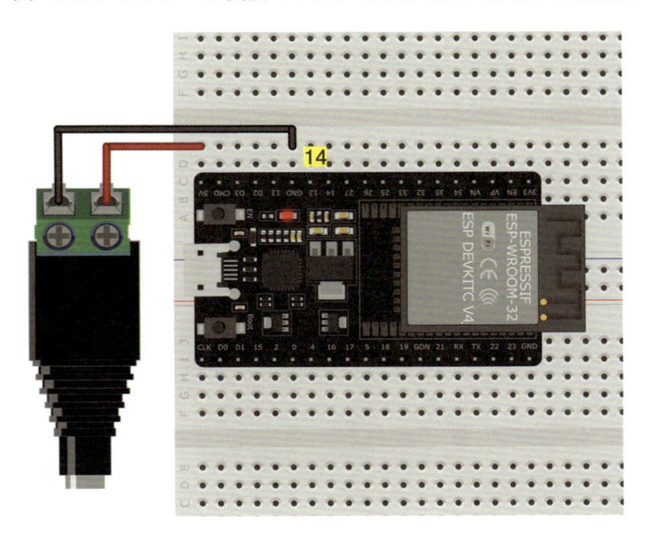

（Fritzingで作成）

■リチウムポリマーバッテリーを使う

充電が可能な電池の一つとして「リチウムポリマーバッテリー」があります。サイズが小さくても比較的大きな放電容量を持つのが特徴です。このため、スマートフォンなど携帯端末用のバッテリーとしてよく利用されています。

電子工作向けとして販売されている製品もあります。例えば、スイッチサイエンスでは、110mAh（ス：3166）や400mAh（ス：3118）の放電容量を持つ商品を販売しています（**下図**）。スマートフォンなどで利用されているものよりも容量が小さいものの、ESP32を動作させるには十分です。p.32で説明したように、ESP32に60mAの電流が流れるとした場合、400mAhのリチウムポリマーバッテリーを使えば約6.5時間動作させられます。

図　400mAh の容量のリチウムポリマーバッテリー

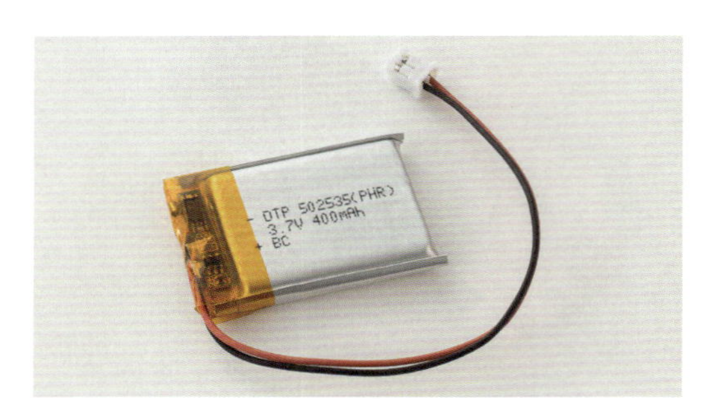

（日経BP撮影）

ただし、リチウムポリマーバッテリーは取り扱いに注意が必要です。例えば、衝撃を与えたり過充電したりすると、過熱や発火、爆発の恐れがあります。ESP32に直接接続して給電するのは危険なので避けてください。代わりに、リチウムポリマーバッテリー用のバッテリーモジュール（**下図**）を利用するとよいでしょう。過充電や過放電をしないように保護回路が組み込まれており、比較的安全に利用できます。

図　ESP32 向けリチウムポリマーバッテリーモジュール
英 Pimoroni 社の「LiPo Amigo」（ス：8691）。

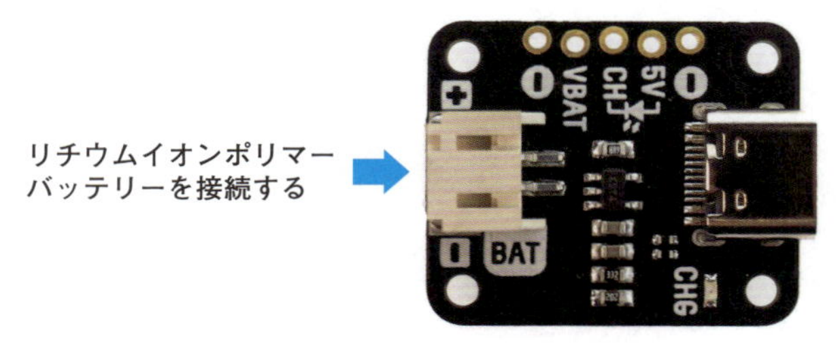

（出所：https://shop.pimoroni.com/products/lipo-amigo）

2-2 開発環境の準備

ESP32のプログラムを作成する開発環境を準備します。C言語で開発する場合にはArduino IDEが利用できます。プログラムの作成から、ESP32への転送までArduino IDEだけで済ますことが可能です。

ESP32に接続した電子パーツは、プログラムを使って制御します。例えば、「周囲が明るいか暗いかを調べて、暗ければ照明を点灯し、明るければ消灯する」といった一連の制御の手順をプログラムとして記述します。作成したプログラムをESP32上で実行すると、記述した手順に従って電子パーツを制御します（**下図**）。

図　ESP32はプログラムの手順に従って電子パーツを制御する

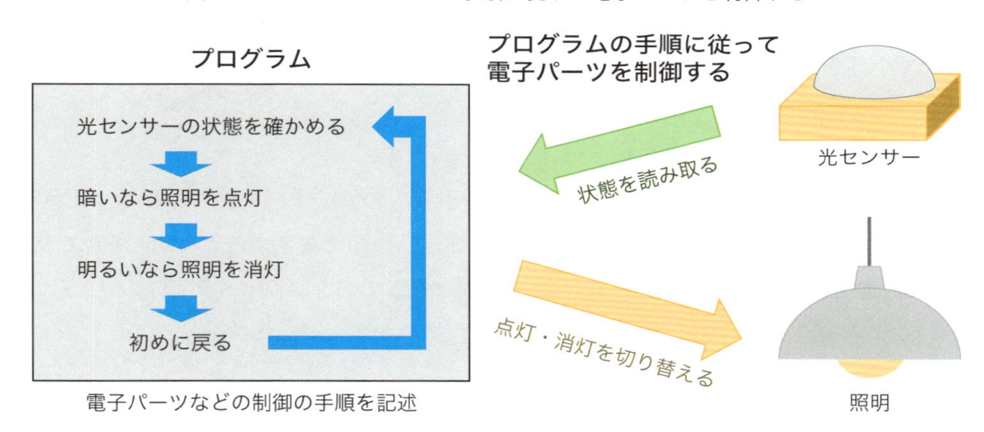

ESP32でプログラムを実行する方法は大きく二つあります（**下図**）。一つは、ESP32が直接実行できる形式のプログラムを作成してESP32内のメモリーに保存する方法です。しかし、人間が直接マイコンが扱える言葉（機械語）を使ってプログラムを作るのは困難です。そこで、いったん人間が読める形のコード（ソースコード）としてプログラムを記述し、これをESP32が直接扱える機械語形式のプログラムに変換（「ビルド」や「コンパイル」と呼びます）するのが一般的です。ビルドによってバイナリファイルが作成されるので、これをPCからESP32に書き込みます。すると、ESP32は電源投入時にこの書き込んだプログラムを実行します。

こちらの方法でプログラムを開発する場合、作成したプログラムをESP32が直接実行できるため、無駄（オーバーヘッド）を小さくできる利点があります。その一方で、プログラムを変更するたびにコンパイルを実行してバイナリファイルを作成し、これをESP32に転送する作業が必要となり手間がかかります。

もう一つは、ユーザーが作成したソースコードを解釈してESP32へ渡す役割を持つプログラムなどが入った「ファームウエア」を、あらかじめESP32側に準備しておく方法です。ユーザーは、作成したソースコードをそのままESP32に書き込みます。ESP32側ではファームウエアが解釈したソースコードの内容に基づき処理を実行します。上記一つめの方法のように都度のビルド作業が不要となり、ソースコードを直接書き込んですぐに実行できる点が、こちらの方法の大きなメリットとなります。半面、ファームウエアが常に介在する形になるため、ビルドして書き込む方法と比べてオーバーヘッドが大きくなります。このオーバーヘッドにより、非常に精緻な制御を必要とするような一部の電子パーツを正しく動作させられなくなる恐れがあります。

図　ESP32のプログラムを作成する方法

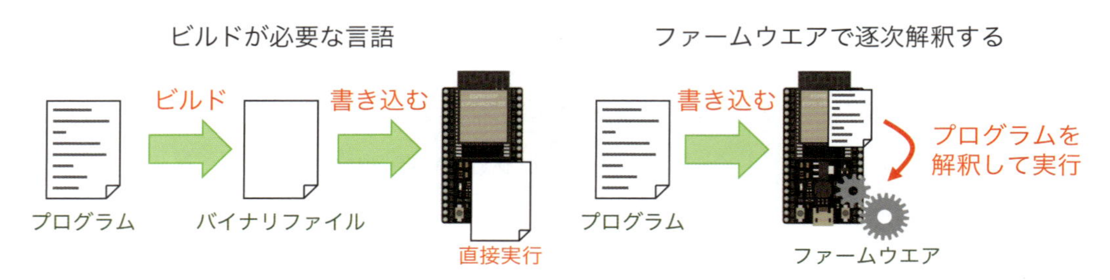

ESP32のプログラム開発は、「C言語」を利用するのが一般的です。また、「Python」(MicroPython) でプログラム開発する方法もあります。以下で説明するように、それぞれプログラムの作成方法や実行スタイル（上記）などが異なります。

■ビルドする方式「C言語」

「C言語」は、最もよく知られているプログラミング言語の一つで、PC向けなどのアプリ開発から、マイコン向けのプログラム作成まで幅広い分野で利用されています。古くから利用されていることもあり、関連ドキュメントや書籍、ライブラリなどが非常に豊富にあるのが特徴です。

前述したように、C言語を使ってビルドしたプログラムはオーバーヘッドが小さいため、より高速かつ正確に電子パーツを制御できるポテンシャルを秘めています。また、ESP32ではC言語で開発するのが一般的であるため、本書ではC言語でのプログラム開発について説明します。

■ファームウエアで実行する方式「Python」

ESP32のプログラム開発には、C言語で作成するほか、近年最も人気のあるプログラミング言語の一つとして紹介されることも多い「Python（パイソン）」も利用できます。Pythonは簡素にプログラムを記述できるのが特徴で、初心者でも使いやすいプログラミング言語です。科学技術計算、統計・分析、深層学習（AI）や画像認識、ブロックチェーンなどさまざまな分野向けのライブラリが豊富にそろっており、電子工作向けのライブラリもたくさんあります。例えば、カメラで撮影した画像から人を認識したり、サイコロの目を読み取ったりするような高度なプログラムも、関連ライブラリを活用することで比較的容易に作成可能です。

ソースコードの可読性に優れている点も特徴の一つです。他のユーザーが作成したプログラムであっても、どのようなプログラムであるかを読み解きやすいので、参考にすることで自分のプログラムを効率良く開発できます。

Pythonは、作成したプログラムを実行する際に「インタプリター（interpreter、「通訳」の意味）」というソフトウエアを使ってソースコードを逐次解釈しながら実行する仕組みになっています。ただ、PC向けPythonのインタプリターは動作に当たって比較的多くのメモリーを必要とするため、ESP32のようにメモリーが少ないマイコンでは動かせません。そこで、使用メモリー量を減らすなどマイコン向けにカスタマイズした「MicroPython」が利用できます。このMicroPythonのインタプリターを含むファームウエアをマイコンに書き込んでおくことで、PythonのプログラムをESP32上で実行できるようになります。

本書ではC言語でプログラムを作成する方法について説明しますが、興味があるようでしたらMicroPythonでのプログラム開発にもチャレンジしてみてください。

なお、ESP32でMicroPythonを利用する方法については、MicroPythonのドキュメント（https://micropython-docs-ja.readthedocs.io/ja/latest/esp32/tutorial/intro.html）で参照可能です。

プログラム開発環境

C言語でのプログラム作成は、テキスト形式で記述します。このため、Windowsが標準搭載する「メモ帳」のようなテキストエディタさえあればプログラムを作ることは可能です。しかし、テキストエディタを使う場合は、その後ESP32で実行できるよう、実行形式のファイルにコンパイルしたり、実行ファイルをESP32に転送したりする必要があり、そのために他のアプリを用意して利用することになるなど手間がかかってしまいます。

このような手間を減らし、快適にプログラム開発ができるようにするためのツールが「統合開発環境（Integrated Development Environment、IDE）」です。IDEによって搭載する機能は異なりますが、利用するプログラミング言語に合わせてコードを構文解析して見やすく色分け表示する機能や入力支援機能、プログラムの誤りを見つけるデバッグ機能、プログラムをESP32に転送する機能などを備えています。

ESP32のプログラム開発には、主に**下表**に示すIDEを利用できます。

表　ESP32のプログラム作成に利用できる主な開発環境

名称	対象言語	URL
Arduino IDE	C言語	https://www.arduino.cc/en/software
Visual Studio Code	C言語、Pythonなど	https://code.visualstudio.com/

これらのうち、本書ではESP32のプログラム作成によく利用されている「Arduino IDE」を利用します（**下図**）。Arduino IDEは、名前の通りArduinoのマイコンボード向けの開発環境です。

図　ESP32で利用できる統合開発環境の「Arduino IDE」

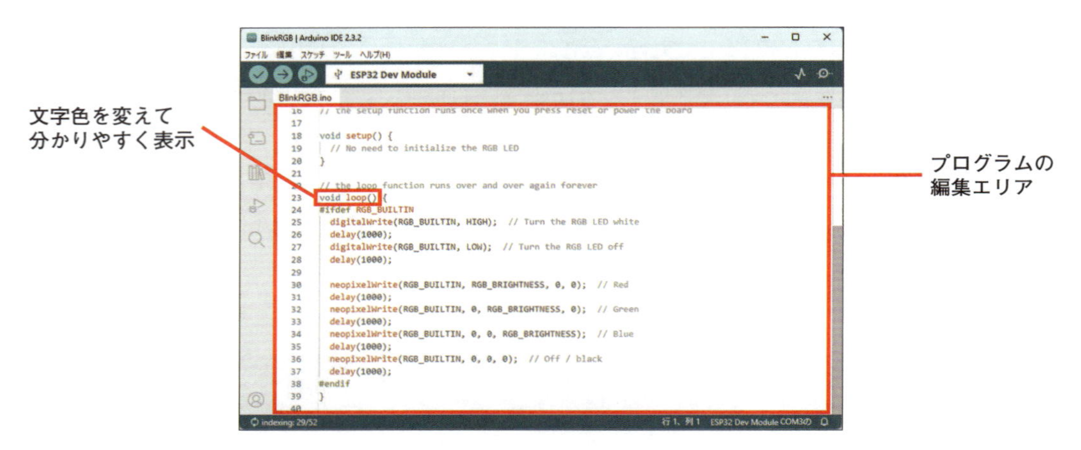

Arduino以外のマイコンボードにも利用が可能です。基本的にArduino IDEだけ使えれば問題ありませんが、さまざまなプログラム開発に利用されている人気のあるIDEの「Visual Studio Code（VSCode）」もESP32のプログラム開発に使えます。特に、他の開発で既にVSCodeを利用しているという人は、ESP32の開発にも利用したいと考えるのでしょう。そこで、VSCodeを利用する方法について、p.50のコラムで紹介しています。

Arduino IDEを準備する

Arduino IDEをPCにインストールして、ESP32のプログラム開発ができるように環境を整えましょう。Arduinoの公式Webサイト「Arduino.cc」から入手できます。ダウンロードページ「https://www.arduino.cc/en/software」にアクセスすると、インストール用ファイルをダウンロードできます（**下図**）。Arduino IDEは、Windows、macOS、Linux向けに用意されています。Windows 11を利用している場合は「Windows Win 10 and newer, 64 bit」をクリックすることでダウンロードできます。他のOSを利用している場合は、それぞれに合ったファイルをダウンロードするようにしましょう。

図　Arduino IDE のダウンロード

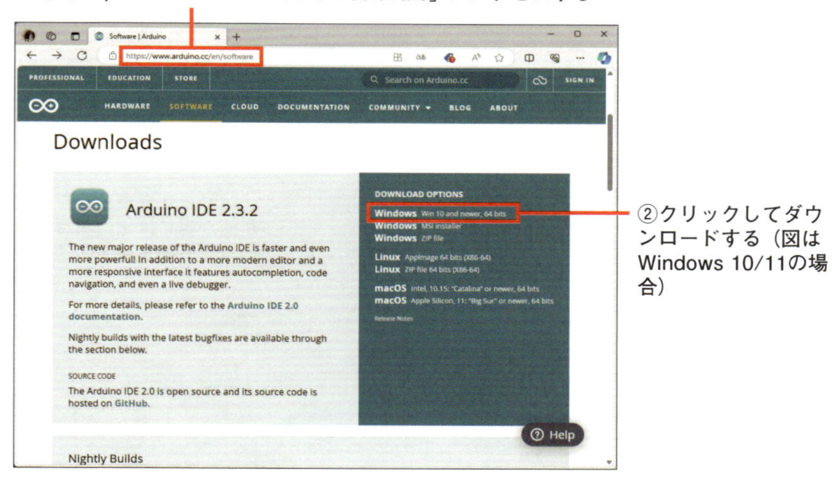

なお、リンクをクリックすると、「Download Arduino IDE & support its progress」という寄付を求める画面が表示されます（**下図**）。寄付する場合は寄付額を選んだり入力して「CONTRIBUTE AND DOWNLOAD」をクリックします。寄付をしない場合は「JUST DOWNLOAD」をクリックします。

図　ダウンロード前の寄付に関する画面

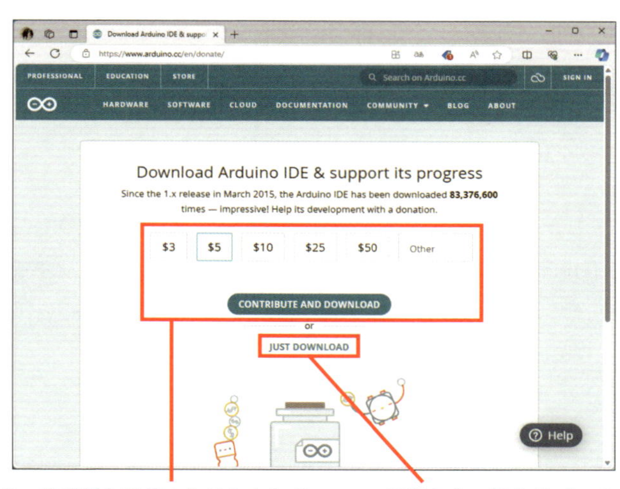

Windowsの場合、ダウンロードしたファイルをダブルクリックするとインストーラーが起動します。表示される手順に従ってインストールを進めましょう（**下図**）。

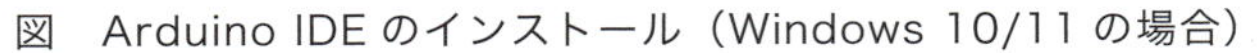

図　Arduino IDE のインストール（Windows 10/11 の場合）

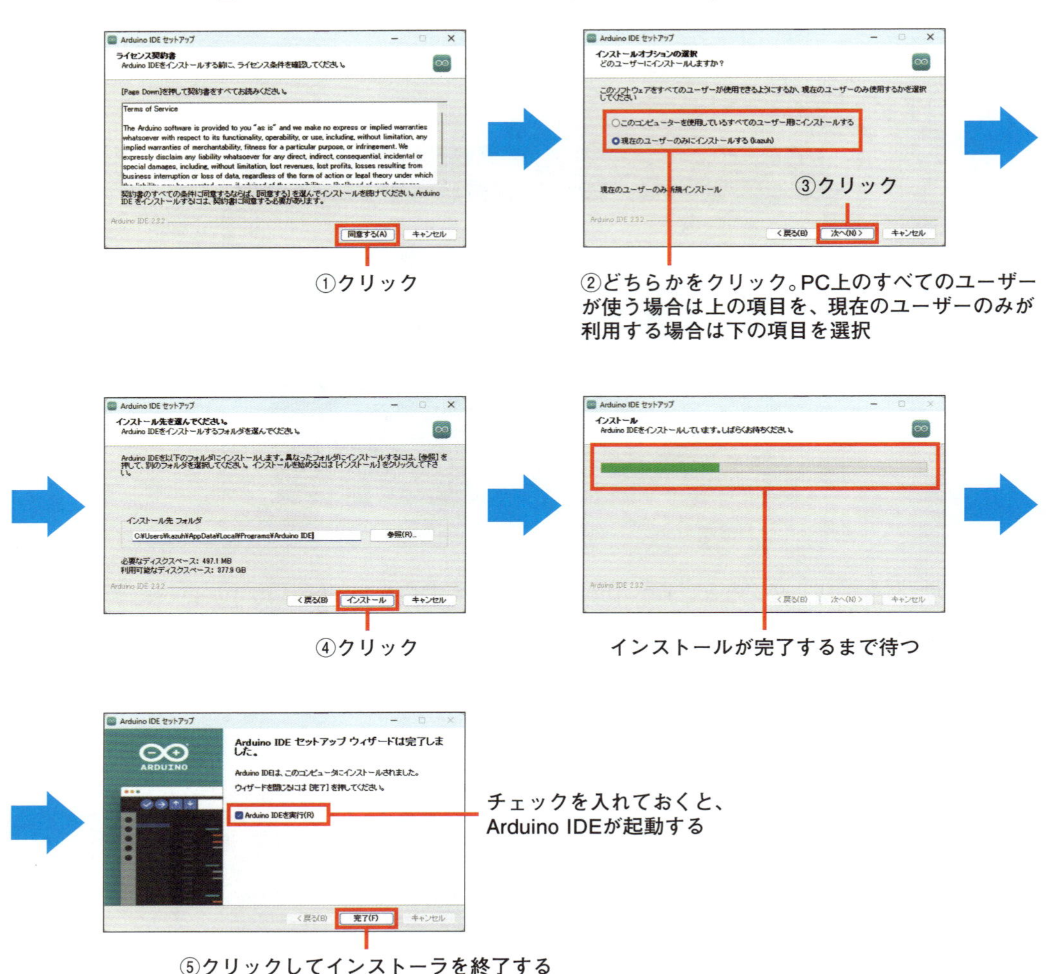

インストールが完了したら、スタートメニューなどから「Arduino IDE」を選択して起動します。これでArduino IDEでプログラムを作成できるようになりました（**下図**）。

図　Arduino IDE の起動直後の画面

Arduino IDEが起動する

■言語の選択

Arduino IDEの初期状態では、言語が英語に設定されています。このため、メニューやメッセージなどが英語で表示されます。そこで、言語の設定を変更して日本語に切り替えておきましょう。「File」メニューの「Preferences...」を選択します（**下図**）。「Langugane」を「日本語」にして「OK」をクリックします。これで、日本語で表示されるようになります。

図　Arduino IDE の言語を日本語に切り替える

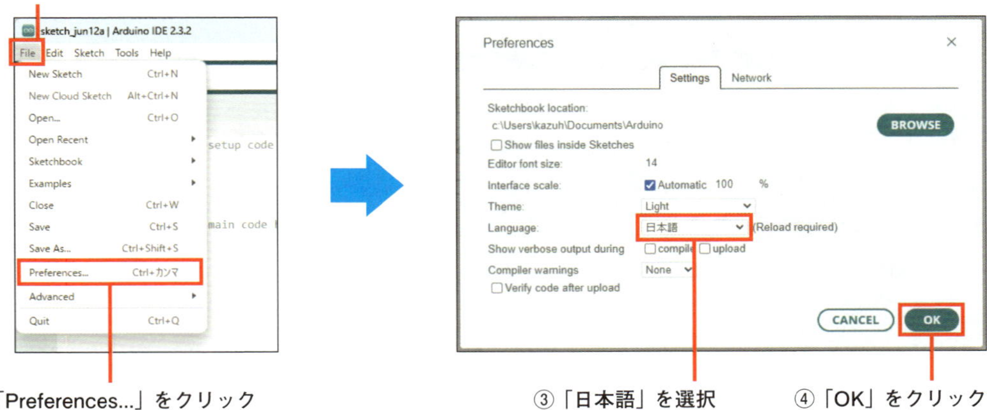

ESP32を利用できるようにする

Arduino IDEの初期状態では、米Arduino Holding社が提供するマイコンボード「Arduinoシリーズ」に対してのプログラムの開発はできますが、ESP32といった他のマイコンボードはすぐには利用できません。利用できるようにするには、ボードの情報をインストールしておきます。

画面左の上から2番目のボードのアイコンをクリックします。すると画面左側に「ボードマネージャ」が表示されます（**下図**）。上部の入力欄に「esp32」と入力すると、その下に候補が表示されます。このうち「esp32 by Espressif Systems」にある「インストール」をクリックして追加します。

図　ESP32のボード情報をインストールする

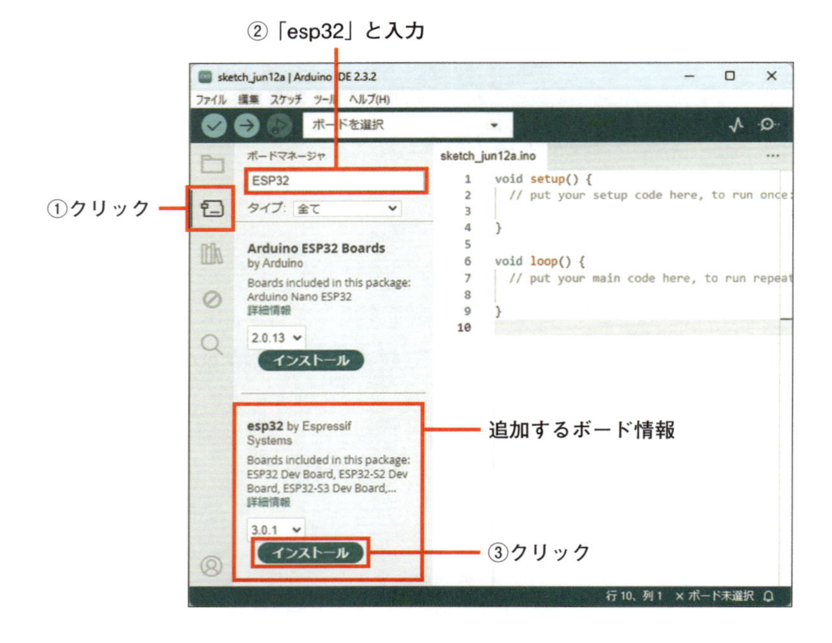

もし「ボードマネージャ」に「esp32」が表示されない場合は、ダウンロード先などの情報が記載されたJSONファイルを呼び込むようにします。「ファイル」メニューの「基本設定」を選択します。「追加のボードマネージャのURL」に以下のURLを入力して「OK」をクリックします（**下図**）。

```
https://raw.githubusercontent.com/espressif/arduino-esp32/gh-pages/package_
esp32_index.json
```

このあとに再度「ボードマネージャ」で「esp32」を検索すると、候補に対象のボードの設定が表示されるようになります。

図　JSONファイルをインストールする

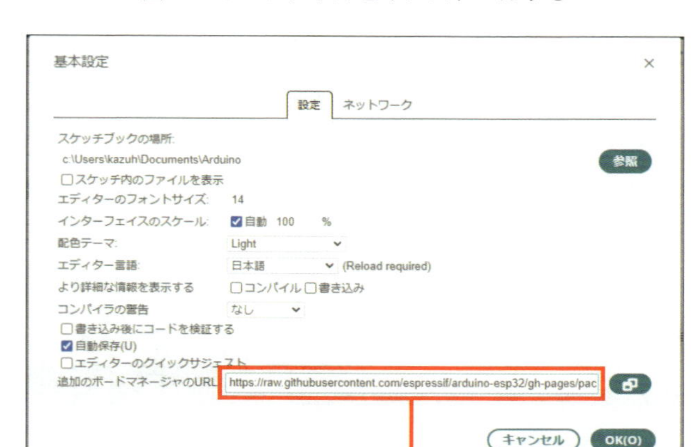

ライブラリの追加

電子パーツの仕様と制御方法は、メーカーが配布する「データシート」に記載されています。どんな電子パーツでも、このデータシートを参照してプログラムを作成すれば制御可能です。しかし、データシートは専門的な言葉で記述されており、電子パーツの動作についての深い知識がないと読み解くのが難しく、また英語で記述されていることも多いため、データシートを基にプログラムを作るのは容易ではありません。

そこで通常は電子パーツ向けのライブラリを使います。それらのライブラリには電子パーツを制御するのに必要なプログラムやパラメータなどがまとめて収められており、定義されている関数などを呼び出すだけで簡単に電子パーツを制御できます。

ESP32向けのライブラリも多く配布されており、利用する電子パーツに合ったライブラリを追加することでプログラム開発の手間を省けます。

Arduino IDEでは、ライブラリを管理する「ライブラリマネージャー」が用意されてます。ライブラリを検索して追加することが可能です。

「ライブラリマネージャー」は、画面左の上から3番目の本のアイコンをクリックすると画面左に表示されます（**下図**）。

図　ライブラリマネージャーを開く

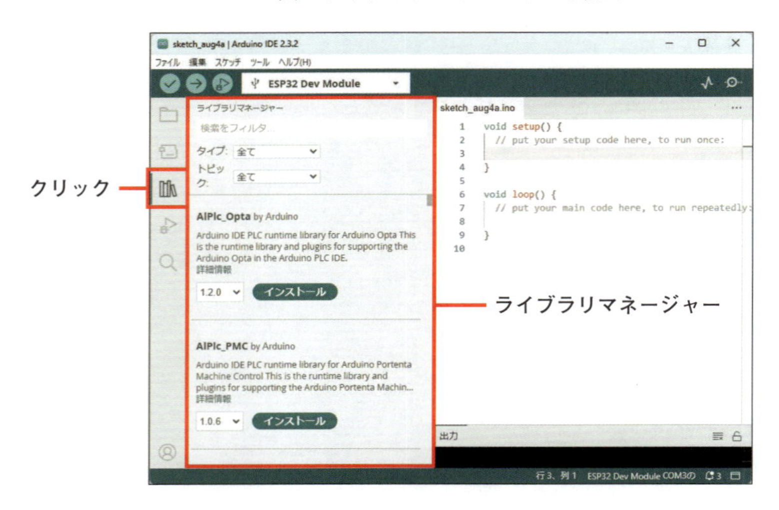

上部にある検索ボックスにキーワードを入力することで、目的の電子パーツのライブラリを探せます（**下図**）。例えば電子パーツの型番などを入力して探します。この際、キーワードとして「ESP32」を追加しておくことで、ESP32向けのライブラリが表示されるようになります。探していたライブラリが見つかったら、「インストール」をクリックすることで入手できます。

図　ライブラリを探して追加する

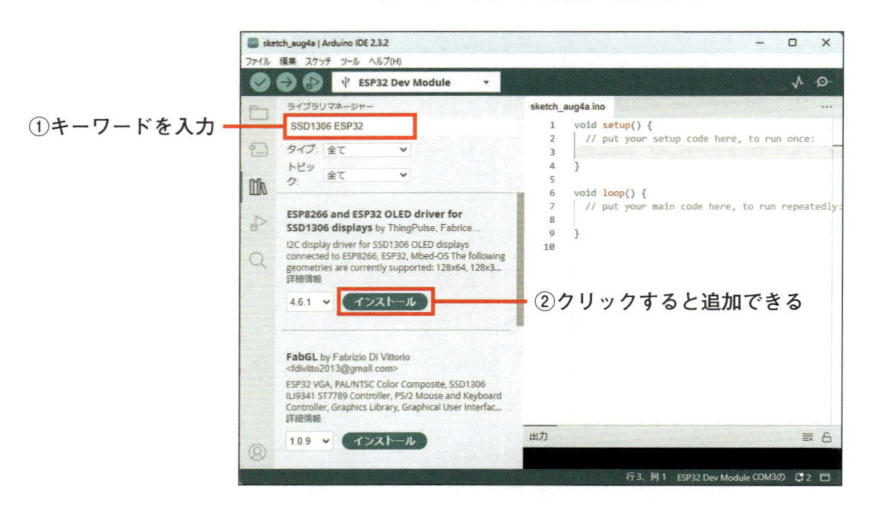

インストール済みのライブラリを表示したい場合は、タイプで「インストール済み」を選択します（**下図**）。すると、インストール済みのライブラリに絞って表示されます。もし、不要になった場合は「削除」をクリックすることで削除できます。

図　インストール済みのライブラリを表示する

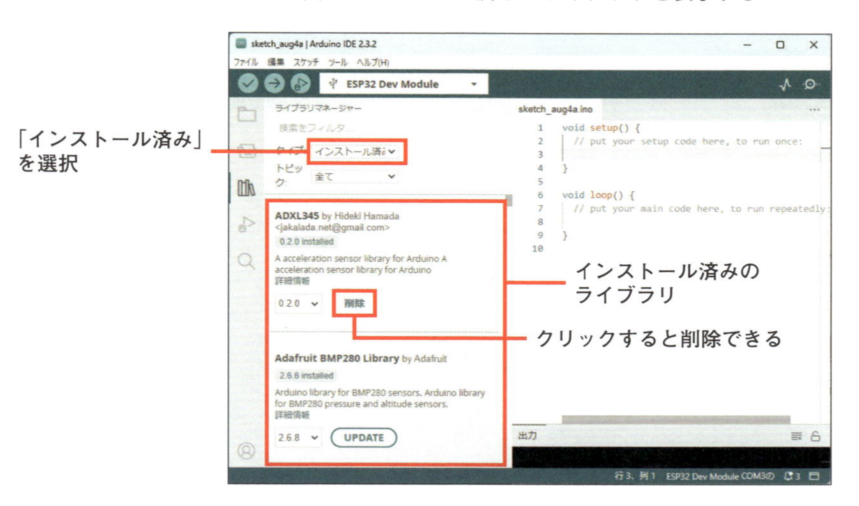

ライブラリは誤りなどが見つかると修正され、公開されます。このようなライブラリは、アップデートすることで最新の状態にすることが可能です。Arduino IDEを起動した際に「一部のライブラリにアップデートがあります」と表示された場合、インストール済みライブラリの中にアップデート対象のライブラリがあります。「全てをインストール」をクリックすると即座にアップデートが実行されます。

図　ライブラリのアップデートの通知

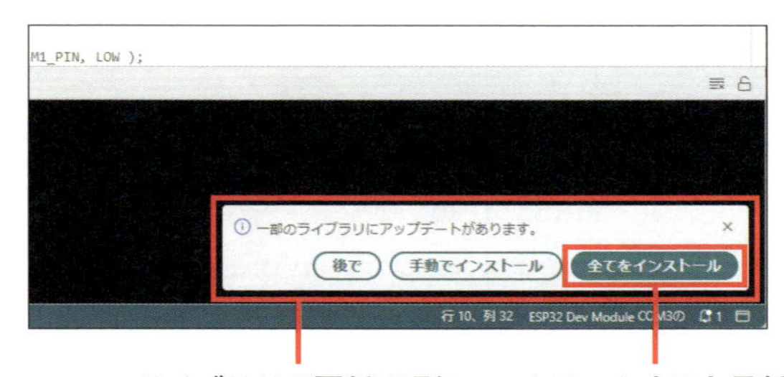

■独自ライブラリの追加

本書では、一部の電子パーツを動作させるライブラリを独自に作成して提供しています。このライブラリを利用する場合は、Arduino IDEでライブラリの読み込みをすることで利用可能となります。

「スケッチ」メニューから「ライブラリをインクルード」-「.ZIP形式のライブラリをインストール」を選択します。次に、追加したいライブラリファイルを選択して「開く」をクリックします。これで独自に作成したライブラリが追加され、利用できるようになります。

図　ライブラリのアップデート手順

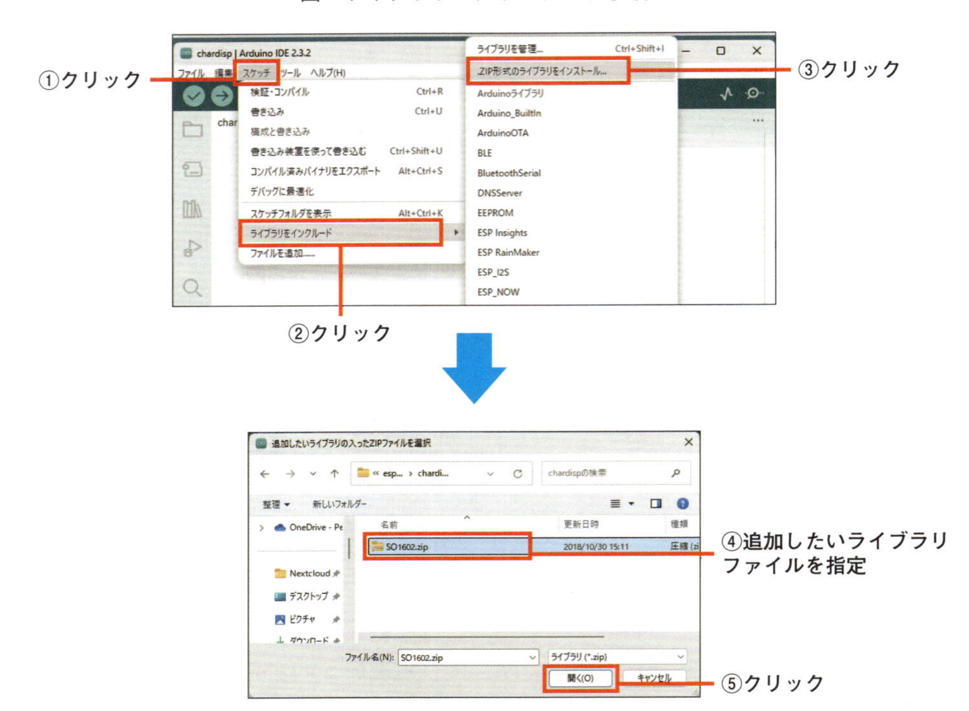

コラム

Arduino IDEの代わりにVisual Studio Codeを使う

Arduino IDEの代わりにVisual Studio Code（VSCode）を利用したい場合は、以下の手順に従って準備してください。ここではWindows 10／11を例に説明しますが、他のOSでも基本的に同じです。

VSCodeのWebページ（https://code.visualstudio.com/）にアクセスします。「Download for Windows」ボタンをクリックすると、インストーラーをダウンロードできます（**下図**）。

図　Visual Studio Code（VSCode）のダウンロード（Windowsで表示した場合）

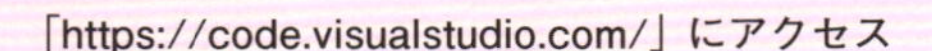

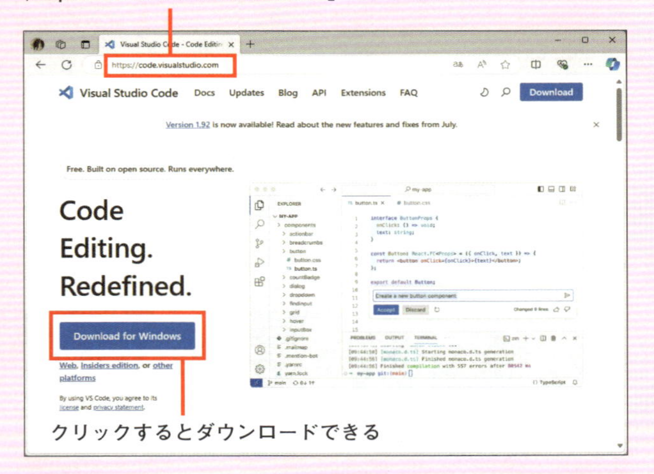

ダウンロードしたファイルをダブルクリックするとインストーラーが起動します。表示される手順に従って進めてください。インストールが完了したら、スタートメニューから「Visual Studio Code」を選択して起動しましょう。

起動したら、まず日本語環境を設定します。そのためには日本語環境の拡張機能をインストールする必要があります。画面左の「拡張機能」アイコンをクリックし、表示された検索窓に「japanese」と入力して検索します。表示される検索結果の一覧から「Japanese Language Pack for Visual Studio Code」を探し、その拡張機能の「Install」ボタンをクリックしてください（**下図**）。インストール後、VSCodeを再起動すると、日本語で表示されるようになります。

図　Visual Studio Code（VSCode）のダウンロード（Windowsで表示した場合）

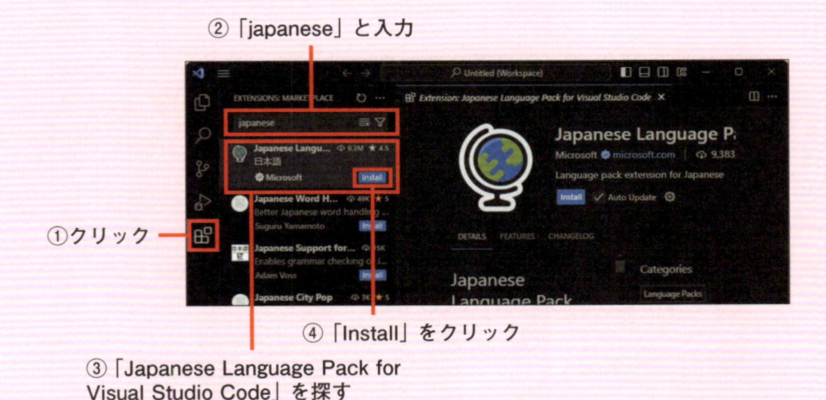

続いて拡張機能の「PlatformIO」(https://platformio.org/) を導入します。PlatformIOとは、ArduinoやESP32などといったさまざまなマイコン向けのプログラム開発ができる開発環境です。プログラムの作成からマイコンへの書き込みまで必要な機能をひと通り備えています。

VSCodeの拡張機能アイコンをクリックし、「PlatformIO」を検索してインストールします(**下図**)。

図　拡張機能の「PlatformIO」追加する

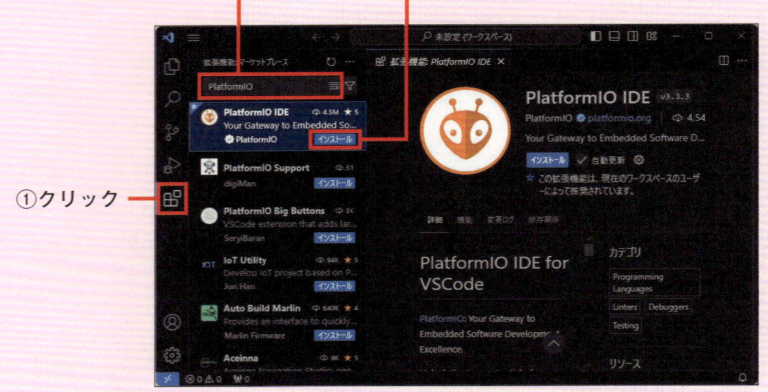

画面左のPlatformIOのアイコンをクリックします(**下図**)。その左に「PLATRORMIO」というエリアが表示されます。「QUICK ACCESS」にある「PIO HOME」-「Open」をクリックします。するとPlatformIOのホーム画面が表示されます。ESP32でプログラムを作成するにはプロジェクトを追加します。ホーム画面にある「New Project」をクリックします。

図　PlatformIOのホーム画面を開く手順と新規プロジェクトの作成手順

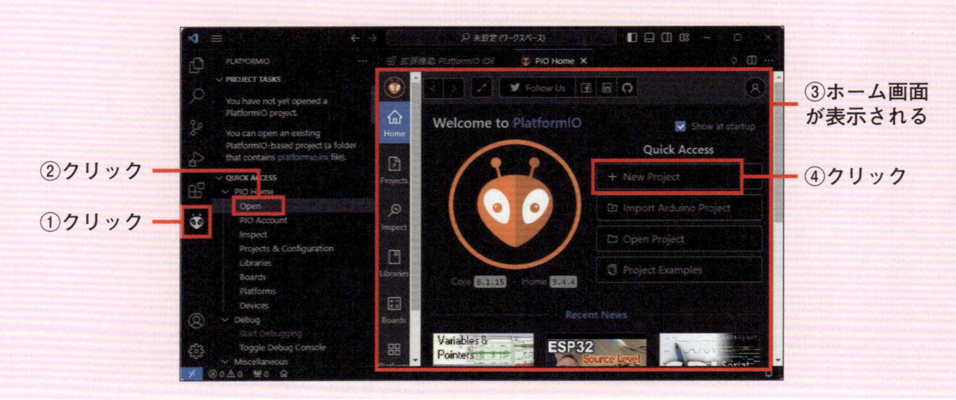

「Project Wizard」というウインドウが表示されます（**下図**）。「Name」には任意のプロジェクトの名前を入力します。ここでは「ESP32_Project」としました。「Board」では、利用するマイコンボードを選択します。本書で紹介するESP32-DevKitCの場合は、「Espressif ESP32 Dev Module」を選択します。「Framework」は「Arduino」を選択します。入力できたら「Finish」をクリックします。これでプロジェクトが作成されました。

図　プロジェクトの新規作成

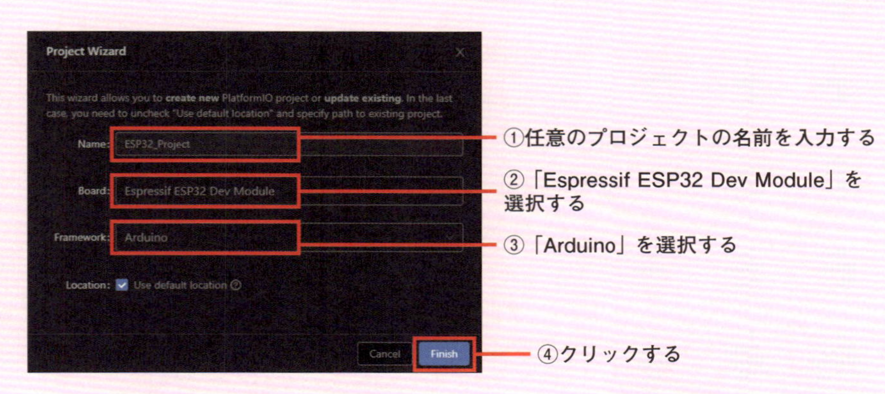

これで準備完了です。VSCodeの「エクスプローラー」を開くと、作成したプロジェクトのフォルダーが表示されます（**下図**）。

図　作成したプロジェクトのフォルダーを参照する手順

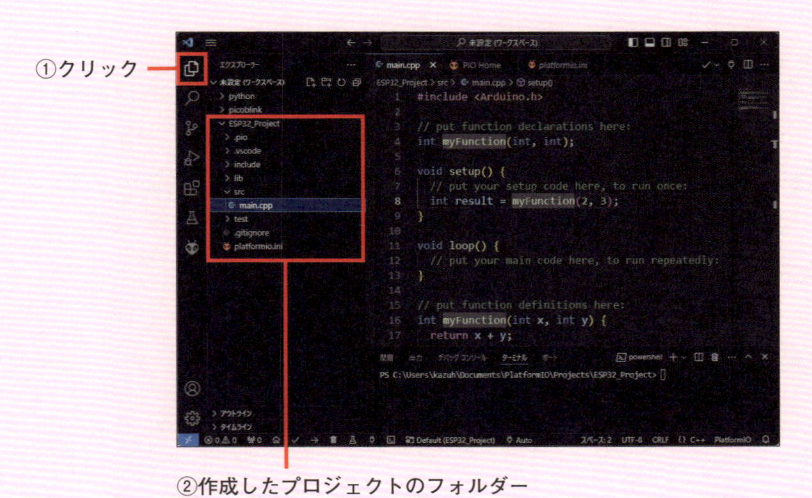

2-3 プログラムをESP32に転送する

プログラムを作成したらESP32に転送することで、ESP32上でプログラムの実行されます。また、プログラムを実行した際にPCに送られてきた文字列はシリアルモニタを使うことで確認できます。

Arduino IDEの準備ができたらESP32を接続してプログラムを書き込む方法について理解しておきましょう。

USBケーブルでESP32とPCを接続します。Arduino IDEの上部の「ツール」メニューで「ボードを選択」をクリックすると、PCが認識したマイコンが表示されます（**下図**）。初めてESP32を接続した場合「不明」と表示されます。この状態では正しくプログラムの転送などができません。そこで、ESP32のボード情報を利用するように設定します。それには、表示されているポートまたは「他のボードとボードを選択」をクリックします。

図　ボードを選択する

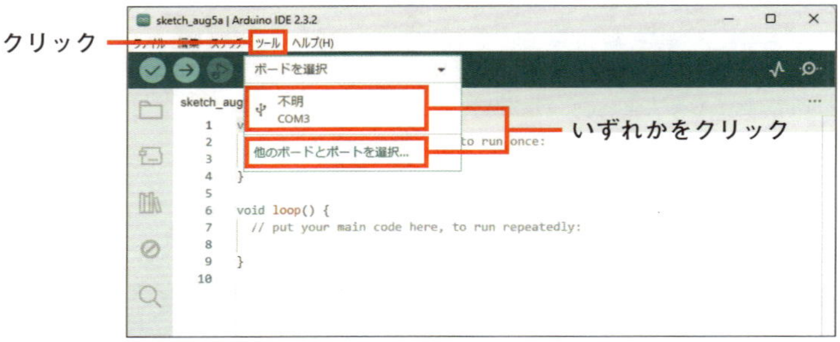

「他のボードとボードを選択」のウィンドウが表示されます。左のボードの一覧から「ESP32 Dev Module」を選択します（**下図**）。ポートはESP32が接続されたポートを選択します。ESP32のみ接続している場合は、表示されているポートで構いません。選択できたら「OK」をクリックします。

図　「他のボードとポートを選択」の画面

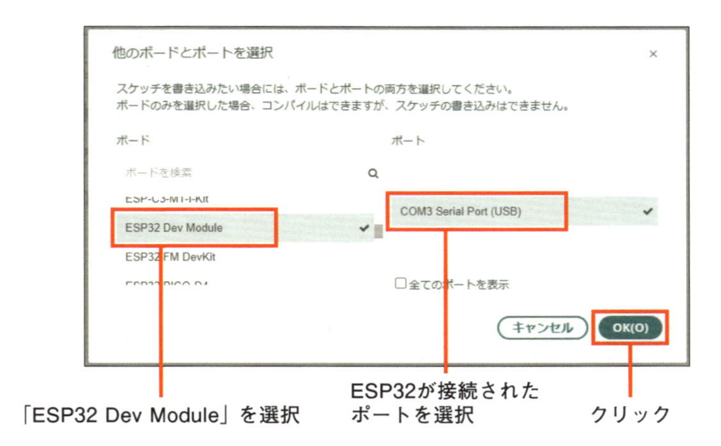

これでESP32に対応したボード情報を利用して、Arduino IDEとESP32の間でデータをやりとりできるようになりました。画面左上にある「シリアルモニタ」（虫眼鏡のアイコン）をクリックします（**下図**）。画面下に「シリアルモニタ」が表示されます。右にある通信速度を「115200baud」を選択します。次にESP32の基板上にある「EN」スイッチを押します。すると、ESP32から送られてきた情報が表示されます。これで正しく通信できていることが分かります。

図　ESP32と正しくデータのやりとりができるかを確認

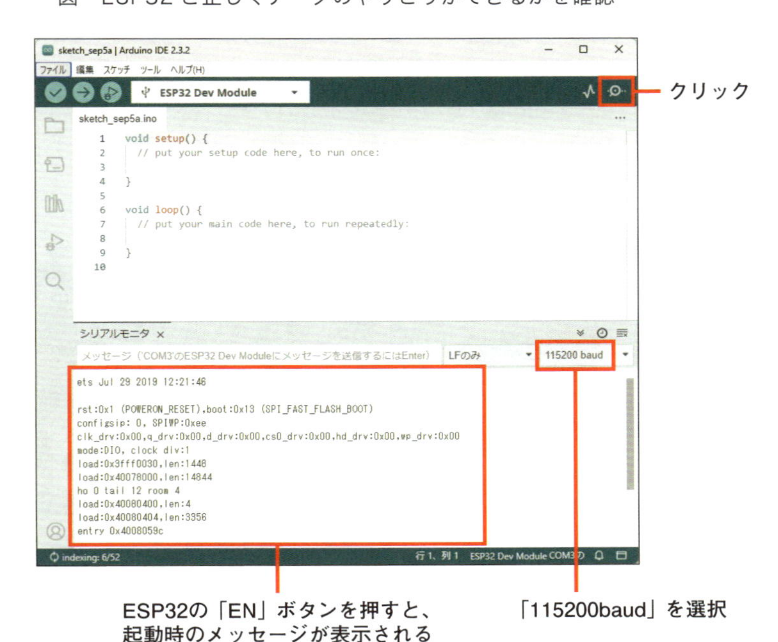

ESP32にプログラムを転送する

作成したプログラムは、ESP32に書き込むことでプログラムが実行されます。書き込みには、画面左上にある「書き込み」(「→」のアイコン)をクリックします(**下図**)。すると、プログラムをコンパイルしたのち、ESP32に書き込みが開始します。画面右下に「書き込み完了」と表示されたら書き込み完了です。

図　プログラムをESP32へ書き込む手順

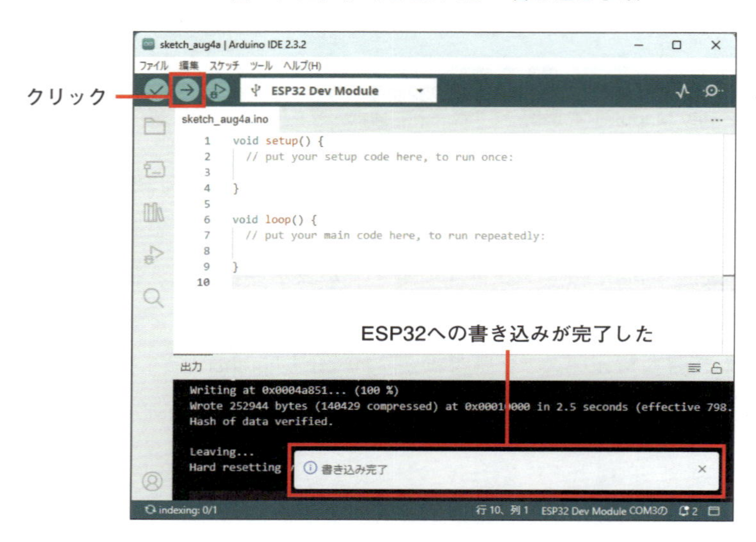

しかし、**下図**のように「Upload error」と表示された場合は、書き込みできなかったことを表します。

図　ESP32への書き込みが失敗したときの画面

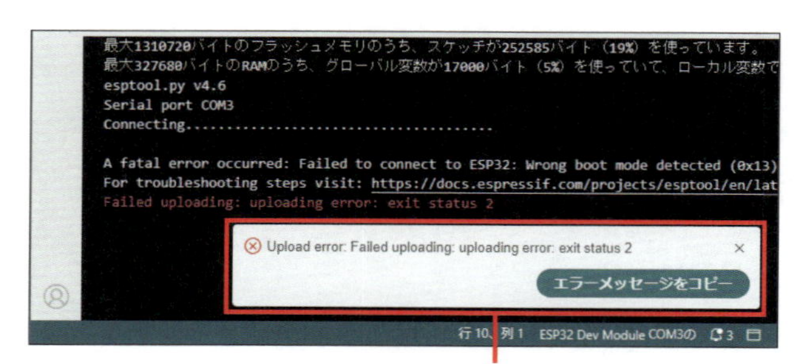

この場合は、ESP32の基板上にあるボタンを操作して、書き込み可能な状態にします(**下図**)。Arduino IDEで「書き込み」ボタンをクリックしたあと、ESP32の「Boot」ボタンを押しっぱ

なしの状態にします。この状態で、次に「EN」ボタンを1回押します。これで書き込み可能な状態になります。「Boot」ボタンは、書き込みが完了するまでを押し続けてください。書き込みが完了したら「Boot」ボタンから手を離します。

図　ESP32の基板上のボタンを操作してESP32を書き込み可能な状態に切り替える

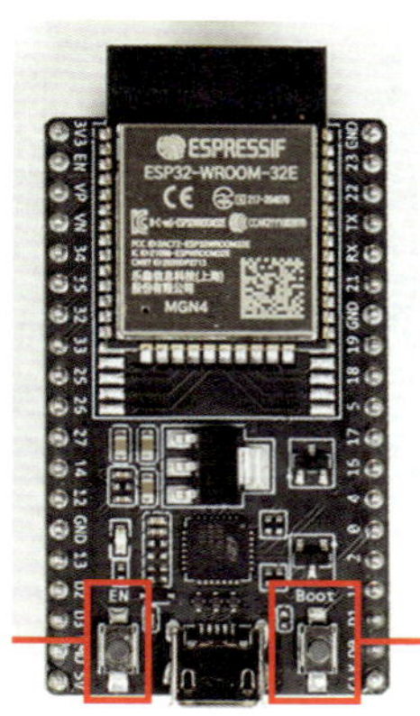
ESPRESSIF
ESP32-WROOM-32E
MGN4
EN
Boot
②「EN」ボタンを1回押す
①「Boot」ボタンを書き込みが完了するまで押し続ける

（日経BP撮影）

■ボタン操作せずに書き込む

前述したように、ESP32への書き込みには「Boot」ボタンを押しっぱなしの状態にする必要があります。けれども、いちいちボタンを押しっぱなしにするのは不便と感じるでしょう。その場合には、コンデンサーを接続することでボタン操作が不要となります。

コンデンサーは､1～10μFの間で選択します。ここでは10μFを利用することにします。秋月電子通商などで購入できます。

◉積層セラミックコンデンサー 10μF（秋：108155）

コンデンサーは、一方の端子をESP32の「EN」端子、もう一方を「GND」端子に接続します（**下図**）。積層セラミックコンデンサーの代わりに、電解コンデンサーを使うこともできます(秋:110590)。この際、電解コンデンサーには極性があるので、「－」と印字されている端子をGNDにつながるようにします。

図　EN端子にコンデンサーを取り付ける

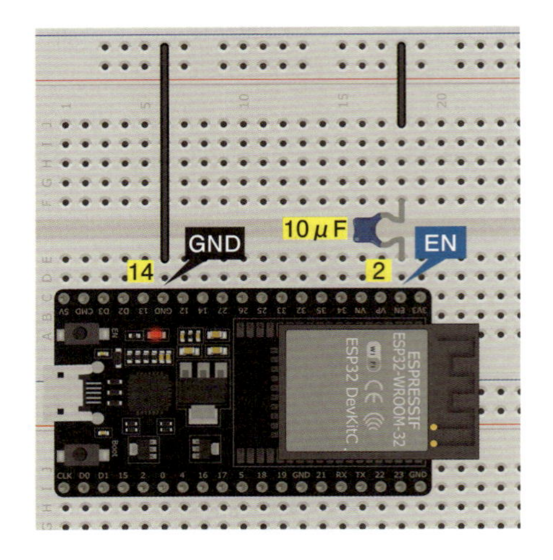

(Fritzingで作成)

これで「Boot」や「EN」ボタンを操作しなくても書き込みができるようになります。

ESP32から送られてきた文字列を表示

ESP32をPCに接続することで、ESP32から文字列を送り、PCで受け取ることができます。この取得した文字列はArduino IDEの「シリアルモニタ」で確認できます。ESP32に接続したセンサーの計測結果を、PCに送ることで計測した値を確認できます。計測値を確認するだけでなく、プログラムが正しく動作しない場合に、変数の内容などをPCに送って確認することで問題を見つけ出すことができます。

シリアルモニタを試すため、所定の文字列をPCに送るプログラムを作成してみます。**下図**のプログラムを入力します。

ソース　ESP32から文字列を送るプログラム

smonitor.ino

```
void setup() {
  Serial.begin( 115200 ); ── シリアル通信ができるようにする
}

void loop() {
  Serial.println("Message from ESP32."); ── 送信する文字列を指定する

  delay( 1000 );
}
```

「Serial.begin()」でPCとシリアル通信できるようにしています。カッコの中には通信速度を指定します。ESP32は初期状態で115200bpsとなっているため、「115200」と指定します。「Serial.println()」のカッコの中に、送信する文字列を指定します。ここでは「Message from ESP32.」と表示するように指定しています。

作成できたら、画面左上の「書き込み」ボタンをクリックして、ESP32にプログラムを転送します。

転送が完了したら、画面右上の「シリアルモニタ」(虫眼鏡のアイコン)をクリックします(**下図**)。シリアルモニタの右にある通信速度は「115200baud」を選択します。これで「Message from ESP32.」という文字列が表示されます。

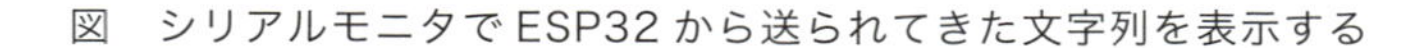
図　シリアルモニタでESP32から送られてきた文字列を表示する

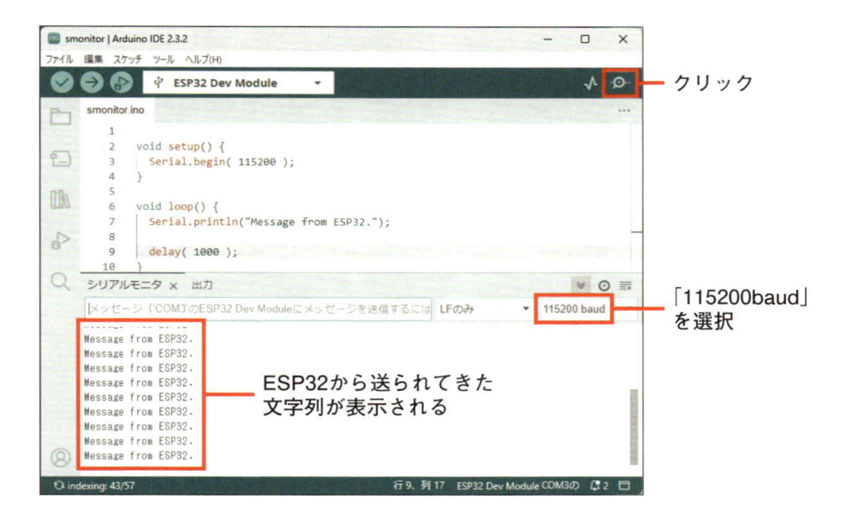

コラム

VSCodeからESP32へプログラムを書き込む

VSCodeを使ってもプログラムを作成してESP32へ書き込みできます。事前準備として2-2のコラムを参照してVSCodeとPlatformIOを準備しておきます。

VSCodeの「エクスプローラー」で、作成したESP32のプロジェクト内にある「src」-「main.cpp」にプログラムを作成します。プログラムはArduino IDEと同じように作成します。ただし、必ず行頭に「#include <Arduino.h>」と記述し、Arduino関連のライブラリを利用できるようにしておきます。このライブラリはデジタル入出力などといった基本的な関数を含んでおり、ESP32でも利用できます。

試しに、p.58で作成したシリアル通信のプログラムを、VSCodeでESP32に書き込んでみましょう。まずは、ESP32をUSBケーブルでPCに接続します。次に、**下図**のようにmain.cppにプログラムを記述します。記述したら、画面下にある「→」をクリックします。すると、プログラムがコンパイルされたあと、ESP32に書き込まれます。画面下にあるターミナルに「SUCCESS」と表示されれば、正常に書き込みできています。

図　プログラムを作成してESP32に書き込む

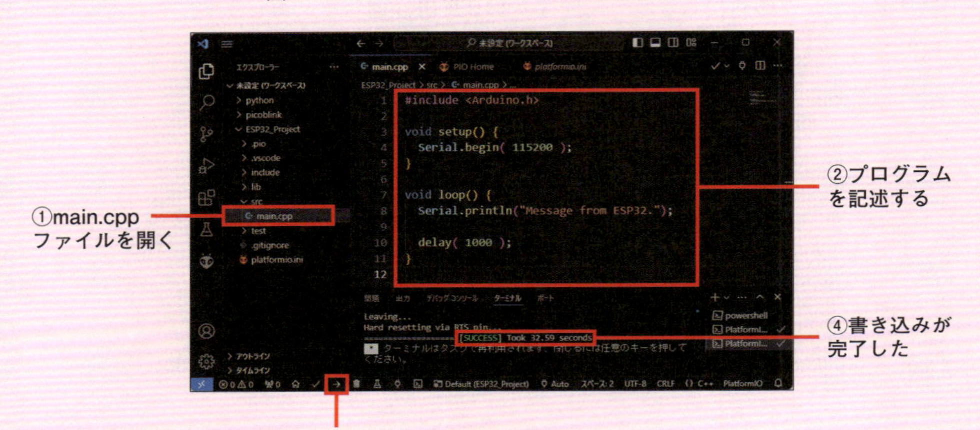

では、書き込んだプログラムを実行しましょう。ESP32からシリアル通信で送られてきた内容を表示したい場合は、シリアルモニタを利用します。ただし、通信速度を115200bpsに変更する必要があります。そのためには、「エクスプローラー」から「platformio.ini」ファイルを開き、**下図**のように末尾に「monitor_speed = 115200」の1行を追記します。追記したあとは、一度、VSCodeを再起動しておきます。

図　シリアルモニタの通信速度を変更する

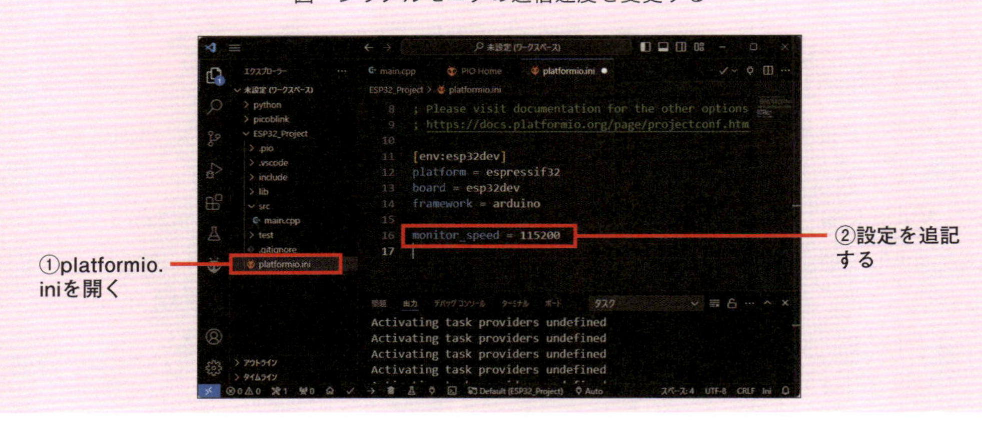

VSCおでの再起動後、画面下にある「PlatformIO: Serial Monitor」（コンセントのアイコン）をクリックします。すると、「ターミナル」に、ESP32から送られてきた文字列が表示されます（**下図**）。

図　ESP32からシリアルモニタ送られてきた文字列を表示する

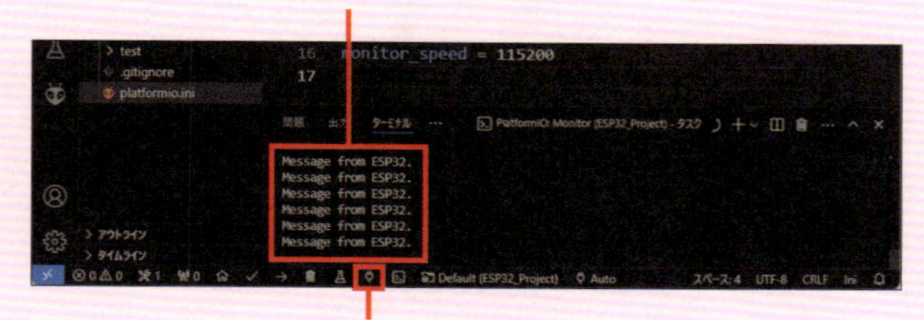

第3章

C言語の基本

3-1 C言語で作成したプログラムを実行する

ESP32で電子パーツを制御するにはプログラムの作成や実行に関する知識が欠かせません。第3章では、C言語を使ったプログラミングの基本を解説します。まずこの3-1では、簡単なプログラムを実際に作成して実行してみましょう。プログラムの作成から実行まで、すべての作業は第3章で導入したArduino IDEでこなせます。

第2章では統合開発環境（IDE）のArduino IDEを導入し、C/C++（以下、C言語）を使ったESP32向けプログラムの開発環境を準備しました。この第3章では、構築した開発環境を使って実際にプログラムを作ったり動かしたりしてみましょう。ただし、そのためにはプログラミング言語の「C言語」について、必要最小限の知識は持っておかなければなりません。

そこでまず3-1では、C言語プログラミングの基本となるコードの記述方法や実行方法について見ていきましょう。ここではまだESP32は使わず、PC上でプログラムを実行します。次の3-2では、C言語プログラムの作成においてよく使われる制御文や配列、関数についての基本を説明します。

なお、Arduino IDEでは、プログラムのことを「スケッチ」と呼びますが、本書ではプログラムと記載しています。

Arduino IDEの画面

Arduino IDEは本書を通じて利用するツールです。画面構成と搭載する機能について、最初に押さえておきましょう（**下図**）。

図　Arduino IDE の画面構成

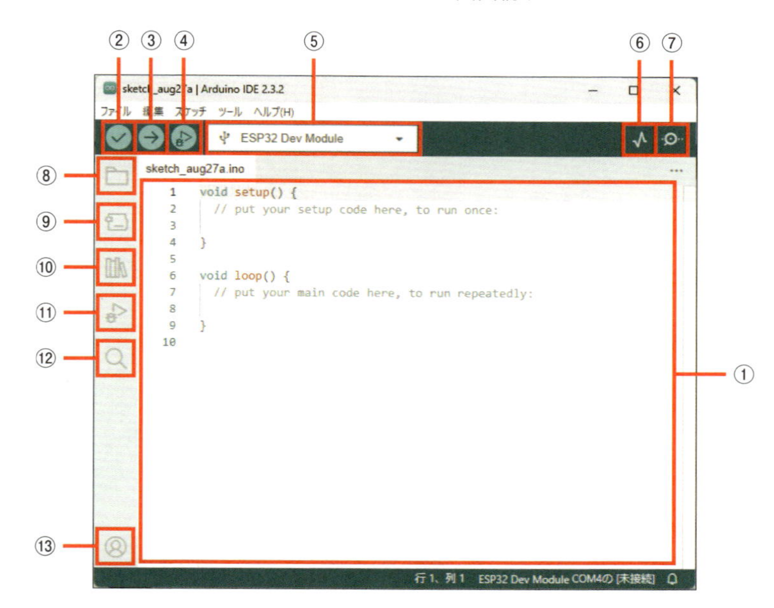

① 編集エリア（エディタ）

プログラムを入力するエリアです。構文を解析して色分け表示する「シンタックスハイライト」機能を備えており、「while」「#include」「Serial.println()」といった命令や制御文、関数、数値などが見やすく色分け表示されます。複数のプログラムを同時に開いて切り替えられるタブ機能も備えています。

② 検証

記述したプログラムが正しいかを確認します。このボタンをクリックしてもプログラムはESP32へは送られません。なお、⑤で利用するボードを選択していない場合は、検証が実行されません。

③ 書き込み

プログラムをコンパイルしたあと、ESP32へ転送します。書き込みには⑤で利用するボードと転送するポートを選択する必要があります。

④ デバッグの開始

デバッグ機能を使うことで、プログラムを検証しながら実行できます。プログラムの誤りを見つける際に役立ちます。なお、デバッグ機能を利用するには、マイコンボードがデバッグ機能に対応している必要があります。本書で利用している「ESP32-DevKitC」は、単体でのデバッグはできません。別途、デバッグ用機器をつなげるなどの準備が必要です。

⑤ ボードとポートの選択

利用するボードの種類と、転送するポートを選択します。

⑥ シリアルプロッタ

シリアル通信で送られてきた数値をグラフに表示します。例えば温度や湿度を定期的にシリアル通信で送ることで、温度や湿度の変化をグラフで確認できます。

⑦ シリアルモニタ

ESP32からシリアル通信で送られてきた文字列を表示します。また、シリアルモニタから文字列をESP32へ送ることも可能です。

⑧ スケッチブック

保存済みのプログラムを開きます。Arduinoが提供するクラウドサービス「Arduino Cloud」に保存したプログラムを開くことも可能です。

⑨ ボードマネージャ

マイコンボードの管理をします。利用するマイコンの情報をボードマネージャで取得することで、プログラム開発が可能となります。

⑩ ライブラリマネージャー

プログラムの機能を追加できるライブラリを管理します。ディスプレイやセンサーによってはライブラリを追加することでプログラムが容易に作成できるようになります。

⑪ デバッグ

プログラムが正常に動作しているかを確認できるデバッグ機能を表示します。変数の内容を表示したり、プログラムの実行を一時的に停止するブレークポイントの設定などができます。

⑫ 検索

プログラム内の文字列を検索します。正規表現を利用した検索にも対応しています。

⑬ Arduino Cloud

Arduinoが提供するクラウドサービス「Arduino Cloud」にログインできます。プログラムをクラウド上に保存しておくことで、外出先からでも容易にプログラムを呼び出すことができます。

プログラムの構造

Arduino IDEでは、初めてアプリを開くと、「sketch_＜月日＞＜アルファベット＞.ino」というファイル名が付いたタグが開きます。8月27日に開いた場合は「sketch_aug27a.ino」となります。ここには、あらかじめ「void setup()」と「void loop()」という二つの関数が表示されています（**下図**）。

ESP32のプログラムでは、「setup()」と「loop()」の二つの関数が必要となります。setup()には、ESP32に電源が投入されたあと、1度のみ実行されるプログラムを記述しておきます。一般的に初期設定などといった1回のみ実行すればよい命令を記述します。

一方、loop()には、setup()の後ろに実行されるプログラムを記述しておきます。また、loop()の最後まで達すると、再度loop()の内容を初めから繰り返し実行するようになっています。センサーの状態を計測したり、LEDを点灯制御したりするような、プログラムのメインとなる内容を、ここに記述します。

なお、ライブラリを読み込んだり、プログラム全体で利用する変数を定義したり、独自の関数を用意したりする場合は、setup()やloop()の外側に記述します。

図　プログラムの構造

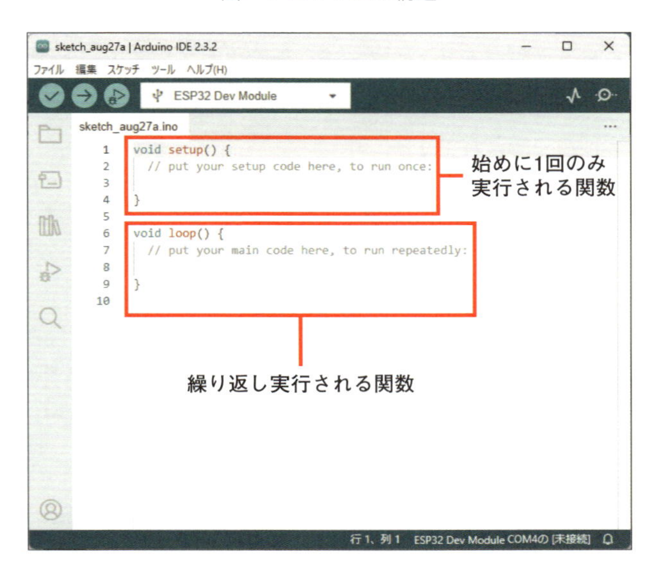

■プログラムの保存

作成したファイルは、「ファイル」メニューの「Save」を選択することでファイルに保存できます。初めて保存する場合は、プログラムの名前を尋ねられるので、任意の名前を入力して「保存」をクリックします（**下図**）。

図　プログラムの保存

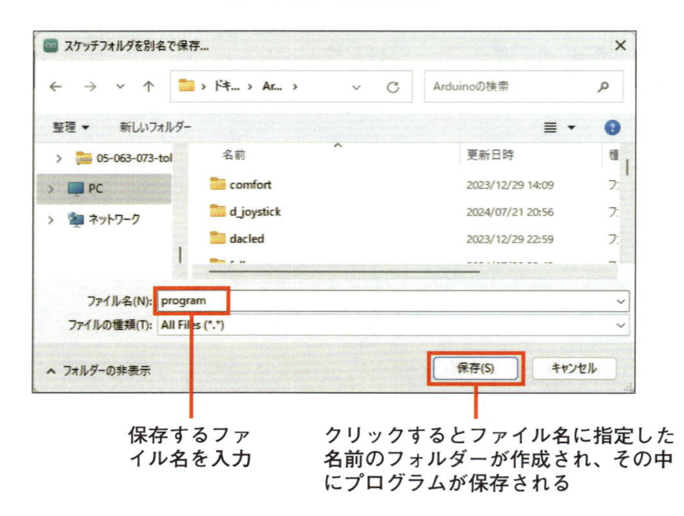

すると、ファイル名と同じ名前のフォルダーが作成され、その中にプログラムのファイルが保存されるようになっています。プログラム名には「.ino」という拡張子が付きます。

なお、Arduino IDEでは、プログラムは同じ名前のフォルダー内に配置されている必要があります。もし、ファイル名とは異なるフォルダー内に保存されていると、**下図**のような警告が表示されます。「OK」をクリックするとプログラムのファイル名と同じフォルダーが作成され、その中にプログラムファイルが配置されます。

図　プログラムのファイルが同じ名前のフォルダーに保存されていないと警告が表示される

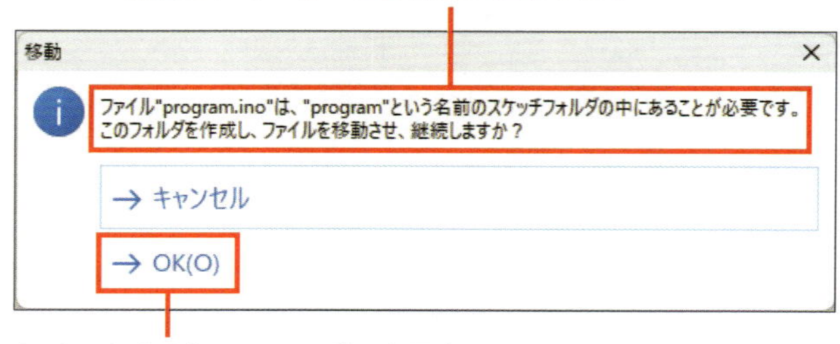

■簡単なプログラムを作成して実行してみる

Arduino IDEを使って、簡単なメッセージを表示するプログラムを作成してESP32で実行してみましょう。以下のように記述します。

ソース　メッセージを表示するプログラム

message.ino

```
void setup() {
    Serial.begin( 115200 );
}

void loop(){
    Serial.println( "ESP32." );
    delay( 1000 );
}
```

Serial.begin()は、シリアル通信でArduino IDEに文字列などを送るシリアル通信を利用できるようにしています（2-3を参照）。こうすることで、ESP32から送られてきた文字列をPC上で確認できるようになります。

Serial.println()は、カッコ内に記載した内容をシリアル通信でPCに送信する「関数」です。関数とは何かについてはあとで詳しく説明します。ここではざっくり「実行したい処理あるいは機能を表すもの」とイメージしておいてください。

このSerial.println()で文字列を表示したい場合は、上記ソースコードのようにダブルクォーテーション（"）またはシングルクォーテーション（'）で文字列を括ります。つまり、このプログラムは「ESP32.」というメッセージをPCに送るプログラムということになります。なお、Serial.println()は文字列に改行コードを付加してPCへ送ります。もし改行コードを付けたくない場合には、Serial.print()を利用します。

delay()は、指定した時間（ミリ秒単位）だけ待機する関数です。上記のソースコードでは1秒間待機するようにしています。

なお、C言語では、関数などを記述した後ろに区切りとなる「;」を記載しておきます。「;」が無いと正しく実行できません。

編集エリアに上記ソースコードを入力したら、「ファイル」メニューの「Save」を選択してプログラムを保存しておきましょう。

保存を終えたら実行してみます。ESP32をPCに接続し、ボードとポートを選択しておきます(2-3を参照)。次に、ツールバー上の「書き込み」をクリックします。すると、プログラムがコンパイルされたあと、ESP32へ送られます。もし、エラーが表示されてESP32にプログラムが書き込めない場合は、2-3で説明したように書き込み処理中は「Boot」ボタンを押し続けるか、

「EN」端子にコンデンサーを取り付けるかなどすることで書き込めます。

書き込みが完了したら、ツールバー上の「シリアルモニタ」をクリックします。すると、画面下にシリアルモニタが開き、そこにESP32から送られてきた文字列が表示されます。上記のプログラムでは**下図**のように「ESP32.」と1秒ごとに表示されます。

図　作成したプログラム「message.ino」をESP32で実行する

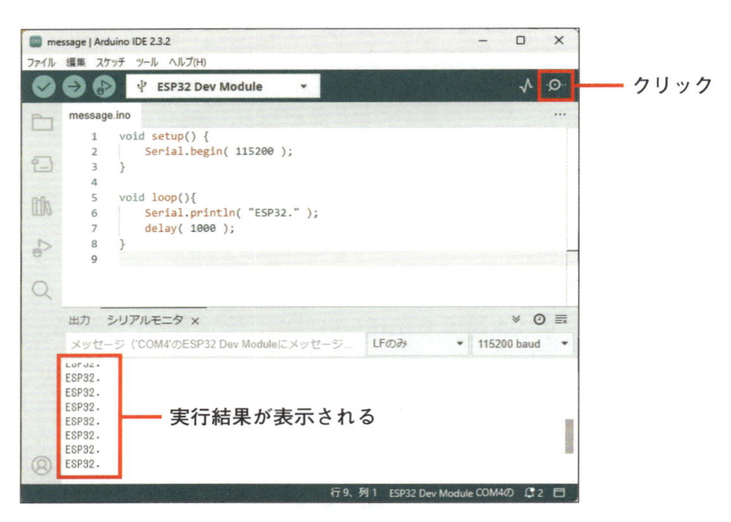

もしプログラムに誤りがあると、エラーメッセージが表示されます（**下図**）。この図では、メッセージ内容からSerial.println()の末尾に「;」を忘れていたことが原因だったと分かります。より詳しい内容は「出力」タブを開くと確認できます。

図　プログラムに誤りが見つかるとエラーが表示される

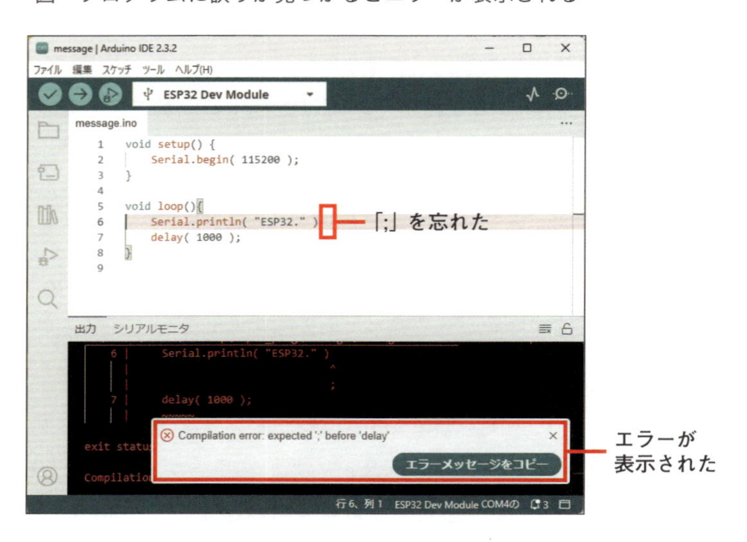

数値や文字を格納しておく「変数」

プログラムでは、計算した結果や設定値などを一時的に記憶しておく「変数」を利用できます。C言語で変数を利用する場合は、あらかじめ宣言しておき、どのようなデータ型の変数であるかを明確にしておく必要があります。例えば、整数を格納する変数であれば「int」というデータ型で宣言しておきます。宣言は、**下図**のように「データ型」と「変数の名前（変数名）」の順に記述します。この図の例では「value」という名前の変数を整数型で宣言しています。

図　変数の宣言方法

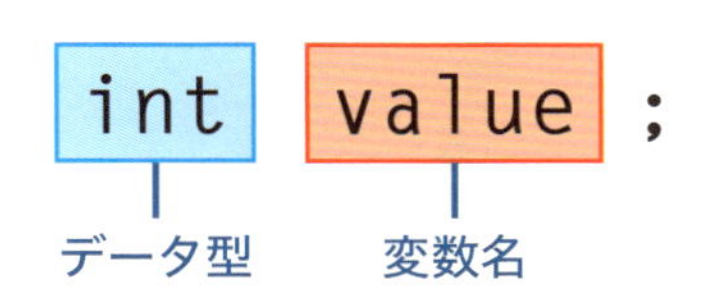

前述した整数を格納するint以外にも**下表**のようなデータ型が利用できます。booleanは0か1のいずれかを格納できます。0と1の代わりに「false」、「true」を指定しても構いません。

charは1バイト（8ビット）の値を格納できます。マイナスを表すことができ、-128～127の整数を扱えます。また、半角文字の1文字を格納することも可能です。intとlongは4バイト（32ビット）の整数を扱えます。なお、intについてはESP32では4バイトですが、他のマイコンでは2バイト（16ビット）の場合もあります。floatは小数を扱えるデータ型となっています。

表　C言語で利用できる主なデータ型

データ型	意味	格納できる値の範囲
boolean	0または1のいずれかを格納できる。なお、0は「false」、1は「true」と指定することも可能	0,1
char	1バイト（8ビット）の値を代入できる。数値だけでなく1文字を格納するのにも利用される	-128～127
int	ESP32の場合は、4バイト（32ビット）の値を代入できる。なお、マイコンボードによっては2バイト（16ビット）の場合もある	-2,147,482,648～2,147,483,674
long	4バイト（32ビット）の値を代入できる	-2,147,482,648～2,147,483,674
float	4バイトの小数を代入できる	$-3.4028235 \times 10^{38}$～$3.2028235 \times 10^{38}$

それぞれのデータ型の前に「unsigned」を付けると正の数のみを扱うことができるようになります。この場合は、格納できる数値の範囲すべてを正の数で利用するため、unsignedを付けない場合に比べて倍の正の数を扱えるようになります。例えば、charであれば「unsigned char」と指定することで、0～255の値を扱えます。

intは、バイト数を明示することもできます。「int16_t」と指定すると2バイト（16ビット）にすることができます。さらに、「uint16_t」のように「u」を付けると正の数のみを扱えます。

宣言した変数に値を格納するには、**下図**の形式で表記され、「左側に記載した名前（変数名）」に「右側に記載した値」を代入できます。図の例では「value」という名前の変数に「1024」を代入しています。

図　変数に値を代入する

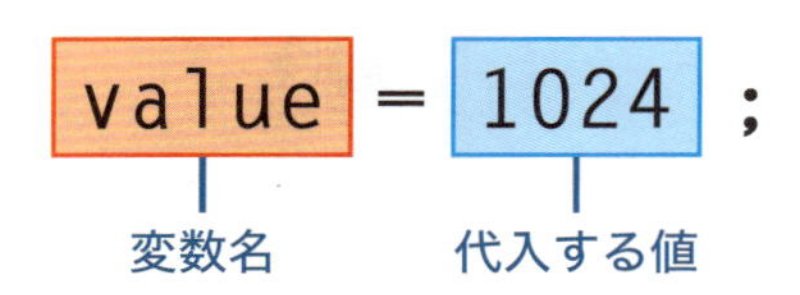

下図のように、変数の宣言と同時に値を格納することも可能です。

図　変数の宣言時に値を代入する

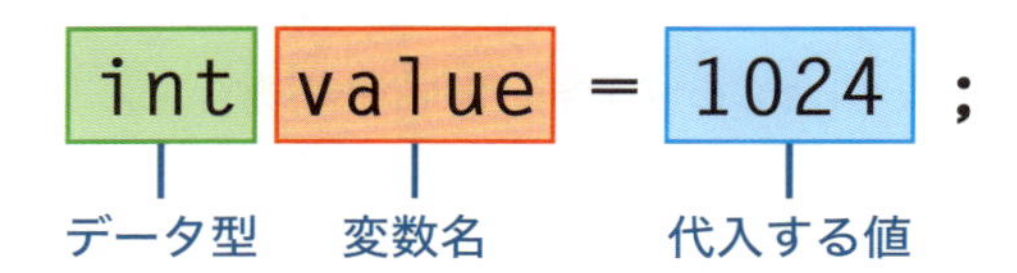

プログラム中では、変数名を指定することで格納されている値を読み出して利用できます。例えば、変数valueに格納されている値を読み出して表示するには、Serial.println(value)とカッコ内でvalueを指定してSerial.println()関数を記述します（**下図**）。このとき、ダブルクォーテーションやシングルクォーテーションで変数名を括ってはいけません。そのまま「value」という文字列が表示されてしまいます。

図　変数に格納した値を利用する

■数値の演算とデータ型の変換

C言語で数値を計算するには、**下表**に示す「演算子」を使います。

表　C言語で数値計算に使える演算子

演算子	意味	例
+	加算	1 + 5(計算結果:6)
-	減算	16 - 4(計算結果:12)
*	乗算	8 * 9(計算結果:72)
/	除算	13 / 4(計算結果:3.25)
%	除算の余り	13 % 4(計算結果:1)

「＜変数名＞＝＜計算＞」のように記述することで、計算結果を変数に代入できます。例えば、「5 * 6」の計算結果を「answer」に代入するには次のように記述します。

```
answer = 5 * 6;
```

計算式に変数名を指定して計算することも可能です。例えば、「pi」に3.14を代入しておき、次のように計算すれば、「pi」の部分が格納している値の3.14に置き換えられて計算されます。

```
answer = 4.5 * pi;
```

「(データ型)」のように変換する値の前に指定することでデータ型を変えることが可能です。例えば、以下のようにfloatの変数piの値を整数を格納するデータ型のintに変換する場合は、以下のようにしてします。なお、floatからintに変換すると、小数点以下の数は切り捨てられます。

```
float pi = 3.14;
int value;

value = (int)pi;
```

コメントでプログラムを分かりやすくする

以前作成したプログラムのソースコードを久しぶりに開いて見たとき、自分が作成したプログラムなのに何を意図しているか思い出せないことがあります。そうした事態を避けるために、あらかじめプログラムを作成する際、要所となる個所にコメントを書き込んでおくことをお勧めします。

C言語におけるコメントの記述方法は2パターンあります（**下図**）。複数の行にまたがってコメントを記述したい場合は、「/*」と「*/」でコメントの内容を括ります。作成したプログラムがどのようなプログラムなのかを、冒頭にしっかり書いておく目的などで利用するとよいでしょう。

一方、1行で済む場合はコメントの前に「//」を付けます。対象の行がどのような処理をしているのか、変数にどんな値を指定するのかなど、簡単な説明を付記したい場合に役立ちます。

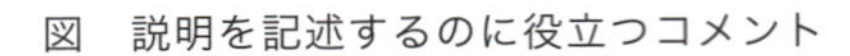
図　説明を記述するのに役立つコメント

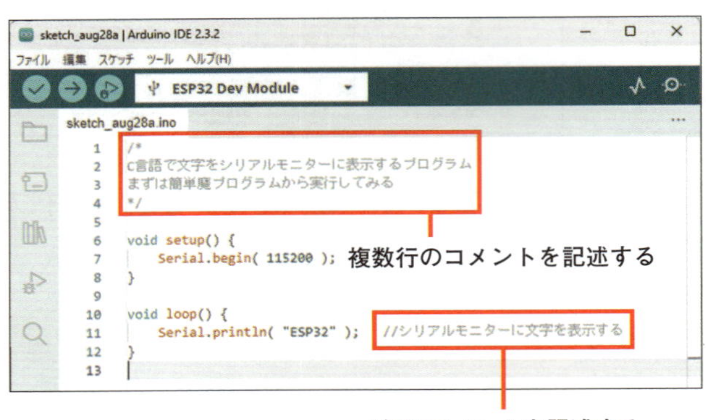

なお、コメント部分はプログラム実行時には無視されるため、動作に影響を与えません。ただし、「*/」で閉じるのを忘れたり、複数行のコメントに対して初めの行にだけ「//」を付けると、プログラムが正しく動作しなくなるので注意しましょう。

ライブラリを使う

2-2で説明したように、よく利用する機能をまとめた「ライブラリ」を用意しています。例えば、文字を表示する、一定時間待機する、高度な計算をする、画像を認識するといった機能です。こうした機能を備えたライブラリをプログラムに取り込んで利用することで、自分ですべてのコードを書く必要がなくなり、プログラム作成にかかる手間を大幅に削減できます。ESP32向けに多くの便利なライブラリが提供されています。さらに、Arduino社のマイコンボードArduino向けであったとしても、一部のライブラリはESP32で利用可能です。

ライブラリを利用するには、「#include」文でライブラリ名（ヘッダーファイル）を指定します。例えば、時間の処理に関連するライブラリ「time」を使いたい場合には、**下図**のようにプログラムの先頭部分に「#include <time.h>」と記述します。この際、行末には「;」を記載しないので注意しましょう。

図　ライブラリを取り込んで利用する（インクルード）

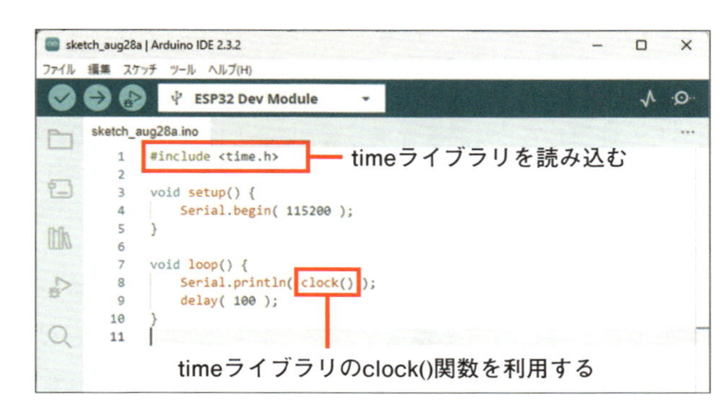

この図にある通り、ライブラリ名は「< >」で括ります。なお、プログラムと同じフォルダー内にあるライブラリを読み込む場合は「""」で括ります。この場合は、フォルダー内に対象のライブラリが見つからなかった場合は、Arduino IDEのライブラリを管理するフォルダー内からライブラリを探します。

これで、ライブラリ内の機能を利用できるようになります。この図では、timeライブラリを呼び出し、その中にある「clock()」関数を利用しています。clock()では、起動からどの程度時間が経過したかをミリ秒単位で取得できます。

3-2 C言語の基礎

プログラムを作成するには、3-2で説明した変数や演算子だけでなく、条件分岐や繰り返しといった制御文の使い方も理解しておく必要があります。このほか配列や関数などについても、ESP32向けにプログラムを作る上で最低限必要な知識として押さえておきましょう。

3-2では、Arduino IDEを使って簡単なC言語のプログラムを作って動かす方法を紹介しました。変数に値を代入したり、変数の内容を表示する方法などについて説明しましたが、実用的なプログラムを作るにはこれだけでは不十分です。そこで3-2ではもう一歩進んで、実用的なプログラム作成に欠かせない「条件分岐」「繰り返し」「配列」「関数」などについて見ていきましょう。

条件によって処理を分ける「条件分岐」

プログラムでは、特定の条件が成立するかどうかで処理を分けたいことがあります。例えば、「温度を計測した際､所定の温度より高かったら警告を発する」という具合です。こうした場合に利用するのが「条件分岐」です。設定した条件が成立する場合に実行する処理を記述できます。

C言語では条件分岐に「if」を使います（**下図**）。ifの後ろのカッコ内に条件を指定します。この条件が成立する場合には､後ろに続く「{ }」で括った中に記載された処理を実行します。なお、必須ではありませんが、{ }の中に記載する処理は、各行の頭に同じ数のスペースを入れるなどして字下げをする「インデント」をすることでプログラムが見やすくなります。

図　条件分岐を行う「if」文の記述方法

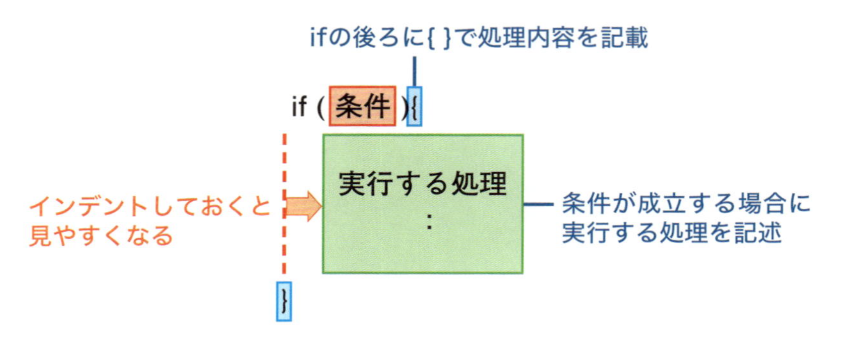

さらに、「else if」を使って別の条件を追加することも可能です（**下図**）。ifの条件が成立しなかった場合､次に記述したelse ifの条件を確かめます。成立する場合は後ろに続く{ }内の処理を実行します。else ifはいくつでも増やすことができ、多数の条件分岐をまとめて実行可能です。

図　「else if」で複数の条件分岐を追加する

```
if ( 条件1 ){
    条件1が成立する場合に実行
        :
} else if ( 条件2 ) {
    条件2が成立する場合に実行
        :
} else if ( 条件3 ){
    条件3が成立する場合に実行
        :
}
```

別の条件を追加できる

ifとelse ifで指定したすべての条件が成立しない場合、条件分岐の処理は終わり、次の行の処理に移ります。もし、すべての条件が成立しない場合に所定の処理を実行したい場合には「else」を使います（**下図**）。

図　すべての条件が成立しない場合に処理を実行するには「else」を使う

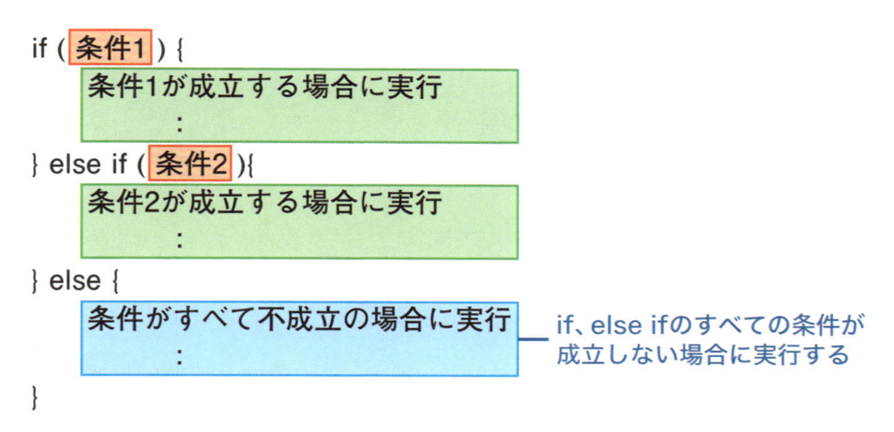

ifやelse ifに指定する条件には、**下表**に示す「比較演算子」が利用できます。比較演算子で指定した条件が成立する場合には「真（true）」、不成立の場合は「偽（false）」となります。ifやelse ifでは、比較演算子の結果が真である場合にそれぞれの後ろの{ }内の処理が実行されます。例えば、条件を「value == 5」と指定すれば、valueが5の場合に真となり、後ろに続く{ }に記述した処理が実行されます。

&&や|| といった「論理演算子」を使うことで、複数の比較演算子をつなぎ合わせて条件を判定できます。例えば、「(value >= 5) && (value <= 10)」と指定すれば、valueが5以上10以下の場合に真となります。

表　if条件に利用できる比較演算子と論理演算子

比較演算子

演算子	意味	利用例
==	右辺と左辺が同じ値の場合に真	value == 5(valueが5の場合に真)
!=	右辺と左辺が異なる値の場合に真	value != 5(valueが5以外の場合に真)
>	右辺が左辺より超過する場合に真	value > 5(valueが5より超過する場合に真)
>=	右辺が左辺以上の場合に真	value >= 5(valueが5以上の場合に真)
<	右辺が左辺未満の場合に真	value < 5(valueが5未満の場合に真)
<=	右辺が左辺以下の場合に真	value <= 5(valueが5以下の場合に真)

論理演算子

演算子	意味	利用例
&&	右辺と左辺のどちらの真の場合に真	(a == 1) && (b == 1) aとbのどちらも1の場合は真
||	右辺と左辺のいずれかが真の場合に真	(val >= 5) || (val <= -5) valが5以上または-5以下の場合は真
!	右に指定した値などが真の場合は偽、偽の場合は真	! ((a == 1) || (b == 1)) aとbのいずれも1でない場合に真

C言語では、真は「true」、偽は「false」と記述できます。また、真は「0以外の数字」、偽は「0」と数値で指定しても構いません。例えば、「if(0.1)」のように条件として数値を指定しても真か偽かを判別できます。この場合は0以外の数字なので真となります。

条件分岐を使ったプログラムを作成してみましょう。ここでは、24時間形式で指定した時間の値が12の場合は「Noon」、12未満の場合は「＜時間の値＞AM」、12より大きい場合は「＜時間の値＞PM」と表示するプログラムを作ります。作成したプログラム「if_time.ino」の内容を以下に示します。

ソース　24時間形式で指定した時間をNoon（正午）、AM（午前）、PM（午後）で表示するプログラム

if_time.ino

```
int now_time = 14; ── 24時間形式で時間を指定する

void setup(){
    Serial.begin( 115200 );
```

次ページに続く

```
}

void loop(){
    if ( now_time == 12 ){ ── now_timeが「12」であるかを確かめる
        Serial.println( "Noon" ); ── 「12」の場合に表示する
    } else if ( now_time < 12 ) { ── 「12未満」であるかを確かめる
        Serial.print( now_time );  ┐
        Serial.println( "AM" );    ┘─ 12未満の場合は午前の形式で表示
    } else { ── if、else ifの条件が成立しない場合に実行
        Serial.print( now_time - 12 ); ┐
        Serial.println( "PM" );        ┘─ 午後の形式で表示
    }

    delay( 10000 );
}
```


このプログラムではまず、判定したい時間をnow_time変数に格納します。そして、ifを使ってnow_timeが12であるかを確かめます。真（12）であれば「Noon」と表示し、偽（12以外の値）の場合は次のelse ifで12未満であるかを確かめます。これが真（12未満の値）の場合は「＜時間の値＞AM」と表示します。いずれの条件にも当てはまらない場合は12以上の値となるため、elseで指定した処理を実行して「＜時間の値＞PM」と表示します。

プログラムをESP32に転送し、シリアルモニタを開くと、now_timeに設定した数値（0～23の整数を指定してください）に合わせたメッセージが表示されます（**下図**）。

図　if_time.ino の実行結果

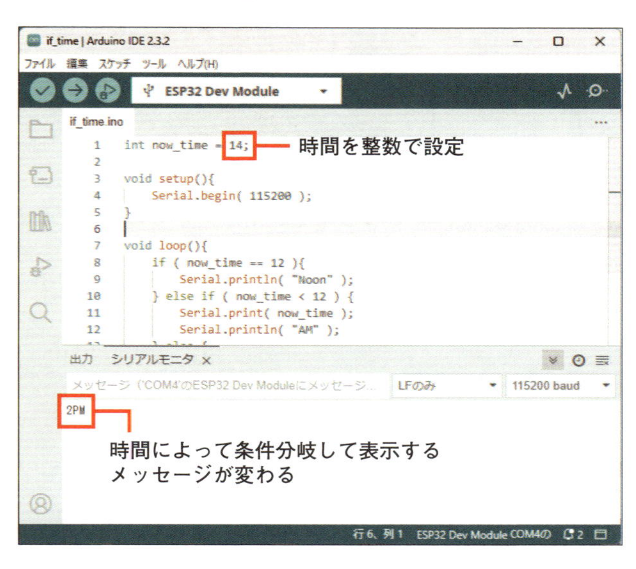

同じ処理を繰り返す「繰り返し」

プログラム中で何度も同じ処理を実行したいことがあります。void loop()に記載された内容は繰り返し実行されますが、このvoid loop()の中で、さらに別の繰り返しを実行したい場合もあります。例えば、温度センサーの計測値を平滑化するため、10回計測してその平均値を求めたりする場合です。こういう場合は「繰り返し（ループ）」文を利用します。C言語では、主に「while」と「for」という2種類の繰り返し文が使えます。

■条件が成立する間繰り返す「while」

「while」は、「指定した条件が成立している間ずっと処理を繰り返す」という繰り返し文です（**下図**）。条件は、ifのところで説明した比較演算子や論理演算子を使って指定できます。条件が真であると、while文の後ろの{ }内に記述したコードが実行されます。{ }の最後まで達すると再度whileの条件を判定し、真であれば{ }の内容を再度実行します。この繰り返しは判定結果が偽になるまで続きます。判定結果が偽になると繰り返しが止まり、{ }の後ろに記述した処理の実行に移ります。

図　条件が成立する間繰り返す「while」

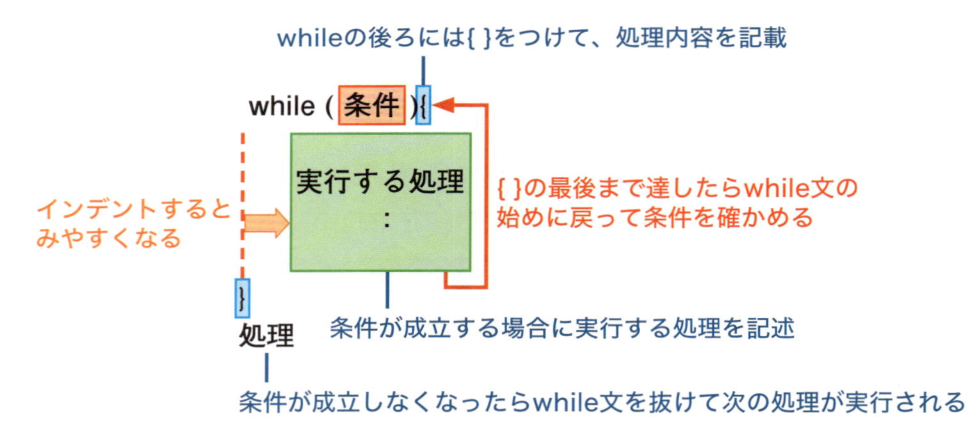

while文を使ったプログラムを作ってみましょう。1秒間隔でカウントを増やすプログラム「while_count.ino」の内容を以下に示します。

ソース　while 文を使って 1 秒間隔でカウントを増やすプログラム

while_count.ino

```
int finish_count = 20; ── カウントする回数を指定

void setup(){
    Serial.begin( 115200 );
}

void loop(){
    int count = 0; ── カウントを記録しておく変数
    while( count < finish_count ){ ── countがfinish_count以下である間は繰り返す
        count = count + 1; ── countを1増やす
        Serial.print( "Count : " ); ─┐
        Serial.println( count ); ────┴ カウントを表示する
        delay( 1000 ); ── 1秒間待機する
    }

    Serial.println( "Finish!" ); ── 繰り返しの条件を満たさなくなったら表示する

    delay( 10000 );
}
```

このプログラムは、while文で「変数countが変数finish_countよりも小さい」という条件が満たされている間、ブロック内の処理が繰り返し実行されます。ブロックの中では「カウントを1増やして表示し、1秒待つ」という処理を記述しています。実行すると、1、2、3……と1秒ごとにカウントアップされていき、20に達すると「カウント終了」と表示されて終了します（**下図**）。

図　while 文を使ったカウントプログラムの実行結果

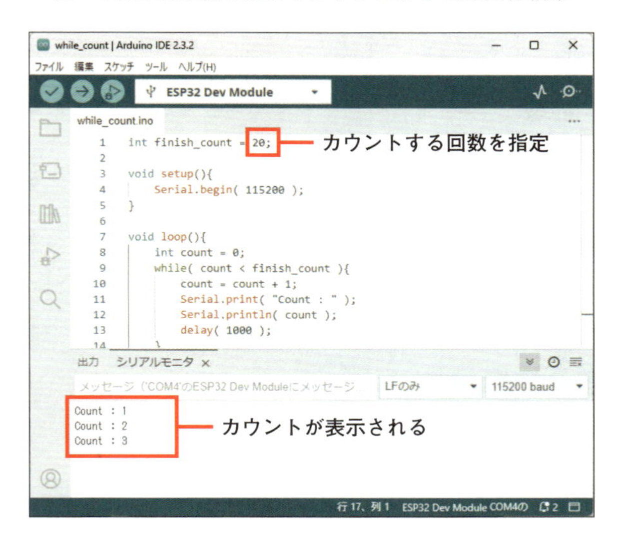

while文の条件を「true」と記述することで、永続的に繰り返し実行できます。

もし、途中で繰り返し処理を中止したい場合は「break」と記述します。すると、即座に繰り返し処理から抜け、whileの{ }の後ろに記載した処理に移ります。ただし、{ }の中にただbreakを記述しただけでは、1回目の実行ですぐ抜けてしまうため、while文を使う意味がありません。そこで通常は、ブロックの中にifを使った条件分岐を組み込みます。これにより、「ifの条件を満たしていたらbreakで抜ける。満たしていなければ繰り返す」という処理が可能になります。

同様に、{ }の中で「continue」を使うと、残りの処理をスキップして次の繰り返し処理（をするかどうかの条件の判断）に移行できます。これも通常はifと組み合わせて使います。

■初期化と変化を同時に記載できる「for」

前述したwhile文でカウントする場合は、カウントした値を格納しておく変数を用意し、繰り返すごとにカウントの値を増やしました。「for」を利用すると、変数の準備、繰り返しの条件、繰り返しした際の変化を一度に記載することができます（**下図**）。forの後ろの（）には、繰り返しを開始する初めに一度実行する処理、繰り返しの条件、再度繰り返しの前に実行する内容を「;」で区切って列挙します。

図　for文では初期化、条件式、変化を指定して繰り返しが可能

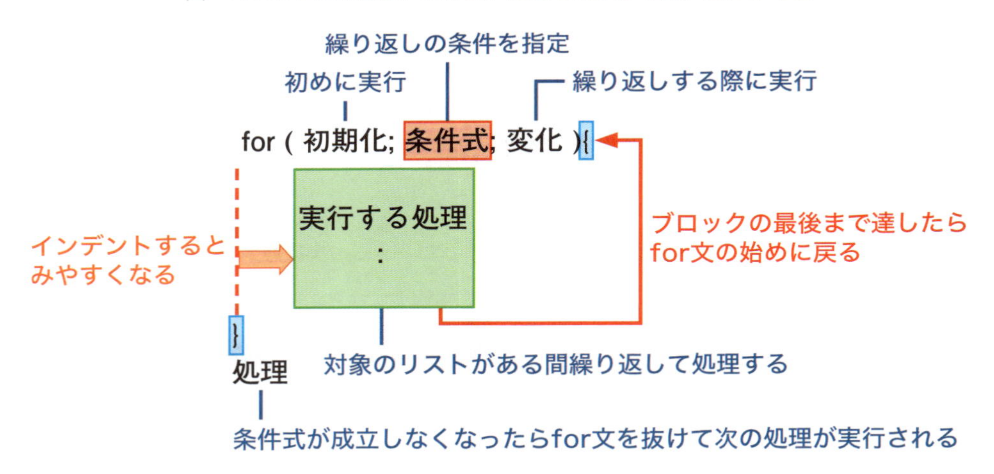

例えば、while文の利用例として紹介したカウントプログラムは、for文を利用すると次のようなプログラムに書き換えられます。

なお、変化の部分の「count++」は、「count = count + 1」と同じ意味で、countに格納されている値に1を足すことを表します。同様に、「count--」とすることで1を引くこともできます。

ソース 「while_count.ino」を for 文で書き換えたプログラム

for_count.ino

```
int finish_count = 20;

void setup(){
    Serial.begin( 115200 );
}

void loop(){
    for( int count = 0; count < finish_count; count++ ){
        Serial.print( "Count : " );
        Serial.println( count );
        delay( 1000 );
    }

    Serial.println( "Finish!" );

    delay( 10000 );
}
```


複数のデータをまとめて記録できる「配列」

3-1では、数値などの値を変数に格納できると説明しました。しかし、3-1の方法では、一つの変数に対し、一つの値しか保存できません。場合によっては、変数でデータを扱うには手間がかかってしまうことがあります。例えば、5カ所に温度センサーを配置して温度を保管する場合、通常の数値型を使うなら「temp_1」「temp_2」……のように5個の変数を個別に用意する必要があります。これでは、センサーの数が増えるほど変数も増えてしまい、記述するのも管理するのも大変です。このようなときは、複数のデータを一つの名前で管理できる「配列」を使います(**下図**)。

図に示すように、配列は「記録できる箱が並んでいる」と考えると分かりやすいでしょう。この箱のことを「要素」と呼びます。それぞれの要素には、指定したデータ型の値を格納できます。各要素には順番に「0」、「1」、「2」……と番号が付いています。この番号を指定することで、特定の要素にデータを書き込んだり読み出したりできます。

図　複数の値を格納しておける「配列」

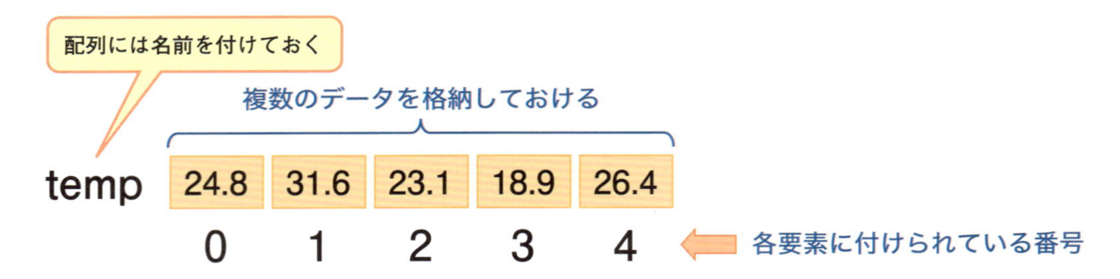

では実際に配列を使ってみましょう。まず、配列を**下図**のように準備します。配列の各要素に格納するデータ型を指定し、その後ろに配列の名前を記載します。配列の名前には[ ]を付け、[ ]の中には要素の数を指定します。図では整数を格納できる配列valueを要素5個で用意しています。

図　配列を準備する

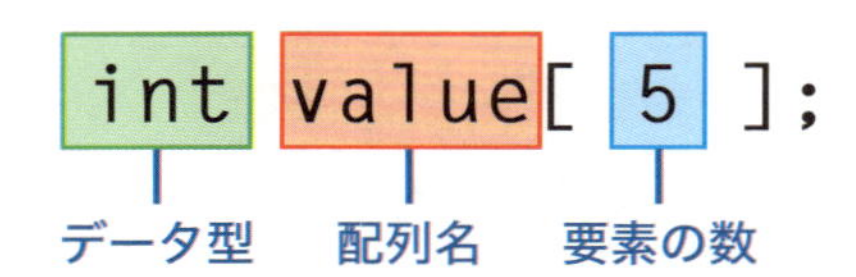

また、**下図**のように記述すると、配列を準備すると同時に、それぞれの要素に値を格納できます。配列に格納するデータは、{ }の中にカンマで区切りながら列挙します。列挙したデータは左から順に0番目、1番目、2番目……の要素に格納されます。この図の例であれば「25」が0番目、「18」が1番目、「31」が2番目の要素に入ります。

図　配列を準備すると同時に要素に値を格納する

```
int value[ 5 ] = { 25, 18, 31, -4, 0 };
```

0番目の要素　1番目の要素　2番目の要素　3番目の要素　4番目の要素

配列内の要素にデータを書き込んだり読み出したりするには、配列名の後ろに[ ]で対象の要素番号を指定します（**下図**）。例えば、配列valueの2番目の要素を使う場合は「value[2]」と指定します。「=」で値を指定（代入）すれば要素の内容を変更でき、Serial.println()に指定すれば要素に格納された値を表示できます。

図　配列の要素を利用する

■所定の要素の内容を書き換える

```
value[ 2 ] = 91;
```

配列名　対象の要素の番号

■所定の要素の内容を表示する

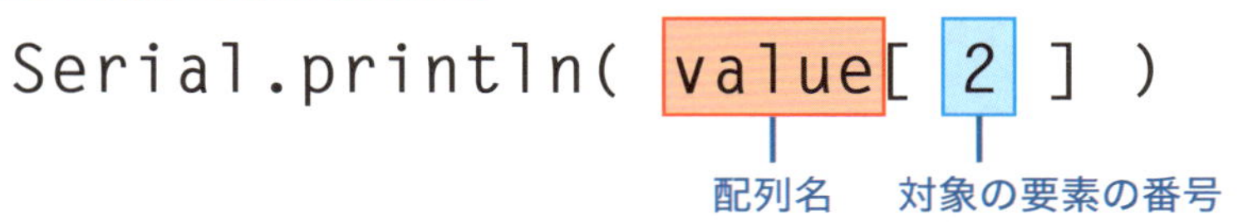

配列では、文字列を格納することもできます。文字列を扱う場合には、データ型をcharにしておきます（**下図**）。要素の数には、格納したい文字数を指定します。ただし、文字列の最後に終わりを表す「NULL（\0）」を格納することとなっています（\は［¥］キーでも入力できる）。このため、配列に指定した要素の数より1文字少ない文字列を格納できます。例えば、「ESP32」という5文字の文字列を格納したい場合は、NULLを格納する要素分を考えて配列の要素数は6個にしておきます。

図　文字列を格納する配列を用意する

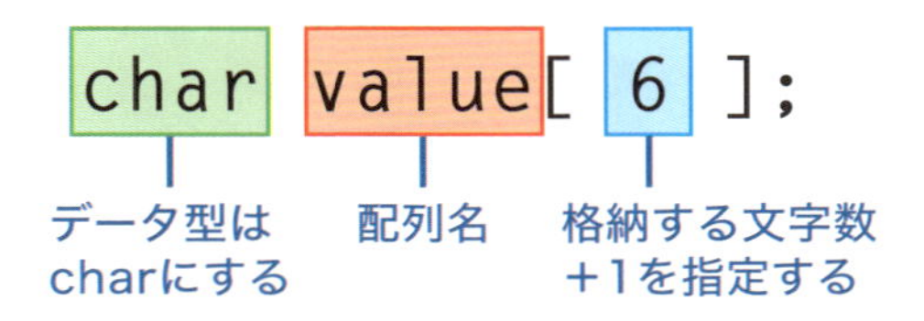

文字列を配列に格納する場合、変数と同じように「＜配列名＞="＜文字列＞"」と指定してもエラーとなってしまいます。そこで、配列に文字列を格納するにはstrcpy()を利用します（**下図**）。strcpy()には、格納対象となる配列名と、文字列を指定します。なお、文字列はダブルクォーテイションで括っておきます。

文字列をシリアルモニタに表示する場合は、Serial.println()に配列の名前を指定します。この際、配列名の後ろの[ ]で要素を指定する必要はありません。

図　配列に文字列を格納する

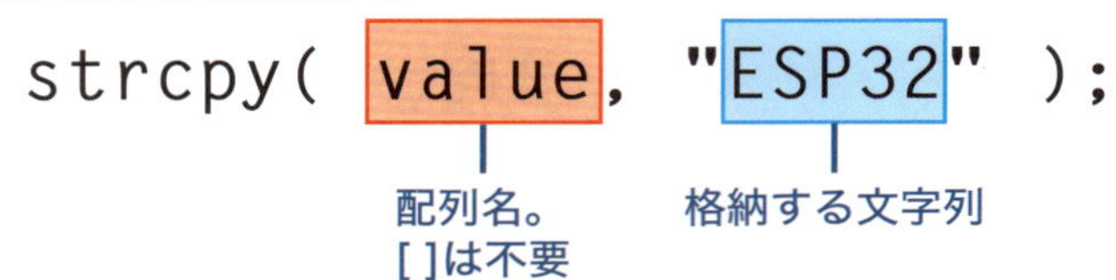

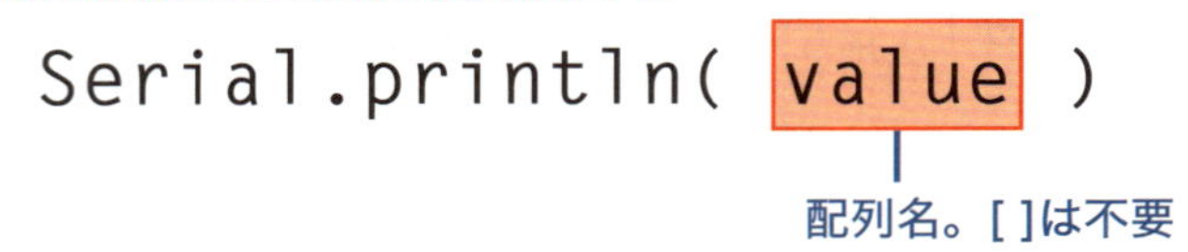

特定の処理をまとめられる「関数」

3-1では「println()」や「delay()」といった関数をいきなり使いましたが、これら関数とはいったいどういうものなのか、ここで簡単に押さえておきましょう。

C言語のプログラムでは、特定の処理を関数としてまとめておくことができます。何度も利用する処理や長い処理などを関数として用意しておくことで、メインのプログラムを簡潔に記述できるようになります。また、関数の形にしておくことで他のプログラムを作る際の再利用もしやすくなり、開発効率を高められます。

C言語で関数を作成（定義）するには、**下図**のように記述します。「戻り値」と呼ぶ元のプログラムに実行結果などを返す値のデータ型をはじめに記載します。整数型のデータを返すならintなど、小数を返すならfloatなどと指定します。なお、何も値を返さない場合は「void」としておきます。次に関数の名前を指定します。任意の名前を利用できますが、機能が分かりやすい名前にするとよいでしょう。その後ろに続くカッコの中で「引数（ひきすう）」を指定します。引数とは、関数に引き渡す値のことです。引き渡された値を格納しておく変数などを記述しておきます。複数の値を渡したい場合は、カンマで区切りながら引数を列挙します。この際、変数のデータ型も指定しておく必要があります。

続く{ }の中に関数の処理内容を記述します。必須ではありませんが、{ }内の処理はインデントするとプログラムが見やすくなります。

関数内で処理を実行した結果は、最後にある「return()」に値を指定することでで関数呼び出し元のプログラムに引き渡されます。この値のことを「戻り値」といいます。戻り値は、関数名の前に指定したデータ型に合わせる必要があります。

図　特定の処理をまとめておける「関数」の定義方法

戻り値のデータ型
関数に引き渡す値を受け取る変数などを列挙する
関数の内容は{ }内に記述
データ型 関数名 (引数){
実行する処理
:
return(戻り値)
}
関数の処理を記述する
インデントすると見やすくなる

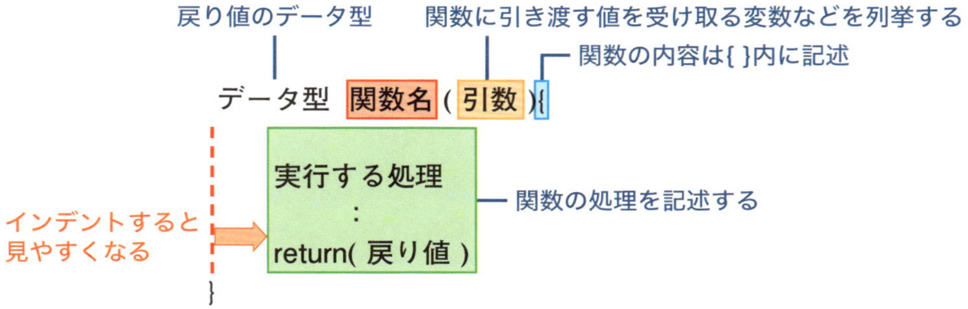

サンプルとして、円の面積を算出する関数を使ったプログラム「func_circle.ino」を以下に示します。このプログラムでは、関数「circle_area(r)」の引数としてrに半径を与えると、その半径における円の面積を計算して返します。円の面積は小数になるので、関数のデータ型はfloatにしています。

ソース　円の面積を算出する関数を使ったプログラム

for_count.ino

```
float radius = 14.0;   ── 半径を指定する

void setup(){
    Serial.begin( 115200 );
}

void loop(){
    float area;          返ってきた値を格納する
    area = circle_area( radius );   ── circle_area関数を呼び出す。この際、変数radius（半径)を引き渡す
    Serial.print( area );
    Serial.println( "m2" );

    delay( 10000 );
}
                         半径を引き受けるための変数を指定する
float circle_area( float r ){   ── 面積を計算する関数
    float area;                 └── 関数の戻り値のデータ型
    area = r * r * 3.14;   ── 面積を計算する

    return( area );   ── 計算結果を返す
}
```

関数のプロトタイプ宣言

前述したプログラムのように、独自に用意したcircle_area()関数を、関数の呼び出し元となるloop()関数よりも後ろに記述しています。Arduino IDEでは関数をどの位置に記述しても問題なく動作します。

しかし、一般的なC言語では、関数を呼び出しているメインとなるプログラムなどより前に記述しておかないと、関数が用意されていないものとして、エラーが発生してしまいます。そのため、関数はプログラムの前方にプロトタイプ宣言と呼ぶ、関数を宣言しておく手法を使うことで、メインのプログラムよりも後ろに関数の本体を記述できます。プロトタイプ宣言は、関数の1行目に記載した関数名やデータ型、引数のみを記述します。前述した円の面積を算出する関数であれば、以下のようにプロトタイプ宣言を記述します。

```
float circle_area( float r );
```

なおArduino IDEでは、プロトタイプ宣言をせず、前述の例のようにloop()関数内に記載した関数を呼び出すよりも後ろに関数の本体のみを記述しても、エラーにならずコンパイルできます。

第4章

電子回路の基本

4-1 電圧・電流・抵抗

ESP32を使うと、LEDやセンサーなどの電子パーツを制御できます。電子パーツを接続するには、電圧、電流、抵抗といった電子回路についての基本的な理解が必要です。前提知識となる「オームの法則」についても改めて押さえておきましょう。

「電気は目に見えないのでピンとこない」「LEDやモーターなどの電子パーツがどうして電気で動くのか分からない」——。電子工作を始めようとする多くの人が最初につまずきがちなものがこの「電気」という存在です。そこでこの第4章では、ESP32で電子パーツを制御する前に、電気の基本を理解しておきましょう。基本的な知識をいくつか押さえておくだけで、ESP32で電子パーツを動かす際に、どのように接続すればよいかや何をしたらいけないかなどが明確に分かるようになります。

■「電子回路」とは？

電子パーツを動かすには、電池やコンセントなどの「電源」に接続する必要があります。例えば、電池にLEDを接続すれば点灯し、モーターを接続すれば回転します。

電子パーツと電源は、電気を通す金属の線である「導線（リード線）」で接続します。**下図**の左側のように、電源の＋側から電子パーツを介して電源の－側に戻ってくるよう導線で接続します。こうすることで＋側から－側に向かって導線内に電気が流れ、途中にある電子パーツが動作します。図の右側のように一周する形になっておらず、途中で導線が途切れていると、電気が流れないため電子パーツは動作しません。

このように電子パーツを導線で電源に接続し、動作するように構成したものを「電子回路」と呼びます。

図　電源と電子パーツを一周するように導線で接続すると動作する

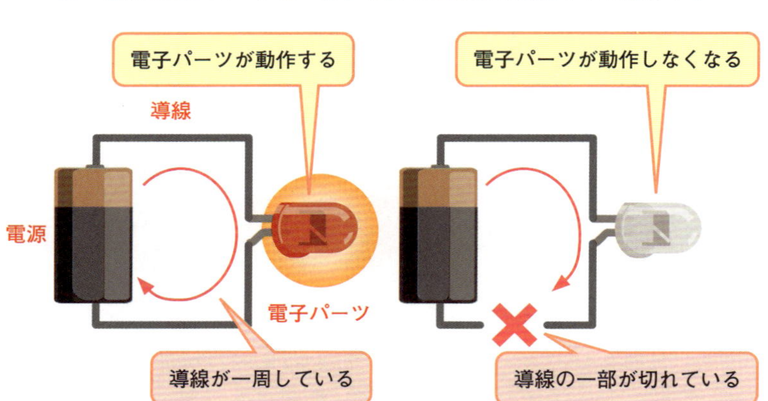

■電子回路には「電荷」が流れる

電子回路を作ると、その内部では何が起こっているのかを詳しく見ていきましょう。電子回路の内部では、**下図**のように電源の＋側（＋極）から＋の電気を帯びた「電荷」が導線に流れ出します。電荷は導線を通り、電子パーツにたどり着きます。そして、パーツの内部を電荷が通過すると、電荷が持つ電気のエネルギーの一部が消費され、LEDが点灯するなどの動作に使われます。電子パーツを通過した電荷は、再び導線を通って電源の－側（－極）に戻ります。

この際、電源から電荷を押し出す強さのことを「電圧」と呼びます。単位は「V（ボルト）」です。例えば、単3電池1本なら「1.5V」、スマートフォンなどの充電に利用するACアダプターなら「5V」という具合です。電池1本よりスマートフォンのACアダプターの方が電圧が高い、すなわちたくさんの電荷を押し出せることになります。

導線に流れる電荷の量のことを「電流」と呼びます。電流は「A（アンペア）」という単位で表され、値が大きいほどたくさんの電荷が流れていることになります。例えばLEDの場合、電流の大きさによって明るさが変わります。電流が大きければその分LEDで利用されるエネルギーが多くなり、明るく光ります。このため、電流の量を調節すればLEDの明るさを調節できることになります。

図　電源から電荷を供給して電子パーツを動作させる

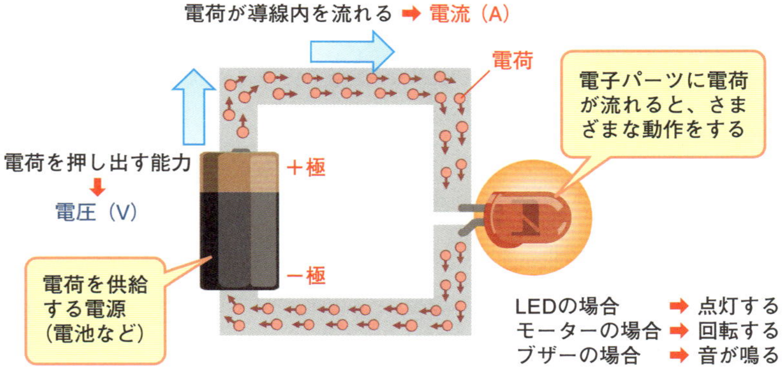

電荷が導線内を流れる ➡ 電流（A）
電荷
電子パーツに電荷が流れると、さまざまな動作をする
電荷を押し出す能力
電圧（V）
＋極
－極
電荷を供給する電源（電池など）
LEDの場合 ➡ 点灯する
モーターの場合 ➡ 回転する
ブザーの場合 ➡ 音が鳴る

実際に動くのは「電子」

電子回路では＋の電気を帯びた正の電荷が電源の＋側から－側に流れ、これが電流であると説明しました。しかし、実際には－の電気を帯びた負の電荷を持つ「電子」が導線内を動いています。つまり、電流の向きとは逆に、電源の－側から＋側に電子が流れていることになるわけです。

このように逆になっているのは、18世紀中期に電荷が発見された際、電荷は＋から－側に流れるものと定義したためです。その後、研究が進み19世紀後半に電子が発見され、実際には電子が動いていると分かりました。

しかし、電子の発見時点で既に正の電荷が動くという考え方が広く一般に普及していたため、現在に至るまでそのまま電流の定義として使われ続けています。

電圧、電流、抵抗を計算で求める

電子回路では、「どの程度の電圧がかかっているか」「どれくらいの量の電流が流れているか」といった電気的な状態を表す数値を求めたいことがあります。これらは電気に関連する法則を使って求めることが可能です。例えば、電源の電圧が分かっている場合に所定の抵抗器にかかる電圧を計算したり、抵抗器にかかっている電圧から回路に流れる電流を求めたりできます。本書では、以下に示す三つの重要な法則を使います。

■電圧の法則「キルヒホッフの第二法則」

電子回路において、ループ状になっている任意の回路部分（閉回路）を一周する際に、その中に配置されているそれぞれの電子パーツにかかる電圧をすべて足すとちょうど「0」になります。この法則を「キルヒホッフの第二法則」と呼びます（**下図**）。通常は、図中にあるいずれかの電子パーツが電源となり、そこから生み出された電圧が他の電子パーツにかかって低下し（電圧降下）、最終的に0となる形を取ります。しかし、仮に電源がないケースでも、すべての電子パーツにかかる電圧は0のため、総和はやはり0となります。

図　キルヒホッフの第二法則

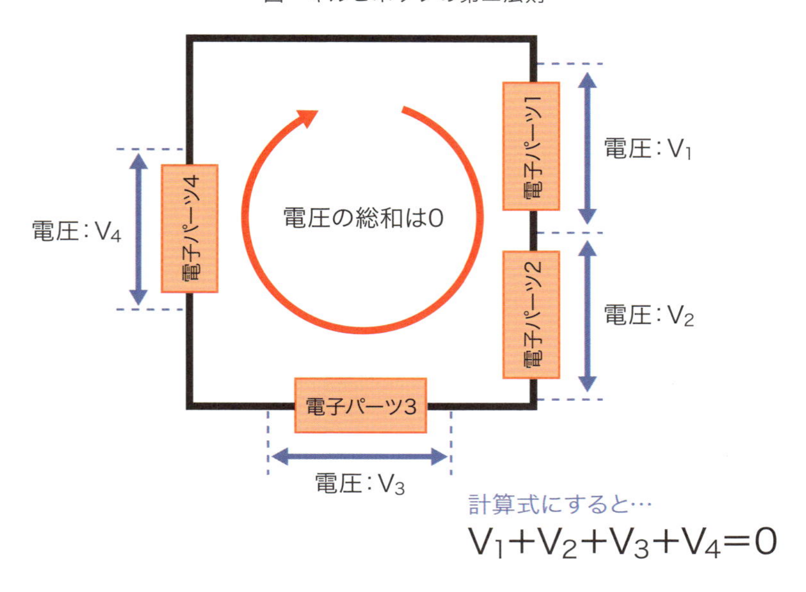

下図のように途中で分岐している回路の場合も、一周すれば電圧の総和は0になります。仮に図中の電子パーツ5が電源だとすると、この回路には電源（電子パーツ5）を通るループとしてループ1とループ2の二つの閉回路が存在します。そして、ループ1で通る電子パーツの電圧を足した場合も、ループ2の場合もどちらも0になります。

図　途中で分岐しても一周すれば総和は0になる

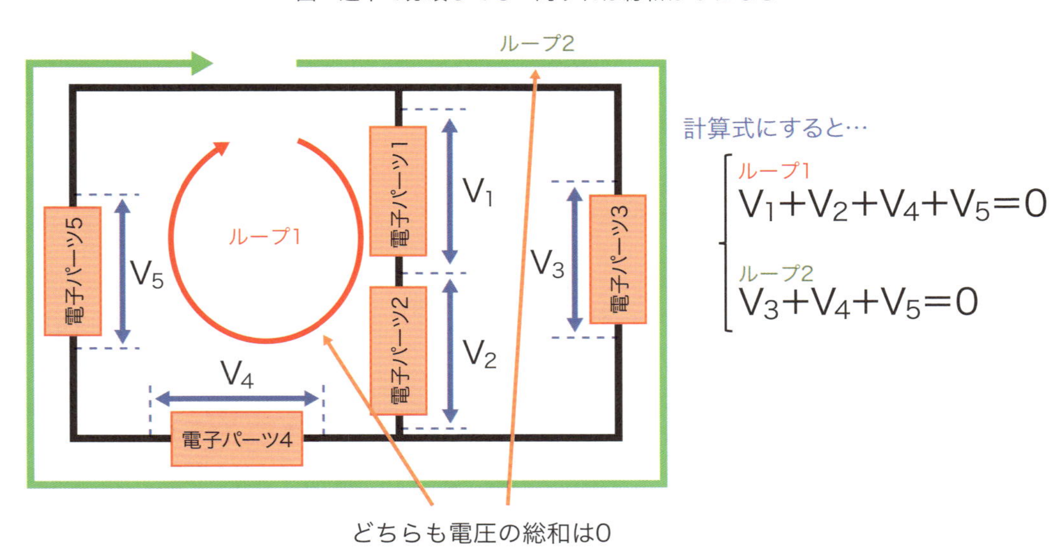

実際にキルヒホッフの第二法則を利用する場合は、電源のような電気を発生する電子パーツは

電圧を「プラス」、LEDなど電気を消費する電子パーツは「マイナス」(符号を反転させる)として扱います。例えば、**下図**のように電池と抵抗器がつながっている場合は、電池の電圧はプラス、抵抗器の電圧はマイナスにします。電池の電圧が3Vと分かっており、抵抗器にかかる電圧を求めたい場合、図の計算式に3Vを代入して「3V」と求まります。

図　キルヒホッフの第二法則を使って抵抗器にかかる電圧を求める

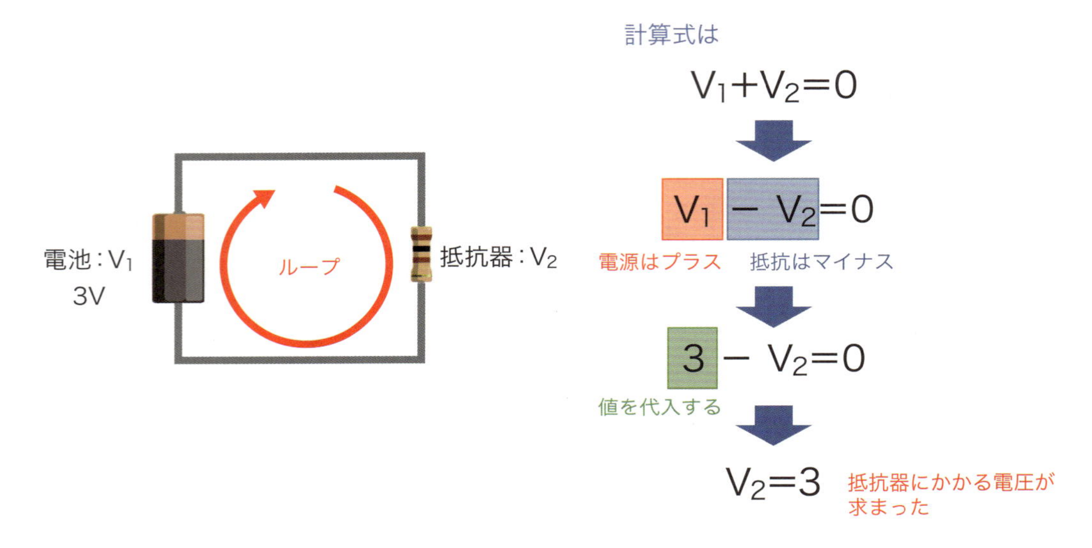

さらに回路が複雑になっても同じように計算できます。**下図**のような回路で、抵抗器1、抵抗器2、抵抗器4にかかる電圧が分かっている場合、電池の電圧V_5と抵抗器3にかかるV_3を求めることができます。

図　複雑な回路でも計算でキルヒホッフの第二法則から電圧を求められる

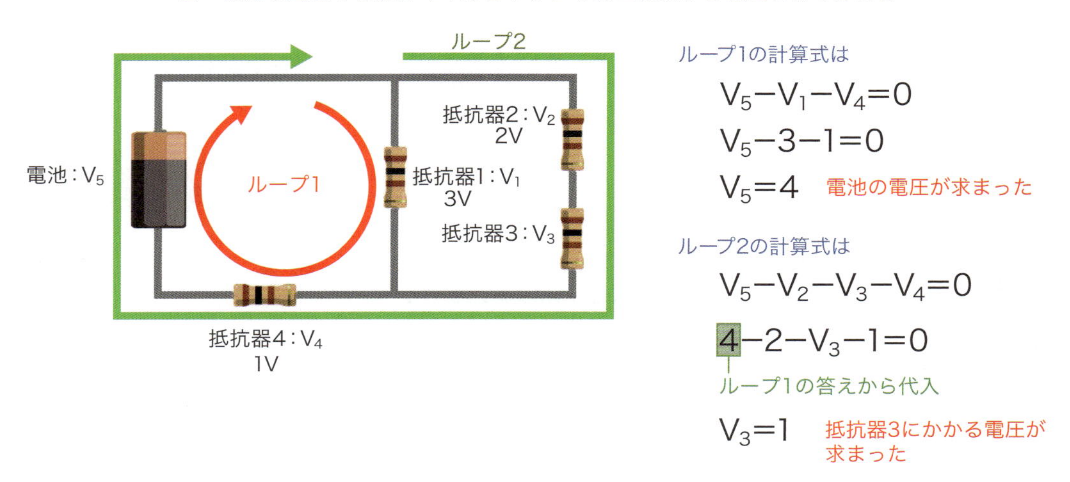

電流と逆の場合は電圧の符号を反転させる

電流が流れる方向とは逆の方向の電圧を知りたい場合は、電圧の符号を反転して計算します。例えば、**下図**のような回路で、右側のループを使って計算する場合、ループをたどっていく際に、抵抗器2と抵抗器3は電流と同じ向きですが、抵抗器1は電流と逆の向きにループをたどることになります。この場合、抵抗器1は符号を反転させ、マイナスではなくプラスの電圧として計算をします。

図　ループをたどった場合に電流と逆になる場合は電圧の符号を逆にする

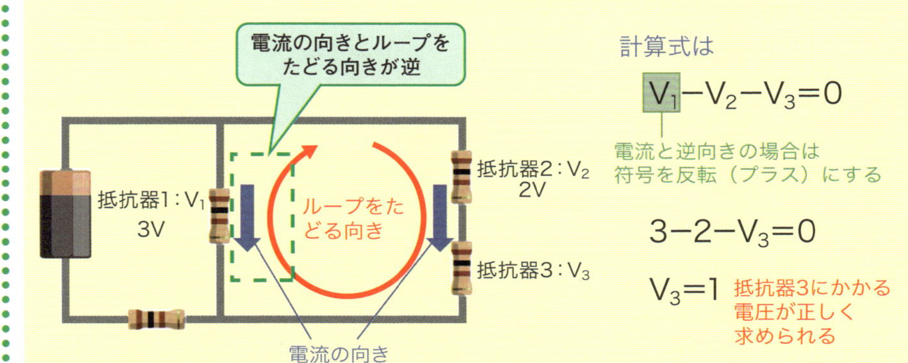

計算式は

$$V_1 - V_2 - V_3 = 0$$

電流と逆向きの場合は符号を反転（プラス）にする

$$3 - 2 - V_3 = 0$$

$$V_3 = 1$$

抵抗器3にかかる電圧が正しく求められる

なお、計算した結果、電圧がマイナスになった場合は、想定していた電流の向きが実際には逆であることを表しています。

■電流の法則「キルヒホッフの第一法則」

電子回路の中で配線が分岐している際、その点における電流の総和は「0」になります（**下図**）。これが「キルヒホッフの第一法則」です。

図　キルヒホッフの第一法則

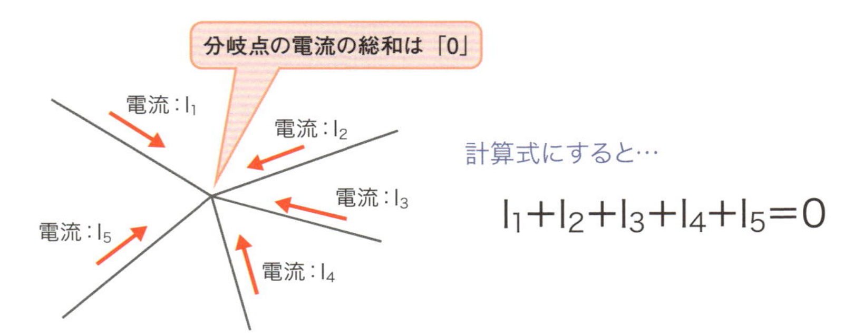

計算式にすると…

$$I_1 + I_2 + I_3 + I_4 + I_5 = 0$$

この法則では、分岐点に入ってくる電流はプラス、出ていく電流はマイナスとして扱います。例えば、**下図**のように2本の配線が合流し、1本の配線として出てゆく場合は、流入する電流をプラス、流出の電流をマイナスとして計算します。流入側が1Aと2Aであれば、流出側は3Aになると計算式から求まります。

図　流入した電流はプラス、流出した電流はマイナスとして計算する

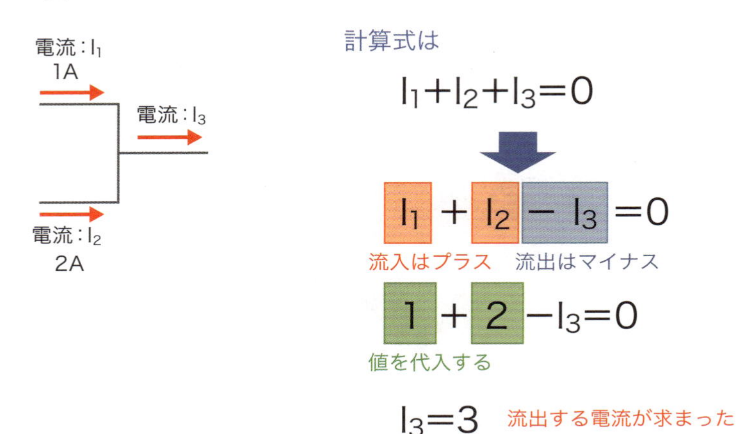

下図のように、たくさん分岐するような回路であったとしても、それぞれの分岐点の総和は常に0となります。

図　たくさん分岐しても、各分岐点の総和は0となる

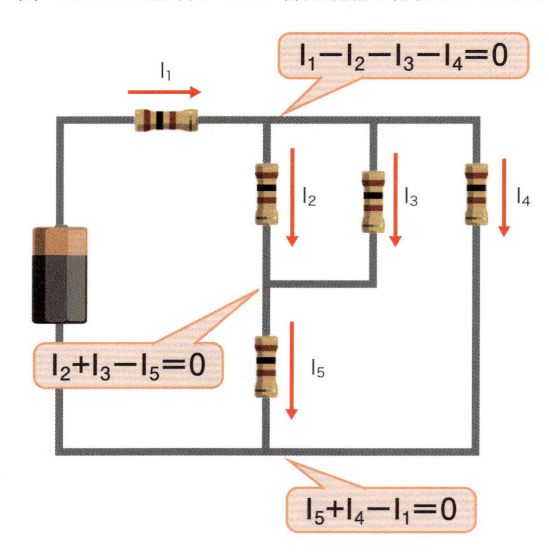

なお、計算した結果、いずれかの電流の値がマイナスになった場合は、その部分で想定してい

た電流の向きが逆であったことを表しています。

■電圧、電流、抵抗の関係を表す「オームの法則」

流れる電流の量を調節するには「抵抗器」を使います。抵抗器は電流の流れやすさを「抵抗値」という値で表し（単位はΩ：オーム）、この値が大きいほど電流が流れにくくなります。例えば、特定の電源に10Ωの抵抗器を接続する場合と、1kΩ（1000Ω）の抵抗器を接続する場合は、1kΩの方が電流が小さくなります。

この抵抗器にかかる電圧と電流の関係は、中学校の理科で習った「オームの法則」で表せます。抵抗器にかかる電圧は、抵抗値と流れる電流をかけることで求められます。例えば、100Ωの抵抗器に50mAつまり0.05Aの電流が流れると、100×0.05と計算することで電圧は5Vと求まります。式を変形すれば、電圧と抵抗値から電流を求めたり、電圧と電流から抵抗値を求めたりすることもできます。この100Ωの抵抗器に5Vの電圧をかけると電流は5÷100＝0.05A、つまり50mAと求められます。

図　電圧、電流、抵抗の関係を表す「オームの法則」

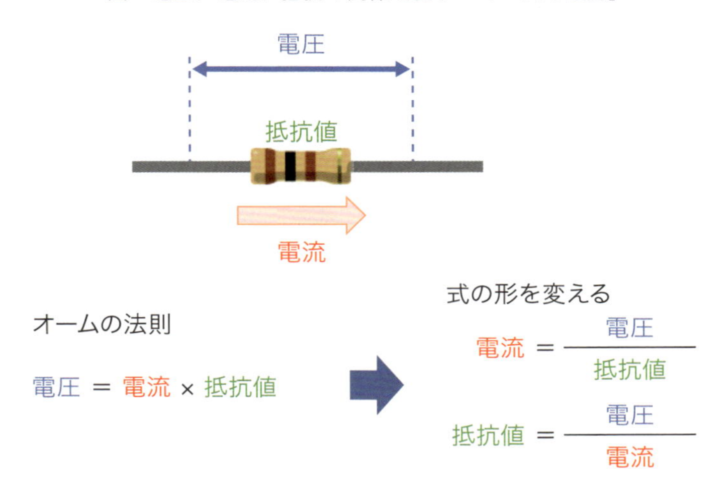

ただし、オームの法則が成り立つのは、抵抗器のような電圧と電流が比例して変化する電子パーツの場合のみです。LEDのように電圧と電流が比例関係にない電子パーツには適用できないので注意しましょう。

コラム

電子パーツの接続を図式化した「回路図」

本書では、電子パーツのつなぎ方について、一目で分かりやすいように電子パーツのイラストを使った「接続図」として掲載しています。しかし、実際に自分で回路を作り、接続状態を書き留めておく場合など、そうしたイラストを手描きするのは手間がかかって大変です。そこで、電子パーツなどを簡略した記号を使って図示する「回路図」を使うのが一般的です。

きちんと回路図を描けるようになることで、手軽に電子工作のアイデアをメモできるようになり、あとから見てもすぐに回路を理解しやすくなります。電子回路に関する書籍や電子パーツのデータシートなどでも、回路図で記載しているのが一般的です。そこで、回路図の基本を理解し、自分で描いたり、データシートの電子回路を読み取ったりできるようにしておきましょう。なお、本書に掲載した接続図については、本書のサポートサイトから回路図をダウンロードできます。

回路図は、電子パーツなどを表す記号を線で結ぶことで作成できます。利用できる記号は、「国際電気標準会議（IEC）」や「日本産業規格（JIS）」で標準化されています。国際電気標準会議の場合は「IEC 60617」、日本産業規格では「JIS C 0617」を閲覧することで確認できます。日本産業標準調査会のWebサイト（https://www.jisc.go.jp/）にアクセスし、右にある「JIS検索」をクリックします。「JIS規格番号からJISを検索」で「c0617」と入力して検索することで、関連するPDFファイルが一覧表示されます（閲覧には無料の会員登録が必要です）。例えば、この中の「JISC0617-4」を見ると、抵抗器やコンデンサーなどについて記号が記載されています。

自分が必要とする電子パーツの記号が分からない場合はここで検索するとして、その前に、まずは**下図**に示す基本的な電子パーツや端子の記号を覚えておくとよいでしょう。

図　主な電子回路記号

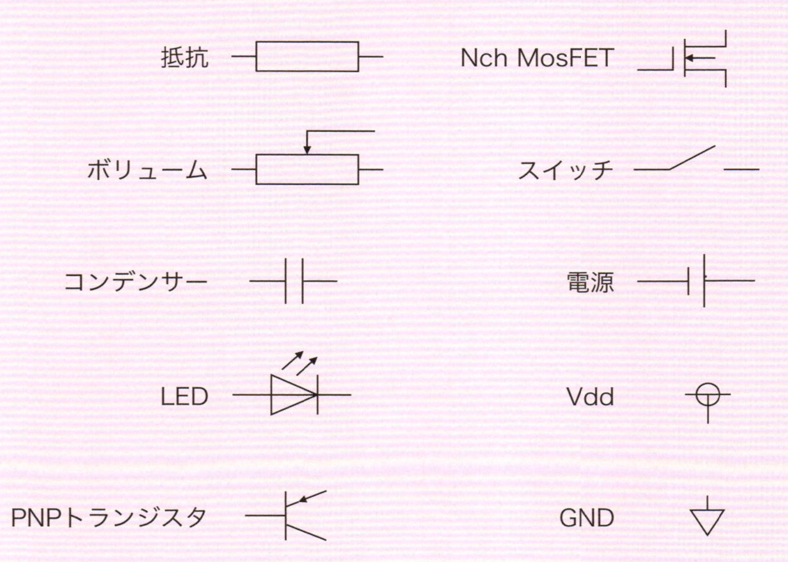

これらの記号を使って実際に回路図を作成してみます。例えば、スイッチを入れるとLEDが点灯する回路を作成する場合は、LEDとスイッチ、電源（電池）の記号を**下図**のように線でつなぎます。この際、LEDには極性があり、LEDの＋側の極（アノード）を電源の＋側に接続するように描きます。抵抗などは記号の横に抵抗値を記載しておきます。

このLEDのように、正しく描かれていれば回路記号を見るだけで極性などが分かります。とはいえ、慣れないうちはプラス極側に「＋」と記載したり、トランジスタの各端子に、エミッターを表す「E」、コレクターを表す「C」、ベースを表す「B」を記述したりしておくとよいでしょう。できる限り、自分にとって分かりやすく記述することが重要です。

図　回路図の記述例
スイッチを入れるとLEDを点灯する回路を例に示した。

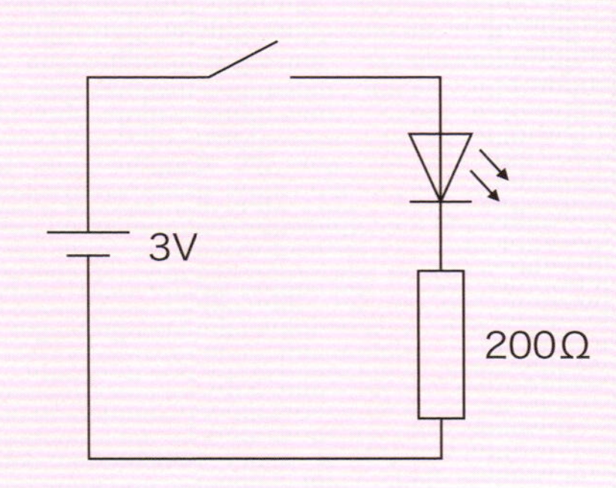

配線が交差するとき、配線同士を接続する場合には黒点を描きます（**下図**）。逆に、交点に黒点がない場合、接続されていないことを表します。

図　配線の交差点

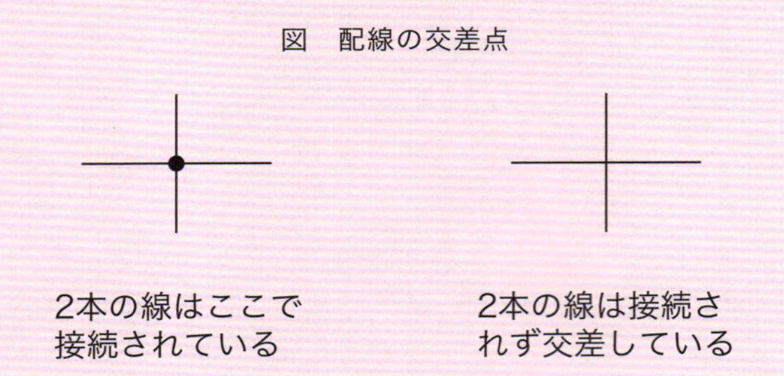

回路図をきれいに描くコツは、なるべく配線が短くなるように部品を配置することです。配線が長いと、電子部品が実際どこに接続されているかを一目で把握しにくくなるためです。配線の交差もできる限り避けてください。たくさんの配線が交差していると、接続関係の把握が困難になります。

■ESP32やICは四角で描く

ESP32など固有の機器や、IC、センサーといった高機能な電子パーツには標準的な記号がありません。このような機器や電子パーツについては四角形を描き、中に機器や素子の名称を記述します。そして、四角のいずれかの辺に配線を接続します。このとき、端子の並びは気にせず、回路の線が見やすいようにします。

例えばESP32の端子は、3V3、EN、VP、VN、34…のように順に並んでいますが、ボードの通りに並べるのではなく、見やすさを優先して自由に配置して構いません。ただし、**下図**のように、端子には必ず名称を記載しておくようにします。

図　ESP32などの機器についての回路記述例

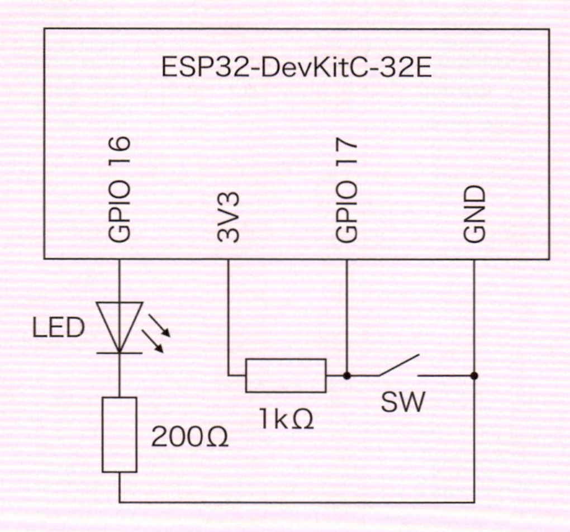

センサーなどは電源供給を受けるための端子を備えており、ここに電源の＋側と－側（GND）を接続します。ESP32から給電する場合は、ESP32の5Vや3V3（3.3V）、GNDといった端子にセンサーを接続することになります。

ただし、給電対象となる電子パーツが数多くあると、ESP32の電源関連の端子から多数の線を引くことになり、見づらい回路図になってしまいます。そこで、電源とGNDのそれぞれには、回路記号が用意されています（p.99の図を参照）。この記号を利用することで配線の数を少なくでき、すっきりとした回路図にできます。なお、5Vや3.3Vといった電源の＋側を「Vdd」と記載することがあります。

4-2 電子パーツの接続

ESP32と電子パーツは導線を使って接続しますが、「ブレッドボード」を利用することで簡単につないだり取り外したりできるようになります。ESP32や電子パーツに「ピンヘッダー」をはんだ付けする方法などと併せて紹介します。

電子パーツをESP32に接続するには、ESP32と電子パーツが備えている金属端子同士を同じく金属製の導線でつなぎ、電気が流れるようにします。しかし、導線をただ端子に差し込んだだけではすぐに取れてしまったり、端子と導線がちゃんと接触せず電気が通らなかったりして不安定です。確実に接続するには、後述する「はんだ付け」と呼ぶ接合方法を用います。

ただ、はんだ付けは取り付ける作業に手間がかかる上、いったん取り付けると簡単に取り外せないなど、試行錯誤しながら電子工作を学習するには不向きです。

そこで便利なのが「ブレッドボード」です（**下図**）。図を見ると分かる通り、ブレッドボードにはたくさんの穴が空いており、ここに電子パーツの端子（足）を差し込むことができます。差し込んだ端子は、穴の内部にある板バネ機構によってほどほどの強さで固定されますが、少し力を入れて真上に引っ張れば簡単に取り外せます。

図　電子パーツを差し込んで簡単に接続できる「ブレッドボード」

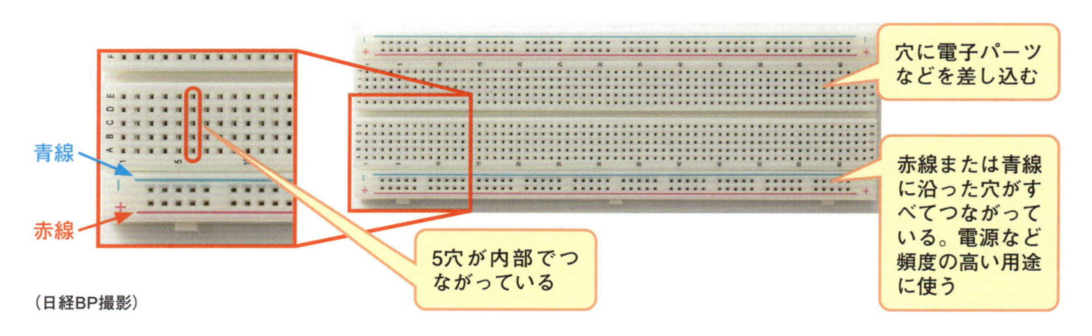

（日経BP撮影）

ブレッドボードの穴は、拡大図に示したように、5個程度の穴で構成される一つの列が電気的につながる形で内部結線されています。これにより、同じ列の穴に差し込んだ電子パーツ同士は、導線を使って接続したのと同じ状態になります。

さらに、図のブレッドボードの場合、上下にある赤線と青線が引かれている穴は、長辺方向にすべて電気的につながっています。これは電源ライン用で、ここに電源をつないでおくことで、どの穴からでも電源と接続できるようになります。

一方、異なる列の間は電気的に分離されています。異なる列同士を電気的につなげたい場合には、**下図**のように「オス-オス型ジャンパー線」と呼ぶジャンパー線（端子付きの導線）で接続します。なお、同じ並びにあっても、中央部分にある溝の両側は電気的につながっておらず、異なる列になります。

図　同じ列に差し込まれている電子パーツは電気的に接続された状態になる

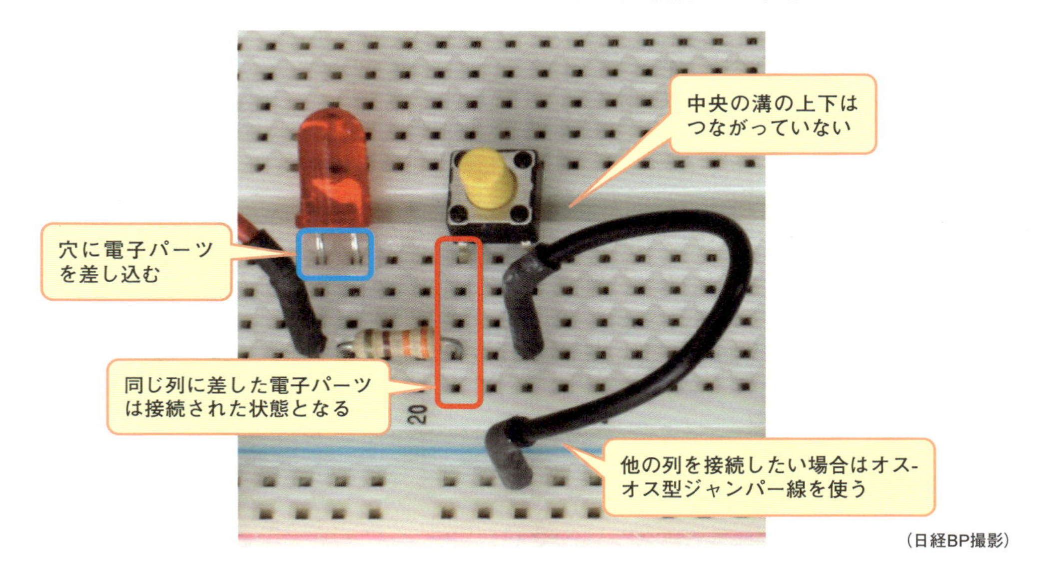

（日経BP撮影）

ESP32-DevKitCの端子に「ピンヘッダー」が取り付けられており、**下図**のようにブレッドボードに直接差し込めるようになります。しかし、ESP32-DevKitCは、幅が広いため、1枚のブレッドボードに差し込むと穴が埋まってしまい、他の電子パーツを接続できなくなります（**下図**）。

図　ESP32-DevKitC を差し込むと、穴が埋まってしまう

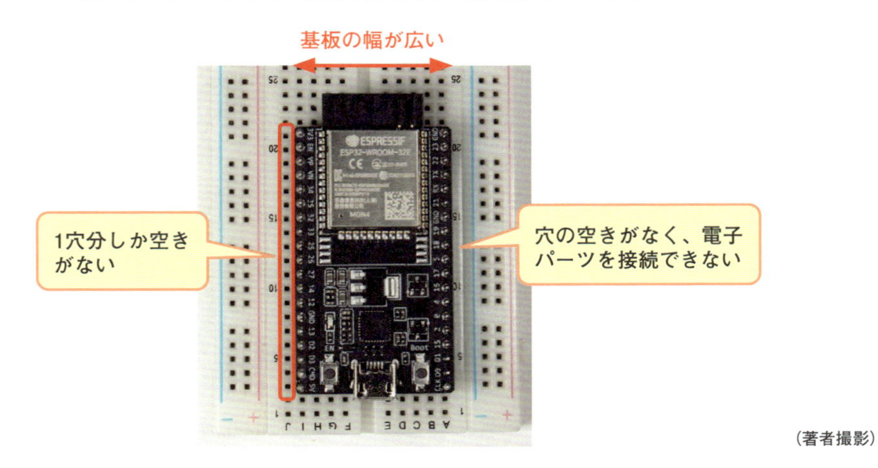

（著者撮影）

そこで、ブレッドボードを2枚利用します。ブレッドボードの両端には電源などに利用する長細いブレッドボードが取り付けられています。2枚のブレッドボードのうち1枚の電源用との長

細いブレッドボードを片方だけ取り外します。裏面には両面テープが貼り付けられているのでカッターなどで切って取り外すようにします。取り外したところにもう1枚のブレッドボードを取り付けます（**下図**）。

図　2枚のブレッドボードをつなげる

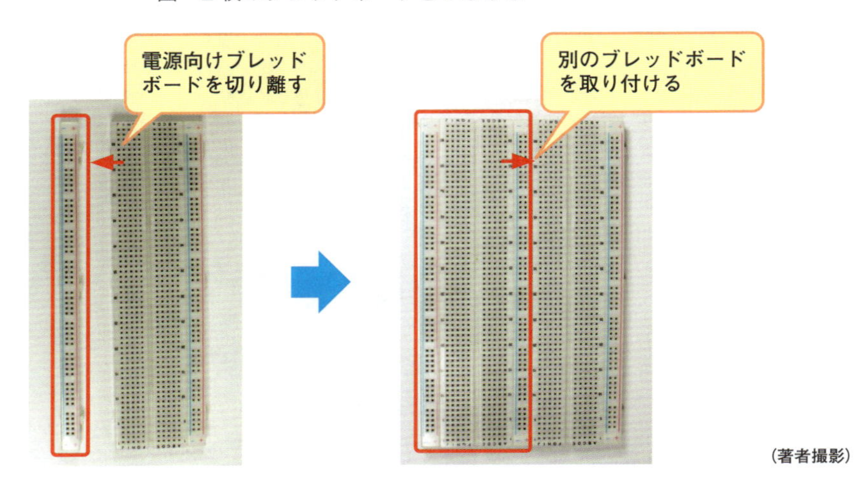

そしてESP32-DevKitCをつなげた部分をまたぐようにして差し込みます（**下図**）。これで、ESP32のピンヘッダーの隣には十分なスペースができ、電子パーツなどを差し込めるようになります。

図　ESP32-DevKitC をブレッドボードに差し込む

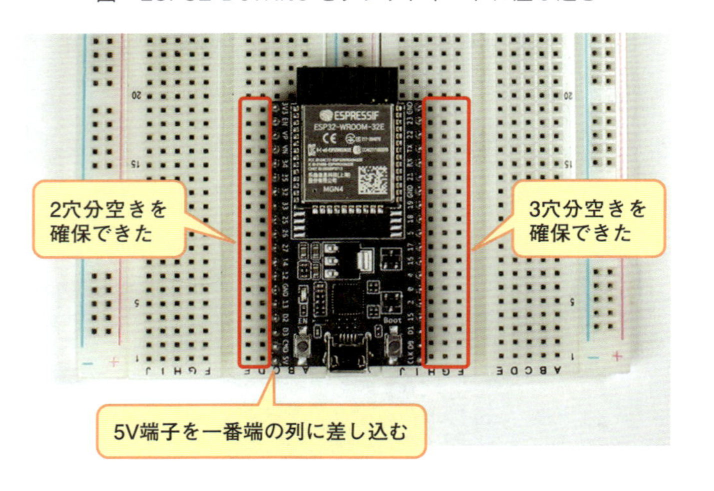

ESP32-DevKitCを差し込んだら、あとはそれぞれの端子の列にある空いている穴からオス-オス型ジャンパー線を使って電子パーツに接続します。

電子パーツショップでは、穴の数が異なる多種多様なブレッドボードが販売されています。例えば、秋月電子通商では**下表**のようなブレッドボードが購入可能です。接続する電子パーツが少ない場合は30列程度でも十分ですが、たくさんの電子パーツを接続する場合はより多くの穴が配置されたブレッドボードを選択するとよいでしょう。本書の場合は、64列備えたブレッドボード「BB-102」であれば事足ります。価格もあまり変わらないので、これから買う場合はこちらを選ぶことをお勧めします。

表　秋月電子通商で購入できる主なブレッドボード

品番	穴数	列数	通販コード	価格(税込)
BB-102	840個	64列	109257	300円
BB-801	400個	30列	105294	220円
BB-601	170個	17列	105155	150円
ZY-45	45個	9列	113330	70円

ジャンパー線は、端子部分がオス型またはメス型になっており、差し込む対象によってどちらを利用するかを選択します（**下図**）。ブレッドボード内で接続する場合は、オス-オス型ジャンパー線を使います。電子パーツによっては、ピンヘッダー状の端子を備えている場合があります。この場合は、オス-メス型ジャンパー線を使ってブレッドボードと接続します。

ジャンパー線はさまざまな長さのものが販売されています。近い場所同士を接続する際は短いジャンパー線を、遠い場所に接続する場合は長いジャンパー線と使い分けることで、すっきりした配線になります。

図　ジャンパー線の種類

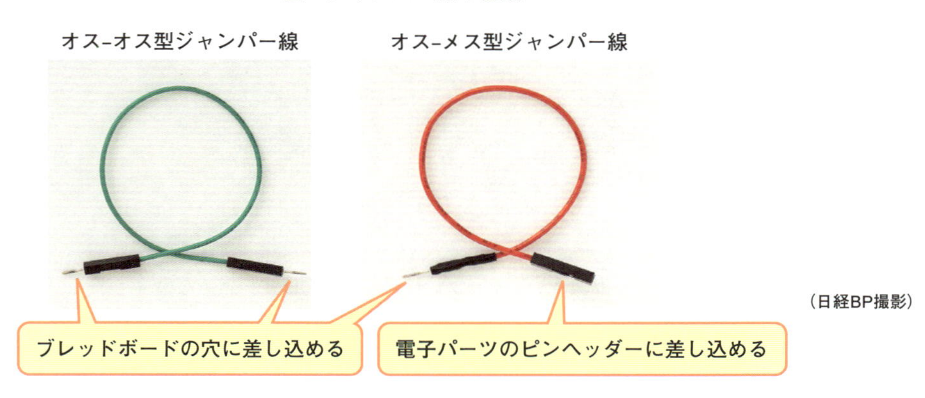
オス–オス型ジャンパー線
オス–メス型ジャンパー線
(日経BP撮影)
ブレッドボードの穴に差し込める
電子パーツのピンヘッダーに差し込める

秋月電子通商で購入できるジャンパー線を**下表**に示します。最初は、長さの異なるオス-オス型ジャンパー線を60本セットにした「ブレッドボード・ジャンパーワイヤ（オス-オス） セット」を買っておけばよいでしょう。オス-メス型ジャンパー線は利用頻度が少ないので、まずは10本セットを1セット購入しておけば十分です。

表　秋月電子通商で購入できるジャンパー線

品名	型	本数	通販コード	価格（税込）
ブレッドボード・ジャンパーワイヤ（オスーオス） セット	オス-オス	約60本	105159	300円
ブレッドボード・ジャンパーワイヤ（オスーオス） 10cmセット	オス-オス	約18本	105371	180円
ブレッドボード・ジャンパーワイヤ 14種類×5本	オス-オス	70本	102315	450円
ブレッドボード・ジャンパーワイヤ（オスーメス） 15cm*1	オス-メス	10本	108934	220円

＊1　色違いあり

■ブレッドボードに直接差し込めない電子パーツを接続する

電子パーツによっては、端子が太過ぎたり短過ぎたりしてブレッドボードに差し込めないことがあります。基板に取り付けることを考慮しておらず、構造上ブレッドボードに直接差し込めない電子パーツもあります。例えば、DCモーターやボリュームなどの電子パーツはブレッドボードに差し込めません（**下図**）。

図　ブレッドボードに直接差し込めない電子パーツの例

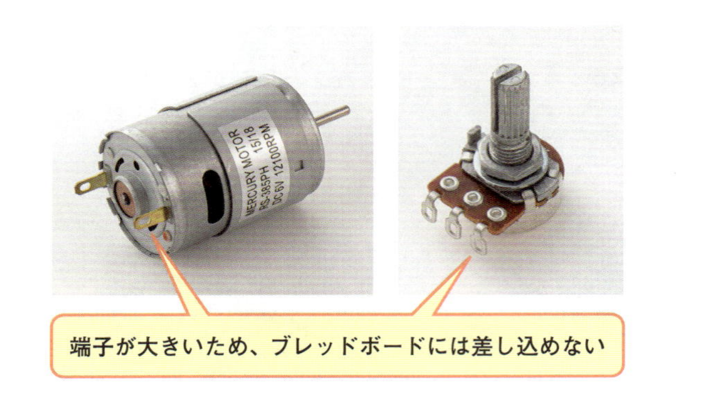

（日経BP撮影）

このような電子パーツをつなぐには「みの虫ジャンパー線」が便利です（**下図**）。一方はオス型端子でブレッドボードに差し込めるようになっており、もう一方はクリップ状になっていて、電子パーツの端子を挟み込めます。

図　みの虫ジャンパー線

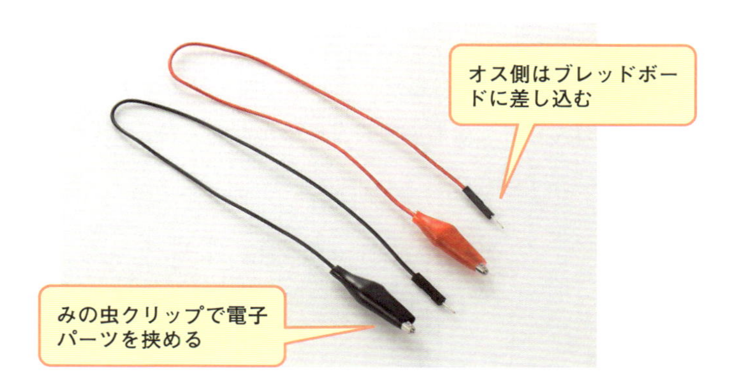

（日経BP撮影）

なお、隣の端子が近い場所を挟む場合は、金属部分が触れないように注意しましょう（**下図**）。

図　みの虫クリップで端子を挟む

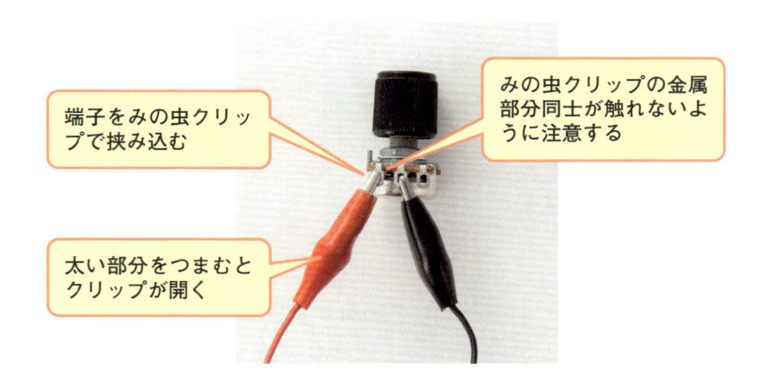

（日経BP撮影）

みの虫ジャンパー線は秋月電子通商などで購入できます。

◉コネクタ付コード 赤2本、黒2本（秋：108916）220円

はんだ付けの方法

センサーモジュールなど電子パーツによってはピンヘッダーが取り付けられていないことがあります。このような場合には、ピンヘッダーをはんだ付けする必要があります。はんだ付けと聞くと難しそうなイメージがありますが、少し練習してコツさえつかめば簡単です。以下、はんだ

付けをする方法を丁寧に説明します。

はんだ（半田）は、通常200℃程度で溶ける金属（合金）で、電子パーツや基板、配線などの接合部に溶かして流し込み、冷やすことで固定できます。はんだは金属製なので電気が流れます。

はんだ付けをするには、材料である「はんだ」と、はんだを熱で溶かして流し込む器具である「はんだごて」、熱くなったはんだごてを置いておく「はんだごて台」、端子の不要部分を切り取る「ニッパー」を用意します（**下図**）。

図　はんだ付けに使う道具

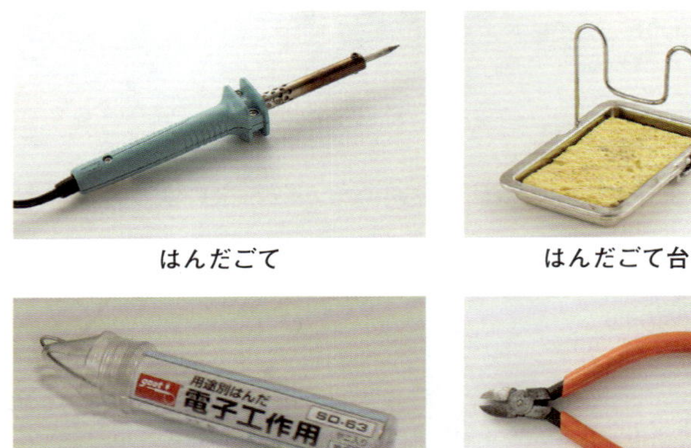

はんだごて　　はんだごて台

はんだ　　ニッパー

（「はんだ」は著者撮影、他は日経BP撮影）

それぞれ電子パーツショップやホームセンターなどで購入できます。はんだとはんだごては「電子工作用」を選んでください。参考までに、秋月電子通商で購入する場合の通販コードなどを**下表**に示します。

表　秋月電子通商で購入できるはんだ付け関連商品

品名	価格（税込）	通販コード
ニクロムはんだこて　KS-30R（30W）	850円	102536
日本アルミット 高性能ヤニ入りハンダ（無洗浄） 0.8mm 100g	1580円	109557
こて先クリーナー　ST-30	290円	102538
ミニテックスモールニッパー（バネ付）　MP4-110	1480円	111903

はんだ付けの手順を見ていきましょう。はんだ付けをする前に、電子パーツやピンヘッダーなどを動かないよう固定しておくことが重要です。はんだ付けでは両手を使うので、固定していないと電子パーツが動いたり外れたりして、うまく取り付けられないリスクが高まります。端子が長い電子パーツは曲げて固定します。端子を曲げられない場合は、ブレッドボードを利用したり、マスキングテープで仮止めしたりしておきましょう（**下図**）。

図　電子パーツが動かないよう固定する方法の例

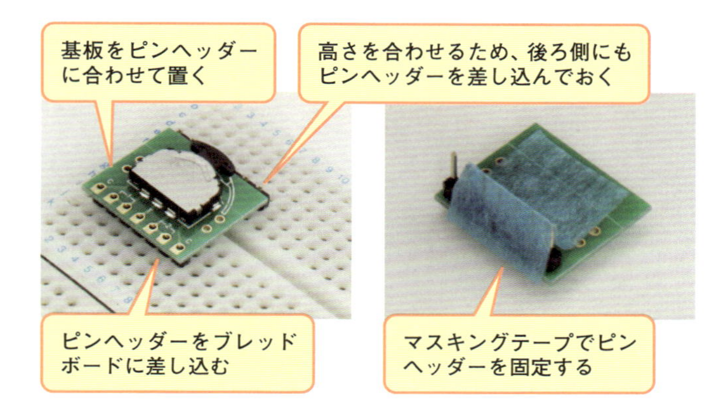

（日経BP撮影）

次に、はんだごてをはんだごて台に乗せます。はんだごて台に付いているスポンジには水を含ませておきます。このスポンジは、はんだごての先をときどき擦り付けて奇麗にするのに使います。はんだごての電源プラグをコンセントに差し込み、こて先を温めます（※安価なはんだごての多くは電源スイッチがなく、コンセントに差すとすぐに温度が上昇し始めるのでヤケドに注意してください）。1分ほどすると十分温まります。

これで準備が整ったので、はんだ付けを始めましょう（**下図**）。基板の穴の周りにある金属部分を「パッド」と呼びます。このパッドと電子パーツの端子部分（ここではピンヘッダーの金属部分）にはんだごてを当てて温めます。はんだを5cm程度繰り出した状態で持ち、その先を温めたパッドと端子部分に押し当てます。すると、はんだが溶け始めます。はんだが図の③に示すように山型にパッド上に流し込まれたのを確認したら、はんだを離してください。最後にはんだごてを離せばはんだ付けは完了です。同様にして他の端子もはんだ付けします。

図　はんだ付けの手順

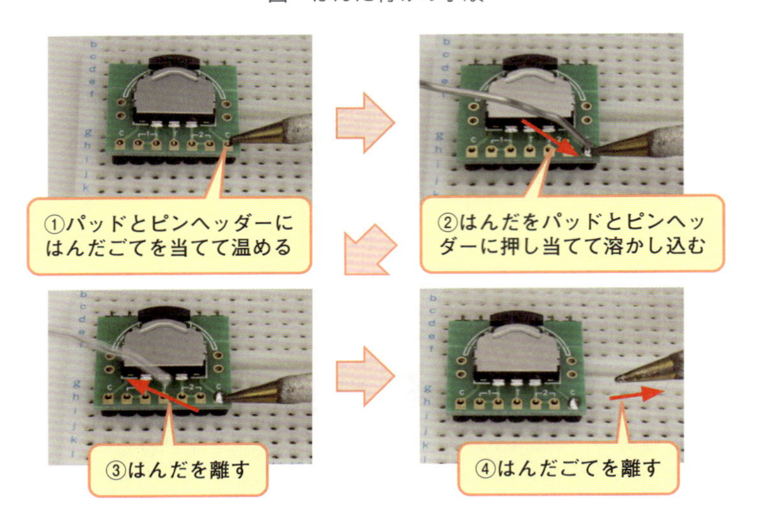
①パッドとピンヘッダーにはんだごてを当てて温める
②はんだをパッドとピンヘッダーに押し当てて溶かし込む
③はんだを離す
④はんだごてを離す

（日経BP撮影）

テスターの使い方

電気は目に見えないため、電圧が高いのか、電流がたくさん流れているのかといった電気の状態を人間が外から見て把握することはできません。このため、電子パーツが正しく動作しないとき、どこに問題があるのか見た目では判断できず苦労します。

そうした電気の状態を調べるのに役に立つのが「テスター」です。テスターは、回路や電子パーツ上の特定の場所にかかる電圧や流れる電流などを測定し、数値として表示する機器です。テスターを使えば、電子パーツにかかっている電圧が正しいか、電流が流れ過ぎていないかなどを調べることができ、問題がある箇所を探すのに役立ちます。

■テスターの基本操作

電子パーツショップでは、さまざまな形状のテスターが販売されています。ここでは、「DT-830B」というテスター（**下図**）を例に使い方を紹介します。秋月電子通商では700円（通販コード：108366）で販売されています。他のテスターでも基本操作は同じです。

図　テスター「DT-830B」の外観

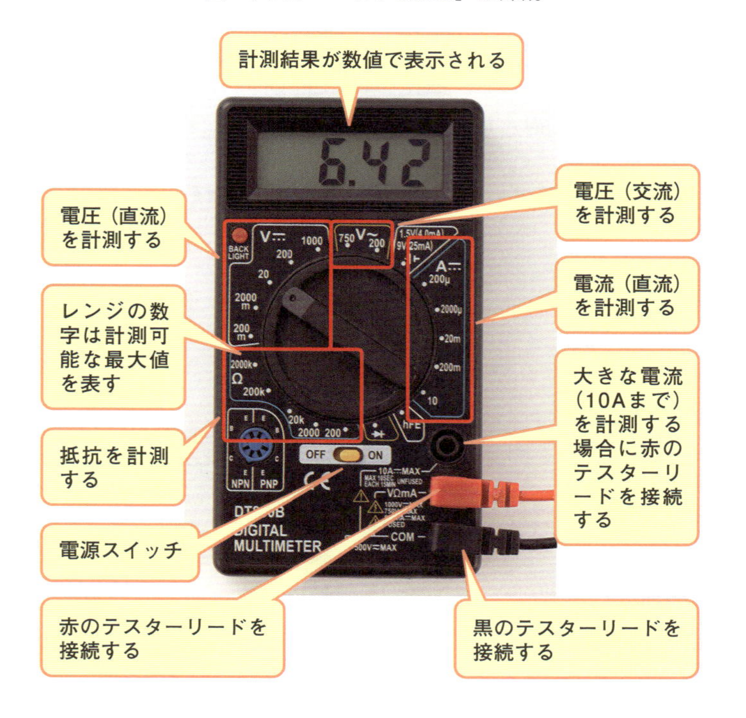

（日経BP撮影）

テスターでは、「テスターリード」と呼ぶ棒を測定したい部位に当てることで計測を行います。テスターリードを接続するコネクタは三つあります。通常は「VΩmA」と書かれたコネクタに赤いテスターリードを、「COM」と書かれたコネクタに黒のテスターリードを差します。大きな電流を計測する場合は「10A」と記載されたコネクタの方に赤いテスターリードをつなぎます。

テスターの中央には計測対象（レンジ）を選ぶためのダイヤルがあります。これを回して計測したいレンジに切り替えます。「V ―」と記載されたレンジに合わせると直流電圧、「V ～」は交流電圧、「A ―」は直流電流、「Ω」は抵抗を計測できます。

電圧や電流などのレンジには数値が記載されています。これは、そのレンジで計測可能な範囲の最大値を表しています。計測に当たっては、対象の回路にかかる電圧や流れる電流よりも大きなレンジに合わせる必要があります。例えば、6Vの電源を使っている場合は、それよりも大きく、なおかつ最も近い「20」のレンジにまず合わせます。ただし、6Vの電源を使った回路でも、計測する部位にはもっと小さな電圧しかかかっていない可能性があります。もし、表示される値が小さ過ぎる場合には、一段ずつレンジを下げていくことで小さな値でも適正な範囲で計測できます。電流のようにどの程度の値になるか予測しにくい場合は、最も大きなレンジに合わせてから順に下げていくようにしましょう。

■電圧、電流、抵抗を計測する

テスターの使い方の基本が分かったところで、実際にテスターを使って電子パーツの状態を確認してみましょう。テスターでは電圧、電流、抵抗の状態（値）を確認できます。調べる対象によって、テスターの接続方法が異なります（**下図**）。

図　テスターで電圧、電流、抵抗値を計測する方法

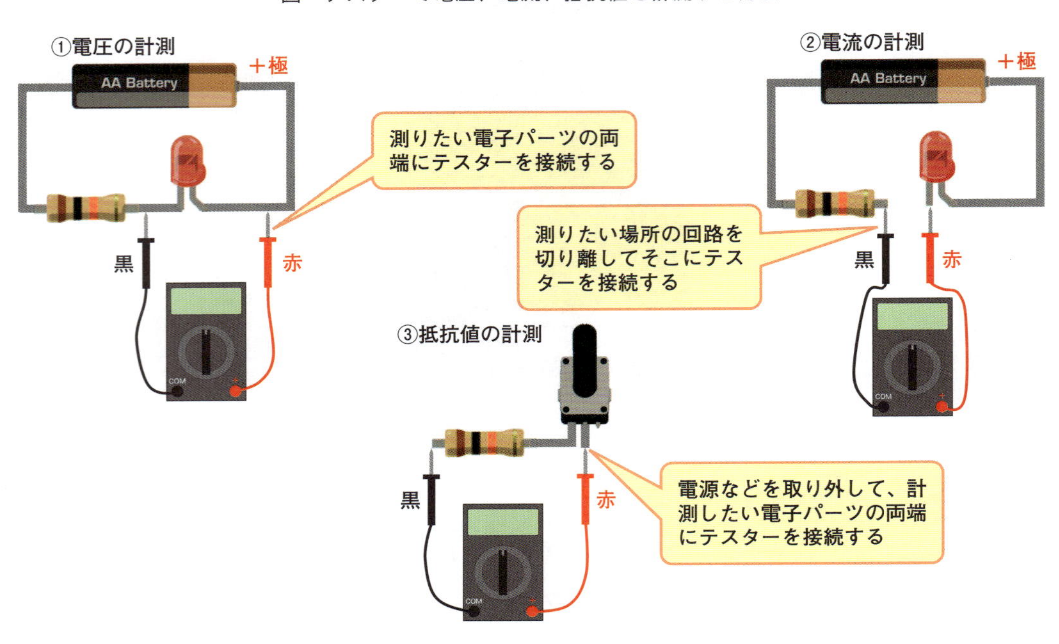

電圧を調べたいときは、計測する電子パーツの両端にテスターリードを当てて計測します（上図①)。この際、電圧の高い方（電源の＋極に近い方）に赤いテスターリードを当ててください。なお、テスターリードを手で持って計測すると、ボリュームの調節など他の作業がしづらくなります。ブレッドボードを使っている場合は、テスターリードをみの虫ジャンパー線で挟み、計測したい場所にジャンパー線を差し込むことで、両手が自由に使えるようになります。

電流を計測する場合は、計測したい場所を流れる電流がテスターを通過するように回路の途中に直列にテスターを入れ込みます（上図②)。電子パーツに流れる電流を計測したい場合には、電子パーツと回路を接続している配線をいったん外し、その間にテスターを接続します。

抵抗値を計測する場合は、電圧を計測するときと同様に、計測対象となる電子パーツの両端にテスターリードを当てます（上図③)。このとき、計測したくない電子パーツは極力取り外しておく必要があります。他の電子パーツが接続されていると、その電子パーツの抵抗値も含めた形で計測してしまうためです。

なお、抵抗値の計測は、回路が正しく接続されているかどうかの確認にも使えます。例えば、

電源とGNDの間の抵抗値を計測して「0Ω」と表示されたときは、どこかで電源が短絡（ショート）しています。そのままでは大電流が流れて危険な状態なので、すぐに短絡している箇所を探してください。

ここでは、LEDの点灯回路を作成し、テスターを使ってLEDにかかる電圧を計測してみましょう。まず、p.115に掲載した接続図を参照してLEDを点灯させてください。

LEDが点灯したら、**下図**のようにテスターのレンジを「V－」にある「20」に合わせます。赤のテスターリードをLEDのアノード（長い端子)、黒のテスターリードをカソード（短い端子）に当てます。すると、LEDにかかっている電圧（この図では1.94V）が表示されます。

図　LEDにかかっている電圧の計測

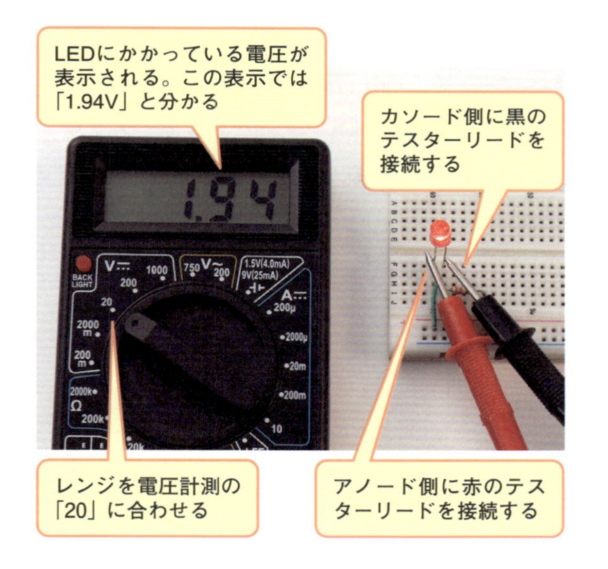

（日経BP撮影）

4-3 電子パーツを動かす

LEDやスイッチなどは、電源に接続するだけで動作させることが可能です。ESP32でプログラムを使って制御する前に、これらの基本的な電子パーツを電源に接続して動作を確認してみましょう。

ESP32を使うと、プログラムを作成して接続した電子パーツを制御できるようになります。ただし、LEDやスイッチ、モーターといった基本的な電子パーツの多くは、ESP32を使わずに電源に接続するだけで動作させられます。

ESP32を使わずに動作させる方法を理解しておけば、電子パーツが思ったように動作しないときに、電子パーツ自体が壊れているか、ESP32との接続方法が誤っているか、プログラムが誤っているかを判断するのに役立ちます。例えば、LEDがESP32で作成したプログラムで動作しなかった場合、一度ESP32からLEDを取り外して電源に接続してみます。点灯しなければLED自体が壊れていると分かります。逆に、電源に接続して点灯すれば、接続方法が誤っているか、プログラムが誤っているかのいずれかであると判断できます。

ここでは、LED、ボリューム、スイッチ、DCモーターを実際に動作させてみます。利用する電子パーツは以下の通りです。

- 赤色LED×1（秋：111655）
- 黄緑色LED×1（秋：111656）
- 黄色LED×1（秋：111657）
- 電池ボックス（単3×4）×1（秋：103085）
- ボリューム10kΩ×1（秋：118292）
- ボリューム用つまみ×1（秋：100253）
- トグルスイッチ×2（秋：112197）
- DCモーター×1（秋：106439）
- 抵抗器100Ω×1（秋：125101）、220Ω×1（秋：125221）、330Ω×1（秋：125331）、1kΩ×1（秋：125102）

このほか、4-2で説明したブレッドボードやジャンパー線も必要です。

LEDを電池に接続して点灯する

LEDは、電気を流すことで光らせられる電子パーツです。**下図**のような砲弾型のLEDは、端子を２本備えており、一方の端子が長くなっています。この長い端子を「アノード」、もう片方の短い端子を「カソード」と呼びます。LEDには「極性」があり、アノードを電源の＋側、カソードを－側に接続することで点灯できます。逆に接続すると、電荷が流れないためLEDは点灯しません。接続する際はアノードとカソードを間違えないように注意してください。

図　LEDの外観

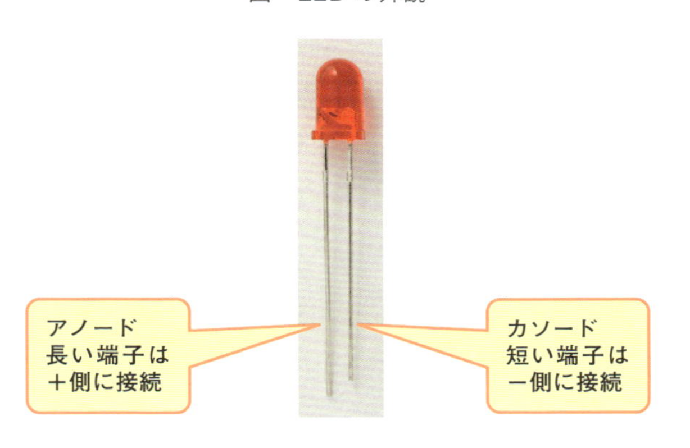

（日経BP撮影）

LEDを点灯させるには、**下図**のようにブレッドボードにLEDと330Ωの抵抗器、電池ボックスを接続します。抵抗器を接続する理由は、LEDに過大な電流が流れて壊れないようにするためです（後述）。電子パーツをブレッドボードに差し込む際、列を間違えないように注意しましょう。

図　LEDの接続図

差し込んだら、電池ボックスのスイッチを入れるとLEDが点灯します（**下図**）。LEDは、赤色や黄色、黄緑色などのさまざまな色の製品が販売されています。動作方法は基本的にどの色のLEDと同じです。試しに赤色LEDを黄色や黄緑色のLEDに差し替えてみましょう。差し替える際は、電池ボックスのスイッチをいったんオフにしておきます。

図　LEDが点灯した

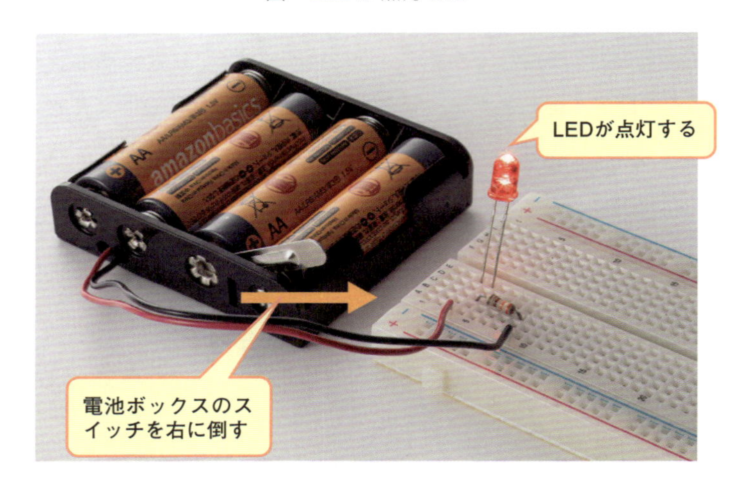

（日経BP撮影）

■電気を供給する「電源」

LEDなどを動作させるためには電気を供給する源である「電源」が必要です。電子回路を動かすには、電気の流れる方向が常に同じ「直流」の電源が必要となります（家庭用コンセントは一定サイクルで方向が入れ替わる「交流」電源です）。

電子工作で使われる代表的な電源の一つがおなじみの「電池」です。電池を見れば分かる通り、電源には「＋極」と「－極」の二つの極が付いており、＋極から電荷を送り出し、－極で回収されます。このため、4-1で説明したように、電源の＋極から－極まで途切れずに一周する形で電子パーツを接続して回路を構成する必要があります。上記LEDの点灯では、＋極からLEDと抵抗を介して－極へとつなげました。

一般的な乾電池は、1個で1.5Vの電圧を供給できます。しかし、LEDは1.5Vの電圧では低過ぎて光りません。そこで、複数本の乾電池を直列（数珠つなぎ）でつないで電圧を高めます。上の図で利用した電池ボックスには4本の乾電池を搭載でき、合計6Vの電源として利用できます。

■「抵抗器」で電気の流れを抑制

LEDを使う場合に必要となるのが「抵抗器」という電子パーツです。抵抗器は、文字通り電気の流れ（電流）の抵抗となって、流れ過ぎを抑える電子パーツです。

LEDは流せる電流に制限があり、これを超えて電流を流すと壊れてしまいます。そこで、抵抗器を接続してLEDに流れる電流を調節し、壊れないようにする必要があります。抵抗器は、どの程度電気の流れを抑制できるかを「抵抗値」で表します（単位はΩ、オーム）。この抵抗値が大きいと電流が流れにくくなり、逆に小さいと電流がたくさん流れます（LEDに接続する抵抗値の求め方については、p.126を参照）。

抵抗値は、抵抗器の横に付けられた４本の帯の色（カラーコード）を見ることで分かります。帯は、**下図**のように1、２本目が抵抗値の上２桁の数字、３本目が倍率、４本目が誤差を示しています。抵抗値を読み取るには、まず1、2本目の帯の色を見て２桁の数値を作ります。例えば「茶黒」の場合は「10」、「緑茶」の場合は「51」となります。次に、３本目の帯の値を1、２本目の帯で作った値にかけると抵抗値が求まります。例えば、3本目が「茶」の場合なら「10」を、「黄色」の場合は「10k（10000）」をかけます。図のように「橙橙茶」であれば、「33」に「10」をかけた「330Ω」だと分かります。

４本目は、１～３本目で求めた抵抗値と実際の抵抗値の間にどの程度ずれが生じる可能性があるかを表しています。「金」の場合は抵抗値の±5%程度ずれている可能性があります。例えば、10kΩの抵抗器で４本目の帯が金ならば、「9.5k～10.5kΩ」の範囲内の抵抗値となります。

図　抵抗器に印刷された帯から抵抗値を読み取る

橙橙茶金
1本目　2本目　3本目　4本目
上位2桁の数値　倍率　誤差

（日経BP撮影）

帯の色	1本目	2本目	3本目	4本目
黒	0	0	1	
茶	1	1	10	±1%
赤	2	2	100	±2%
橙	3	3	1k	±0.05%
黄	4	4	10k	
緑	5	5	100k	±0.5%
青	6	6	1M	±0.25%
紫	7	7	10M	±0.1%
灰	8	8	100M	
白	9	9	1G	
金			0.1	±5%
銀			0.01	±10%
帯無し				±20%

主な抵抗器の帯の色と抵抗値を**下表**に示します。これらは電子工作でよく使われる抵抗値なので、覚えておくとよいでしょう。

表　よく使われる抵抗値と帯の色

抵抗値	1本目	2本目	3本目	4本目
100Ω	茶	黒	茶	金
220Ω	赤	赤	茶	金
330Ω	橙	橙	茶	金
510Ω	緑	茶	茶	金
1kΩ	茶	黒	赤	金
2kΩ	赤	黒	赤	金
5.1kΩ	緑	茶	赤	金
10kΩ	茶	黒	橙	金
20kΩ	赤	黒	橙	金
51kΩ	緑	茶	橙	金
100kΩ	茶	黒	黄	金
200kΩ	赤	黒	黄	金
510kΩ	緑	茶	黄	金
1MΩ	茶	黒	緑	金

ボリュームでLEDの明るさを調節する

LEDは、電流の量によって明るさが変化する電子パーツです。電流が少なければ暗く、多ければ明るくなる特性があります。この電流の量は、接続した抵抗の大きさによって変化します。試しに先ほどLEDを光らせてみた回路で、抵抗器を330Ωから100Ω（茶黒茶金）や220Ω（赤赤茶金）、1kΩ（茶黒赤金）などに差し替えて、明るさがどう変わるのかを確認してみてください。

抵抗値が固定の抵抗器の代わりに、「ボリューム」（可変抵抗）を使うと、抵抗値を一定の範囲内で自由に変化させることができます。ボリュームには細い回転軸が付いており、この回転軸を回すことで抵抗値が変化します。なお、回転軸のままでは細くて回しづらいので、**下図**のようにボリューム用ツマミを取り付けておくと回しやすくなります。

ボリュームには、三つの端子が備わっています。ボリュームを回すと、中央と右または左の端子間の抵抗値が変化するようになっています。ここで利用しているボリュームの場合、中央と左の端子間は、ボリュームを右に回すほど抵抗値が大きくなります。逆に、中央と右の端子間は右に回すほど抵抗値が小さくなります。ここでは、中央と左の端子を利用します。

図　ボリュームの外観

（日経BP撮影）

このボリュームの端子は、ブレッドボードに差し込める形状になっていません。そこで、4-2で説明したようにみの虫ジャンパー線を２本使って接続します。

ボリュームを追加したLED点灯回路の接続図を**下図**に示します。部品を配置して接続を終えたら、ボリュームを回してみましょう。左に回すと明るくなり、右に回すと暗くなることが分かります。

図　ボリュームを追加したLED点灯回路の接続図

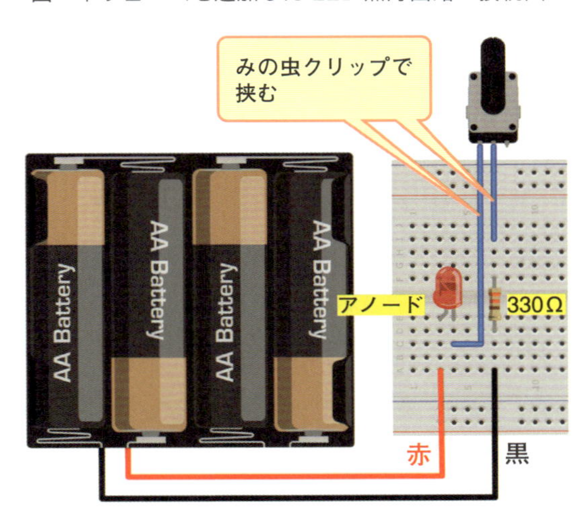

（Fritzingで作成）

電子パーツの動作限界

それぞれの電子パーツは、動作できる電気的な範囲が決まっています。かける電圧が低過ぎると電子パーツが動作しなかったり、逆に高過ぎると壊れてしまったりします。

既に説明したように、LEDの場合は流せる電流の量に限界があります。この限界を超えるとLEDの内部が破壊されて光らなくなるため、制限抵抗を加えて電流を絞ります。壊れるまで至らなくても、高負荷をかけてしまうと、発熱したり発煙したりするなどの危険を伴うため、動作範囲で使うのが鉄則です。

各電子パーツの動作可能な範囲は、データシートや販売ページなどに記載されています。例えば、ここで利用している赤色LEDの「OSDR5113A」は、データシートの「Absolute Maximum Rating（絶対的最大定格）」欄に「DC Forward Current」として電流の最大値（30mA）が記載されています（**下図**）。これ以上流すと壊れる恐れがあります。

図　データシートに動作範囲が記載されている
赤色LED「OSDR5113A」のデータシート（https://www.kyohritsu.jp/eclib/PDF/O/OSDR5113A_VER.A.1.pdf）より。

■Absolute Maximum Rating (Ta=25℃)

Item	Symbol	Value	Unit
DC Forward Current	I_F	30	mA
Pulse Forward Current#	I_{FP}	100	mA
Reverse Voltage	V_R	5	V
Power Dissipation	P_D	75	mW
Operating Temperature	Topr	-30 ~ +85	℃
Storage Temperature	Tstg	-40 ~ +100	℃
Lead Soldering Temperature	Tsol	260℃/5sec	-

#Pulse width Max.10ms　Duty ratio max 1/10

しかしながら、動作範囲を超えてしまった場合どうなるかを体験しておくことは、将来大きな失敗をしないための知識として役立ちます。そこで、試しにLEDに大きな電流を流して壊してみましょう。**下図**のようにLEDにボリュームを接続します。なお、ここで使っているような一般的な砲弾型LEDは、一つ数円から10数円程度で購入できるので壊しても財布はさほど痛みませんが、それでももったいないという人は、以下を読んで紙上体験してください。

図　LEDを壊すための接続図

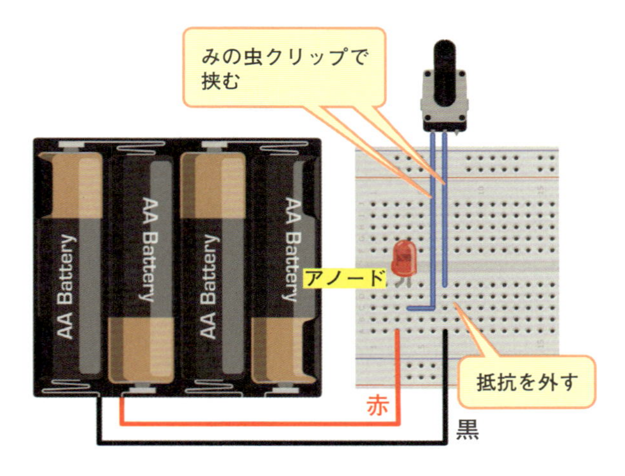

（Fritzingで作成）

接続したら、電源スイッチを入れる前に、ボリュームを右いっぱいまで回しておきます。次に電源スイッチを入れるとLEDが暗く点灯します。この状態からボリュームをゆっくりと左に回してみましょう。段々と明るくなり、あるところでLEDが消えます。このとき、LEDが熱くなったり発煙したりすることがあります。これで、LEDが壊れました。当然ですが、壊れると再度ボリュームを戻してもLEDは点灯しません。壊れたLEDの内部を見ると、黒く焦げてしまっているのが分かります（**下図**）。

図　正常なLEDと壊れたLED

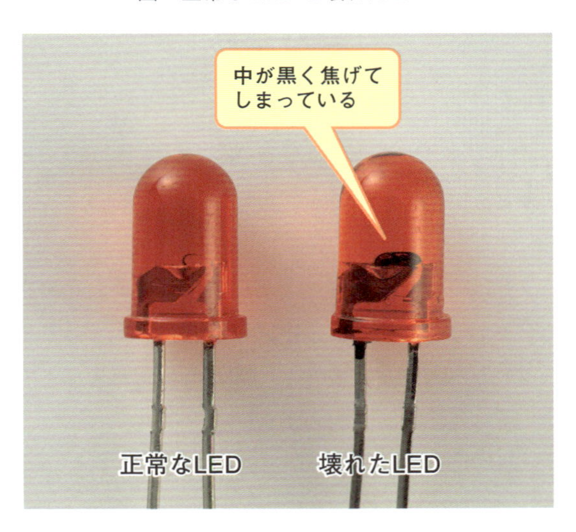

（日経BP撮影）

スイッチで切り替える

電子回路は、電源の＋極から－極までの間のどこかが途切れていると電気が流れず電子パーツが動作しません。この原理を使って能動的に回路を切ったりつなげたりすることで、「オン」と「オフ」の状態を切り替えるために使える電子パーツが「スイッチ」です。スイッチは、内部で金属の板を触れたり離れたりさせることで、回路に電気を流したり止めたりできます。

ここでは「トグルスイッチ」と呼ぶスイッチを利用してみます（**下図**）。上部にあるレバーを左右に倒すことで、端子間を接続したり切り離したりできます。ここで使っている製品は、三つの端子を備えていて、レバーの操作で中央と右または左の端子の接続が切り替わるようになっています。図の向きでレバーを右に倒すと左と中央の端子が導通し、左に倒すと右と中央の端子が導通します。

図　トグルスイッチの外観

（日経BP撮影）

なお、このトグルスイッチは単体でもブレッドボードに直接差し込めますが、端子が短いためちょっとした力で抜けてしまいます。そこで、**下図**のように付属する基板とピンヘッダーをはんだ付けすることにより、ブレッドボードに安定して取り付けられます。

図　付属基板を介してトグルスイッチをブレッドボードに取り付ける

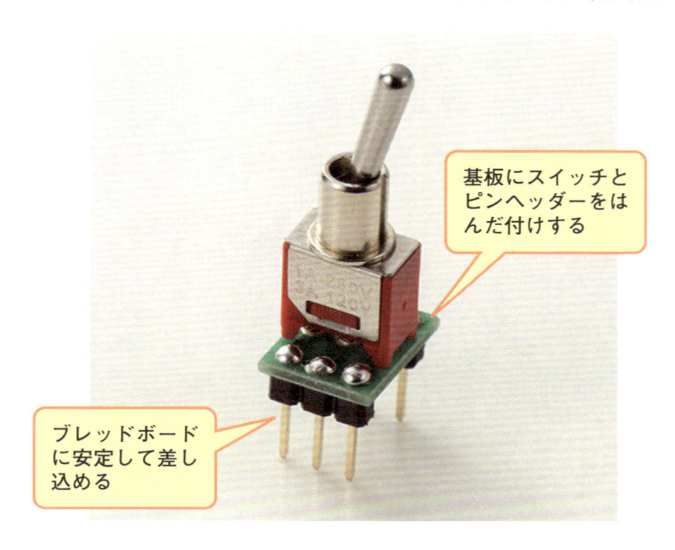

（日経BP撮影）

トグルスイッチを使ってLEDの点灯と消灯を切り替えるには、**下図**のように接続します。これで、レバーを右に倒せば点灯し、左に倒せば消灯します。

図　スイッチでLEDの点灯・消灯を切り替える接続図

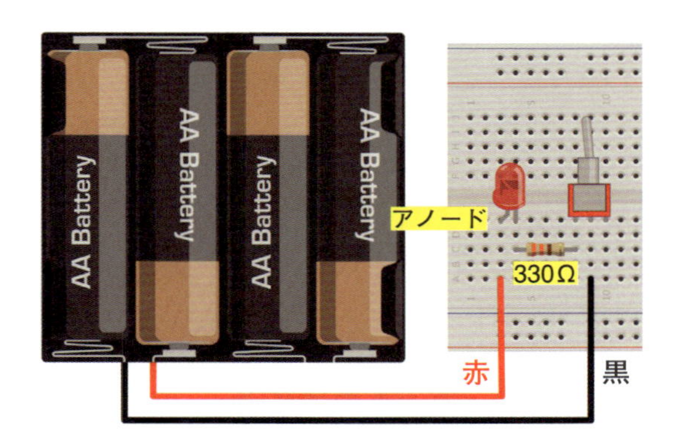

（Fritzingで作成）

モーターを回転させる

モーターのように物を動かすことができる電子パーツもあります。モーターにはいくつかの種類があります。このうち「DCモーター」は、電池のような直流の電源に接続するだけで回転させられるタイプです（**下図**）。図のような小型のDCモーターは乾電池で動かせるため、模型の駆動部分やハンディータイプの扇風機の回転軸部分など、身近にあるさまざまな製品で活用されています。

DCモーターには二つの端子が付いています。この端子に電池の＋極と－極をそれぞれ接続すれば回転します。

図　DCモーターの外観

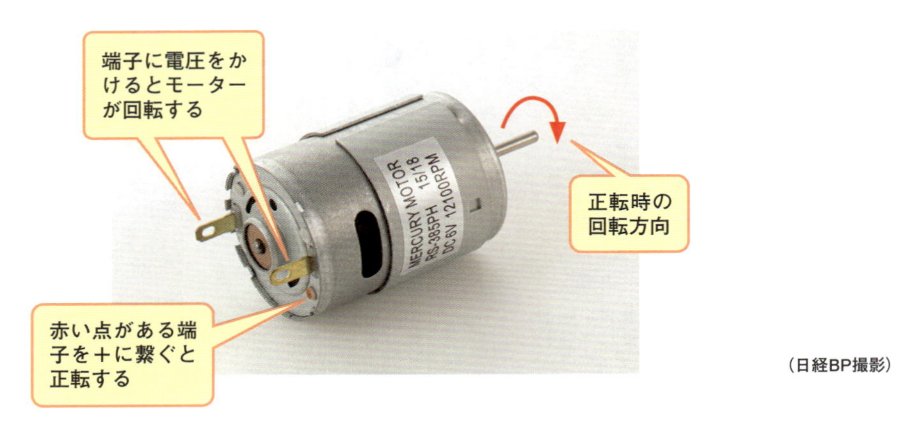

（日経BP撮影）

DCモーターを動かしてみましょう。**下図**のようにブレッドボードを使って接続します。DCモーターの端子は、ボリュームと同じように、みの虫ジャンパー線を使って端子を挟み込んで接続します。電池ボックスのスイッチを入れると、DCモーターが回転します。

図　DCモーターの接続図

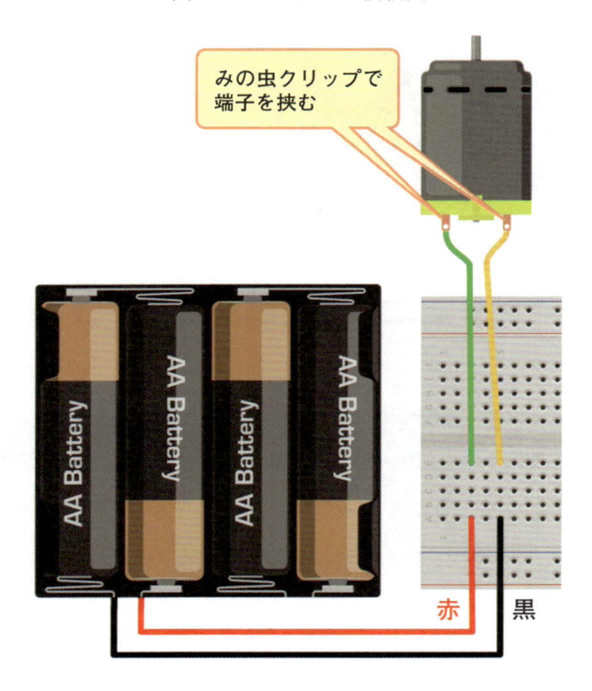

（Fritzingで作成）

ここで利用している「RS-385PH」というDCモーターは、端子の片側に赤い点が付いています。この点の付いている端子を電源の＋側に接続すると、p.124のモーターの外観図にある矢印の方向に回転します。この回転方向を「正転」と呼びます。

DCモーターは、端子を逆に接続する（＋と－を入れ替える）と逆方向に回転（逆転）させられます。モーターにつないでいるみの虫ジャンパー線を外し、＋側と－側を逆に接続して確かめてみましょう。

■スイッチで回転方向を切り替える

前述したように、DCモーターは電源を逆につなげば回転方向を反転させることができます。しかし、配線をいちいちつなぎ替えるのは面倒です。そこで、**下図**のようにスイッチを二つ使うと、配線をつなぎ替えなくてもモーターを回転させる方向を切り替えることが可能になります。

図　スイッチで回転方向を切り替える接続図

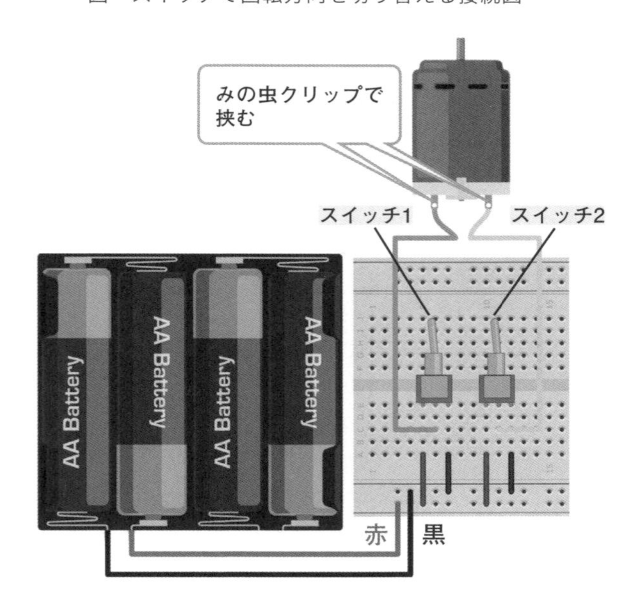

（Fritzingで作成）

ここで利用しているトグルスイッチは、前述したように三つの端子が付いており、右と左のどちらの回路に接続するかをレバーで切り替えられます。そこで、左側の端子に電源の＋側、右側に電源の－側をつなぎ、中央にモーターの端子の一方を接続します。こうすることで、スイッチを右に倒せばモーターが＋極に接続され、左に倒せば－極に接続されるようになります。同じくもう一方のモーターの端子をもう一つのスイッチに接続すると、二つのスイッチを**下表**のように操作することで、モーターの端子につながる電源の＋側と－側を自由に切り替えて回転方向を変えられます。

表　スイッチの切り替え方

スイッチ1	スイッチ2	モーターの動作
右に倒す	右に倒す	停止
右に倒す	左に倒す	正転
左に倒す	右に倒す	反転
左に倒す	左に倒す	停止

コラム

LEDに接続する抵抗値を求める

LEDに接続する制限抵抗の抵抗値は、以下のような簡単な計算でおおよその値を求められます。

電流は電荷の流れなので、LEDに流れた電流はそのまま抵抗器にも流れます。つまり、どちらも電流の量は同じです。このため抵抗器に流れた電流を求めれば、LEDに流れる電流も分かります。

抵抗器に流れる電流は4-1で示したオームの法則から、「抵抗にかかる電圧÷抵抗値」で求まります。抵抗にかかる電圧は「電源電圧－LEDにかかる電圧」です。従って、LEDにかかる電圧が分かれば電流を求められます。なお、図に示しているように、この式を変形すれば流したい電流から接続すべき抵抗値を求めることも可能となります。

図　LEDに流れる電流を計算で求める

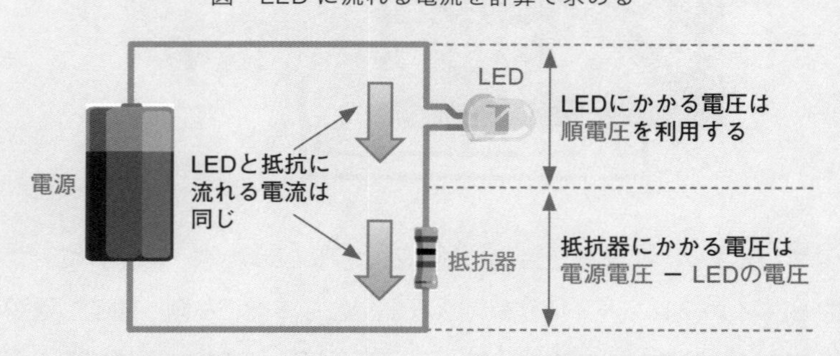

LEDは、流れる電流の量が変化しても、かかる電圧はほとんど変化しません。ここ

で使っているLEDが赤色LED「OSDR5113A」の場合、電圧は2Vです。6Vの電源に接続した場合は、LEDにかかる電圧2Vを引くことで、抵抗器にかかる電圧が4Vと分かります。抵抗値が330Ωの場合、4Vを330Ωで割って、電流は「約12mA」と求められます。

逆に、LEDに流れる電流から接続すべき抵抗値を求める場合は、抵抗器にかかる電圧を目的の電流で割ります。6V電源に接続した場合で5mAの電流を流したい場合は、「4V÷5mA」を計算します。すると抵抗値は「800Ω」と求まります。800Ωの抵抗器はあまり一般的ではないので、p.118の図で示した電子工作でよく使われる抵抗値の中から最も近い「1kΩ」の抵抗器を使ってみましょう。200Ωも違っていて大丈夫かと思うかもしれませんが、計算すると「4mA」となり、おおよそ5mAの電流が流せると見なして差し支えありません。

LEDのデータシートや販売ページを参照すると、「順電圧（Vf）」および「順電流（If）」という特性が記載されています（**下図**）。これはいわゆる定格値を示しており、LEDを点灯させる際のメーカーの推奨している値です。記載された順電流Ifを流すと、そのときLEDには順電圧Vfがかかるという意味です。

「OSDR5113A」の場合、順電流が「20mA」、順電圧は「1.8～2.5V」と記載されています。順電圧が範囲で表示されているのはLEDに製造上の個体差があるためです。この場合は、「Typ.（Typicalの略）」として記載されている代表値の「2.0V」を用います。先ほどは、この2Vの値を基に1kΩの抵抗器をつなげば4mAの電流が流れるように計算しましたが、20mAを流すためには「200Ω」の抵抗器をつなげばよいことが分かります（実際に計算してみてください）。

図　LEDデータシートに順電圧と順電流が記載されている
赤色LED「OSDR5113A」のデータシートより。

■Electrical -Optical Characteristics (Ta=25℃)

Item	Symbol	Condition	Min.	Typ.	Max.	Unit
DC Forward Voltage*1	V_F	I_F=20mA	1.8	2.0	2.5	V
DC Reverse Current	I_R	V_R=5V	-	-	10	μA
Domi. Wavelength*2	λ_D	I_F=20mA	635	640	645	nm
Luminous Intensity*3	Iv	I_F=20mA	-	1200	-	mcd
50% Power Angle	$2\theta_{1/2}$	I_F=20mA	-	15	-	deg

*1 Tolerance of measurements of forward voltage is ±0.1V
*2 Tolerance of measurements of dominant wavelength is ±1nm
*3 Tolerance of measurements of luminous intensity is ±15%

なお、パワーLEDなどと呼ばれる一部のLEDでは、電流によって電圧も計算する上で無視できないほど変化する場合があります。この場合は、データシートに記載された順電圧-順電流のグラフを参照して、目的の電流ではどの程度の電圧がかかるかを読み取るようにします（**下図**）。

図　LEDによってはデータシートに記載されているグラフから順電圧を読み取る必要がある
白色パワーLED「OSW4XNE3C1S」のデータシート（https://akizukidenshi.com/goodsaffix/OSW4XNE3C1S.pdf）より。

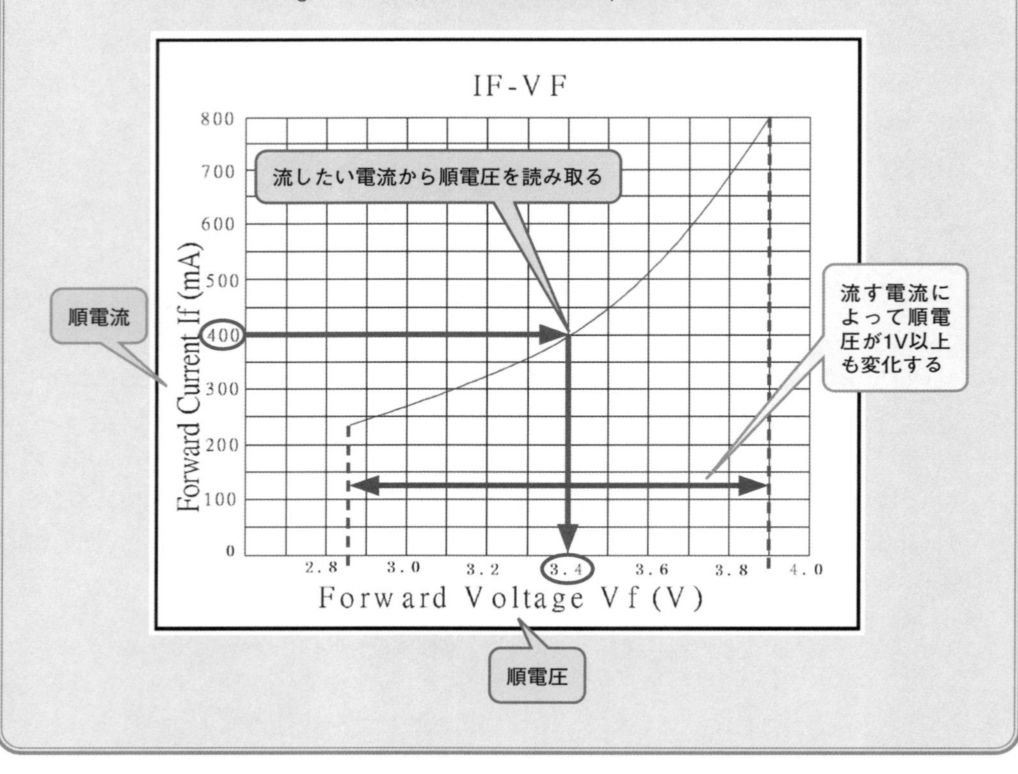

第5章

電子パーツの制御方法の基本

5-1 LEDの点灯制御

LEDは、電源などに接続することで光る電子パーツです。ESP32のデジタル出力を使うことで、LEDの点灯や消灯をプログラムで制御できるようになります。ESP32では直接制御できないタイプのLEDについても、トランジスタを利用すれば制御可能です。

第4章（4-3）では、LEDに電池を接続して点灯させてみました。電池を4本使うことで6Vの電圧が得られます。ESP32にも、同じように給電可能な端子が用意されています（**下図**）。電池の＋極に当たる「5V」（19番端子）と「3V3」（1番端子）、－極に当たる「GND」端子です。VBUS端子からは5V、3V3端子から3.3Vの電圧を取得できます。GNDの電圧は0Vであり、5Vや3.3Vから電子パーツを経由してGNDに接続する回路を作ることで電子パーツが動作します。

図　電源として使えるESP32の端子

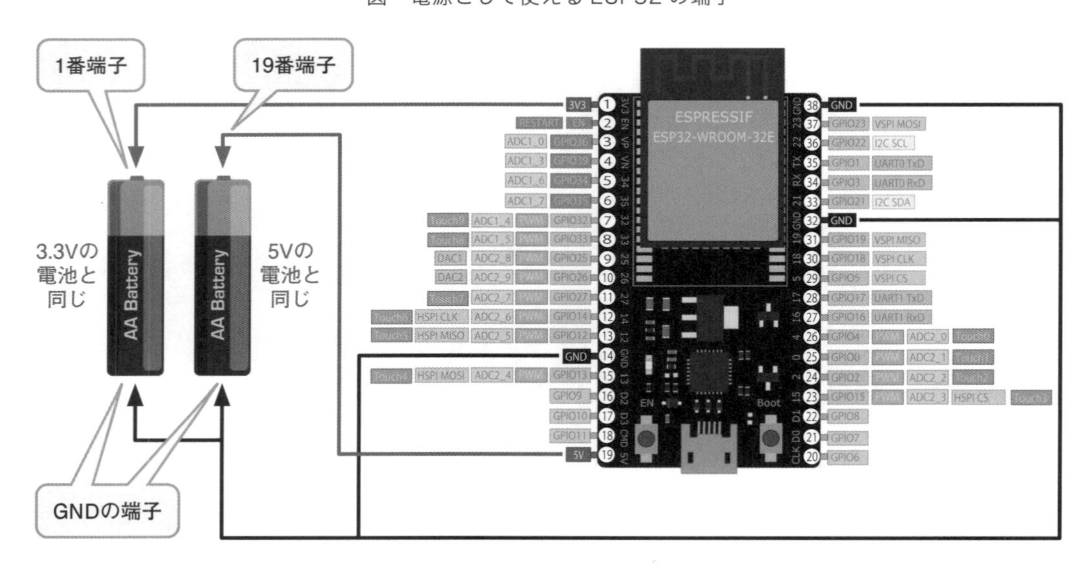

試しに電源端子を利用してLEDを点灯させてみましょう。**下図**のように3V3端子にLEDのアノードを接続し、カソードは抵抗器を介してESP32の任意のGND端子に接続します。ここでは38番端子のGNDに接続しています。なお、この接続図ではLEDを差し込む向きを示すために、アノード側の端子付近に「＋」と記載しています。これでESP32を電源に接続するとLEDが点灯します。また、LEDのアノード側をVBUS端子に接続すると、5Vの電池に接続したのと同じ状態になり、3V3に接続した場合より明るく点灯します。

図　ESP32の電源端子を使ってLEDを点灯する

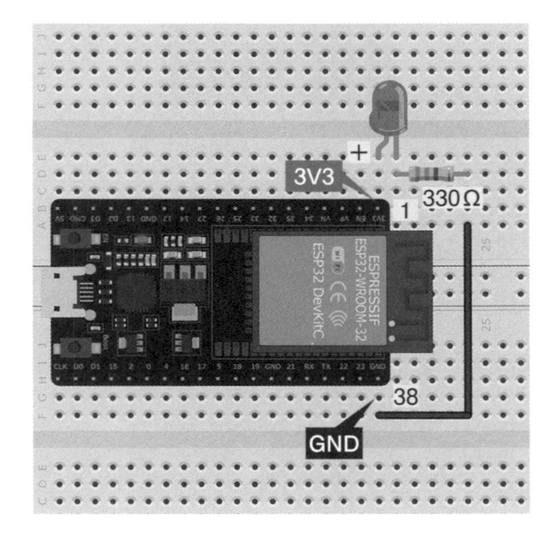

（Fritzingで作成）

■デジタル出力でLEDの点灯／消灯を切り替える

ESP32は、「GPIO（汎用入出力）」と呼ぶ端子を搭載しています。名前の通りさまざまな目的で使える入出力端子で、このGPIOにLEDなどの電子パーツをつなぐことで、プログラムによる制御が可能になります。ESP32の場合、**下図**で「GPIO数字」と記載された端子を利用できます。なお、「利用できます」と書いたのは、設定により、GPIO以外の用途でもこれらの端子を利用できるためです。

なお、GPIO 24、25、36、39は入力のみに対応する端子なので、デジタル出力はできません。また、GPIO 6、7、8、9、10、11は内部のフラッシュメモリーで利用される端子なので、デジタル出力には使えません。

図　ESP32でデジタル出力として使える端子

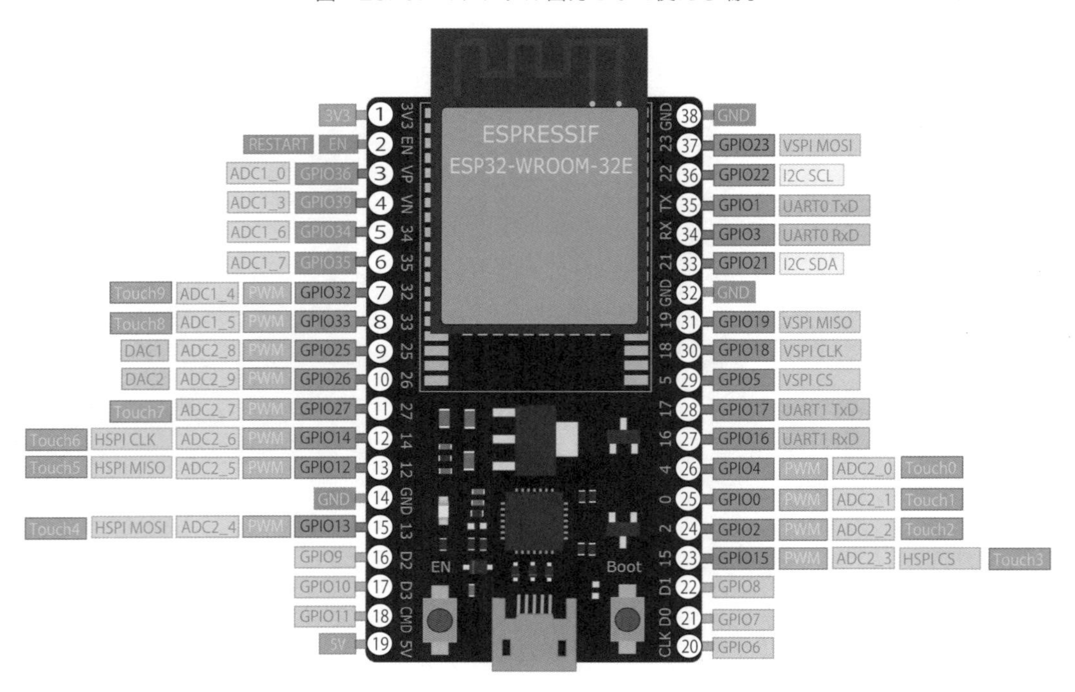

GPIOは、出力電圧として3.3Vと0Vをプログラムで切り替えられます。LEDのアノードをGPIO、カソードをGNDに接続し[*1]、GPIOの出力電圧を3.3Vにすると、LEDを電池につないだのと同じ状態になって点灯します（**下図**）。出力電圧を0Vにすると、電池を外したのと同じ状態になり消灯します。

図　GPIOの出力を切り替えてLEDを点灯／消灯させる

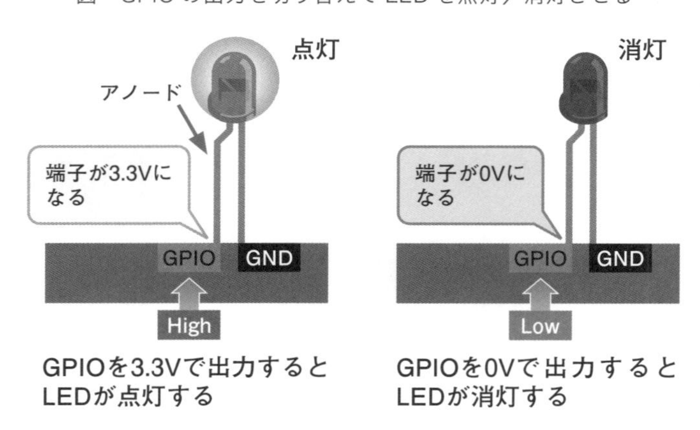

*1 実際にLEDを接続する場合には、制限抵抗を接続して流れる電流を制限する必要があります。詳しくは後述します。

このように、ある電圧（この場合は3.3V）と0Vの2通りに切り替えられる出力のことを「デジタル出力」と呼びます。また、3.3Vのように電圧の高い状態を「High」、0Vのように電圧の低い状態を「Low」と呼びます。

ESP32で利用できるGPIO端子は、それぞれ独立してHigh、Lowの状態に切り替えられます。所定の端子を制御するには、対象の端子の「GPIO」の後に記載されている番号を指定します。例えば、25番端子の「GPIO 0」であれば「0」、7番端子の「GPIO 32」であれば「32」と指定します。

実際にLEDを接続してプログラムで点灯／消灯を制御してみましょう。利用する電子パーツは次の二つです。

◉赤色LED×1（秋：111655）
◉抵抗器330Ω×1（秋：125331）

ESP32とLEDは**下図**のように接続します。これは、p.131に示した「ESP32の電源端子を使ってLEDを点灯する」の接続図から、3V3端子に接続していたジャンパー線をプログラムで制御できるGPIOの端子に接続し直すだけです。ここではGPIO 32（7番端子）に接続しています。LEDを壊さないように、制限抵抗を接続するのを忘れないようにしましょう。

図　LEDを点灯制御する接続図

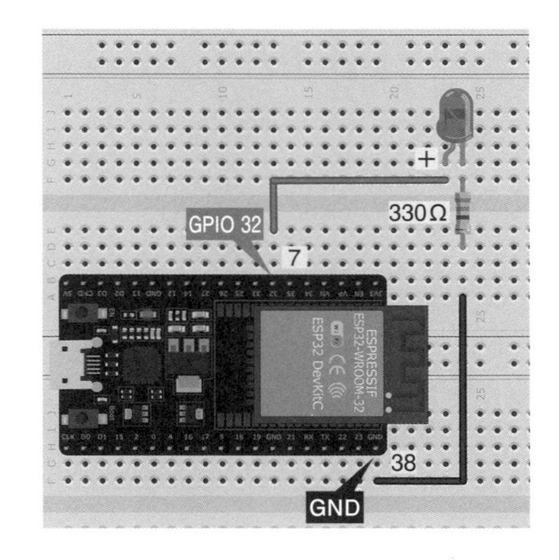

（Fritzingで作成）

LEDを点灯させるプログラム「led_on.ino」を以下に示します。

「LED_PIN」変数にLEDを接続したGPIOの番号を格納します。次にpinMode()で「OUTPUT」と指定することで、GPIOを出力モードに切り替えます。

「digitalWirte()」でGPIOの状態を切り替えます。対象のGPIOの番号と「HIGH」を指定することで、LEDを点灯させられます。

ソース　LEDを点灯させるプログラム

led_on.ino

```
const int LED_PIN = 32; ── LEDを接続したGPIOの番号を変数に格納しておく

void setup() {
    pinMode( LED_PIN, OUTPUT ); ── LEDを接続した端子を設定する
}
制御するGPIOの番号を指定　出力モードに設定する
void loop() {
    digitalWrite( LED_PIN, HIGH ); ── GPIOをHigh(3.3V)にしてLEDを点灯する
}
```

LEDを消灯したい場合は、プログラム中の「HIGH」を「LOW」に変更してください。すると、GPIOがLowの状態に切り替わり、LEDが消灯します（書き換え済みの消灯用プログラム「led_off.ino」も本書のサポートサイトからダウンロードできます）。

以下に示すプログラム「led_on_value.ino」のようにdigitalWrite()の「HIGH」の部分を数値にしてもHighまたはLowを切り替えられます。0を指定するとLow、それ以外の数値をHighになります（0に設定済みのプログラム「led_off_value.ino」も本書のサポートサイトからダウンロードできます）。

ソース　value()を利用してLEDを点灯させるプログラム

led_on_value.ino

```
const int LED_PIN = 32;

void setup() {
    pinMode( LED_PIN, OUTPUT );
}

void loop() {
    digitalWrite( LED_PIN, 1 );
}
```

0:Low(0V)にする
0以外:High(3.3V)にする

0、1以外の値を指定する

value()では、0以外の値を指定するとGPIOの状態がHighになります。例えば、value(3)、value(0.8)、value(-30)のいずれの場合もHighになります。

HighとLowを交互に切り替えればLEDを点滅させられます。作成したプログラム「led_blink.ino」を以下に示します。HighとLowを切り替える間に「delay()」を挟んでいるのは、点灯または消灯したあとに指定した時間だけ待機するためです。時間はミリ秒単位で指定します。値を大きくすればゆっくり点滅し、小さくすれば速く点滅します。

ソース　LEDを点滅させるプログラム

led_blink.ino

```
const int LED_PIN = 32;

void setup() {
    pinMode( LED_PIN, OUTPUT );
}

void loop() {
    digitalWrite( LED_PIN, HIGH ); ── GPIOをHigh（点灯）にする
    delay( 1000 ); ── Highの状態を指定した時間（ミリ秒単位）だけ保つ

    digitalWrite( LED_PIN, LOW ); ── GPIOをLow（消灯）にする
    delay( 1000 ); ── Lowの状態を指定した時間（ミリ秒単位）だけ保つ
}
```

ESP32の制限を超えるLEDを点灯制御する

既に説明したように、ESP32のGPIOはHighに設定すると3.3Vの電圧を出力します。しかし、電子パーツによっては3.3Vよりも高い電圧の電源が必要なものがあります。加えて、電圧だけでなく電流の大きさにも注意が必要です。ESP32のGPIO端子に流せる電流は、GPIO端子1本当たり「40mAまで」という制限があります。この40mAを超える電流を流そうとすると、ESP32が正しく動作しなくなる恐れがあります。

このため、LEDにかける電圧を3.3Vよりも高くしたい場合や、現在設定されている上限値を超える大きな電流を流して明るくしたい場合などには、GPIOにLEDを直接接続して制御することはできません。「トランジスタ」を使うと、そうした電子パーツを制御できます。トランジスタ

は、電気で動作するスイッチのような働きをする電子パーツです。「エミッター」「コレクター」「ベース」という三つの端子を備えています。2SC1815という代表的なトランジスタの例を**下図**に示します。平たい面に品番が記載されており、平たい面を前にして置いた場合、左からエミッター、コレクター、ベースとなっています。

図　トランジスタの外観（2SC1815の場合）

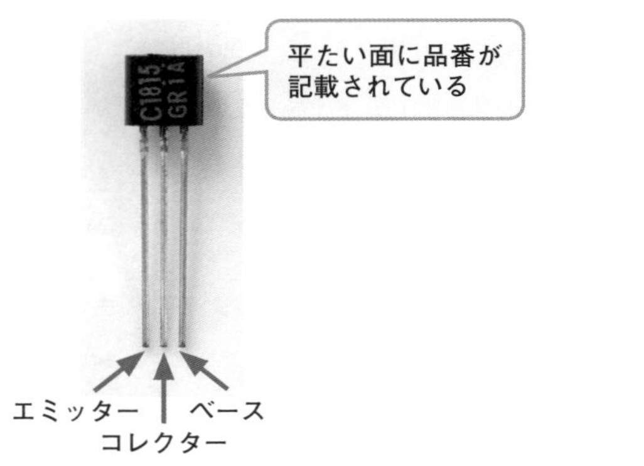

（日経BP撮影）

トランジスタによって端子の並びは異なる

端子の並びはトランジスタによって異なります。利用する前に必ずデータシートなどで確認しておきましょう。

LEDを点灯する回路をトランジスタで制御するには、**下図**のように回路の途中にトランジスタをつなぎます。回路の＋側にトランジスタのコレクターを、－側にエミッターの端子を接続します。ベースにはESP32のGPIOなどを接続します。

この状態で、ベースに「High」をかけるとコレクターとエミッターがつながった状態になりLEDが点灯します。一方、「Low」をかけると回路に電気が流れなくなり、LEDが消灯します。

図　トランジスタは電気的なスイッチとして使える

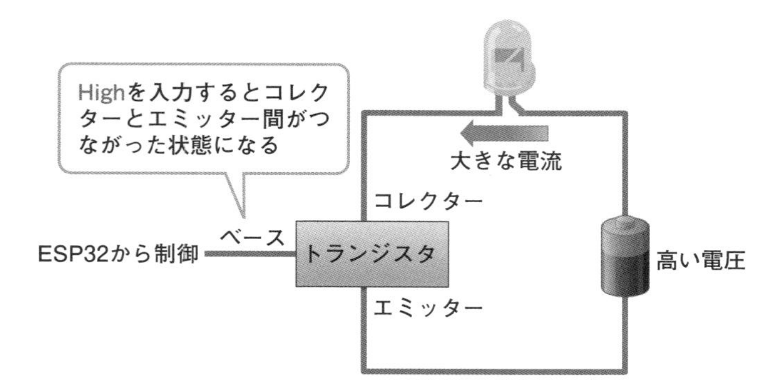

実際に、トランジスタを使ってGPIOの許容範囲を超える電流を流して、LEDの点灯を制御してみましょう。ここでは、順電圧が3.2Vの白色LED「OSW47L5111Y」を点灯させてみます。GPIOの電圧は3.3VとLEDの順電圧を供給できますが、ここでは余裕をみて、5V（38番）端子から5Vを供給します。電流については、**下図**のように制限抵抗として27Ωを接続し、67mAの電流が流れるようにします。トランジスタを使うことで、ESP32が扱える40mAよりも多くの電流を流せます。

図　27Ωの制限抵抗を接続した場合の電流を求める

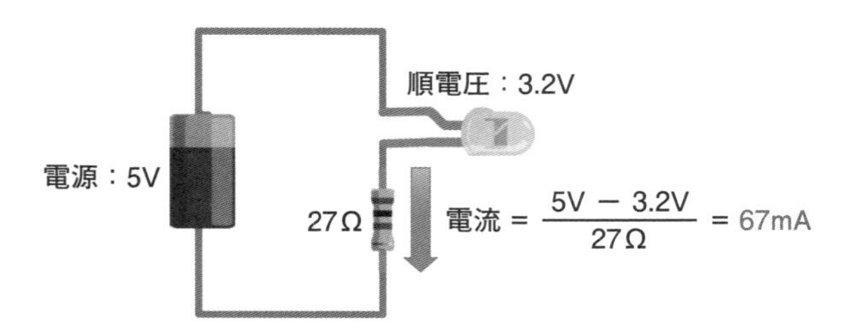

利用する電子パーツは以下の通りです。

◉白色LED×1（秋：112729）
◉トランジスタ×1（秋：106477）
◉抵抗器27Ω×1（秋：114273）、3.3kΩ×1（秋：125332）

ESP32で白色LEDを制御するには、LEDとトランジスタ、抵抗器2本を**下図**のように接続します。ブレッドボード上でESP32の19番端子をLEDのアノードに接続し、カソードには27Ωの制限抵抗を接続します。制限抵抗の他方の端子はトランジスタのコレクター（中央の端子）に

5章

接続して、ESP32から点灯制御できるようにします。

トランジスタのエミッター（左の端子）はGNDに接続し、ベース（右の端子）は3.3kΩの抵抗器を介してESP32のGPIOに接続します。ここではGPIO 32（7番端子）に接続しています。

図　白色LEDを点灯制御するための接続図

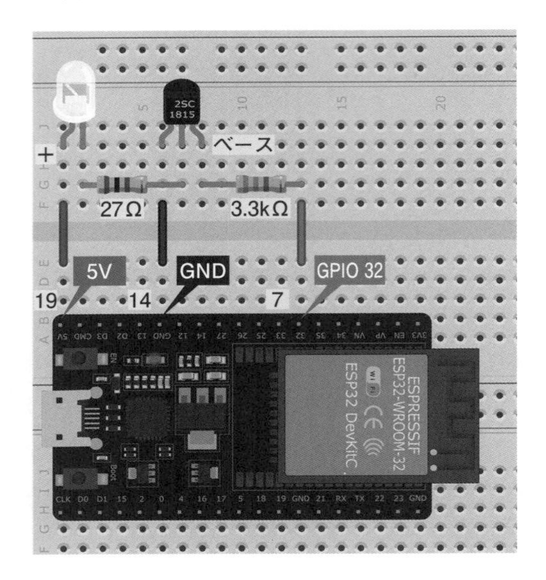

（Fritzingで作成）

配線を終えたらプログラムを用意して点灯させます。プログラムは、p.134〜135で紹介した赤色LEDの点灯制御に利用した各プログラムがそのまま使えます。例えば、led_blink.inoを実行すれば、白色LEDが点滅します。

5-2 スイッチの状態を読み取る

スイッチは、利用者が物理的に操作できる電子パーツです。ESP32では、デジタル入力を使うことでスイッチの状態を読み取れます。タクトスイッチを使う場合には、押していない状態で入力を安定させるためにプルアップまたはプルダウン抵抗を利用します。

第4章の4-3では、スイッチを使うことで、電子回路を能動的に切ったりつないだりできることを確認しました。スイッチの操作によって電流を流したり止めたりできるようになるので、LEDの点灯や消灯を切り替えるなどの目的で利用できます。

ESP32は、接続されたスイッチの状態を読み取ることができるので、スイッチがオンになっているか、ボタンスイッチが押されたかといった状態が分かります。読み取った結果をプログラムで使うことで、LEDの点灯やモーターの駆動、プログラムの設定値変更などの制御や操作が可能になります。複数のボタンスイッチを用意し、どのスイッチが押されているかを調べることで、PCのキーボードのように文字の入力にも使えます。

5章

スイッチは、主に「切り替え式」と「押しボタン式」の2種類があります（**下図**）。切り替え式は、レバーなどを使って二つの状態を切り替えられるスイッチです。電源のオン／オフを切り替える用途などで使われています。押しボタン式は、ボタンを押し込むことで内部の接点がくっついて導通するスイッチです。テレビのリモコンやパソコンのキーボードなどでよく使われています。

図　主なスイッチの仕組み

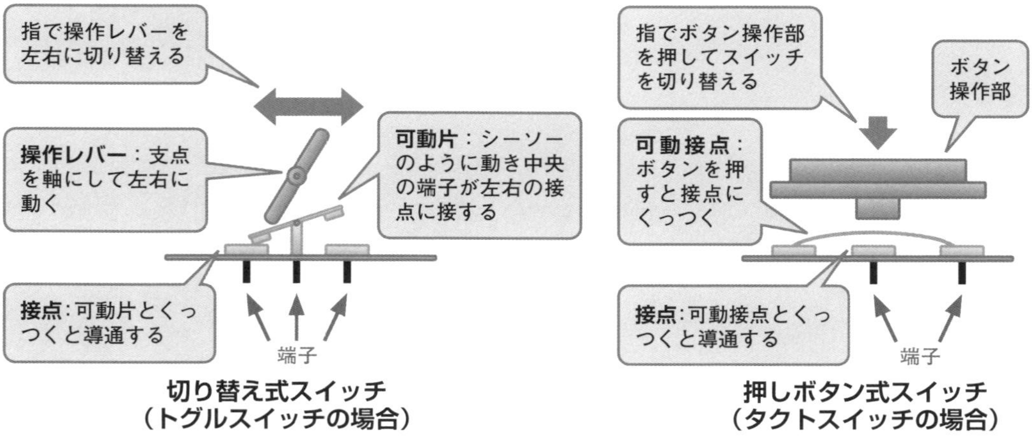

切り替え式のスイッチには、4-3で利用した「トグルスイッチ」のほか、部屋の照明の切り替えに使われている「ロッカースイッチ」、レバーを左右に動かして切り替える「スライドスイッ

チ」などがあります（**下図**）。

図　切り替え式スイッチの例

トグルスイッチ

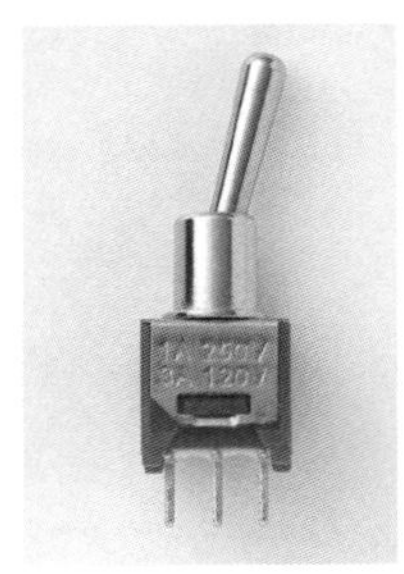

スライドスイッチ

ロッカースイッチ

（日経BP撮影）

押しボタン式のスイッチには、基板などに直接取り付けて使う「タクトスイッチ」や、ケースなどに固定して使う「プッシュスイッチ」、高い信頼性と耐久性を備えた「マイクロスイッチ」などがあります（**下図**）。

図　押しボタン式スイッチの例

タクトスイッチ

プッシュスイッチ

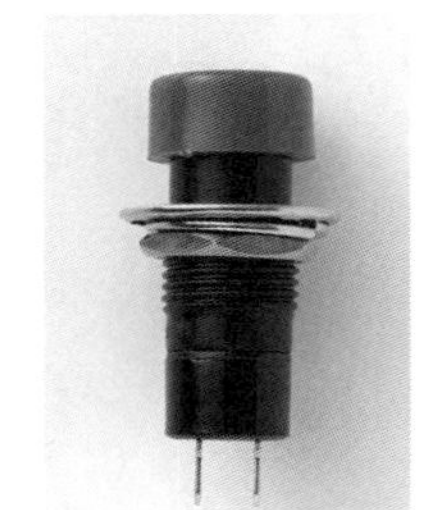

マイクロスイッチ

（日経BP撮影）

このほか、「ロータリースイッチ」や「ロータリーエンコーダー」「振動スイッチ」といったスイッチもあります。それらのいくつかについては、第6章で使い方などを紹介していますので参考にしてください。

コラム

モーメンタリースイッチとオルタネートスイッチ

多くの押しボタン式スイッチは、押して手を離すと元の状態に戻るようになっています。このようなスイッチを「モーメンタリースイッチ」と呼びます。

一方、ボタンを押すとオンの状態を保つタイプもあり、「オルタネートスイッチ」と呼びます（**下図**）。ボタンを押すとロックされてオンの状態を保持し、もう一度押すとロックが外れてオフの状態に戻ります。このタイプのスイッチを使うと、切り替え式スイッチと同じような操作が可能になります。

図　オルタネートスイッチの動作

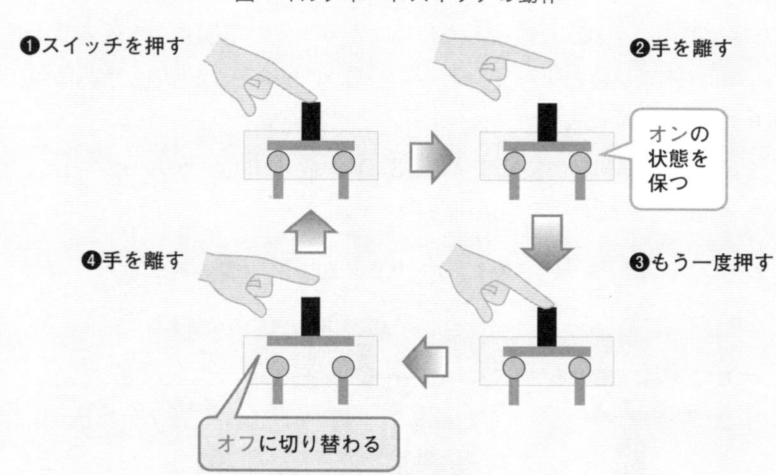

トグルスイッチやロッカースイッチは、オルタネートスイッチであるのが一般的ですが、手を離すと元の状態に戻るモーメンタリースイッチタイプの製品も市販されています。

■デジタル入力でスイッチの状態を読み取る

5-1で説明したように、ESP32のGPIOはデジタル出力で電子パーツを制御するだけでなく、端子の電圧を調べる「デジタル入力」に切り替えて使うことが可能です（**下図**）。デジタル入力では、端子にかかる電圧をチェックして、電圧が高い状態なら「High」、低い状態なら「Low」の2通りの値として入力できます。この機能を使うことで、スイッチの状態を調べられます。

図　デジタル入力ではGPIO端子にかかる電圧によってHighまたはLowの2通りの入力ができる

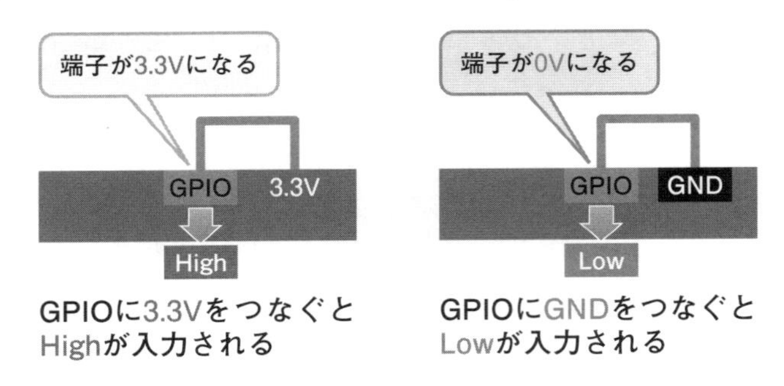

トグルスイッチやスライドスイッチといった三つの端子を備えるスイッチの場合、両端の端子の一方を電源（3.3V）、もう一方をGND（0V）に接続すると、レバーの状態によって中央の端子がGNDまたは電源のいずれかに接続した状態になります。**下図**のようにスライドスイッチの左側に電源、右側にGNDを接続すれば、レバーを左に切り替えると中央の端子の電圧は3.3Vになり、右に切り替えると0Vになります。

中央の端子をESP32のGPIOに接続すれば、3.3Vなら「High」が入力され、スイッチのレバーが左側にあると判断できます。

図　スライドスイッチの状態をESP32で読み取る

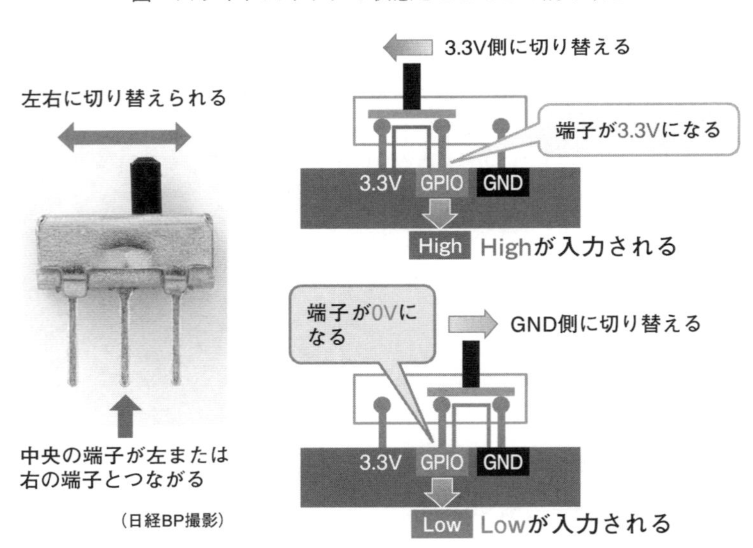

■ESP32にスイッチを接続して状態を読み取る

5-1で説明したESP32のデジタル出力ができるGPIOは、デジタル入力しても利用できます。さらに、3～6番端子のGPIO 36、29、34、35は、デジタル出力はできませんが、デジタル入力として利用できます（**下図**）。ここにスイッチを接続することで状態を読み取り可能です。

図　ESP32 でデジタル入力として使える端子（緑、深緑の端子）

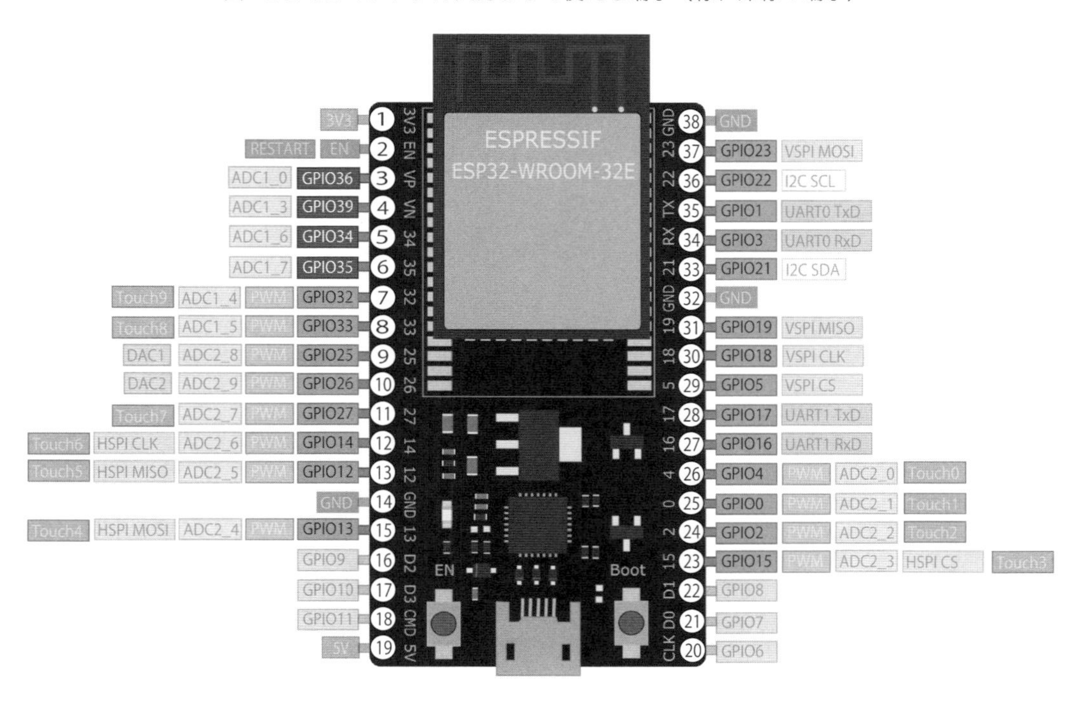

実際に、デジタル入力を使ってスライドスイッチ（秋：115707）の状態を読み取ってみましょう。ESP32とは**下図**のように接続します。ここではGPIO 33（8番端子）に接続しました。

図　スライドスイッチの状態を読み取るための接続図

（Fritzingで作成）

スイッチの状態を読み取るプログラム「sw.ino」を以下に示します。pinMode()でスイッチを接続したGPIOの設定をします。この際、「INPUT」と指定することでデジタル入力モードに切り替わり、端子の状態を読み取れるようになります。

端子の状態を確認するには、「digitalRead()」を使います。引数に入力対象のGPIOの番号を指定します。入力がHighの場合は「1」、Lowの場合は「0」となります。if文（条件分岐）を使って、入力が「1」の場合は「ON.」、「1」でない場合は「OFF.」と表示します。

ソース　スライドスイッチの状態を読み取るプログラム

sw.ino

```
const int SW_PIN = 33; ── スイッチを接続したGPIOの番号を変数に格納しておく
                    入力モード
void setup() {
    pinMode( SW_PIN, INPUT ); ── スイッチを接続した端子を入力モードに設定する

    Serial.begin( 115200 ); ── シリアル通信をできるようにする
}

void loop() {          GPIOの入力がHigh(1)であるかを確かめる
    if( digitalRead( SW_PIN ) == 1 ){
        Serial.println( "ON." ); ── Highの場合は「ON.」と表示する
    }else{
        Serial.println( "OFF." ); ── Lowの場合は「OFF.」と表示する
    }
    delay( 1000 );
}
```

プログラムを実行すると、スイッチが右の状態では「ON.」、左に切り替えると「OFF.」と表示されます。

コラム

中途半端な電圧でもHigh、Lowのいずれかが入力される

デジタル入力に0Vや3.3Vちょうどの電圧が入力されることはほとんどなく、3.3Vの電源につないだとしても実際には3.24Vや3.38Vなど多少ずれた電圧がかかります。電子パーツによっては、もっと中途半端な電圧が入力されることもあります。このような電圧が入力されても、ESP32のデジタル入力はHighとLowのいずれかに判定する仕組みになっています。

入力電圧がどの程度でHighまたはLowになるかは、「スレッショルド（threshold、

しきい値）」電圧よりも高いか低いかで判断されます。どの程度の電圧で切り替わるかは、マイコンによって異なっています。

筆者が利用したESP32-WROOM-32Eで確認したところ、約1.6Vでデジタル入力の結果が切り替わりました。HighからLowに切り替わる電圧と、逆にLowからHighに切り替わる電圧は変わりありませんでした。つまり、1.6Vより高い電圧であれば「High」、1.6Vよりも低い電圧であれば「Low」が入力されます。

ESP32のデータシート[*1]では、Highとなる保証されている電圧と、Lowとなる保証されている電圧が記載されています。Highとなる電圧は「電源電圧×0.75V〜電源電圧+0.3V」、Lowとなる電圧は-0.3V〜電源電圧×0.25V」の範囲となっています。電源電圧が3.3Vの場合は、Highの範囲は「2.475〜3.6V」、Lowの範囲は「-0.3〜0.825V」です。この範囲であれは必ずHigh、Lowが決まります。なお、範囲外、つまり0.825〜2.475Vはどちらになるかデータシートでは保証されていません。確実にHigh、Lowの状態にしたい場合は、上述した範囲になるように入力するとよいでしょう。

ちなみに、マイコンによっては、Highに切り替わるスレッショルド電圧と、Lowに切り替わるスレッショルド電圧が異なる場合があります。例えば、Raspberry Pi Picoの場合、Highに切り替わるスレッショルド電圧は「約1.5V」、Lowに切り替わるスレッショルドで電圧は「約1.2V」でした。

[*1]「ESP32-WROOM-32E & WROOM-32UE Datasheet」の「4.3 DC Characteristics (3.3 V, 25 ℃)」に記載されています。

タクトスイッチの入力を安定させる

前述したスライドスイッチやトグルスイッチのような3端子を備えたスイッチであれば、電源とGNDを接続して確実にオン／オフを切り替え可能です。一方、タクトスイッチやプッシュスイッチのようなスイッチは2端子しか備えていません。また、トグルスイッチでも2端子しかない製品も市販されています。このような2端子タイプのスイッチの場合は､「プルダウン抵抗」や「プルアップ抵抗」を使ってHighとLowの2通りの状態を確実に切り替えられるようにする必要があります（後述）。

ここでは例として､タクトスイッチの状態をESP32で読み取ってみましょう。タクトスイッチは、**下図**のような外観をしており、四隅の部分に端子がそれぞれ付いています。図では右側2本と左側2本の上下の端子は内部でつながっています。一方、右側2本と左側2本の左右の端子間は切り離された状態になっており、ボタンを押すことで左右の端子間がつながります。

図　タクトスイッチの外観

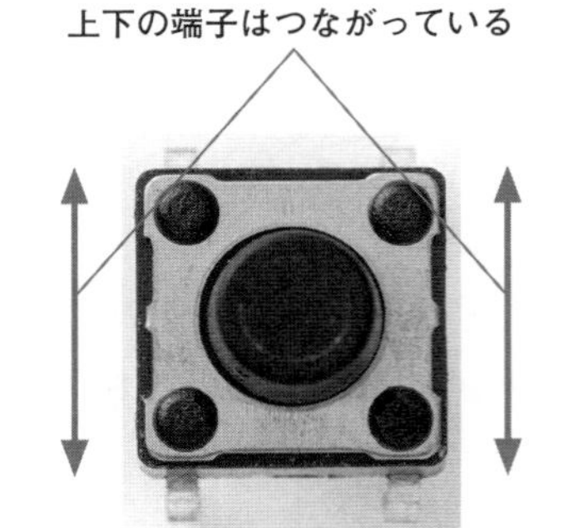

（日経BP撮影）

下図のように、タクトスイッチの一方の端子を3.3V、もう一方をESP32のGPIO端子に接続します。スイッチを押すとGPIOが3.3Vとつながり、Highが入力されます。ところが、スイッチから手を離しても確実にLowに切り替わるわけではありません。GPIOに何もつながっていない状態では、例えば手をGPIO端子に近づけるだけでHighになったりLowになったりするなど、入力が不安定になってしまいます。これでは、スイッチの状態を正しく読み取れません。

図　タクトスイッチをESP32に接続して読み取る

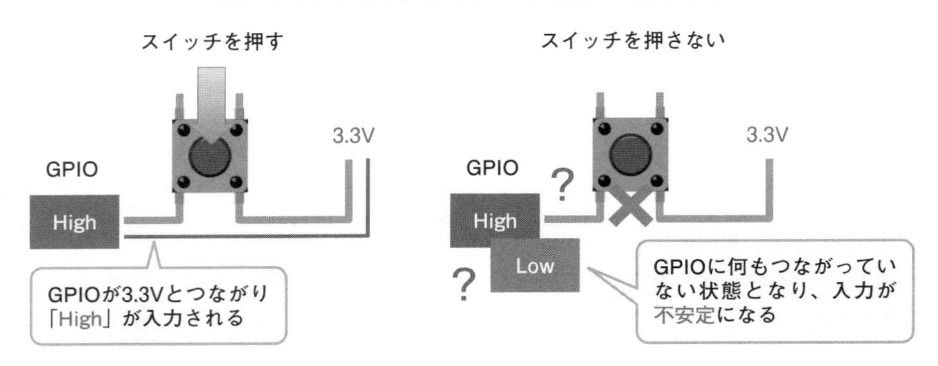

この対策として、プルアップ抵抗またはプルダウン抵抗を使います（**下図**）。プルダウン抵抗は、GPIO端子側の配線をGNDに接続しておくために利用する抵抗器です。プルダウン抵抗を介してGNDに接続しておくことで、スイッチを押していないときにはGPIOは抵抗器を介してGNDにつながった状態となり、安定してLow状態になります。

一方、プルアップ抵抗は抵抗器を介して電源に接続します。プルアップ抵抗を使う場合は、スイッチはGNDに接続しておきます。すると、スイッチを押すとLow、スイッチを押さないとHighになります。このようにプルダウン抵抗やプルアップ抵抗を接続することで、スイッチが押されていない場合でも入力を安定化できます。

なお、ESP32は内部にプルダウン抵抗やプルアップ抵抗を内蔵しているので、図のように別途抵抗器を接続する必要はありません。プログラム中で利用するように設定するだけで済みます。

図　スイッチを離した際に入力を安定させる

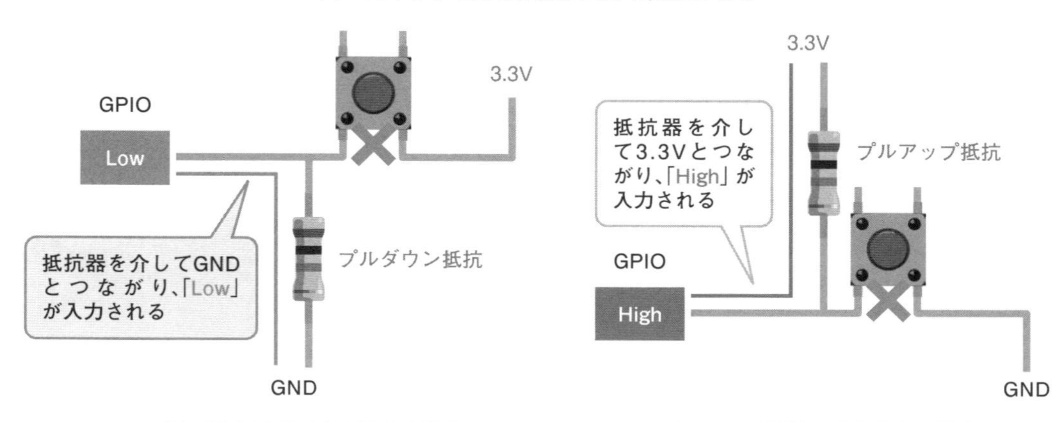

実際に、ESP32でタクトスイッチ（秋:103647）が押されているかを読み取ってみましょう。ESP32とタクトスイッチは**下図**のように接続します。ここでは、GPIO 33（8番端子）にタクトスイッチを接続しています。上述したように、ESP32はプルアップ抵抗とプルダウン抵抗を内蔵しているため、別途抵抗器を接続する必要はありません。ただし、GPIO 34、GPIO 35、GPIO 36、GPIO 37（デジタル入力のみの端子）にはプルアップ、プルダウン抵抗は搭載していませんので注意してください。

図　タクトスイッチの状態を読み取るための接続図

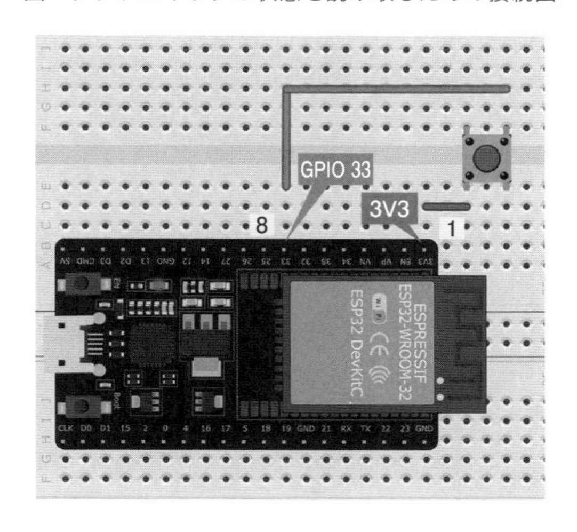

（Fritzingで作成）

タクトスイッチの状態を読み取るプログラム「tact.ino」を以下に示します。プログラムの中身は前述したスライドスイッチの状態を読み取るプログラム「sw.ino」スイッチとおおよそ同じです。ただし、プルアップ、プルダウン抵抗の設定を変更する関数を利用するには、「driver/gpio.h」を読み込んでおきます。

プルアップ、プルダウン抵抗の設定は、「gpio_set_pull_mode()」関数を用います。引数には対象のGPIOの番号と、プルアップ、プルダウン抵抗の有効や無効の指定をします。GPIOの番号は「GPIO_NUM_＜番号＞」のような形式で記述する必要があります。例えば、GPIO 33に設定したい場合は「GPIO_NUM_33」とします。

プルダウン抵抗を有効にする場合は「GPIO_PULLDOWN_ONLY」と指定します。プルアップ抵抗を有効にする場合は「GPIO_PULLUP_ONLY」、どちらも無効化したい場合は「GPIO_FLOATING」と指定します。

ソース　タクトスイッチの状態を読み取るプログラム

tact.ino

```
#include <driver/gpio.h>

const int SW_PIN = 33;

void setup() {
    pinMode( SW_PIN, INPUT );
    gpio_set_pull_mode( GPIO_NUM_33, GPIO_PULLDOWN_ONLY );

    Serial.begin( 115200 );
}

void loop() {
    if( digitalRead( SW_PIN ) == 1 ){
        Serial.println( "ON." );
    }else{
        Serial.println( "OFF." );
    }
    delay( 1000 );
```

ライブラリを読み込む

対象のGPIOの番号を指定する。指定する形式は「GPIO_NUM_＜番号＞」と記述する。

プルダウン抵抗を有効にする。
プルアップ抵抗を使う場合は「GPIO_PULLUP_ONLY」、プルアップ、プルダウン抵抗を無効にする場合は「GPIO_FLOATING」と指定する。

プログラムを実行すると、スイッチを押さない状態では入力が「Low」に安定化します。

GPIO番号でプルアップ、プルダウン抵抗の設定をする

プルアップ、プルダウン抵抗の有効・無効化をする「gpio_set_pull_mode()」関数で対象のGPIOを指定するには「GPIO_NUM_＜番号＞」のように指定する必要があります。この番号の場所には変数を使って指定することはできません。もし、変数内に記録してある数値を利用して設定する場合には、「GPIO_NUM_＜番号＞」の表記形式と、GPIOの番号を関連付けている構造体「gpio_num_t」を使います。以下のように記述することで括弧内に指定したGPIO番号に対応する表記形式に変換できます。

```
static_cast<gpio_num_t>( GPIO番号 )
```

例えば、「static_cast<gpio_num_t>(33)」とすれば「GPIO_NUM_33」に変換されます。

5-3 モーターの回転速度を調節する

モーターは比較的大きな電流が流れる電子パーツです。このため、FETを介してESP32から制御します。デジタル出力では回転と停止の制御しかできませんが、PWM出力やアナログ出力を用いることで回転速度を調節できるようになります。

DCモーターは、4-3で説明したように、電源に接続するだけで回転します。ESP32を利用すれば、プログラムで回転させたり、停止させたりする制御が可能になります。例えば、ロボット掃除機のように、前方に障害物を検知したらいったん停止し、方向転換して障害物を避けるといった制御です。

5-1で説明したデジタル出力を使えば、DCモーターを回転させる／停止させるという2通りの動作を制御できます。しかし、用途によってはゆっくりと回転させたり回転速度を変化させたりしたいこともあるでしょう。そういう場合には「PWM」または「アナログ出力」を使うことで、モーターの回転速度を調節できるようになります。

ここでは、まずモーターをESP32のデジタル出力で制御する基本的な方法を説明し、そのあとにPWMとアナログ出力を使って回転速度を調節する方法を解説します。

モーターにはさまざまな種類がある

モーターには、DCモーターのほかに、「ステッピングモーター」「サーボモーター」「ACモーター」などさまざまな種類があります。本書では、第6章でステッピングモーターやサーボモーターなどDCモーター以外のモーターの制御方法を紹介しています。

ESP32でDCモーターを制御する

一般的なDCモーターは、回転軸に導線を巻き付けた電磁石が取り付けられており、その周りにN極とS極が向かい合う形で永久磁石を配置した構造となっています（**下図**）。電磁石は電流を流すと磁力を発生し、金属や磁石にくっつきます。この性質を使い、回転軸に取り付けた電磁石が周囲の永久磁石と引き合う力を回転運動に変換しています。ただし、一方向に電流を流しただけでは、電磁石のN極と永久磁石のS極が強く引き合ったところで回転が止まってしまいます。そこで、回転の途中で電磁石に流れる電流の向きを逆にする（＝電磁石のN極とS極が切り替わる）仕組みを導入することで、永続的に回転の力を発生させています。

図　DCモーターの仕組み

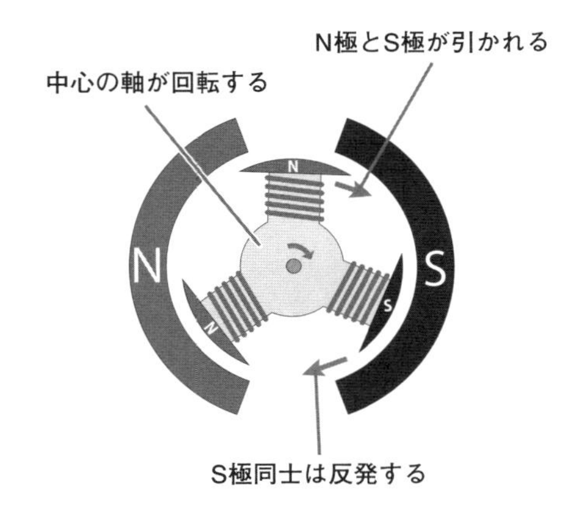

電子パーツショップでは、多様なDCモーターが販売されています。秋月電子通商が扱っている主なDCモーターを**下表**に示します。

表　秋月電子通商で扱っている主なDCモーター

品番	通販コード	駆動電圧	無負荷電流	無負荷回転数	トルク
FA-130RA-2270L	109169	1.5～3.0V	0.2A	8100～9900rpm	26gf・cm
RE-280RA-2865	106438	1.5～4.5V	0.16A	8280～10120rpm	129gf・cm
RS-385PH-4045	106439	3.0～9.0V	0.48A	10890～13310rpm	610gf・cm
RF300CV-11320-23.5M-R	113630	2.0～5.5V	0.068A	4880～6180rpm	17gf・cm
PWN10EB12CB	110024	5～15V	0.032A	6880rpm	68.5gf・cm

DCモーターを選択する際に重要な指標は「トルク」「無負荷回転数」「電気特性（駆動電圧など）」の三つです。トルクとは、回転させる力のことです。**下図**のように回転軸に1cmの棒を取り付け（図は誇張して描いています）、棒の先につるした重りを静止した状態から動かしたときの重さの上限値がトルクになります。単位は「gf・cm」ですが、「kgf・m」や「N・m」も使われます。動かしたい物の重さに合わせて、十分なトルクを持ったDCモーターを選びます。

図　モーターを回転させる力を表す「トルク」

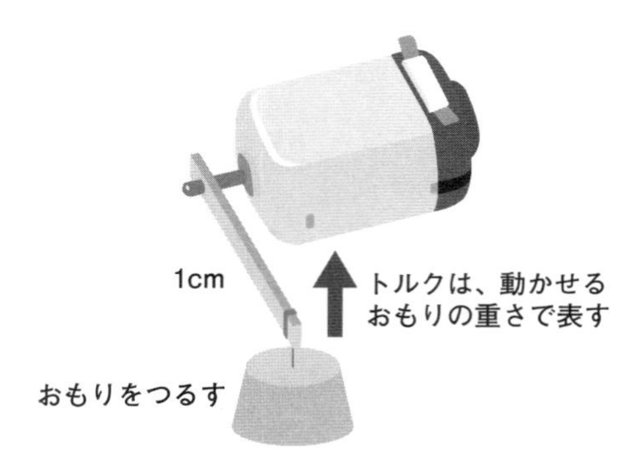

無負荷回転数は、回転軸に何も付けていない状態で1分間に回転する回数を表しています（単位はrpm）。値が大きいほど高速に回転します。ただし、回転軸に何かを取り付けると、その負荷によって回転数は低下します。

電気特性は、DCモーターを正しく動作させるために必要となる電圧や電流について表しています。動作に必要な電圧を確認し、接続する電源を選択します。

DCモーターを回転させるには、大きな電流を流す必要があります。例えば、4-3で利用したDCモーター「RS-385PH」の場合、軸に何も付けずに回転させると約500mA、回転軸に負荷がかかると2A以上の電流が流れることがあります。ESP32のGPIOは12mAまでしか流せないので、これほど大きな電流が流れるDCモーターを直接接続して回転させることはできません。

こうしたDCモーターについても「FET」と呼ぶ電子パーツを利用することで制御可能です。FETは5-1で紹介したトランジスタの一種で、電気信号によって切り替えられるスイッチのような役割をする電子パーツです（詳しくは下のMEMO参照）。一般に、FETの方が、5-1で紹介したタイプのトランジスタよりも大きな電流を流せます。DCモーターだけでなく、非常に高輝度なLEDなどの制御にも向いています。

FETは、**下図**のように「ゲート」「ドレイン」「ソース」と呼ぶ三つの端子を備えています。ここで利用する「2SK4017」というFETでは、品番が記載された面を手前にして配置した場合、三つの端子は左からゲート、ドレイン、ソースになります。

図　FETの外観（2SK4017の場合）

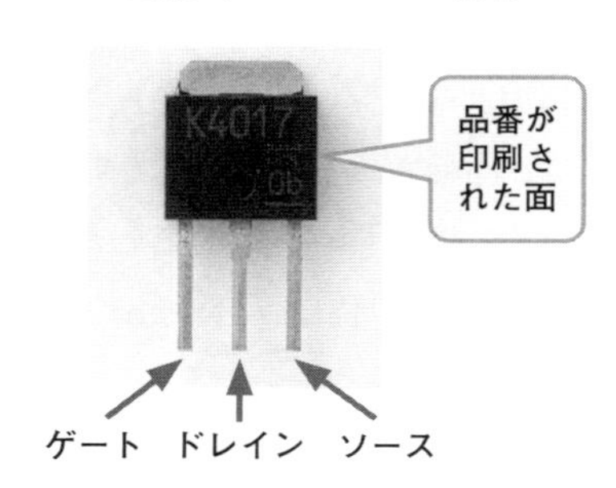

（日経BP撮影）

FETの端子の並びに注意

FETの端子の並びは製品ごとに異なる可能性があります。利用する前に必ずデータシートなどを確認しておきましょう。

FETはトランジスタの一種

FETは、「電界効果トランジスタ（Field Effect Transistor）」の略です。名前から分かるように、FETはトランジスタの一種です。実は、5-1で紹介したトランジスタの正式名称は「バイポーラジャンクショントランジスタ（Bipolar Junction Transistor）」です。しかし、最初に作られて普及したのがこのタイプだったので、単にトランジスタと呼ぶ場合は大抵、このバイポーラジャンクショントランジスタのことを指しています。

大電流に対応したトランジスタもある

ここまで読んで、DCモーターの制御にはFETしか使えないのかと思った人もいるかもしれませんが、そんなことはありません。通常のトランジスタであっても、モーターのような大電流を流す電子パーツを制御可能な製品も存在します。例えば、「2SC3039M」（秋：111542）というトランジスタは最大7Aの電流を流すことが可能です。FETの代わりにこのようなトランジスタを利用してももちろん構いません。

ESP32とFETを使ってDCモーターを制御するには、**下図**のようにDCモーターを駆動する回路の途中にFETをつなぎます。回路の＋側にFETのドレイン、－側にソースを接続し、ゲートにはESP32のGPIO（デジタル出力）を接続します。ゲートをHighにすると電流が流れるようになってモーターが回転し、Lowにすると電流が流れなくなりモーターが停止します。

図　ESP32とFETでDCモーターを制御する

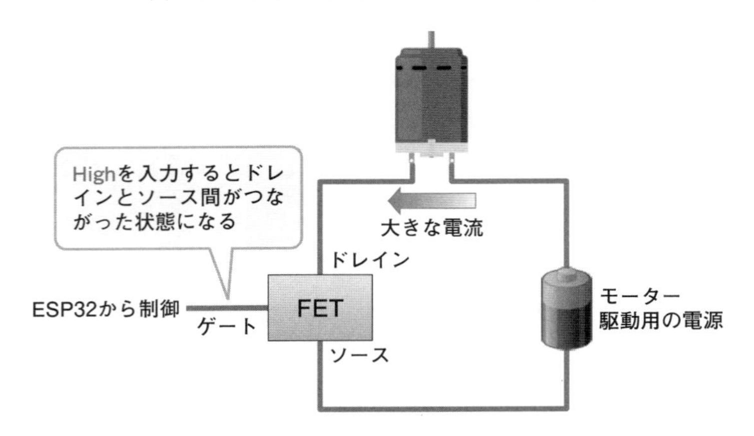

実際にDCモーターを制御してみましょう。ここでは「FA-130RA」というDCモーターを使い、2本の乾電池（3V）で駆動させます。利用する電子パーツは以下の通りです。

◉DCモーター×1（秋：109169）
◉FET×1（秋：107597）
◉ダイオード×1（秋：100934）
◉電池ボックス×1（秋：100327）
◉コンデンサー0.1μF×1（秋：100090）
◉抵抗器1kΩ×1（秋：125102）、20kΩ×1（秋：103940）

ESP32と各電子パーツは**下図**のように接続します。FETは、ドレイン（中央の端子）をDCモーター側、ソース（右の端子）をGNDにそれぞれ接続します。ゲート（左の端子）は、ESP32のGPIO（ここではGPIO 25）に接続します。

FETの左下に配置するダイオードには極性があります。白い線が書かれている方の端子を左側にして差し込んでください。

図　FETでDCモーターを制御するための接続図

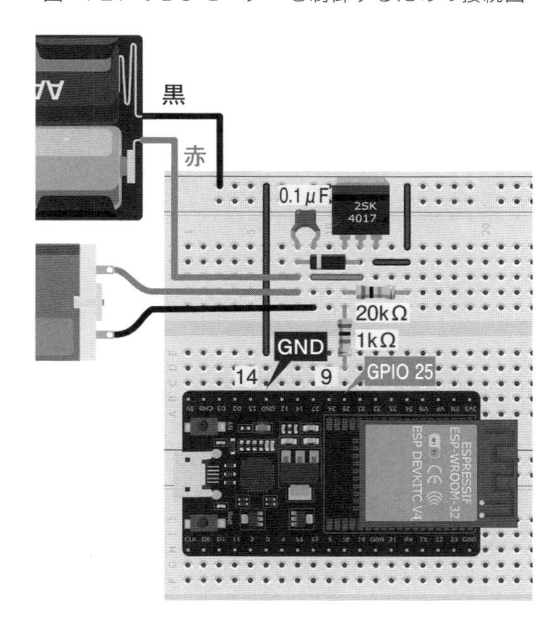

(Fritzingで作成)

ESP32からデジタル出力でDCモーターを回転、停止させてみましょう。制御用のプログラム「motor.ino」を以下に示します。制御の方法は5-1で説明したLEDの点灯／消灯の制御と同じです。「digitalWrite(M_PIN, HIGH)」でGPIOをHighの状態にすることでDCモーターが回転します。反対に、「digitalWrite(M_PIN, LOW)」でGPIOをLowの状態にするとDCモーターが停止します。このプログラムでは、5秒ごとに回転と停止を繰り返します。

ソース　5秒ごとに回転、停止を繰り返すプログラム

motor.ino

```
const int M_PIN = 25; ── DCモーターを接続したGPIOの番号を変数に格納しておく

void setup() {
    pinMode( M_PIN, OUTPUT ); ── GPIOを出力モードに設定する
}                   ↑
                 出力モード

void loop() {
    digitalWrite( M_PIN, HIGH ); ── GPIOをHighにしてDCモーターを回転させる
    delay( 5000 );

    digitalWrite( M_PIN, LOW ); ── GPIOをLowにしてDCモーターを停止させる
    delay( 5000 );
}
```

正転と逆転を切り替えたい場合は？

ここで説明した制御方法では、一方向の回転のみ制御可能です。逆方向にも切り替えて回転させたい場合には、「モータードライバー」を利用します。モータードライバーについては第6章のNo.6で説明しています。

コラム

コンデンサーとダイオードの役割

DCモーターは電気的な雑音を多く発生する部品です。この雑音によって、他に接続したセンサーが正しい値を取得できなくなる問題が発生することがよくあります。DCモーターの端子にコンデンサーを取り付けることで、雑音を軽減できます。

DCモーターは電気によって回転しますが、逆に指で回転させると電気（起電力）が発生します（発電機はこの原理で電気を生み出します）。指で回すだけでなく、DCモーターを停止する際にも、電源とは逆の方向に起電力が発生します。この起電力のことを「逆起電力」と呼びます。逆起電力は、FETなどの電子パーツが故障する原因となります。そこで、逆起電力が発生した場合にFETに流れ込まないよう、回路上にダイオードを配置し、これを介して電気を逃がすようにします。

ここで作成したモーター制御用の回路にコンデンサーやダイオードを取り付けているのは、こうした理由に基づいています。

PWMで制御する

デジタル出力ではHighとLowの2通りに切り替えられます。このデジタル出力をうまく使えばオンとオフの中間状態を作り出せます。それが「PWM（Pulse Width Modulation、パルス幅変調）」と呼ぶ技術です。**下図**のように、HighとLowを短い時間間隔で繰り返し切り替えて出力することにより、疑似的に中間状態を作り出せます。

図　High と Low を周期的に切り替えて出力する「PWM」

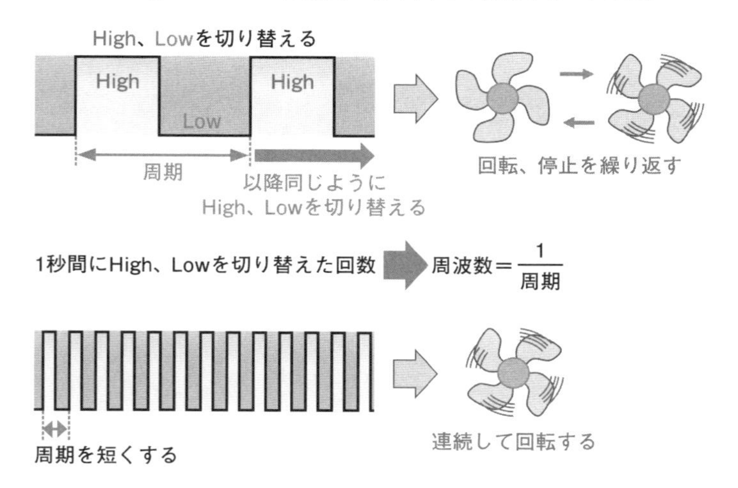

ESP32のGPIOにDCモーターを接続して、PWMで制御することを考えます。図のように、一度Highに切り替えてから、次にLowからHighに切り替えるまでの時間（周期）が1秒の場合、DCモーターが約0.5秒ごとに回転と停止を繰り返します（軸に重い物を取り付けている場合や、DCモーターの種類によってはLowにしても惰性で回転し続け、停止時間が0.5秒程度では回転が止まらず連続的に回転してしまうこともあります）。PWMの周期を短くしていくと、回転と停止の間隔が短くなり、ある時点で連続的に回転するようになります。DCモーターは、Lowになってもすぐには止まらず、惰性で回転します。このため、PWMの周期を短くすれば回転が止まる前にHighに切り替わって再び回転し始めるため、連続して回転するわけです。

ただし、このとき実際にDCモーターに電気が流れて回転している時間は常時回転させる場合よりも短いため、回転速度が遅くなります。このように、PWMを使うことで中間状態を作り出して制御できるようになります。DCモーターだけでなく、LEDをGPIOに接続してPWMを使えば、LEDの明るさを調節可能です。

なお、1秒間当たりのHighとLowを切り替える回数のことを「周波数」と呼びます（単位はHz）。周波数は「1 ÷ 周期」で求められます。

PWMでは、一定時間当たりのHighとLowの割り当ての比率を調節可能です。**下図**に示すようにHighになる時間を長くすれば、その分電気が流れて回転している時間も長くなるため、DCモーターは速く回転します。逆に短くするほどゆっくり回転します。

このHighになっている時間の割合のことを「デューティー比」と呼びます。例えば、HighとLowの時間が「3：1」ならデューティー比は75％となります。

図　High と Low の割合を調節できる「デューティー比」

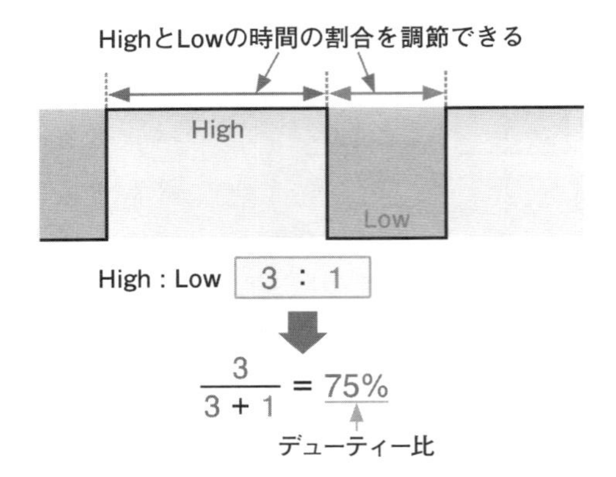

デューティー比が大きければDCモーターは速く回転し、小さければ遅く回転します（**下図**）。デューティー比100%は常時回転（最も速い）、0%は停止状態です。

図　High の割合によってモーターの回転速度や LED の明るさを変化させられる

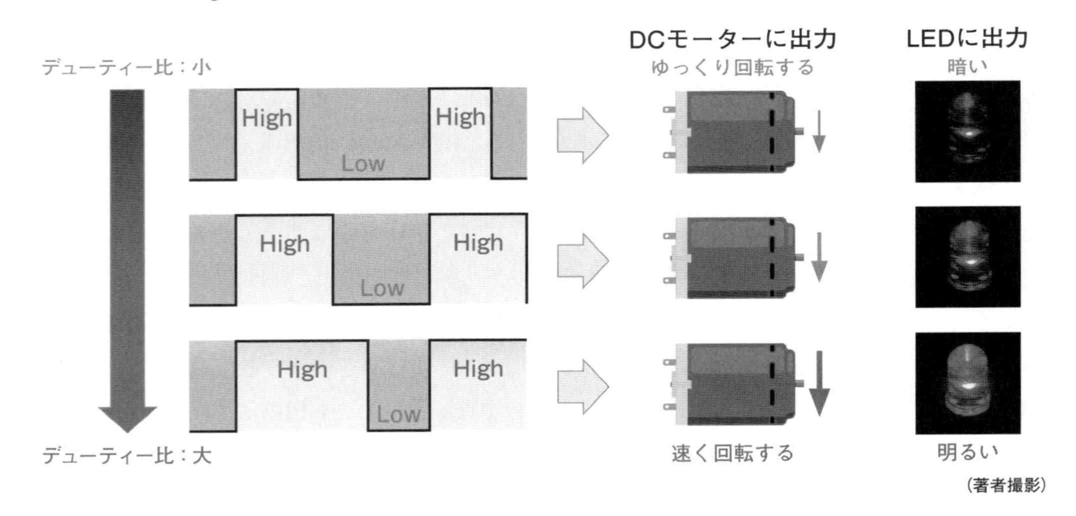

■PWM出力できる端子

ESP32は、一部のGPIOがPWM出力に対応しています（**下図**）。7～13番端子、15番端子、23～26番端子の12端子が対応しています。

なお、ESP32ではPWMの波形を作り出す機能が16個（0～15チャンネル）用意されており、それぞれ異なる波形を出力できます。ESP32でPWM出力するには、PWMの所定のチャンネルと、出力したいGPIOの端子を関連づけておきます。例えば、PWMのチャンネル0とGPIO 25を関連づけるなどします。そして、チャンネル0で出力するPWMの波形を指定することで、GPIO 25にPWMが出力されます。なお、複数のGPIO端子に同じPWMチャンネルを関連づけると、同じPWMの波形がそれぞれのGPIOから出力されることになります。異なるPWMを出力したい場合は、別のチャンネルと関連づけるようにしましょう。

図　PWM出力が可能な端子

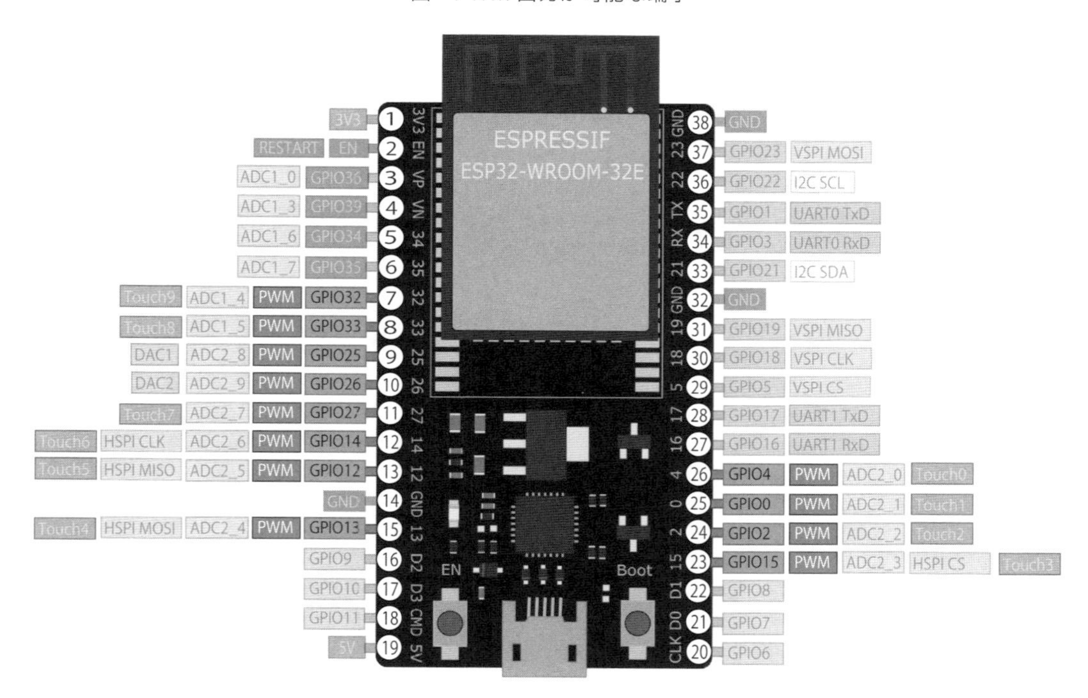

また、PWMの出力はどの程度Highにしているかを指定します。この指定には、1つの周期を所定の個数に分割し、Highにする個数を指定することとなります（**下図**）。例えば、100個に分割したとします。半分Highするのならば、PWMの出力は100の半分となる50を指定することになります。

図　PWM出力は、1周期を所定の下図だけ分割し、Highにする個数を指定する

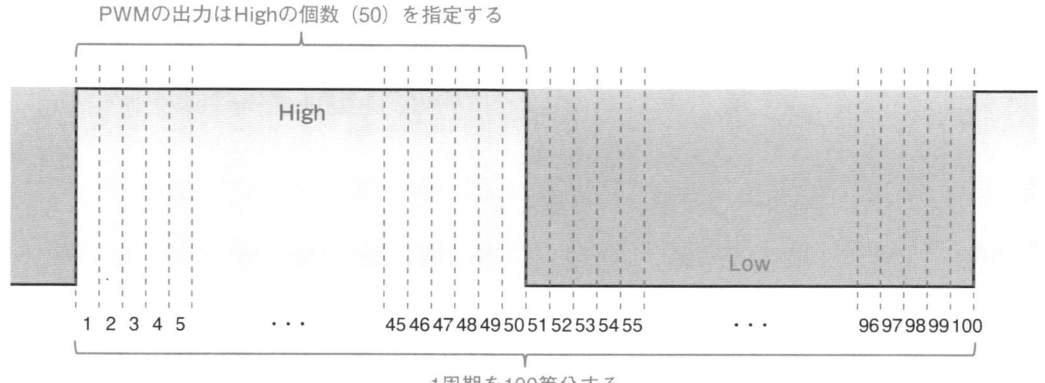

1周期をどの程度の数で分割するかは「分解能」によって決まります。分解能は2の何乗であるかで表します。例えば、2の4乗の「16」、2の10乗の「1024」などです。なお、ESP32では、PWMの周期によって設定できる分解能が決まっています（**下表**）。たとえはPWMの周波数が50Hzであれば分解能は「65536」、150kHzならば「512」、30MHzならば「2」となります。なおプログラムでは、分解能を2の何乗であるかで指定します。例えば、分解能が65536の場合は「16」と指定することとなります。

表　ESP32の設定できる分解能と周波数の関係

分解能	2の何乗か	PWMの最大周波数
2	1	40MHz
4	2	20MHz
8	3	10MHz
16	4	5MHz
32	5	2.5MHz
64	6	1.25MHz
128	7	625kHz
256	8	312.5kHz
512	9	156.25kHz
1024	10	78.12kHz
2048	11	29.06kHz
4096	12	19.53kHz
8192	13	9.76kHz
16384	14	4.88kHz
32768	15	2.44kHz
65536	16	1.22kHz

■PWMでDCモーターの回転速度を調節する

実際に、ESP32でPWMを利用してDCモーターの回転速度を調節してみましょう。DCモーターは前述した「FA-130RA」（秋：109169）を使い、前の説明と同様にFETで制御します。ESP32との接続図も同じで、GPIO 25で制御します。

PWMでモーターを制御するプログラム「motor_pwm.ino」を以下に示します。SPEEDにPWM出力するデューティー比（0～100の範囲）を指定します。値を大きくすればモーターが速く回転し、小さくするとゆっくりになります。

FREQにはPWMの周波数、PWM_CHはPWM出力に利用するチャンネル番号、M_PINはPWMを出力するGPIO番号、PWM_RESOLには分解能の2の何乗であるかを指定します。

「ledcAttachChannel()」で、PWMの波形を出力するチャンネルと出力するGPIOを関連付けます。さらに、分解能や周波数も設定します。

「ledcWrite()」でPWM出力するデューティー比を指定します。しかし、ledcWrite()では分解能の範囲で指定する必要があります。例えば、分解能が65536であるならば「0～65535」の範囲で指定します。そこで、**下図**のようにデューティー比（SPEEDの値）から、分解能の範囲に変換しておきます。

図　解像度が65536の場合は、PWMは0～65535の範囲で出力する値を指定する

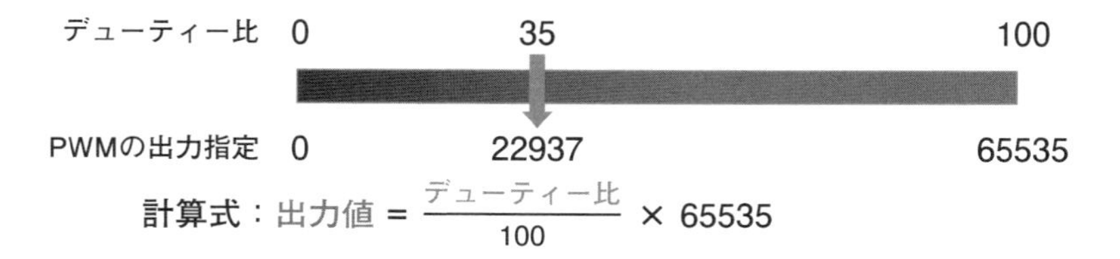

$$\text{計算式：出力値} = \frac{\text{デューティー比}}{100} \times 65535$$

ソース　PWMでモーターを制御するプログラム

motor_pwm.ino

```
const int M_PIN = 25;      ── モーターを接続したGPIOを指定する
const int FREQ = 50;       ── PWMの周波数を指定する
const int PWM_CH = 0;      ── PWM出力するチャンネル番号を指定する
const int PWM_RESOL = 16;  ── PWMの分解能(2の乗数)を指定する

int SPEED = 50;  ── モーターの回転速度を0～100の範囲で指定する

int resolution = pow( 2, PWM_RESOL ) - 1;  ── PWMの出力範囲を計算する

void setup() {
    ledcAttachChannel( M_PIN, FREQ, PWM_RESOL, PWM_CH );  ── PWM出力の準備をする
}

void loop() {
    float pwm_out = (float)SPEED / 100.0 * (float)resolution;  ── PWM出力する際の値を計算する
    ledcWrite( M_PIN, (int)pwm_out );  ── M_PINに指定したGPIOをPWMで出力する
    delay( 1000 );
}
```

アナログ出力で制御する

ESP32では、PWMでモーターの回転速度やLEDの明るさを調節するだけでなく、出力する電圧を調節することも可能です。ESP32では、「デジタル-アナログ変換（DAコンバーター）」機能を搭載しています。プログラムで所定の値を指定することで、0～3.3Vの範囲内で電圧を出力できます。低い電圧を出力すれば、モーターをゆっくり回転させたり、LEDを暗く点灯させたりできます。また、高い電圧を出力すればモーターを早く回転させたり、LEDを明るく点灯させられます。

ESP32は、GPIO 25（9番端子）とGPIO 26（10番端子）の2端子からアナログ出力が可能となっています（**下図**）。どちらの端子も異なる電圧を出力できるようになっています。

図　ESP32でアナログ出力できる端子

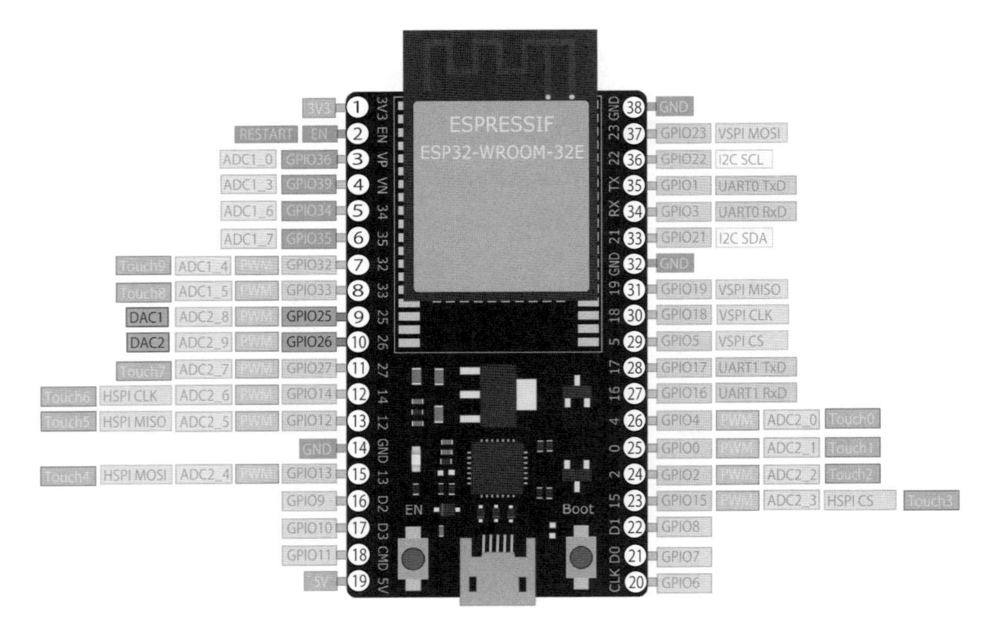

■アナログ出力でLEDの明るさを制御する

では実際にプログラムから所定の電圧をGPIOに出力して電子パーツを制御してみましょう。ここでは、LEDを接続して明るさを調節してみます[*2]。**下図**のように赤色LED（秋：111655）

---

*2 p.155のDCモーターを制御する回路も同様に電圧を変えて回転速度を調節できます。しかし、本書で説明したFETを利用した回路では、所定の電圧を掛けないとモーターは回転しません。筆者の環境では、モーターの軸に何も取り付けない場合は、2.5Vを越えないと回転しませんでした（製品やモーターの軸に取り付ける負荷によって動作開始する電圧は変わります）。このため、回転を制御できる範囲が狭くなるため、本書ではLEDを利用してアナログ出力を試しています。

のアノードをGPIO 25に接続します。また、LEDの電流制限抵抗として100Ω（秋：125101）の抵抗器を接続しています。

図　LEDをアナログ出力で制御する接続図

（Fritzingで作成）

LEDを指定した電圧で点灯制御するプログラム「led_analog.ino」を以下に示します。LED_PINにはLEDを接続したGPIO番号を指定します。アナログ出力ができる端子は、GPIO 25、GPIO 26のいずれかなので注意しましょう。V_OUTには出力したい電圧を指定しておきます。

ソース　指定した電圧を出力してLEDを点灯するプログラム

led_analog.ino

```
const int M_PIN = 25; ── LEDを接続したGPIOを指定する
float V_OUT = 2.8; ── 出力する電圧を指定する

void setup() {
}

void loop() {
    float dacout = V_OUT / 3.3 * 256; ── 電圧をdacWrite()で出力できる形式に変換する
    if( dacout > 255 ){  ─┐
        dacout = 255;    ─┴ 計算結果が255を越える場合は255にする
    }

    dacWrite( M_PIN, (int)dacout ); ── GPIOに指定した電圧を出力する

    delay( 1000 );
}
```

GPIOの出力電圧を指定するには、「dacWrite()」を使います。対象のGPIO番号と、出力する値を指定します。なお、出力する値は0～255の範囲で指定する必要があります。ESP32のDAコンバーターでは、出力電圧の範囲（0～3.3V）を256分割します（**下図**）。このため、「156」と指定すると約2Vの電圧を出力できます。

図　DAコンバーターでは、デジタル値をアナログの電圧に変換する

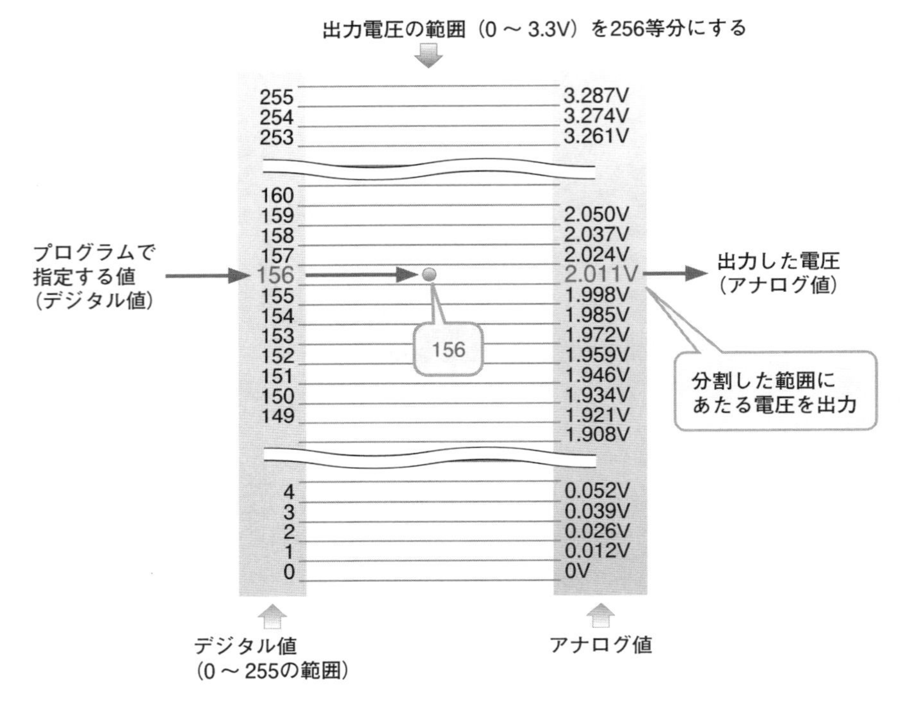

プログラム内で電圧を指定する場合は、**下図**の計算式で出力の指定に利用する値を求めることができます。ただし、3.3Vを指定すると、出力値が256と0～255の範囲外となってしまうので、例外的に255に変えるようにしておきます。

図　出力したい電圧を、dacWrite()に指定する値に変換する式

プログラムで指定する電圧

$$\text{出力値} = \frac{\text{出力したい電圧} \times \text{解像度の最大値}}{\text{電圧の最大値}}$$

解像度が256、最大電圧が3.3Vの場合

$$\text{出力値} = \frac{\text{出力したい電圧} \times 256}{3.3}$$

これでプログラムを転送すると、指定した電圧に従ってLEDの明るさが調節されます。なお、LEDは性質上、所定の電圧以上掛けないと光りません。0.5Vのように低い電圧を指定しても点灯しないので注意しましょう。

5-4 ボリュームの状態を読み取る

ボリュームを使うと、LEDの明るさやモーターの回転速度などを調節できます。ESP32でボリュームの状態を読み取るには、アナログ入力を利用します。内蔵するADコンバーターで入力電圧をデジタル値に変換することにより、プログラムで制御可能になります。

電子パーツの中には、電圧のHighとLowなど二つの状態だけを出力したり切り替えたりできるタイプもありますが、連続的に状態を変化させられるようなタイプの電子パーツもあります。その代表例が「ボリューム」です。ボリュームは、回転軸を回すことで抵抗値を連続的に変化させられます。このほか、計測結果を連続的な電圧値として出力するセンサーなどもあります。

このような電圧や抵抗値などの連続的な変化のことを「アナログ」と呼びます。音や光、電気など自然界で起こる物理現象の変化は基本的にアナログです。しかし、こうしたアナログの変化をコンピュータで扱うには、0と1で表現できる「デジタル」に変換する必要があります（アナログ-デジタル変換、AD変換。逆に5-3で説明したデジタルからアナログへの変換はDA変換と呼びます）。

ESP32のGPIOは、そうしたアナログの電圧の入力をデジタル値に変換するADコンバーター機能を備えています。そこで、ここではボリュームを利用して発生させたアナログの電圧の変化をESP32のGPIOで読み取ってみましょう。

抵抗値を変えられる「ボリューム」

ボリュームは、内部の抵抗を変化させられる電子パーツです（**下図**）。「可変抵抗」や「ポテンショメーター」とも呼ばれます。明るさやモーターの回転速度、音量などの調節に利用されています。

ボリュームは通常、図に示したように回転軸を備えており、これを回すことで内部抵抗を調節できます。端子は3本備えているものが一般的です。ケースなどにネジで固定するタイプのボリュームは、上部に回転軸を備えています。回転軸は指で回すには細いので、プラスチックや金属製のボリューム用ツマミを取り付けることで調節しやすくなります。

このほか、基板上に直接取り付けられるボリュームも販売されています。こちらは調節用のツマミを備えていたり、ドライバーなどの工具を使って調節できるように十字の溝が切られていたりします。後者のタイプのボリュームは、工具を使わないと容易に調節できないため、頻繁にボリュームの調節をしないような用途で使われています。例えば、センサーの感度やモーターの回転速度をときどき調節するといった用途です。このため、「半固定抵抗」とも呼ばれます。

図　ボリュームの外観

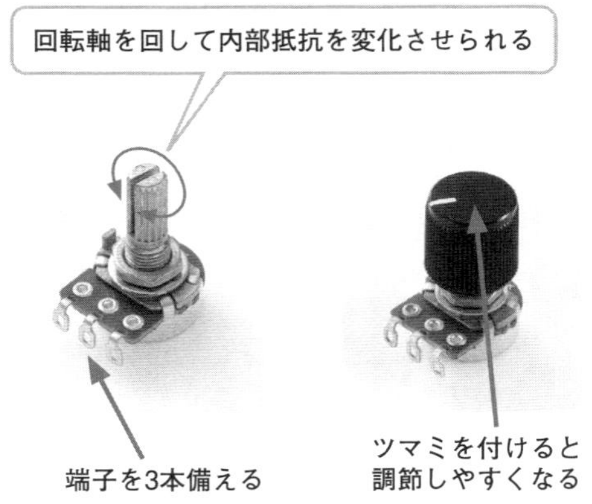

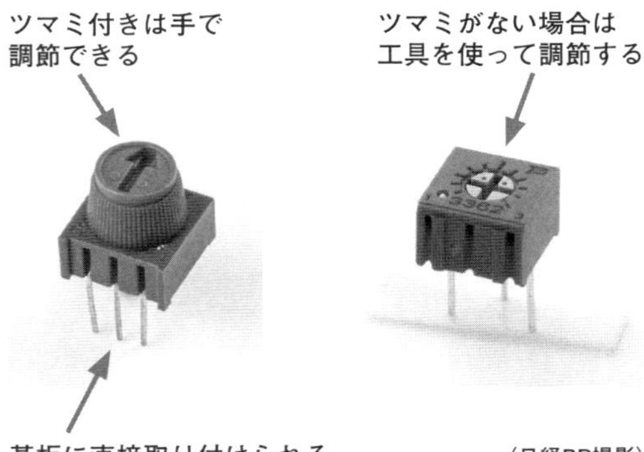

（日経BP撮影）

MEMO

直線的に動かすタイプのボリュームもある

軸を回転させて調節するボリューム以外に、つまみを直線的に動かして調節できる「スライドボリューム」も市販されています。

ボリュームは、**下図**に示すように抵抗素子が内蔵されており、両端が左右の端子にそれぞれ接続されています。また、回転軸を回すと抵抗素子上を動く接点も配置されています。この接点は中央にある端子につながっています。回転軸を回すと、中央の端子と左または右の端子間の抵抗値が変化する仕組みです。

図　ボリュームの仕組み

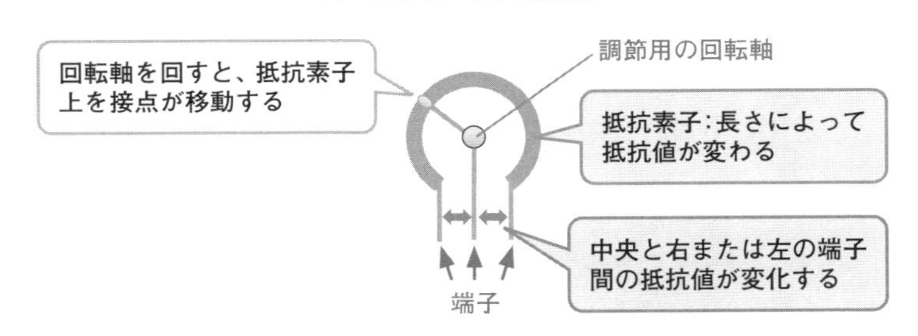

ボリュームは、軸の回転量と抵抗値の変化の関係を表す「特性カーブ」によって**下図**に示すような三つのタイプに分類できます。回転量に比例して抵抗値が変化するのが「Bカーブ」です。モーターの回転速度を変える用途などで使われます。

一方、回し初めは抵抗値が大きく変化し、その後は緩やかになるのが「Cカーブ」です。オーディオの音質の調節にはこのタイプが向いています。「Aカーブ」は、Cカーブと逆の変化をします。こちらはオーディオの音量調整に向いています。

図　抵抗変化が異なる特性カーブ

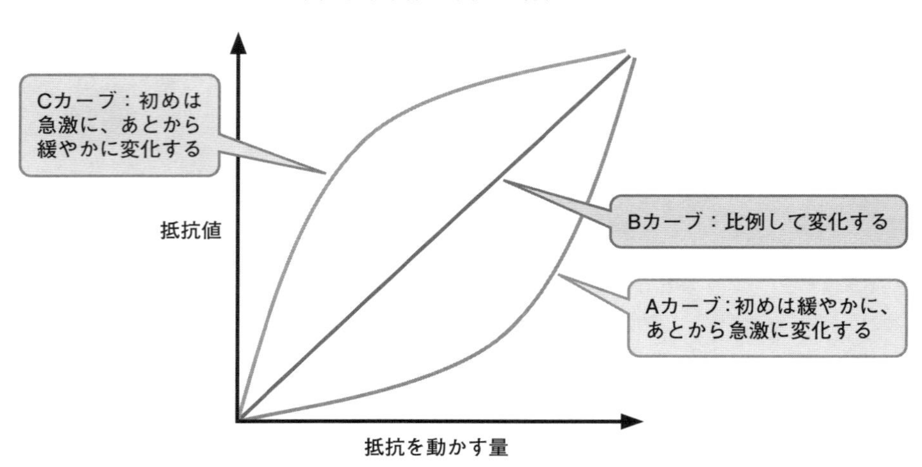

どのボリュームを購入するべきかは、変化させられる抵抗値の範囲の最大値を見て選択します。最大100Ωのボリュームであれば、0〜100Ωの範囲で抵抗値を変化させられます。例えば、LEDの電流を制限するための制限抵抗の用途で利用するには、数百Ω程度の低い抵抗値を選びます。特性カーブも考慮する必要があります。この場合ならBカーブがよいでしょう。

ケースに取り付けられるボリュームの場合は、**下図**に示すようにボリューム本体に最大の抵抗値が記載されています。記載する場所に決まりはないため、裏面に印刷されていることもあります。一方、半固定抵抗のように小さなボリュームの場合は3桁の数値で最大の抵抗値を記載しています。読み方は、上2桁の数値に下1桁の数だけゼロを付加します。例えば、「504」と記載されていれば、50の後にゼロを4個付けた「500000Ω」（500kΩ）だと分かります。

図　ボリュームには調節可能な範囲の最大値が記載されている

（日経BP撮影）

■ボリュームで電圧を調節する

ADコンバーターを利用してアナログ入力するには、電圧を読み取ります。抵抗値の変化を電圧値の変化として読み取るには「分圧回路」を利用します（**下図**）。分圧回路では、組み込んだ二つの抵抗の比によって抵抗の間の電圧が変化します。図に示した回路でR_1が100Ω、R_2が200Ωであれば、次の計算で抵抗の間の電圧が求まります。

```
100Ω ÷(100Ω+200Ω)×3.3V = 1.1V
```

図　分圧回路で抵抗の間の電圧が求まる

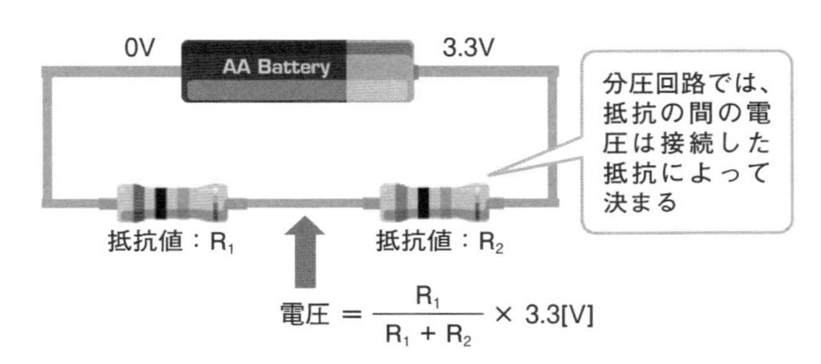

$$電圧 = \frac{R_1}{R_1 + R_2} \times 3.3[V]$$

前述したように、ボリュームは左の端子と中央の端子、中央の端子と右の端子のそれぞれの間に抵抗が入っている状態になっています。このため、**下図**のように左右の端子の一方を電源、もう一方をGNDに接続すると、中央の端子を区切りとした分圧回路となります。ボリュームの回転軸を回すと抵抗値が変化し、中央の端子の電圧が0V～電源電圧の範囲で変化します。

図のRはボリューム全体の抵抗値で、Rxが左の端子（GND側）から中央の端子間の抵抗値です。すると、中央の端子の電圧は「Rx÷R×電源電圧」で求まります。

図　ボリュームを分圧回路として利用する

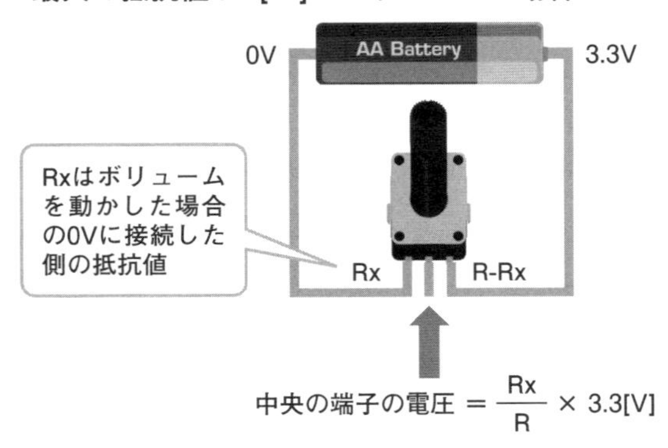

$$中央の端子の電圧 = \frac{Rx}{R} \times 3.3[V]$$

ESP32で電圧を読み取る

ESP32では、**下図**で「ADC」で始まるラベルの付いた端子が、アナログ入力に利用できます。アナログ入力としてユニット1とユニット2の2系統用意されています。それぞれ、異なる解像度を設定することができます。端子名が「ADC1」から始まる端子がユニット1、「ADC2」から始まる端子がユニット2となっています。それぞれの端子にはチャンネル番号が決められています「ADC1_0」はユニット1のチャンネル0、「ADC2_1」はユニット2のチャンネル1を表しています。これらの番号はプログラムで指定します。

図　アナログ入力に対応したESP32の端子

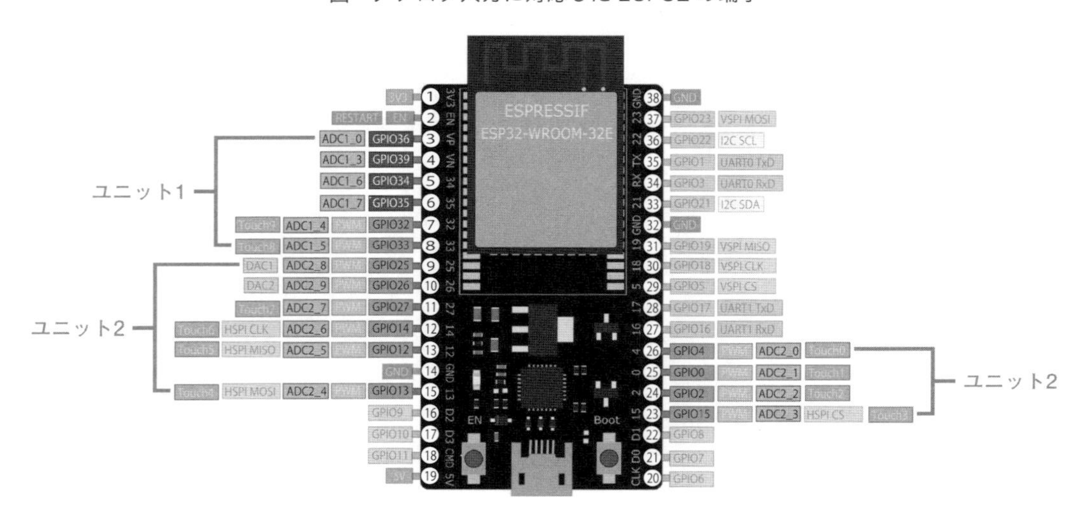

既に説明したように、アナログ入力では入力電圧をADコンバーターでデジタル値に変換します。このデジタル値を読み取ることで、プログラムから利用できます。ただし、ESP32のアナログ入力は0～約1.1Vの範囲となっています。なお、入力した電圧を減衰する機能を備えており、この機能を使うことで0～約3.9Vの範囲の電圧の入力にも対応できます。減衰機能などについては、p.175で説明します。

アナログ値からデジタル値への変換は、まず下図のように特定の電圧の範囲を等分して数値を割り当てます。そして、入力された電圧を等分されたうちの最も近い値に変換します。

どの程度細かく分割するかは、ADコンバーターの性能（分解能）で決まります。ESP32内蔵のADコンバーターは「9ビット」「10ビット」「11ビット」「12ビット」の四つの解像度から選択できます。特に指定しない場合は12ビットとなります。

解像度を12ビットにした場合は、2の12乗、つまり「4096等分」されることになります。同様に11ビットの場合は「2048等分」、10ビットは「1024等分」、9ビット「512等分」となります。ここでは、12ビットを例に説明します。

ESP32のADコンバーターは、1.1Vの電圧を4096等分するので、約0.27mV変化するごとに出力が「1」変化することになります。0～約0.27mVが入力されたら「0」、約0.27mV～約0.54mVなら「1」、約0.54mV～約0.81mVは「2」……約1.099～1.1Vは「4095」という具合にデジタル値に変換されます。

図　ADコンバーターでアナログの電圧をデジタル値に変換する

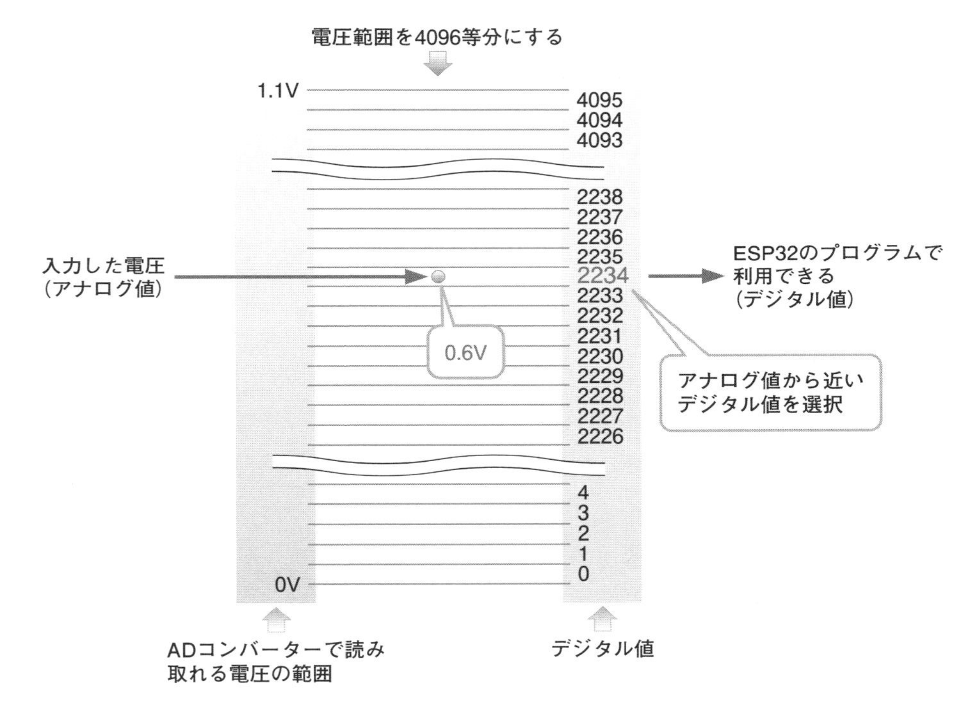

逆に、取得したデジタル値（0～4095）から入力電圧値を求めるには、下図のように計算します。

図　取得したデジタル値から電圧を求める式

ADコンバーターから取得した値

$$\text{電圧} = \frac{\text{デジタル値} \times \text{電圧範囲の最大値}}{\text{ADコンバーターの解像度}}$$

電圧の範囲を0 ～ 1.1Vとした場合

$$\text{電圧} = \frac{\text{デジタル値} \times 1.1}{4096}$$

計算結果が1.1Vにならない

ESP32のADコンバーターで変換されるデジタル値の最大値は「4095」となります。しかし、この値を使って電圧を計算すると、「4095÷4096×1.1＝1.09973」となり、1,1Vになりません。このように、もし1.1Vをアナログ入力しても、得られたデジタル値から計算した結果は1.1Vならず、わずかな誤差が生じるので注意しましょう。

アナログ入力の範囲は個体差がある

ESP32では、アナログ入力の範囲には個体差があります。このため、どの程度の範囲を入力できるかを「eFuse Vref」として記録しています。この値を利用することで正確な入力した電圧を求めることができます。

設定されたeFuse Vrefを知りたい場合は、サポートサイトに用意した「adc_vref.ino」をESP32に書き込むことで表示されます。筆者のESP32では**下図**のように「1121mV」と表示されました。

図　eFuse Vref の値を確認する
adc_vref.ino を書き込むことで表示できる。

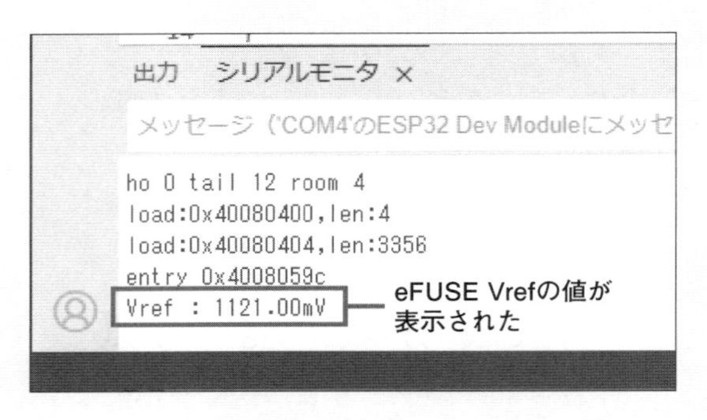

■ボリュームの状態を読み取る

実際にESP32でボリュームの状態を読み取ってみましょう。利用する電子パーツは以下の通りです。

◉ボリューム10kΩ×1（秋：117281）
◉ボリューム用ツマミ×1（秋：100253）
◉抵抗器20kΩ×1（秋：125202）

ESP32の電源は5Vまたは3.3Vの出力端子が用意されていますが、ADコンバーターの入力範囲となる1.1Vを超える電圧を掛けてしまう恐れがあるため、直接利用することができません。そこで、分圧回路を利用して、ボリュームにかかる電圧を1.1Vに変換するようにします。例えば、10kΩのボリュームを用いた場合、20kΩの抵抗器を直列に接続することで、3.3Vの電源を1.1Vに変換が可能です。**下図**のように接続します。

図　ボリュームの状態を読み取るための接続図

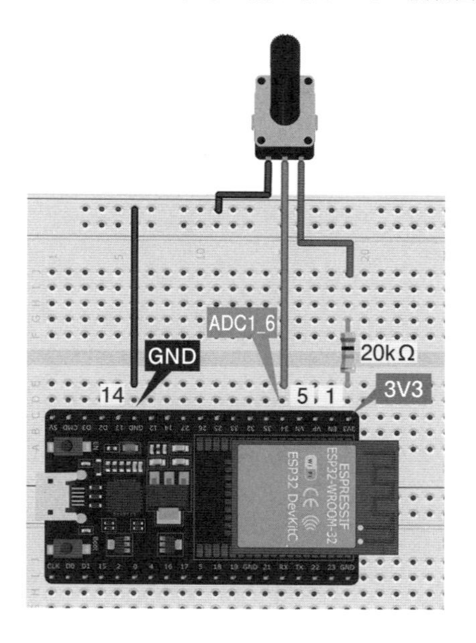

（Fritzingで作成）

ボリュームの状態を読み取るプログラム「vol.ino」を以下に示します。アナログ入力をするには、プログラム冒頭でadcライブラリを読み込みます。

setup()には、ADコンバーターの設定をします。adc1_config_width()では、ADコンバーターの解像度を指定します。12ビットの場合は「ADC_WIDTH_BIT_12」、11ビットは「ADC_WIDTH_BIT_11」、10ビットは「ADC_WIDTH_BIT_10」、9ビットは「ADC_WIDTH_BIT_9」と指定します。adc1_config_channel_atten()では、入力した電圧を減衰する設定をします。減衰をしない（0から1.1Vの範囲）場合は、「ADC_ATTEN_DB_0」と指定します。減衰についてはp.175で説明します。また、対象の端子は「ADC1_CHANNEL_6」のようにADCのユニット番号、チャンネル番号を組み合わせた形式で指定します。

なお、ユニット2を利用する場合は、それぞれadc2_config_width()、adc2_config_channel_atten()を利用します。

ADコンバーターで変換されたデジタル値を取得するには、「adc1_get_raw()」を使います。対象の端子はadc1_config_channel_atten()と同じようにADC1_CHANNEL_6の形式で指定します。また、ユニット2を利用する場合は「adc2_get_raw()」を利用します。取得したデジタル値を電圧に変換するには、解像度を12ビットにした場合は4096で割り、eFuse Vrefの値をV単位に変換（1000で割る）したうえでかけると変換可能です。

なお、このプログラムではESP32の計測誤差を補正していないため、正しい電圧ではありません。正しい電圧の取得する方法についてはp.177を参照ください。

ソース　ボリュームの状態を読み取るプログラム

vol.ino

```
#include "driver/adc.h" ── ADコンバーターを利用するため、ADCクラスを読み込む

const float VREF = 1100; ── ESP32のeFuse Vrefの値（mV単位で指定する）

void setup() {
    Serial.begin( 115200 );
    adc1_config_width( ADC_WIDTH_BIT_12 ); ── ADコンバーターの解像度を指定
    adc1_config_channel_atten( ADC1_CHANNEL_6, ADC_ATTEN_DB_0 ); ── 減衰の設定をする
}

void loop(){
    int value;
    float volt;
    value = adc1_get_raw( ADC1_CHANNEL_6 ); ── 指定したチャンネルからデジタル値を取得する
    volt = (float)value / 4096 * VREF / 1000; ── デジタル値を電圧に変換する

    Serial.print( "Value : " );     ┐
    Serial.print( value );          │
    Serial.print( "   Volt : " );   ├ デジタル値と計算で求めた電圧を表示する
    Serial.print( volt );           │
    Serial.println( "V" );          ┘

    delay( 500 );
}
```

■計測範囲を変更する

ESP32のADコンバーターは、前述したように0～約1.1Vの範囲の電圧を計測可能です。さらに、ESP32では減衰器という機能搭載しており、1.1Vを超える電圧の計測もできるようになっています。減衰器とは、端子に入力した電圧を所定の割合で小さくすることにより、ADコン

バーターの計測可能な1.1V以下に変換できます。減衰器は**下表**の4つのモードを利用できます。

減衰器を利用しな場合は0〜1.1Vですが、2.5dB（デシベル）にすると0〜1.5V、6dBで0〜2.2V、11dBで0〜3.9Vの範囲の電圧を計測可能となります。ただし、ESP32は3.3Vで動作しているため、11dBを指定しても実際は0〜3.3Vしか計測できません。

ESP32のADコンバーターでは、すべての範囲が正しい電圧にはなりません。0dBの場合は、100から950mVの範囲はおおよそ問題なく計測に利用できますが、0〜100mVと950〜1100mVの範囲は実際の電圧とはずれた値になってしまいます。このため、正しい電圧を取得して利用する場合には、推奨計測範囲内で計測するようにします。

なお、所定の電圧よりも高いか、低いかを判断する用途であれば、推奨計測範囲は気にせず利用しても問題ありません。例えば、2Vよりも高いか低いかを判断するといった場合は、たとえ3Vの入力があっても、計測誤差は気にすることなく使えます。

表　ESP32のADコンバーターの減衰器と計測可能範囲

減衰器	計測可能範囲	推奨計測範囲
0dB	0〜1.1V	100〜950mV
2.5dB	0〜1.5V	100〜1250mV
6dB	0〜2.2V	150〜1750mV
11dB	0〜3.9V*1	150〜2450mV

*1　実際にはESP32の電源電圧となる0〜3.3Vの範囲の計測に限られます

実際に0〜3.3Vの範囲を計測できるよう11dBの減衰器を利用してアナログ入力をしてみましょう。**下図**のように電源を直接ボリュームを接続し、0〜3.3Vの範囲で調節できるようにします。

図　0～3.3Vの範囲を調節できるようにした接続図

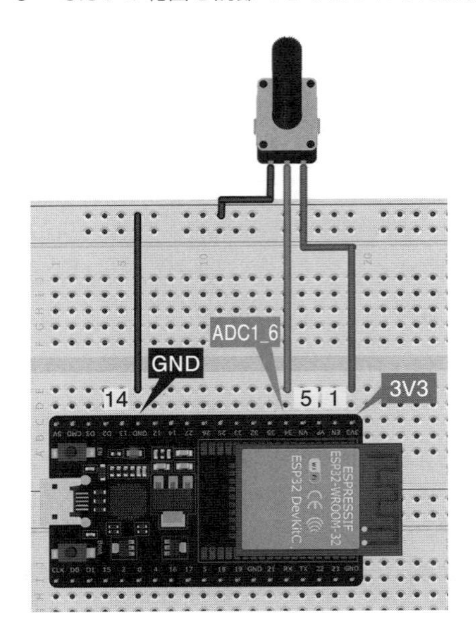

(Fritzingで作成)

0～3.3Vの範囲を計測するプログラム「vol_11db.ino」を以下に示します。adc1_config_channel_atten()に利用する減衰器を指定します。11dBの場合は「ADC_ATTEN_DB_11」、6dBの場合は「ADC_ATTEN_DB_6」、2.5dBの場合は「ADC_ATTEN_DB_2_5」とします。また、電圧の計算では、計測範囲の最大値をかけるようにします。

なお、このプログラムではESP32の計測誤差を補正していないため、正しい電圧ではありません。正しい電圧の取得する方法についてはp.177を参照ください。

ソース　減衰器で計測範囲を変更してボリュームの状態を読み取るプログラム

vol_11db.ino

```
#include "driver/adc.h"

const float VREF = 3.3; ── 計測範囲の最大電圧

void setup() {
    Serial.begin( 115200 );
    adc1_config_width( ADC_WIDTH_BIT_12 ); ── ADコンバーターの解像度を指定
    adc1_config_channel_atten( ADC1_CHANNEL_6, ADC_ATTEN_DB_11 ); ──┐
}                                                    利用する減衰器を指定する

void loop(){
    int value;
    float volt;
```

次ページに続く

```
    value = adc1_get_raw( ADC1_CHANNEL_6 );
    volt = (float)value / 4096 * VREF ;

    Serial.print( "Value : " );
    Serial.print( value );
    Serial.print( "    Volt : " );
    Serial.print( volt );
    Serial.println( "V" );

    delay( 500 );
}
```

■ ADCの計算ライブラリを利用する

ESP32のADコンバーターは、前述した正しく計測できる範囲のほかにも、誤差があるため数百mV程度ずれて計測されてしまいます。前述したプログラムではこの誤差を勘案しておらず、実際の値よりも低い電圧値が表示されてしまいます。ESP32では、この誤差を修正して電圧を取得できるライブラリ「ADC Calibration」が用意されています。この際、前述したeFuse Vrefの値も自動的に取得して計測範囲を調節されます。

減衰器を利用しない場合の電圧を計測するプログラム「vol_calib.ino」を以下に示します。電圧を取得するには、ライブラリに利用するユニットや解像度、利用する減衰器などを情報を受け渡す必要があります。そこでadcCharという構造体を用意しておき、esp_adc_cal_characterize()で構造体に各種設定を記録しておきます。利用するADコンバーターのユニット番号、利用する減衰器、解像度、Vrefの電圧、設定を記録しておく構造体の順に指定します。Vrefの値はeFuse Vrefが記録されていないESP32の場合に利用する電圧となります。本書で利用するESP32ではeFuse Vrefに記録された値を利用するようになっています。

esp_adc_cal_get_voltage()で補正された電圧を取得できます。この際、取得するチャンネル番号、設定を記録しておいた構造体、結果を記録する変数の順に指定します。電圧はmV単位で取得できます。取得した電圧を1000で割ることでV単位に変換できます。

ソース　ライブラリ ADC Calibration を利用した正確な電圧の取得

vol.calib.ino

```
#include "driver/adc.h"
#include "esp_adc_cal.h" ── 補正して電圧を取得できるライブラリ
                             「ADC Calibration」を呼び出す

esp_adc_cal_characteristics_t adcChar;

void setup() {
    Serial.begin( 115200 );
```

次ページに続く

```
    adc1_config_width( ADC_WIDTH_BIT_12 );
    adc1_config_channel_atten(ADC1_CHANNEL_6, ADC_ATTEN_DB_0 );
    esp_adc_cal_characterize(ADC_UNIT_1, ADC_ATTEN_DB_0, ADC_WIDTH_BIT_12,
 1100, &adcChar); ── ADコンバーターの解像度などの設定をadcCharに格納する
}

void loop(){
    uint32_t mvolt;                    取得した電圧(mV)が記録される変数
    float volt;
    esp_adc_cal_get_voltage(ADC_CHANNEL_6, &adcChar, &mvolt); ── 補正済みの電圧を取得する

    volt = (float)mvolt / 1000.0; ── 電圧をV単位に変換する

    Serial.print( "Volt : " );
    Serial.print( volt );
    Serial.println( "V" );

    delay( 500 );
}
```

0～3.3Vの電圧を取得したい

ESP32のADコンバーターは、計測範囲のすべてが正しい値で取得できません。もし、計測範囲のすべてで正しい値を取得したい場合は、別途ADコンバータを利用するようにしましょう。例えば、MCP3208（秋：100238）は、12ビットの解像度のADコンバーターで8チャンネルの入力が可能となっています。Vref端子を備えており、ここにかけた電圧の範囲すべてをおおよそ正しい計測値で入力することができます。MCP3208を利用する場合は、SPIでESP32に接続します。また、ESP32で利用できるライブラリも配布されており、比較的簡単に電圧を取得することが可能です。

5-5 温度センサーで計測する

室温などを知りたい場合に使えるのが温度センサーです。デジタル通信に対応した温度センサーを利用すると、計測した温度をESP32で通信データとして受け取れます。ここでは、デジタル通信の一つである「I^2C」に対応した温度センサーで計測値を取得してみます。

温度や湿度、周囲の明るさ、動きといった周囲の状況を知るには、センサーを使います（**下図**）。センサーは計測した状況を電圧の変化（アナログ）や数値などに変換したデータ（デジタル）として出力します。これをESP32に入力することで、プログラムで扱えるようになります。

例えば、温度センサーであれば、センサーの素子で周囲の温度を計測し、「32.1℃」といった値に相当するアナログの値（電圧値など）あるいはデジタルデータに変換して出力します。これをESP32で読み取ることで、プログラムで温度を表示できます。

図　センサーを使うと周囲の状態を確認できる

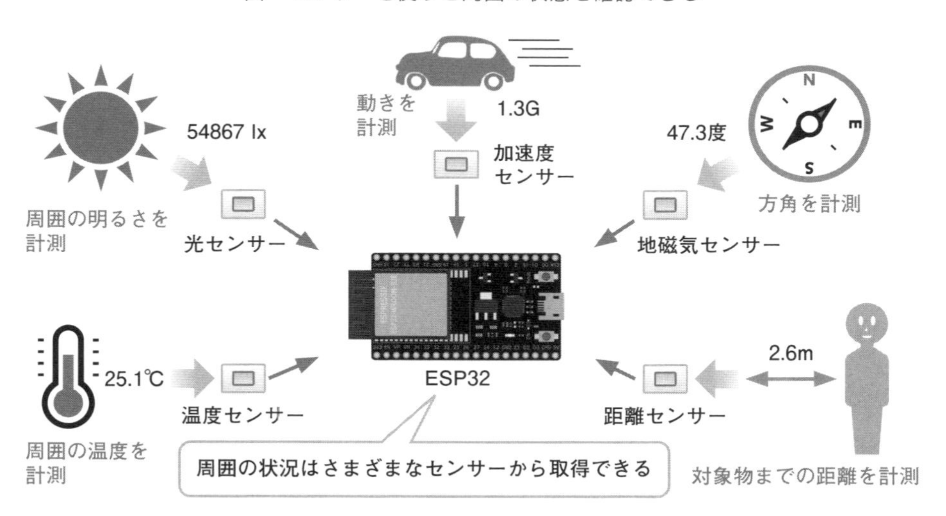

センサーを使う際には、計測値がどういう形で出力されるかをまず確認する必要があります。出力方法は主に**下図**に示した5種類があります。High、Lowのいずれかの状態を出力するデジタル出力であれば、ESP32側は5-2で説明したデジタル入力で読み取れます。センサーが出力する電圧や内部の抵抗が変化するタイプのセンサーであれば、5-4で説明したアナログ入力が使えます。

このほか、「デジタル通信」でセンサーから計測結果を取得する方法があります。デジタル通信では、温度などの計測値を数値としてESP32に直接渡せます。また、温度や湿度、気圧といった異なる計測値を同時にやり取りできます。さらに、逆にESP32からセンサーに対して命令やデータを送り、設定の変更をすることなども可能です。

具体的にデジタル通信の方式としては、「I²C（Inter-Integrated Circuit）」「SPI（Serial Peripheral Interface）」「UART（Universal Asynchronous Receiver/Transmitter、調歩同期方式）」――という三つの方式がよく使われます。ESP32は、いずれの通信方式も利用可能です。

図　主なセンサーの出力や通信方式

デジタル出力
High（3.3V）、Low（0V）の2値で出力する方式

アナログ出力
計測値によって出力電圧や内部抵抗値が変化する方式。内部抵抗値が変化するセンサーの場合は、分圧回路で電圧に変換してESP32で入力する

デジタル通信

I²C
SDAとSCLの2本の通信線で、データをやり取りする方式

SPI
4本の通信線を接続して通信する方式。高速通信が可能

UART（シリアル）
送信と受信の2本の線を使って通信する方式

ここでは、I²Cでの通信に対応した温度センサー「ADT7410」を使って計測した温度をESP32で取得する方法を説明します。SPIは次の5-6、UARTについては5-7で解説します。

他のデジタル通信方式

本書で説明するI²C、SPI、UART以外に、「1-Wire」という通信方式を利用するセンサーもあります。この1-Wireを採用した温度センサーなどが市販されています。

1-Wireは1本の通信線だけでデータのやり取りが可能という特徴があります。この通信線は電力の供給にも利用できるため、通信線とGNDの2本を接続するだけで利用できます（電子パーツによっては通信線と電源線が分かれている場合もあります）。

複数の1-Wireデバイスの同時接続にも対応しています。通信線を分岐させてそれぞれの1-Wireデバイスに接続します。通信する際には、個々のデバイスに

割り当てられた固有のIDを指定することで、目的のデバイスと通信できます。
　ただし、通信速度が約100kbpsと比較的遅いため、ディスプレイのような高速通信が必要な用途には向いていません。

データのやり取りができる「I^2C」

I^2Cは、蘭Philips社の半導体事業部門（現NXP Semiconductors社）が開発した通信方式です。主にセンサーやモータードライバー、ディスプレイなどの電子パーツとマイコン間でデータをやり取りする用途で使われています。
　I^2Cの主な特徴は以下の通りです。

◉SDAとSCLの２本の通信線を利用する
◉通信線を分岐させて、複数のI^2Cデバイスを接続できる
◉数百kbpsの速度で通信が可能
◉センサーやモータードライバーなどさまざまな電子パーツで採用されている

　I^2Cは、**下図**のようにデータを送る「SDA」と同期信号を送る「SCL」の２本を接続するだけで通信が可能です。ただし、電源とGNDにも接続する必要があるため、実際には計４本の導線を接続することになります。複数のI^2Cデバイスを利用したい場合は、SDAとSCLを分岐させてそれぞれのデバイスに接続します。SDAとSCLの役割については後述します。

図　I^2CデバイスをESP32に接続した例
温度センサーADT7410をESP32に接続した例。

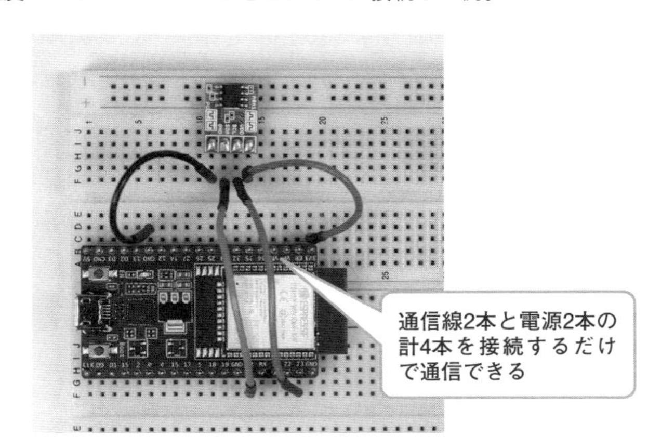

通信線2本と電源2本の
計4本を接続するだけ
で通信できる

（著者撮影）

I^2Cの通信速度は規格上、スタンダードモードが100kbps、ファストモードが400kbps、ファストモードプラスが1Mbps、ハイスピードモードが3.4Mbps、ウルトラハイスピードモードが5Mbpsと定められています。しかし、デバイスによって利用できる通信速度は異なります。例えば温度センサーのように高速な通信が必要ないデバイスは数百kbpsで通信できれば十分なため、ファストモードを採用している製品が一般的です。

ESP32の方は、データシートには5Mbpsまでの通信に対応していると記載されています。つまり、スタンダードモード、ファストモード、ファストモードプラス、ハイスピードモードに対応しています。利用するモードはプログラムで変更可能です。通信対象の電子パーツが必要とする通信速度を満たせる場合は、より遅いモードに設定して通信しても問題ありません。

このように、I^2Cは少ない配線で接続できてセンサーなどの値をやり取りするのに十分な速度で通信できることから、現在ではセンサーやモーター、液晶ディスプレイなどさまざまな電子パーツで採用されています。

■デジタル入出力で通信する

5-1と5-2で説明したように、ESP32が搭載するGPIOのデジタル入出力端子は、電圧が高い状態（High）と低い状態（Low）の入出力だけに対応しています。このため、オンとオフの2種類の状態を出力するタイプの電子パーツの状態は簡単に調べられますが、温度のような数値は受け取れそうにありません。

しかし、実はこのオンとオフだけを使ってもさまざまな数値を伝えることは可能です。オフを「0」、オンを「1」に割り当てた「2進数」を利用します。日常生活で利用している数字は、0から9までの数字を使う「10進数」です。この10進数の数字は2進数に変換できます（**下表**）。2進数では、0、1の次は利用できる数字がなくなるので、10進数の2を2進数で表す場合は一つ桁が上がって「10」となります。同様に3は「11」、4はさらに一つ桁が上がって「100」……と続いていきます。

2進数とは逆に、使える数の種類を増やした（といっても数字自体は0～9までしかないため代わりにアルファベットのa～fまでを使います）「16進数」もあります（下表参照）。こちらはプログラム中でよく使われます。

表　10進数、2進数、16進数の関係

10進数表記	2進数表記	16進数表記
0	0	0
1	1	1
2	10	2
3	11	3
4	100	4
5	101	5
6	110	6
7	111	7
8	1000	8
9	1001	9
10	1010	a
11	1011	b
12	1100	c
13	1101	d
14	1110	e
15	1111	f

この2進数を利用すれば、**下図**に示したようにそれぞれの桁を順にデジタル出力で送ることで、さまざまな数字を送信できます。具体的には、2進数の各桁（ビットと呼びます）が1の場合はHigh、0の場合はLowを送出します。例えば10進数の「12」を送る場合、送信側はまずこれを2進数「1100」に変換し、この1100に対応する「High、High、Low、Low」の順に電圧を出力します。受信側では、これと逆の手順を踏むことで10進数の12に戻せます。

図　デジタル出力と任意の２進数を使って任意の10進数を送信できる

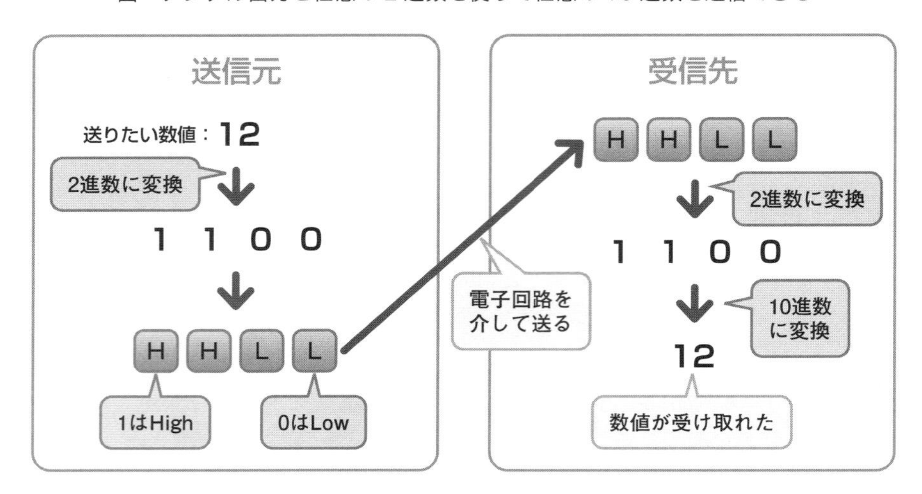

ただし、これだけでは「11」のように同じ状態を続けて出力する場合は、電圧が変化しないため（Highのまま）一つのデータを送ったのか二つのデータを送ったのか判別できません。

この問題を解決する方法の一つは「同期信号」を用いることです（**下図**）。同期信号とは、文字通り送受信側で信号のやり取りを同期できるようにするための信号です。例えば、HighとLowを一定周期で切り替えて、LowからHighに変化するタイミングをデータの区切りとして見ることで、データを送ったことが確実に分かります。実際にI^2Cではこの方法を採用しており、実際のデータを一つの信号線「SDA（Serial Data）」で送りつつ、もう一つの信号線「SCL（Serial Clock）」で同期信号を送る仕組みになっています。I^2Cの通信に２本の信号線を使うのはこのためです。

図　同期信号を使ってデータを正しく読み取る仕組み

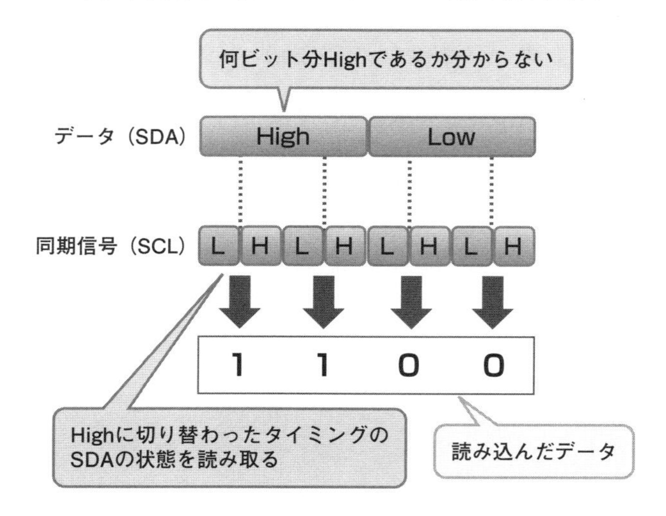

■複数のI^{2}Cデバイスを接続できる

I^{2}Cの特徴は、複数のI^{2}Cデバイスを同時に接続して制御できることです。温度センサーで計測した温度を取得して、モータードライバーでDCモーターを制御するといった処理のための通信をI^{2}Cだけで済ますことが可能です。

複数のI^{2}Cデバイスを接続する場合は、**下図**のようにSDAとSCLを分岐させてそれぞれのI^{2}Cデバイスに接続します。なお、ESP32のようにI^{2}Cを制御する側のデバイスを「コントローラー」(または、マスター)、センサーなどの制御される側のデバイスを「ターゲット」(または、スレーブ) と呼びます[*3]。

このように通信線を共有する場合、マスターがどのデバイスと通信するのかを指定する仕組みが必要です。そこでI^{2}Cでは、「I^{2}Cアドレス」という識別用番号を使って通信対象のデバイスを指定できるようにしています。

個々のI^{2}Cデバイスには、あらかじめI^{2}Cアドレスが設定されており、コントローラー (ESP32) 側は通信する際にこのI^{2}Cアドレスを使って通信対象のデバイスを指定します。すると、該当するI^{2}Cアドレスを持っているI^{2}Cデバイスのみが応答するようになっています。

図　I^{2}C では複数のデバイスを接続して制御できる

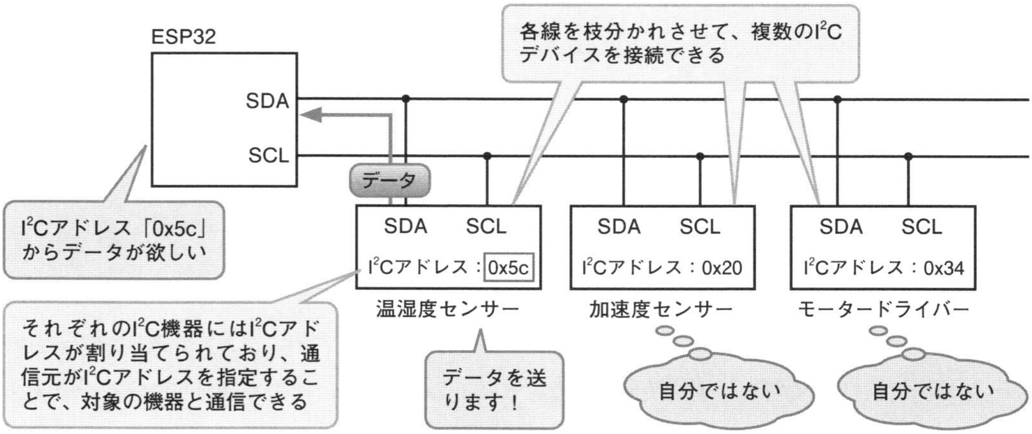

[*3] 以前はマスター(master)／スレーブ(slave)の呼び方を使っていました、2021年10月に仕様書が改訂され、コントローラー(controller)／ターゲット(target)を使うことになりました。ただし、古い資料などではまだマスター／スレーブ表記も多数残っているので、こちらの呼び方も覚えておくとよいでしょう。

I²Cアドレスの調べ方

ESP32に接続したI²CデバイスのI²Cアドレスを調べる方法については、p.189で説明します。

I²Cデバイスには、一時的なデータを格納しておく「レジスタ」が用意されているのが一般的です。**下図**に示すように、レジスタにはセンサーで計測した値や、設定値、デバイスが正常動作しているかなどのステータスが記録されます。レジスタにはアドレスが振られており、ESP32から目的のレジスタアドレスを指定することで、計測値をはじめさまざまなデータを取得できます。

図　I²Cデバイスは値を格納しておくレジスタを搭載している

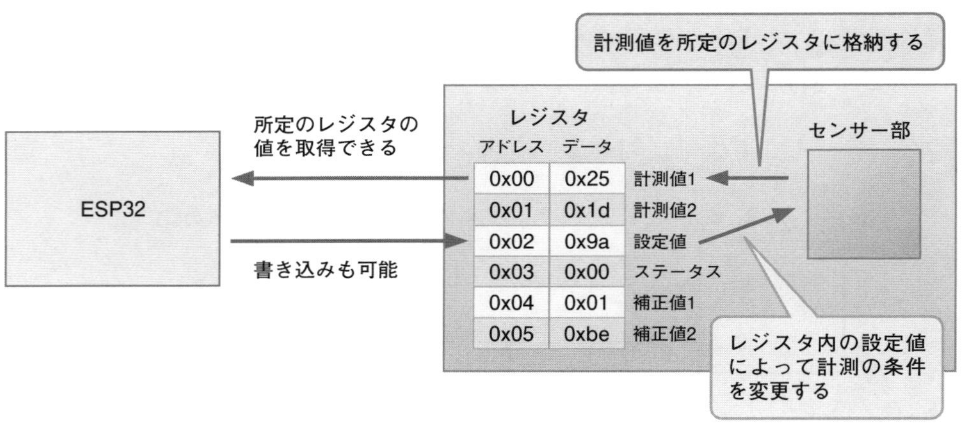

■ESP32にI²Cデバイスを接続する

ESP32でI²Cを利用するには、ここまでデジタル入出力などに利用してきたGPIO端子のいくつかについて、設定で切り替えて使う形になります。I²Cのために利用できるGPIO端子を**下図**に示します。SDAはGPIO 21（33番端子）、SCLはGPIO 22（36番端子）に割り当てられています。

図　I²C通信に利用できるESP32の端子

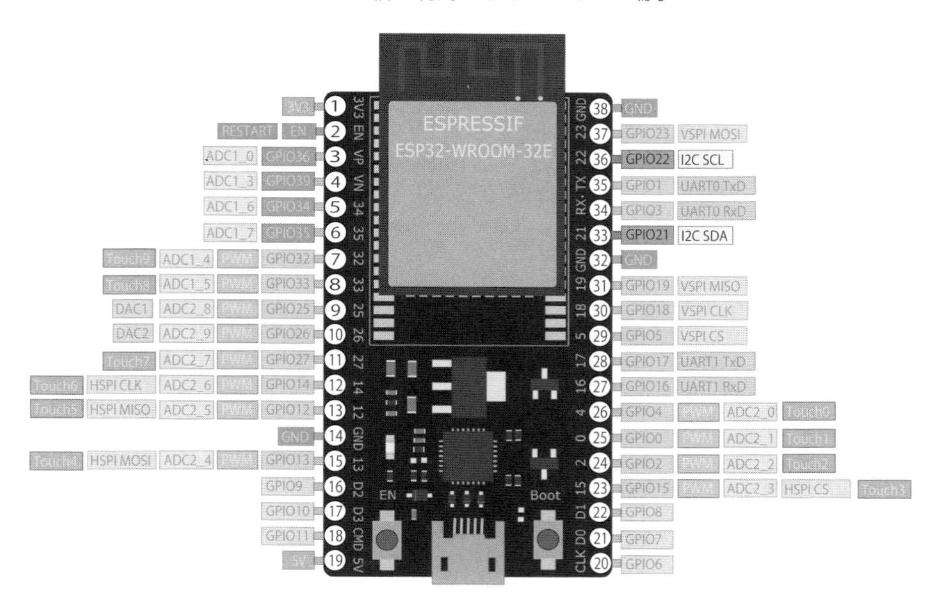

温度センサーで現在の温度を調べる

計測値をI²Cで通信して取得できる温度センサー「ADT7410」を利用してみましょう。ADT7410は**下図**のような黒く四角いICチップの形状をしています。ここで温度を計測し、内部でデジタル値に変換してI²Cで出力します。なお、ICチップ形状のままでは扱いづらいので、ここでは図のようにADT7410を基板の上に実装したセンサーモジュール「AE-ADT7410」を利用しています。モジュール下部には電源、GND、SDA、SCLの4端子が引き出されています。

図　温度センサー「ADT7410」の外観
写真は秋月電子通商が販売するモジュール「AE-ADT7410」(秋：106675)。

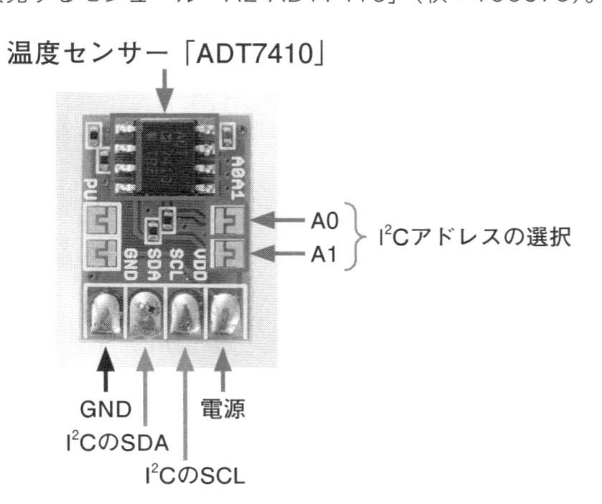

(日経BP撮影)

ADT7410は、-40～105℃の範囲の温度を計測可能です（電源電圧が2.7～3.6Vの場合）。ただし、±0.5℃の誤差があります。計測した温度は、内蔵するADコンバーターでデジタル値に変換されます。ADコンバーターの分解能は13ビットと16ビットのいずれかを選択できます。13ビットを選択した場合は、0.0625℃ごとにデジタル値が1変化します。16ビットの場合は、これが0.0078℃ごととなり、13ビットよりも細かく値を取得できます。なお、いずれも1ビット分は値の正／負を表すのに利用されます。

I^2Cアドレスは、データシートを見ると「0x48」「0x49」「0x4A」「0x4B」のいずれかを選択可能と記載されています（**下図**）。どのアドレスを利用するかは、A0とA1端子にGNDまたは電源を接続することで選択できます。表中で0となっている場合はGND、1となっている場合は電源に接続します。AE-ADT7410の場合、基板の右側に「A0」と「A1」のパターンが用意されており、ここをはんだ付けするかどうかでアドレスを変更できます。はんだ付けをしない場合はGNDにつながった状態になっており、はんだ付けをすると電源につながります。つまり、どちらのパターンもはんだ付けしない初期状態ではA0、A1いずれもGNDに接続された状態になり、I^2Cアドレスは「0x48」となります。このようにI^2Cアドレスを選べる電子パーツは多く、ESP32に複数のI^2C対応製品をつないだときに、I^2Cアドレスがバッティングするのを避けられます。

図　ADT7410のI^2Cアドレス
データシート（https://akizukidenshi.com/goodsaffix/ADT7410a.pdf）のp.17を抜粋。

SERIAL BUS ADDRESS

Like all I^2C-compatible devices, the ADT7410 has a 7-bit serial address. The five MSBs of this address for the ADT7410 are set to 10010. Pin A1 and Pin A0 set the two LSBs. These pins can be configured two ways, low and high, to give four different address options. Table 20 shows the different bus address options available. The recommended pull-up resistor value on the SDA and SCL lines is 10 kΩ.

Table 20. I^2C Bus Address Options

Binary							
A6	**A5**	**A4**	**A3**	**A2**	**A1**	**A0**	**Hex**
1	0	0	1	0	0	0	0x48
1	0	0	1	0	0	1	0x49
1	0	0	1	0	1	0	0x4A
1	0	0	1	0	1	1	0x4B

A0とA1の端子の状態によって切り替える
0はGND
1は電源

四つのI^2Cアドレスから選択できる

なお、データシートを閲覧しなくても、確認用プログラムを実行することで、I^2Cアドレスを調べられます。I^2Cアドレスを調べるには、Luis Llamas氏が公開しているライブラリを利用すると良いでしょう。Arduino IDEの左側のライブラリアイコン（上から3番目のアイコン）をクリックし、「I2CScanner」と入力して検索します（**下図**）。結果に表示された「I2CScannser」にある「インストール」をクリックします。これで、ライブラリが利用できるようになります。

図　「I2CScanner」ライブラリの導入

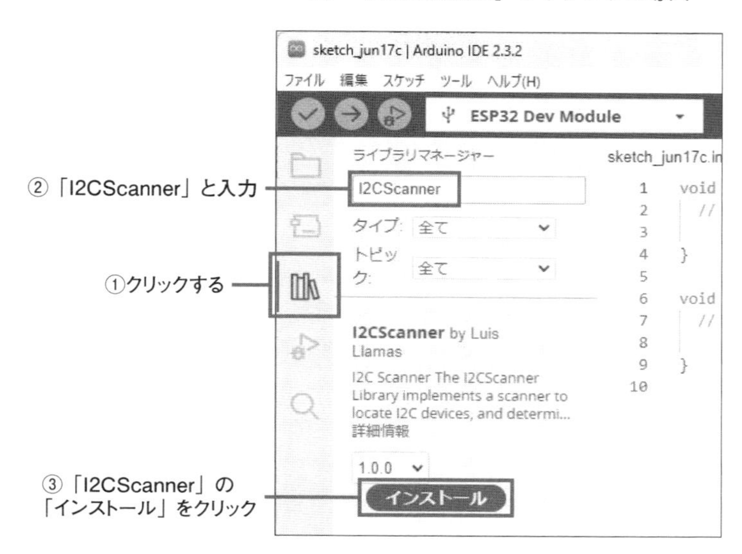

次に、以下に示すプログラム「i2c_address.ino」を入力します。

ソース　I²Cアドレスを調べるプログラム

i2c_address.ino

```
#include "I2CScanner.h"

I2CScanner scanner;

void setup()
{
    Serial.begin( 115200 );
    while (!Serial) {};
    scanner.Init();
}

void loop()
{
    scanner.Scan();
    delay(5000);
}
```

プログラムをESP32に転送すると、接続されたデバイスに設定されているI²Cアドレスが16

進数で表示されます（**下図**）。複数のデバイスを接続している場合は、複数のI^2Cアドレスが表示されますが、どのデバイスのアドレスかは判別できません。この場合は、調べたいデバイスを一つだけ接続することで特定できます。

図　接続したデバイスのI^2Cアドレスが表示された

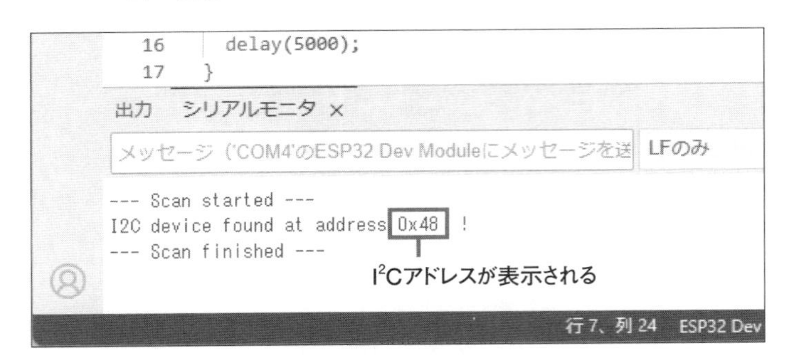

■温度を取得する

実際にESP32でADT7410とI^2C通信をして、温度を読み取ってみましょう。前述の温度センサーモジュール「AE-ADT7410」（秋：106675）を使います。ESP32とは**下図**のように接続してください。利用するI^2Cチャンネルは0、SDAは33番端子（GPIO 21）、SCLは36番端子（GPIO 22）に接続しています。

図　ADT7410の接続図

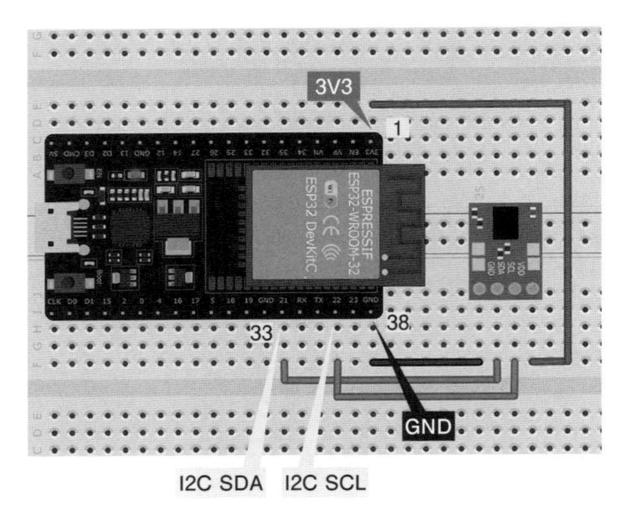

（Fritzingで作成）

計測した温度を取得するプログラム「i2c_temp.ino」を以下に示します。

ソース　温度を読み取るプログラム

i2c_temp.ino

```
#include <Wire.h> ── Wireライブラリを読み込む

const  uint8_t ADT7410_ADDR = 0x48; ── 温度センサーのI2Cアドレス

void setup() {
    Serial.begin( 115200 );
    Wire.begin(); ── I2Cを利用できるようにする

    Wire.beginTransmission( ADT7410_ADDR ); ─┐
    Wire.write( 0x03 );                      ├ ADコンバーターは16ビットに設定する
    Wire.write( 0x80 );                      │
    Wire.endTransmission(); ─────────────────┘
    delay( 500 );
}

void loop() {
    uint8_t msb, lsb;
    int16_t buf;
    float temp;
                                  レジスタ0x00から2バイト分の値を取得する
    Wire.requestFrom( ADT7410_ADDR, 2 ); ──┘
    msb = Wire.read(); ── レジスタの0x00の値を取り出す
    lsb = Wire.read(); ── レジスタの0x01の値を取り出す
    Wire.endTransmission(); ── I2C通信を終了する

    buf = ( msb << 8 ) | lsb; ── 上位バイトと下位バイトをつなぎ合わせる

    temp = (float)buf / 128.0; ── 取得した値を128で割ることで温度に変換できる

    Serial.print( "Temperature : " ); ─┐
    Serial.print( temp );              ├ 取得した温度を表示する
    Serial.println( "C" ); ────────────┘

    delay( 1000 );
}
```

プログラムの要点を説明します。I^2Cで通信するには、プログラム冒頭でWireライブラリを読み込んでおきます。

初めに、温度センサーのI^2Cアドレス（0x48）を変数「ADT7410_ADDR」に格納しておきます。

setup()で各種初期設定を記述します。「Wire.begin()」と指定することでI^2C通信ができるようになります。次にADT7410の初期設定をしておきます。ADT7410のレジスタの0x03に「0x80」

5章

を書き込むことで、計測値を16ビットの分解能でデジタル値に変換するように設定します。I^2C通信でデータをADT7410に送る場合は、まず「Wire.beginTransmission()」で通信を開始します。この際、通信対象のI^2Cアドレスを指定しておきます。次に「Wire.write()」で指定したデータを送ります。このプログラムでは、書き込み先のレジスタアドレスの「0x03」、書き込む値の「0x80」の順に転送しています。最後に「Wire.endTransmission()」で通信を終了します。

ADT7410に内蔵するレジスタには、計測した温度や設定、ステータスなどのデータが記録されています。このうち計測した温度は、0x00と0x01の二つに分かれて格納されます。ADT7410は計測した温度をADコンバーターでデジタルデータ（16ビットの2進数）に変換しますが、各レジスタのサイズは8ビットのため、そのままでは16ビットのデータを記録できません。そこで、上位8ビットを0x00、下位8ビットを0x01に分けて記録する形になっています。

このため、ESP32から温度を取得するには、アドレスが0x00と0x01の二つのレジスタを読み込む必要があります。まず、「Wire.requestFrom()」で通信対象のI^2Cアドレスと、読み取るバイト数を指定します。例えば「10」と指定することで0x00から0x09までのレジスタに格納された値を取得できます。ここでは「2」と指定しているのでレジスタ0x00と0x01の2バイト分読み込んでいます。読み込んだ値は「Wire.read()」で順に呼び出せます。このプログラムではレジスタ0x00の値を「msb」、レジスタ0x01の値を「lsb」に格納しておきます。

取得した値は8ビットに分割されているので、つなぎ合わせて16ビットの温度データに戻す必要があります。**下図**に示すように「シフト演算」と「論理和（OR）演算」という2進数の演算処理を組み合わせることで16ビットデータに戻せます。この16ビットデータを10進数に変換し、さらに128で割ることで温度（摂氏）が求まります。

図　センサーから取得した値から温度を算出する手順

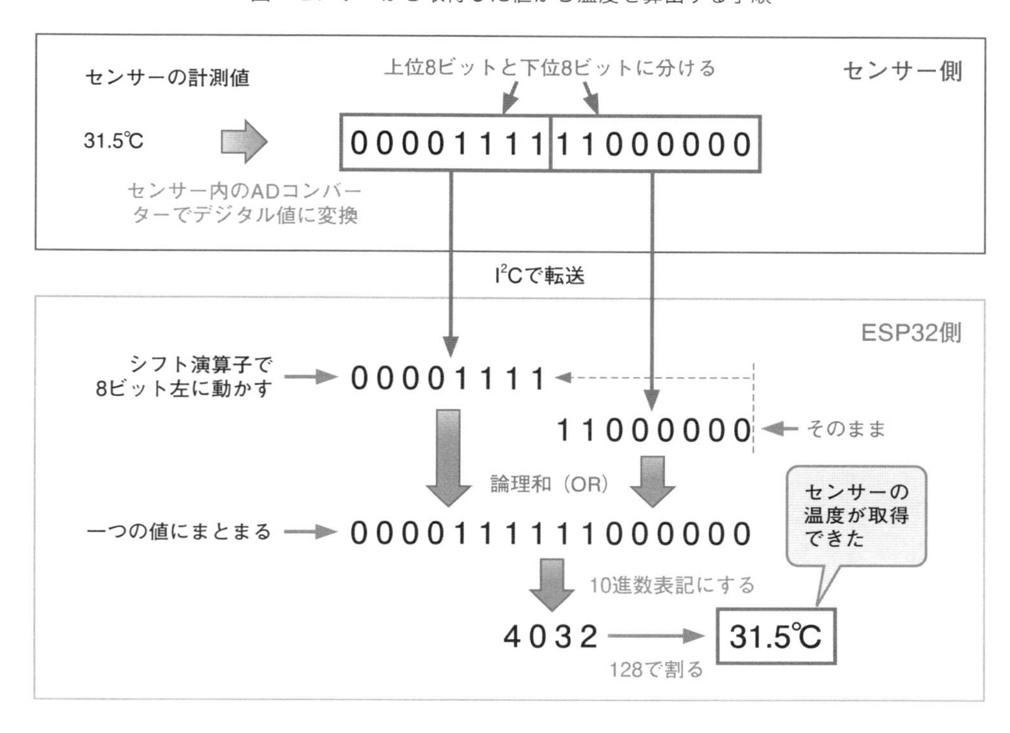

プログラムを実行すると、**下図**のように温度が表示されます。温度センサーを指で触って温めてみると温度が変わることを確認できます。試してみてください。

図　計測した温度が表示された

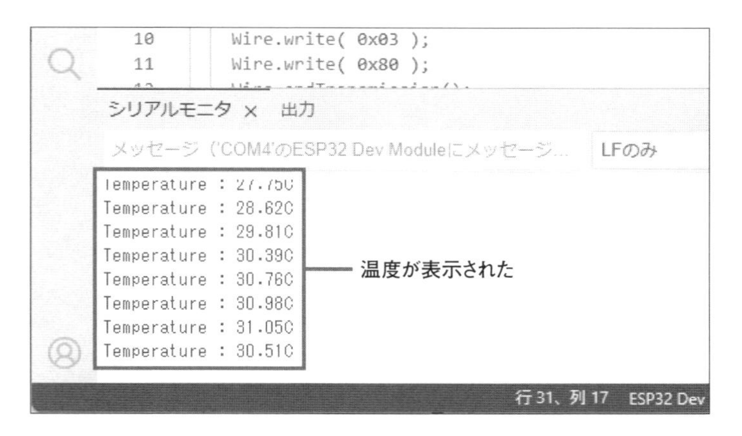

ESP32でのI^2C通信速度の指定方法

I^2Cの通信速度は、同期用の信号であるSCLの周波数によって決まります。一般的に通信速度は1秒間に転送できるビット数（bps：bits per second）で表しますが、ESP32でI^2Cの通信速度を指定する場合は、SCLの周波数（Hz）で指定します。I^2Cでは、SCLの1クロック（High、Lowを1回ずつ切り替えた時間）当たり1ビットのデータを転送できるため、bpsで表した通信速度とおおよそ同じと考えてよいでしょう。なお、PCなどで使われている高速な通信方法では、1クロック当たり2ビット以上のデータをやり取りできるので、同期信号の周波数と通信速度は通常異なります。

5-6 気圧を読み取る

気圧センサーを使うと、計測した場所の気圧を測定できます。気圧が分かると気象の変化を察知したり、現在地の標高を調べたりできます。ここでは、デジタル通信規格の「SPI」を使って計測した気圧をESP32で取得してみましょう。

ESP32では、電子パーツとデジタル通信する方法として、5-5で説明したI^2C以外に「SPI」という方式も利用できます。ここでは、SPIに対応した気圧センサー「LPS25HB」を利用して気圧を計測し、ESP32で取得する方法を説明します。

高速通信が可能な「SPI」

SPIは、「Serial Peripheral Interface」の略で、米Motorola社の半導体事業部門（現NXP Semiconductors社）が開発したデジタル通信規格です。5-5で説明したI^2Cと同様に、センサーやディスプレイなどさまざまな電子パーツの通信に利用されています。SPIの主な特徴は以下の通りです。

◉データ通信用の信号線が送信（MOSI）と受信（MISO）の二つに分かれている[*4]
◉データ通信用とは別に同期用の信号線CLKを利用する
◉通信線を分岐させて複数のSPIデバイスを接続できる
◉通信対象デバイスを選択するために専用の信号線（CS）を使う
◉数Mbps以上の高速通信が可能

SPIでは、データをやり取りするための信号線が送信用の「MOSI」と受信用の「MISO」に分かれています。二つの通信線をつなぐ必要がありますが、I^2Cよりも高速に通信できるのが利点です。このほか、同期用の信号を送るための信号線「CLK」と通信対象を選択するための信号線「CS」、電源、GNDの計6本の導線を利用します（**下図**）。複数のSPIデバイスを接続したい場合は、MOSIとMISO、CLKを分岐させてそれぞれのデバイスに接続して通信できます。

SPIの規格では、最大通信速度は決められていません。利用するマイコンや電子パーツによっては数百Mbpsといった高速な通信にも対応できます。

[*4] MISOおよびMOSIに「Master」「Slave」という単語が含まれることから、代わりに「CIPO ／ COPI」や「SDO ／ SDI」などの表記が利用される流れとなっています。しかし、ESP32のデータシートではMISO ／ MOSI表記となっていることや、長らく使われてきた技術ということで、少し古い資料などでも同表記が使われているケースがまだまだ多いため、本書ではMISO ／ MOSI表記で統一します。

このようにSPIは高速な通信が可能なため、大きなデータのやり取りが必要となる液晶ディスプレイやSDカードなどのデバイスとの通信によく使われています。これ以外に、各種センサーやモータードライバーなどの電子パーツでも使われています。I^2CとSPIの両方に対応したデバイスや電子パーツも存在します。

図　SPIデバイスとESP32の接続例
気圧センサー「LPS25HB」をESP32に接続したところ。6本の導線を配線する必要がある。

データの送信（MOSI）、受信（MISO）、同期用（CLK）、デバイスの選択（CS）、電源2本の計6本を接続して通信する

（著者撮影）

■送信と受信で2本の信号線を使う

SPIでは、ESP32などSPIデバイスを制御する側のデバイスを「マスター」、センサーのように制御される側のデバイスを「スレーブ」と呼びます[*5]。

5-5で説明したI^2Cでは、送信と受信に同じ信号線を共用していました。この方式では、データの送受信を同時に実行することはできません。これに対してSPIでは、送信用と受信用の信号線が分かれています（**下図**）。このため、送信用の信号線である「MOSI（Master Out Slave In）」からデータを送りながら同時にセンサーからのデータを受信用の信号線「MISO（Master In Slave Out）」を介して受け取ることが可能となります。

---

*5 マスター／スレーブ表記は前ページの欄外注で説明したMOSI ／ MISOと同様に古い表記方法で、単語の意味的に好ましくないということで、現在では代わりにコントローラー／ペリフェラル表記の方が推奨されています。ただし、本書では無用な混乱を避けるため、ESP32の公式ドキュメント（https://www.espressif.com/sites/default/files/documentation/esp32_technical_reference_manual_en.pdf）のMOSI ／ MISO表記に合わせて、これに含まれるマスター／スレーブ表記を使用します。

図　SPIは送信用と受信用の信号線が分かれている

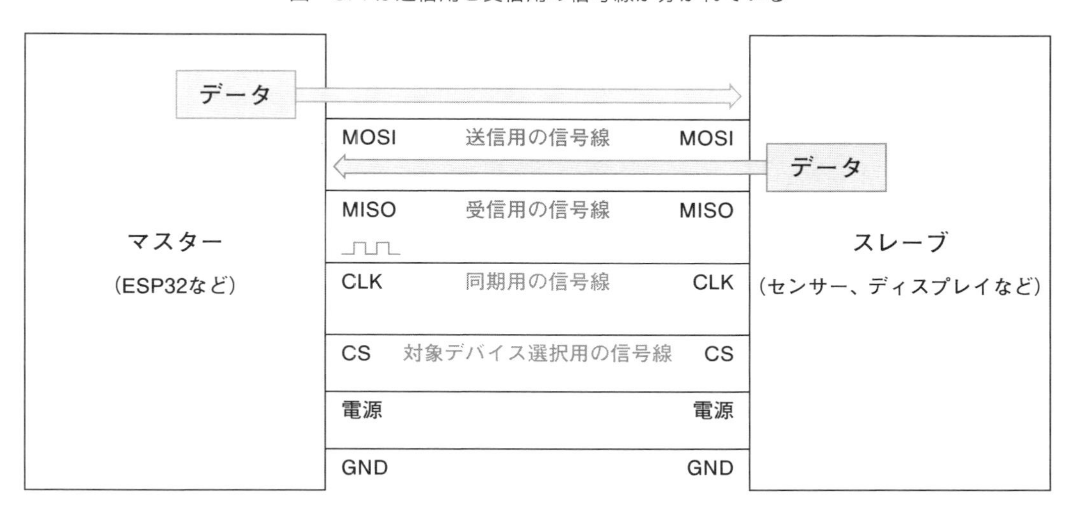

I^2Cのところで説明したように、データの送受信を正確に実行するために、SPIも同期用の信号線「CLK」(SCLK、SCK、SPCなどと記載される場合もあります) を利用します。同期信号はESP32などのマスター側から送り、センサーなどのスレーブ側ではこの同期信号にタイミングを合わせてデータを送受信します。CLKの周波数を調節することで、通信速度を変えられます。

■送信と受信のデータを同時にやり取りする

SPIでマスター側からデータを送信する際には、同時にスレーブ側からもデータが送信される仕組みになっています (**下図**)。マスター、スレーブのどちらにも「シフトレジスタ」というSPI通信のために用意されたデータの一時保存用メモリーがあります。このシフトレジスタに送りたいデータをセットしておきます。

マスター側からデータの送信を開始すると、シフトレジスタに格納されたデータが1ビットずつスレーブに送られます。それと同時にスレーブ側も1ビットずつマスターにデータを送ります。送られてきたビットはシフトレジスタ内に元々あったデータを押し出す形で順次保存されていきます。こうしてシフトレジスタに格納した送信データの全ビットを送り終えると、それぞれのシフトレジスタには、相手側のデータが格納された状態になります。このようにしてデータの同時送受信処理が進みます。

図　データの送信と受信が同時に実行される

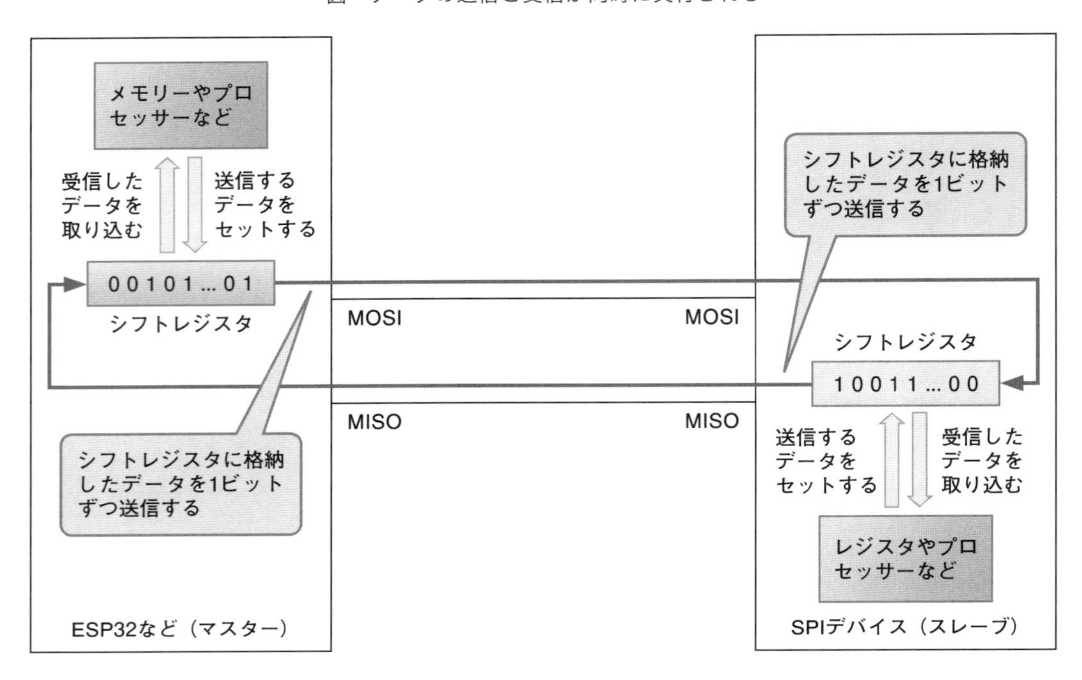

なお、センサーなどスレーブ側のデバイスによっては、計測値やマスターから送られてきたデータを保管しておくメモリーである「レジスタ」が用意されています。I^2Cの場合と同じくこのレジスタにはセンサーの計測値や設定値などが記録されます。レジスタにはアドレスが割り当てられており、ESP32からデータを読み出したり書き込んだりする際には対象となるレジスタのアドレスを指定します。

■複数のSPIデバイスを接続できる

SPIでは、**下図**に示すようにMOSI、MISO、CLKの各信号線を分岐させて複数のSPIデバイスを接続できます。どのSPIデバイスと通信するかは、「CS（Chip またはCable Select）」という信号線を使って指定します（「CE（Cable Enable）」や「SS（Slave Select）」と記載される場合もあります）。マスター側は、通信したいデバイスに接続されたCSを「Low」に設定し、それ以外のデバイスのCSは「High」に設定しておきます。この状態でMOSIにデータを送信すると、CSが「Low」になっているスレーブが応答します。Highになっているスレーブは対象ではないので通信を無視します。

図　信号線を分岐させて複数のSPIデバイスを接続できる

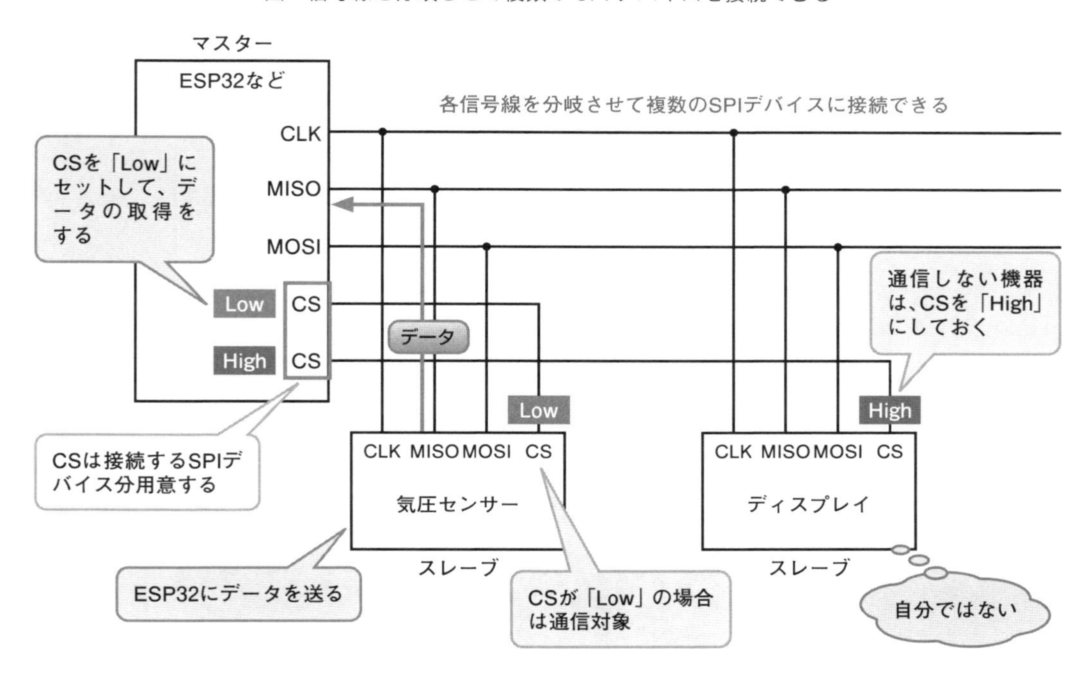

前述したように、I^2Cでは、通信対象のデバイスを選択するためにI^2Cアドレスを使います。このI^2Cアドレスによる通信対象デバイスの指定には、データをやり取りする信号線であるSDAを使用します。このため、実際のデータを転送する速度はその分遅くなります。

一方、SPIはCSを切り替えるだけで通信対象のデバイスを指定できるため、デバイスを指定するためのデータのやり取りが発生せず、その分多くのデータを送受信することが可能です。

■ESP32にSPIデバイスを接続する

ESP32でSPI通信をするには、一部のGPIO端子をSPI通信用に切り替えて使います。SPIで利用できる端子は**下図**の通りです。

図　SPI通信に利用できるESP32の端子

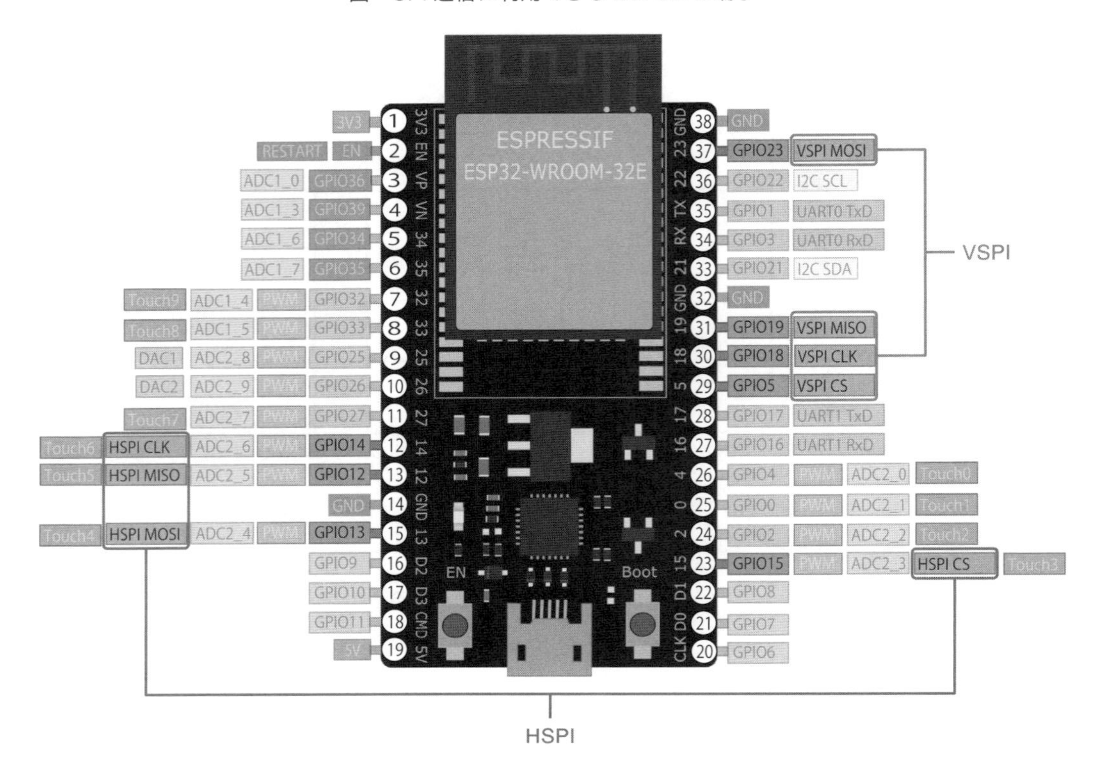

ESP32では、「HSPI」と「VSPI」の2チャンネルをSPI通信に使えます。HSPIを利用する場合は図中の「HSPI」から始まる端子を、VSPIを利用する場合には「VSPI」から始まる端子を使います。

SPI通信は、MOSI、MISO、CLK、CS端子の接続が必要となります（センサーによってはMOSIまたはMISOのいずれかの未接続する場合もある）。HSPIを使う場合には、MOSIは15番端子（GPIO 13）の「HSPI MOSI」、MISOは13番端子（GPIO 12）の「HSPI MISO」、CLKは12番端子（GPIO 14）の「HSPI CLK」、CSは23番端子（GPIO 15）の「HSPI CS」に接続するようにします。

なお、HSPIとVSPIを混ぜて接続してしまうと正常に動作しないので注意が必要です。

気圧センサー「LPS25HB」で気圧を計測する

SPIの基本が理解できたので、ここからは気圧センサー「LPS25HB」を使い、計測した気圧をESP32で利用する方法について見ていきましょう。LPS25HBは**下図**の中央にある2.5mm角の小さなチップです。この表面にある約1mm角のパッド（色が明るい部分）にかかる気圧を計測します。このようにLPS25HB自体は非常に小さいため、通常は図のような基板に取り付けられたモジュールを購入して利用するとよいでしょう。

図　気圧センサー「LPS25HB」の外観
写真は秋月電子通商が販売するモジュール「AE-LPS25HB」（秋：113460）。

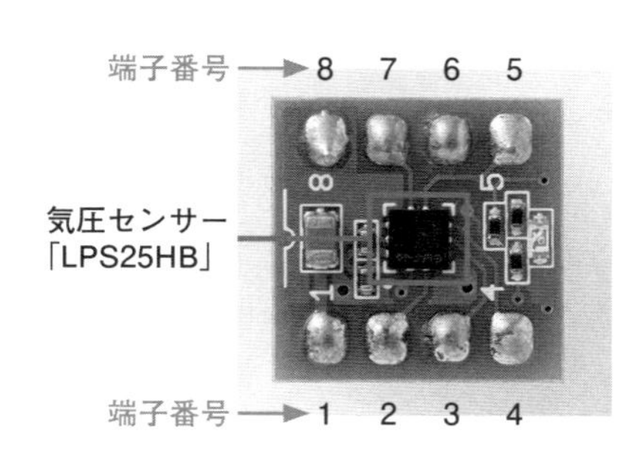

（日経BP撮影）

各端子の用途

端子番号	SPIで通信する場合	I^{2}Cで通信する場合
1	電源	電源
2	CLK	SCL
3	MOSI	SDA
4	MISO	電源に接続
5	CS	I^{2}Cアドレス選択
6	未使用	未使用
7	割り込み	割り込み
8	GND	GND

LPS25HBは、260～1260hPaの範囲の気圧を計測できます。精度は±0.1hPa（25℃の場合）となっています。計測した圧力は、内蔵する24ビットのADコンバーターでデジタル値に変換されます。その値を4096で割ることで気圧を算出できます。ESP32との通信にはI^{2}CまたはSPIが利用可能です。SPIを使う場合は2番端子をCLK、3番端子をMOSI、4番端子をMISO、5番端子をCSに接続します。

次に、LPS25HBとSPIで通信する手順を説明します。通信方法は同センサーのデータシートに記載されています。

LPS25HBのデータシート

LPS25HBのデータシートは「https://www.st.com/resource/en/datasheet/lps25hb.pdf」から入手できます。SPI通信の方法については、p.27に記載されています。

LPS25HBに対してSPIで通信するには、ESP32（マスター側）から送り出すデータの最初の8ビットで、読み出し／書き込み対象となるレジスタのアドレスなどを指定します（**下図**）。レジスタアドレスを指定する部分は第0～第5ビットで、第7ビットは読み出しをするか書き込みをするかを指定するビット（フラグ）です。読み出す場合は「1」、書き込む場合は「0」をセットします。

図　ESP32から送信するデータの先頭8ビットでレジスタアドレスなどを指定する

ビットの位置　7 6 5 4 3 2 1 0

0 0 1 0 0 0 0 0

対象のレジスタアドレス

レジスタを連続して順に読み書きするかを指定する
0：指定したレジスタのみ対象となる
1：対象のレジスタを順に一つずつずらしながらデータを読み書きする

読み出しまたは書き込みのどちらかを指定する
0：対象のレジスタにデータを書き込む
1：対象のレジスタのデータをマイコンへ送る

第6ビットは、連続してレジスタの内容を読み書きするかどうかを指定するビットです。「0」の場合は指定したレジスタのみを対象とし、「1」にすると指定したレジスタから順に読み出しまたは書き込みが実行されます（**下図**）。例えば、6ビット目を1にセットしてレジスタアドレス「0x20」から内容を読み出すように指定した場合、センサーからはレジスタアドレス0x20、0x21、0x22……という具合にそれぞれのレジスタの内容が順に送られてきます。

図　第6ビットで読み出し／書き込みの方法を指定する

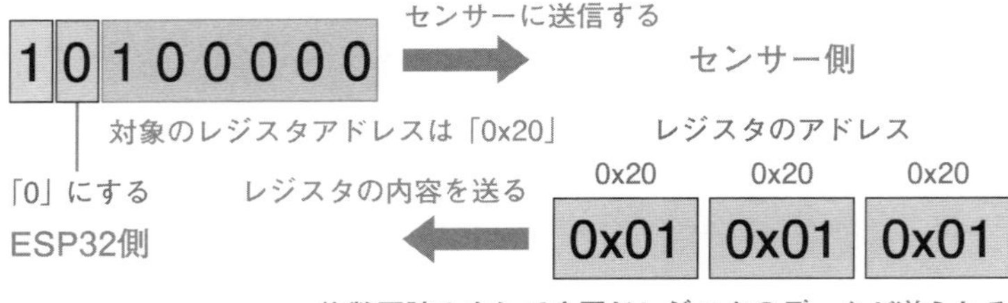

レジスタの内容

アドレス	内容
:	:
0x20	0x01
0x21	0x03
0x22	0x6f
0x23	0xa2
0x24	0x3b
:	:

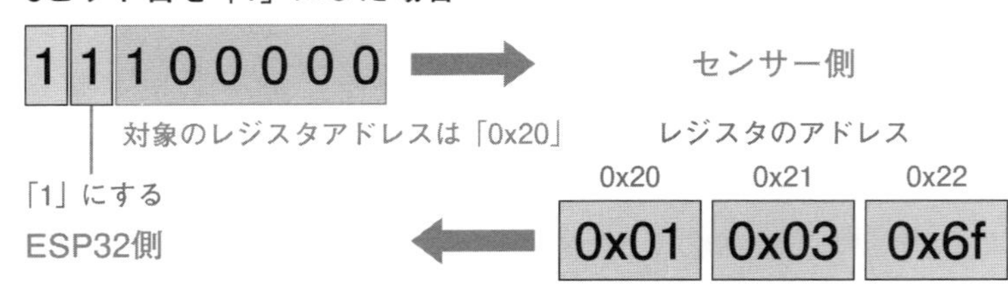

既に説明したように、SPIは送信と受信を同時に実行します。このため、最初にESP32側から対象のレジスタアドレスなどを指定する8ビットのデータを送る際に、LPS25HBからも8ビット分の何かしらのデータが送られてきます（**下図**）。しかし、このデータは計測値や設定情報など意味のあるデータではありません。この次に送られてくるデータ（8ビット単位）からが指定したレジスタの内容です。このため、プログラムでは最初に受信した8ビット分を捨て、次の8ビット分から有効なデータとして扱う必要があります。

図　センサーからのデータが送られてくるタイミング

データを書き込む場合は、対象のレジスタのアドレスを送った次の8ビットに対象のレジスタに渡すデータをつなげて送ります（**下図**）。

図　複数のデータを書き込む

ESP32側

書き込む場合は7ビット目を「0」にする

続けて書き込む値「0x95」を送る

1 0 0 1 0 1 0 1

送信方向

対象のレジスタアドレスは「0x20」

対象のアドレスのみ書き込む場合は「0」にする

センサー側

受け取った値を対象のアドレスに書き込む

レジスタの内容

アドレス	内容
:	:
0x20	0x95
0x21	0x03
0x22	0x6f
0x23	0xa2
0x24	0x3b
:	:

LPS25HBと同じ方法で制御できるセンサーもある

ESP32とSPIデバイス間でデータをやり取りする方法は製品によって異なります。例えば、LPS25HBではデータの読み出し時に、6ビット目で連続読み出しをするかどうかを指定しますが、センサーによっては、常に連続読み出しになるものもあります。LPS25HBと同じ方法でデータのやり取りができるセンサーであれば、本書で説明した方法で制御可能です。

■気圧を取得する

それでは、実際にLPS25HBをESP32に接続して気圧を取得してみましょう。ここでは秋月電子通商がモジュール化した「AE-LPS25HB」を利用します（秋：113460）。ESP32とは**下図**のように接続してください。ここではHSPIを利用します。MOSIは15番端子（GPIO 13）、MISOは13番端子（GPIO 12）、CLKは12番端子（GPIO 14）、CSは23番端子（GPIO 15）に接続します。

図　LPS25HB の接続図

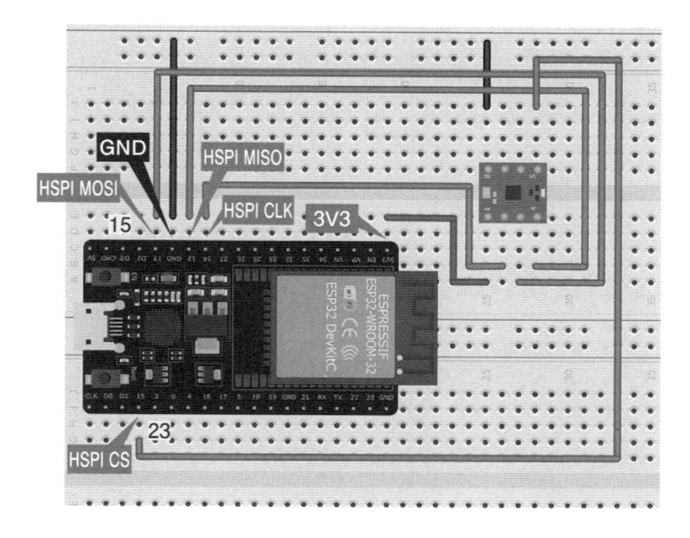

（Fritzingで作成）

計測した気圧を取得するプログラム「spi_press.ino」を以下に示します。

ソース　気圧を読み取るプログラム

spi_press.ino

```
#include <SPI.h> ── SPI関連のクラスを読み込む

const int PIN_MOSI = 13; ── 接続したMOSIのGPIO番号
const int PIN_MISO = 12; ── 接続したMISOのGPIO番号
const int PIN_CLK = 14; ── 接続したCLKのGPIO番号
const int PIN_CS = 15; ── 接続したCSのGPIO番号

SPIClass hspi( HSPI ); ── SPIのインスタンスを用意し、「hspi」という名前で
                          利用できるようにする

void setup() {
    Serial.begin( 115200 );
    pinMode( PIN_CS, OUTPUT ); ── CSはデジタル出力モードにする
    digitalWrite( PIN_CS, HIGH ); ── 通信をしない場合はCSをHighにしておく
                                                SPIを利用できるようにする
    hspi.begin( PIN_CLK, PIN_MISO, PIN_MOSI, PIN_CS); ─┘
    hspi.beginTransaction( SPISettings( 100000, MSBFIRST, SPI_MODE0 ) ); ─┐
                             通信速度 ─┘             SPI通信の設定をする ─┘
    digitalWrite(PIN_CS, LOW); ── CSをLowにしてセンサーと通信できるようにする
    hspi.transfer( 0x00 | 0x20 ); ─────────────────┐
    hspi.transfer( 0x90 ); ── レジスタに書き込む値を指定する │
    digitalWrite(PIN_CS, HIGH); ── 通信が終わったらHighに戻す │
    書き込み対象のレジスタアドレスを指定する。書き込みの場合は7ビット目を0にする
    delay( 100 );
}
```

次ページに続く

```
void loop() {
    digitalWrite(PIN_CS, LOW);
    hspi.transfer( 0x80 | 0x40 | 0x28 );
    uint8_t val_xl = hspi.transfer( 0x00 );
    uint8_t val_l = hspi.transfer( 0x00 );
    uint8_t val_h = hspi.transfer( 0x00 );
    digitalWrite(PIN_CS, HIGH);

    uint32_t value = (uint32_t)val_h << 16 | (uint32_t)val_l << 8 | (uint↩
32_t)val_xl;
    float press = value / 4096.0;
    Serial.print( "Pressure : " );
    Serial.print( press );
    Serial.println( "hPa" );

    delay(1000);
}
```

CSをLowにしてセンサーと通信できるようにする
読み込みを開始するレジスタを指定する。この際7ビット目を1にすることで読み込みモードになる
必要なデータを取り出す
通信が終わったらHighに戻す
取得した値をつなげる
4096で割ると気圧に変換できる
センサーで計測した気圧を表示する

プログラムの要点を説明します。SPIで通信するには、冒頭でSPIライブラリを読み込んでおきます。

SPIClassでSPIのクラスを利用できるようインスタンスを「hspi」という名前で作成しておきます。この際、HSPIチャンネルを使う場合は「HSPI」と指定します。VSPIを利用する場合は「VSPI」にしておきます。

「hspi.begin()」でSPIを利用できるようにします。この際、MOSI/MISO/CLKに接続したGPIO番号も指定しておきます。HSPIを利用する場合には、MOSIが「13」、MISOが「12」、CLKが「14」となります。SPI通信に関する設定は、「hspi.beginTransaction()」で指定します。ここでは100kHzで通信するようにしています。CSはデジタル出力モードに設定し、通信をしていない状態を表す「High」にしておきます。

SPI通信を開始する場合には、「digitalWrite(PIN_CS, LOW)」でCSをLowに切り替えます。SPIの通信では「hspi.transfer()」を使います。送信、受信のどちらも同じ関数で実施できます。送信する場合は、書き込み対象のレジスタを送ります。ここでは「0x20」に書き込むようにしています。なお、送信する最初の8ビットである「(0x00 | 0x20)」は、「0x00」が7、6ビット目の指定で、「0x20」がレジスタアドレスと分けて記載していて、論理和（|）を取っています。次に書き込む値「0x90」を送ります。最後に「digitalWrite(PIN_CS, HIGH)」でCSをHighに戻したら通信が終わりです。

計測データを読み込む場合も手順は同じです。「digitalWrite(PIN_CS, LOW)」でCSをLowに切り替え、SPIの通信では「hspi.transfer()」で対象のレジスタを指定します。LPS25HBでは、24ビット（3バイト）の計測値を「0x28」「0x29」「0x2a」の三つのレジスタ（それぞれ1バイ

ト）に分けて保存しています（**下図**）。この3バイトのデータを読み出します。レジスタの指定には、読み込み対象の始めのアドレス（0x28）を指定します。なお、センサーに送る値は読み出しを表すため7ビット目を1にした「0x80」と、連続してレジスタを読み出すことを表すため6ビット目を1にした「0x40」、レジスタのアドレスの「0x28」の論理和で送信する値を作っています。SPIでは、レジスタの値を読み取るには、ESP32側からデータを送る必要があります。このため、ダミーの値「0x00」を3回送ることで3つのレジスタのデータを取得できます。ここでは、「0x28」を「val_xl」、「0x29」を「val_l」、「0x2a」を「val_h」に格納するようにしています。読み取りが終わったらCSをHighに戻しておきます。

これら取り出した値をつなぎ合わせます。この際、左シフト演算子（<<）を使い、「0x2a」の値は左に16ビット動かし、「0x29」の値は左に8ビット動かしてから「0x28」との論理和（OR）を取ると、24ビットの分割前データとしてつながります。最後にこれを4096で割ることで気圧に変換できます。

図　LPS25HBの計測値が格納されているレジスタ

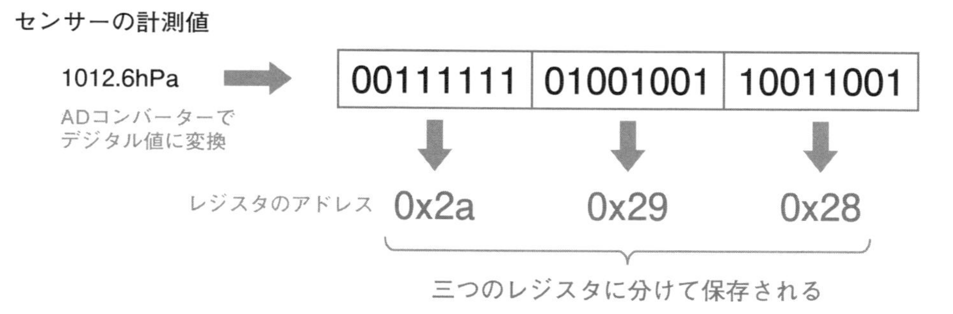

プログラムを実行すると、**下図**のようにシリアルモニタ上に気圧が表示されます。

図　計測した気圧が表示された

27
出力　シリアルモニタ ×
メッセージ（'COM4'のESP32 Dev Moduleにメッセージを送信するにはE
Pressure : 1004.36hPa
Pressure : 1004.40hPa
Pressure : 1004.34hPa
Pressure : 1004.42hPa
Pressure : 1004.39hPa
Pressure : 1004.36hPa
Pressure : 1004.36hPa
気圧が表示された

ESP32でのSPI通信速度の指定方法

SPIの通信速度はI^2Cの場合と同様に、同期用の信号であるCLKの周波数によって決まります。一般に通信速度は1秒間に転送できるビット数（bps）で表しますが、ESP32でSPIの通信速度を指定する場合は、CLKの周波数（Hz）で指定します。SPIでは、CLKの1クロック（High、Lowを1回ずつ切り替えた時間）当たり1ビットのデータを転送できるため、bpsで表した通信速度とおおよそ同じと考えてよいでしょう。

コラム

読み出し／書き込み用の関数を用意する

SPIでは、通信するたびにCSの状態を切り替えたり、読み出したデータの先頭1バイト目は不要なので取り除いたりする処理が必要です。プログラム中の複数箇所でSPI通信をする場合、こうした処理を繰り返し記述するのは非常に面倒です。

読み出しと書き込み用の関数をあらかじめ用意しておけば、そうした煩わしさから解放されます。以下に示すプログラム「spi_press_func.ino」は、p.205の気圧を読み取るプログラム「spi_press.ino」について、SPI通信の読み出し／書き込み処理部分を「spi_read()」「spi_write()」という関数として用意した例です。このように関数を作成しておくことで、読み出す場合は「spi_read()」、書き込む場合は「spi_write()」を記述するだけで済み、CSの切り替えなどの記述が不要となります。なお、ここで用意したspi_write()は、複数レジスタへの連続書き込みには対応していません。

ソース　SPIの読み出し／書き込みを関数化したプログラム

spi_press_func.ino

```
#include <SPI.h>

const int PIN_MOSI = 13;
const int PIN_MISO = 12;
const int PIN_CLK = 14;
const int PIN_CS = 15;

SPIClass hspi(HSPI);
```

次ページに続く

```
void setup() {
    Serial.begin(115200);
    pinMode( PIN_CS, OUTPUT );
    digitalWrite( PIN_CS, HIGH );

    hspi.begin( PIN_CLK, PIN_MISO, PIN_MOSI, PIN_CS);
    hspi.beginTransaction( SPISettings( 100000, MSBFIRST, SPI_MOD⤶
E0 ) );

    spi_write( 0x20, 0x90 );
    delay( 100 );
}

void loop() {
    uint8_t spidata[ 3 ];
    spi_read( 0x28, 3, spidata);
    uint32_t value = (uint32_t)spidata[2] << 16 | (uint32_t)spida⤶
ta[1] << 8 | (uint32_t)spidata[0];
    float press = value / 4096.0;
    Serial.print( "Pressure : " );
    Serial.print( press );
    Serial.println( "hPa" );

    delay(1000);
}

void spi_read( uint8_t reg, int nb, uint8_t* value ){
    digitalWrite(PIN_CS, LOW);
    hspi.transfer( 0x80 | 0x40 | reg );
    int i =0;
    while( i < nb ){
        value[i] = hspi.transfer( 0x00 );
        i++;
    }
    digitalWrite(PIN_CS, HIGH);
}

void spi_write( uint8_t reg, uint8_t value ){
    digitalWrite(PIN_CS, LOW);
    hspi.transfer( 0x00 | reg );
    hspi.transfer( value );
    digitalWrite(PIN_CS, HIGH);
}
```

書き込む場合はspi_write()を記述する

書き込む値

対象のレジスタアドレス

対象のレジスタアドレス

取得した値を格納する配列

読み込む場合はspi_read()を記述する

読み込むバイト数

読み込み用の関数

書き込み用の関数

5-7 現在地を知る

現在地を知るために広く使われている技術としてGPSに代表される「GNSS（全球測位衛星システム）」があります。GNSSモジュールは、地球の周囲を回っている衛星から電波を受け、これを基に現在位置を算出します。多くのGNSSモジュールが採用している通信方式が「UART」です。UARTは送信と受信の2本の信号線で通信する方式です。

GNSS（Global Navigation Satellite System、全球測位衛星システム）は、地球上における現在の位置（現在地）を知るために利用できるシステムです。米国が運用するGPSがその代表例です。

地球の周囲を複数基回っている人工衛星である「GNSS衛星」と、GNSS衛星が常に送信している電波を受信する装置である「GNSSモジュール（レシーバー）」で構成します。GNSSモジュールは、GNSSからの電波を受信することにより、現在地の緯度、経度、標高などの位置情報を取得でき、それ以外に現在時刻や移動方角、移動速度といった情報も得られます。

ここでは、GNSSモジュールを利用して現在地の座標を取得してみます。多くのGNSSモジュールが採用している通信方式が「UART」です。そこで、まず最初にUARTの仕組みや利用方法を紹介したあと、GNSSの原理やGNSSモジュールの概要、位置情報をESP32で取得する方法などについて順に説明します。

1対1で通信する「UART」

UART（Universal Asynchronous Receiver Transmitter）は、非同期（調歩同期とも呼びます）のシリアル通信方式です。マイコンとセンサーの間だけでなく、マイコン同士の通信にもよく利用されます。

UARTは、複数の信号線で並列にデータを送信する「パラレル転送」と1本の信号線でデータを送る「シリアル転送」とを相互に変換する仕組みや機能のことを指します（**下図**）。以前はUARTといえばこの変換を処理するICなどのデバイスを指していましたが、現在では、マイコンがUARTの機能を内蔵していたり、プログラムでUARTと同等な通信機能を実現していたりします。このため現在ではシリアル通信の一方式としてUARTという言葉が使われています。

なお、デバイス間でデータをやり取りするには、1本の信号線で送受信を片方向ずつ実施するする「半2重方式」と送信と受信それぞれに異なる信号線を用意して同時に送受信可能にする「全2重方式」の2種類があります。通信対象のデバイスごとにどちらで通信するかを選択します。ここで利用するGNSSモジュールは、全2重方式で通信します。

図　パラレル転送とシリアル転送を相互変換する「UART」
図はパラレル転送からシリアル転送に変換する場合。逆にシリアル転送からパラレル転送にも変換できる。

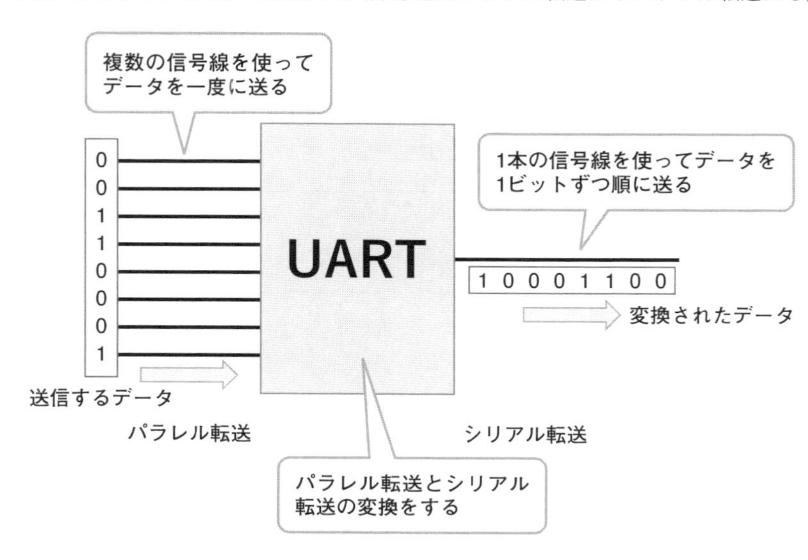

UARTの主な特徴は以下の通りです。

◉1対1で通信する
◉同期用の信号線は使わない
◉半2重通信は1本、全2重通信は2本の信号線を使ってデータを送受信する
◉一般に9600bpsや115200bps程度の速度で通信する

■送信用と受信用の信号線がある

UARTを搭載するESP32などのマイコンやセンサーなどには、データ送信用に「TxD (Transmit eXchange Data)」、受信用に「RxD (Received eXchange Data)」という二つの端子が用意されています。接続する際は、**下図**のようにマイコン側の「TxD」端子を通信対象となるデバイス側の「RxD」端子に接続します。逆に、マイコンの「RxD」端子は通信対象の「TxD」につなぎます。TxD同士、RxD同士を接続しても通信できないので注意してください。

このほか、センサーなどのデバイスに給電するために、3.3Vや5Vなどの電源（＋側）とGNDの2本を配線します。

図　UARTの接続方法

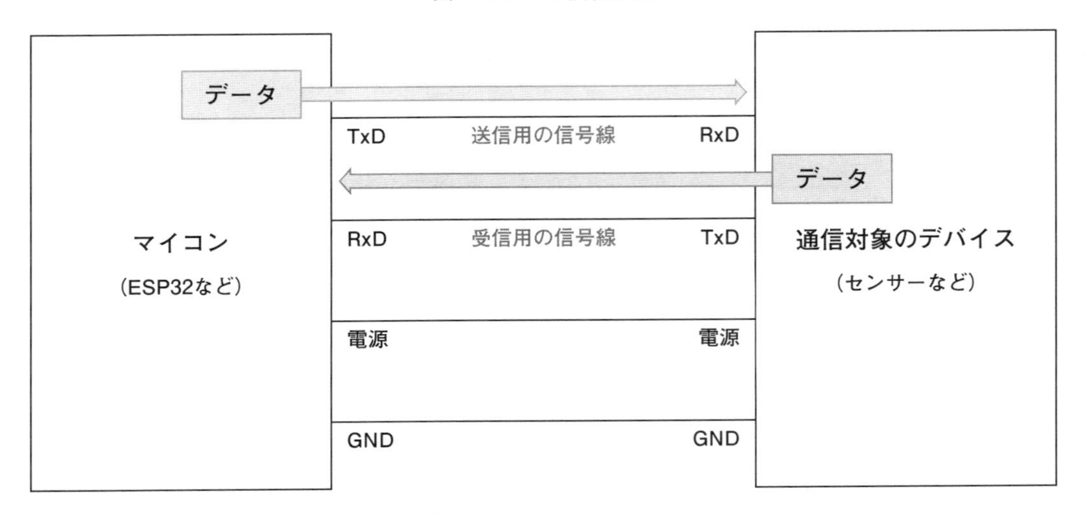

UARTは1対1で通信する方式で、I^2CやSPIのように信号線を分岐させて複数のデバイスを接続することはできません。

マイコン同士でも通信できる

上の図では、マイコンと、センサーなどのデバイスとの間の通信を想定していますが、マイコン同士を接続してUARTで通信することも可能です。例えば、Raspberry PiとESP32をUARTで接続して、Raspberry PiからESP32をUART経由で制御するといった使い方も可能です。

■通信の開始と終了の合図を送る

5-5と5-6で説明したI^2CとSPIでは、同期信号を使って受信側がデータを読み取るタイミングを指示します（これを「同期式シリアル通信」と呼びます）。一方、UARTには同期信号を送る信号線がありません。

UARTでは代わりに、データ送信の開始と終了の合図を決めておき、その間にデータを送信します。開始の合図を「スタートビット」、終了の合図を「ストップビット」と呼びます。

下図は、スタートビットがLow、ストップビットがHighで、1回に送るデータが8ビットの例です。通信をしていない間は信号線をずっとHighの状態にしておき、通信を開始する際にスタートビット（Low）を送ります。その後、8ビットのデータを送り、ストップビット（High）を送って通信を終了します。そして、次の通信を開始するまで再びHighの状態を保ちます。

図　同期信号を合わせるため「スタートビット」を利用する

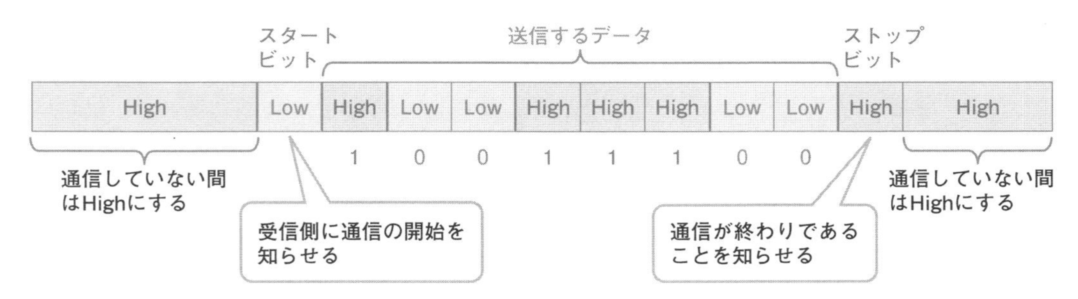

データの通信速度は、送信側と受信側であらかじめ同じに設定しておきます。UART対応のデバイスの通信速度が9600bpsなら、ESP32も同じ9600bpsに設定しておく必要があります[*6]。受信側は、スタートビットを受け取ったあと、事前決めた通信速度でデータを読み取ります。

■ESP32とデバイスをUARTで接続する

ESP32でUARTを使うには、**下図**に示す端子を利用します。

図　UARTに利用できるESP32の端子

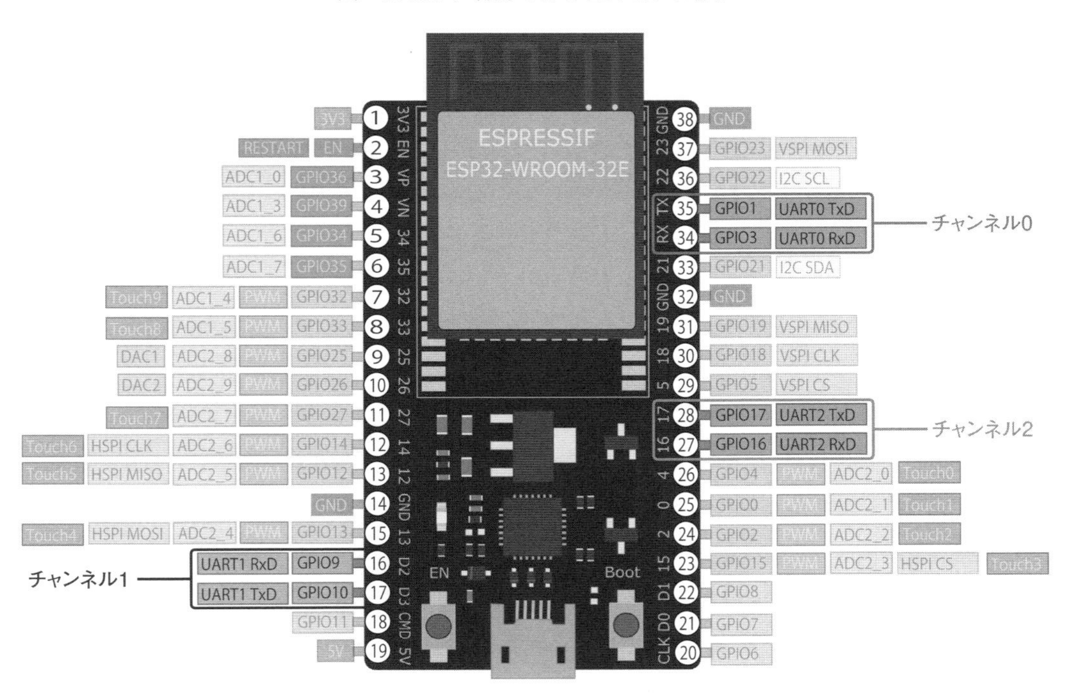

[*6] 一般に、UARTで利用される通信速度は1200bps、2400bps、9600bps、19200bps、115200bpsといった値になります。ただし、マイコンと通信対象のデバイスの双方が対応していれば、さらに高速の通信も実現可能です。

ESP32の「TxD」端子を接続するデバイスの「RxD」端子に、「RxD」端子を「TxD」端子にそれぞれ接続します。ただし、デバイスが送信するデータをESP32で一方的に受け取るだけならば、ESP32のRxD端子にデバイスのTxD端子を接続するだけで構いません。必要な配線は利用するデバイスごとに異なります。データシートなどで確認してください。

UARTは1対1で通信するため、I^2CやSPIのように分岐して複数のデバイスに接続することはできません。ただしESP32には複数のチャンネルのUARTが用意されているので、各チャンネルにデバイスを接続することで同時に通信できます。

ESP32のUARTは、3系統用意されています。チャンネルには「0」「1」「2」という番号が付けられています。図に示したESP32の端子名称の「UART」の後に続く番号がチャンネル番号です。例えば、チャンネル2を使いたいなら「UART2」と記載された端子から選択します。

ESP32は、UARTが3系統用意されていますが、すべてが使えるわけではありません。UART1（TX：GPIO 10、RX：GPIO 9）はフラッシュメモリーが接続されているため、UARTで使うことはできません。また、UART0（TX：GPIO 1、RX：GPIO 3）はUSBでPCを接続してプログラムの転送やシリアルモニタに表示するためのデータを転送するのに利用します。このため、UART0を他の電子パーツで利用したい場合は、プログラム転送の際には電子パーツを取り外しておくなどの配慮が必要となります。UART2（TX：GPIO 17、RX：GPIO 16）については特段制限がないので、通常はUART2を利用するようにしましょう。

GNSSで現在地の座標を調べる

ここからはGNSSの原理や利用方法などを見ていきます。まずは原理からです。

地球の周りにはたくさんの種類の人工衛星が回っています。その中の一つであるGNSS衛星からは、所定のデータが電波で送出されています。この電波を受けることで現在の位置情報や時刻、移動している方角や速度などが分かります。

GNSSで現在位置を知るためには、3基以上のGNSS衛星から電波を受信する必要があります。それぞれの衛星からは、電波を送出した時刻や衛星自体の位置情報などを送っています。これを地上のGNSSモジュールで受信します。衛星から電波を送信した時刻とGNSSモジュールが受信した時刻が分かれば、その差から電波が届くまでにかかった時間が分かります。この時間に電波の速度（光速：約30万km/秒）を掛けることで、衛星からGNSSモジュールまでの距離が求まります。

この方法で3基の衛星から受けた電波からそれぞれの距離を算出します。すると、**下図**のような各衛星を中心とし、算出した距離を半径とする球が三つ描けます。この三つの球が交わった場所がGNSSモジュールの位置、すなわち現在地の座標となります。

図　GNSS衛星からの電波を使って現在地の座標を求める

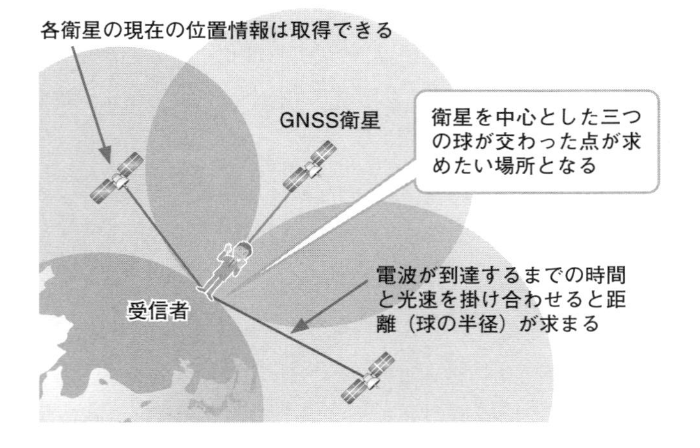

このような仕組みなので、GNSSは扱う時刻が正確でなければ正しい距離を求められません。このため、GNSS衛星は非常に正確な原子時計を搭載しています。同様に、受信に利用するGNSSモジュールについても正確な時刻情報を持つことが求められます。しかし、原子時計は大きく高価であり、GNSSモジュールに搭載するのは非現実的です。そこで、多くのGNSSモジュールでは一般の時計で利用されている水晶発振器（クォーツ）を使った時計を搭載し、発生する誤差については別途上記3基以外からの電波も受信することにより修正する方法を採用しています。このため、GNSSの利用に当たっては通常4基以上のGNSS衛星からの電波を同時に受信できる必要があります。

GNSSはいくつかの国が運用しています。地球規模で運用されているのは、米国の「GPS」、ロシアの「GLONASS」、欧州の「Galileo」、中国の「北斗（BeiDou）」の四つです。このほか、日本が運用している「準天頂衛星システム（QZSS：みちびき）」のように、特定の地域のみで利用可能なシステムもあります。Globalという言葉の意味からは少々離れる感じですが、一般にはこちらもGNSSに含まれます。

GPSは、約30基の衛星からなる巨大なシステムです。一方、みちびきは4基の衛星からなる小規模なシステムです（※2026年中には7基体制で運用する予定となっています）。しかし、数基しかなくても上空から日本をカバーするには十分です。

GPSだけだと高層ビルの多い町中などでは電波を受信できる衛星の数が少なくなり、安定した精度が得られません。そこで、準天頂衛星システムでは、日本上空になるべく長くとどまる軌道を描くように衛星を配置することで、安定した電波の受信とcm単位での高精度な位置情報の測定（測位）を実現しています。

■算出した結果を出力する

GNSS衛星から受信した電波やデータに基づき計算した結果から、現在地の緯度、経度、標高が求まります。前述したように、このとき時計のずれも補正することから、正確な時刻も分かります。さらに、短時間で複数回計測することにより、GNSSモジュールが移動している方角や速度なども算出できます。

これらの結果は、「NMEA 0183」という標準的な通信規格に合わせたメッセージフォーマット（NMEAフォーマット）でESP32などに送られます。NMEAは「National Marine Electronics Association（米国海洋電子機器協会）」の略です。

NMEAフォーマットは**下図**に示すような形式となっています。先頭の「$」から始まる文字列は、このメッセージにどのような内容が記載されているかを表しています。「$GNGGA」であれば、経度、緯度、標高といった位置情報を、「$GNRMC」であれば日時情報、経度、緯度、移動速度など、「$GNVTG」であれば移動速度や移動方向などの情報という具合です。

そのあとは、カンマで区切りながらそれぞれの項目に対応したデータが記載されています。例えば$GNGGAの場合なら、図で示したように第2項目に現在の時刻、第3項目に緯度、第5項目に経度、第10項目に海抜が記載されています。ここから必要な情報を抜き出して、プログラムで利用します。

図　NMEAフォーマット

$GNGGA,063339.000,3539.8444,N,13944.6175,E,1,10,0.90,15.9,M,33.1,M,,*56

現在の時刻　緯度　経度　海抜

項目名	主なデータ
$GNRMC	緯度、経度、日時情報のほか、速度やステータスなど
$GNGGA	緯度、経度、時刻情報のほか、標高、衛星の数、品質など
$GNGSA	受信した衛星の番号や位置の精度など
$GNGSV	各衛星の詳細情報
$GNVTG	移動時の向きや速度など

NMEAフォーマットの出力内容の調べ方

GNSSモジュールが出力するNMEAフォーマットのメッセージ内容は、利用するGNSSモジュールのマニュアルや、海洋観測機器の輸入販売を手掛けるエス・イー・エイのWebサイト（https://www.seanet.co.jp/tech/tech_1.html）などで確認できます。

■GNSSモジュールで位置情報や時刻を取得する

中国Waveshare Electronics社（以下、Waveshare社）のGNSSモジュール「L76X GPS Module」（ス：8729）を利用して、現在地や日時を表示させてみましょう（**下図**）。基板上の金属のカバーの中に、GNSS受信用チップ「L76X」が収められています。基板上には電池が取り付けられており、電源を切っても日時の情報を保持し続けられます。

L76X GPS Moduleは、GPS、北斗（Beidou）、みちびき（QZSS）の3システムに対応しています。測位精度（誤差）は2m程度です。測位結果はUARTを介してNMEAフォーマットで送出されます。通信速度は初期状態では9600bpsですが、4800～115200bpsの範囲で変更可能です。動作に必要な電源は2.7～5Vとなっており、ESP32から給電する際は3V3に接続します。

図　GNSSモジュールの外観

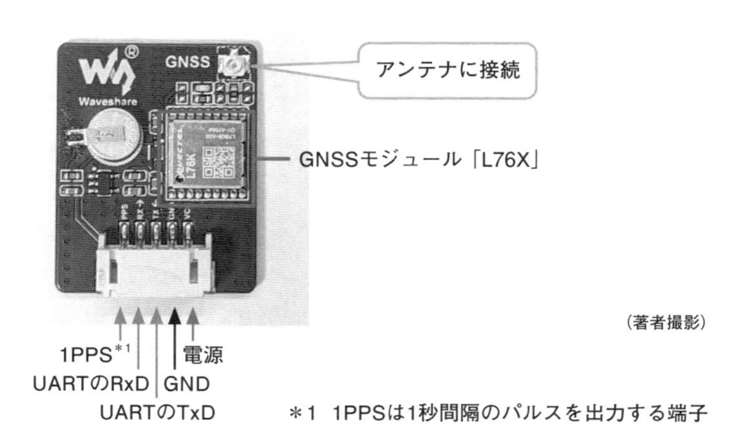

付属のアンテナを基板上のアンテナコネクタに差し込みます。このコネクタはかなり小さくショートしやすいため、取り付ける際は必ず電源から切り離した状態で作業しましょう。

ESP32でL76X GPS Moduleから出力されたデータを読み取ってみましょう。ESP32とL76X

GPS Moduleは**下図**のように接続します。ここではUARTのチャンネル2を使います。TxDはGPIO 17（28番端子）、RxDはGPIO 16（27番端子）を使っています。

L76X GPS Moduleに付属のケーブルは、メス型（ピンソケット）の形状になっています。このため、ブレッドボードを使わずESP32のGPIO端子に直接接続します。5本のケーブルを備えていますが、ESP32に接続するケーブルは合計4本で、紫色のケーブルは利用しないため、どこにも接続しない状態で構いません。

図　GNSSモジュールの接続図

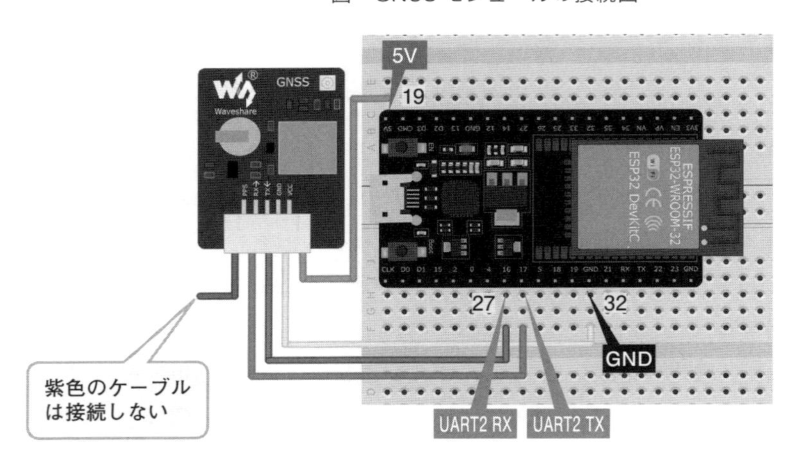

（Fritzingで作成）

別のGNSSモジュールを利用する

GNSSモジュールの多くは、標準的なNMEA 0183形式でメッセージを出力します。このため、本書で紹介しているGNSSモジュール以外でも、NMEA 0183形式での出力をサポートしていれば基本的に同じように利用できます。ただし、電源電圧が異なる場合があるので、接続する際には注意が必要です。

なお、他のGNSS1モジュールでは緯度、経度の情報を「$GPGGA」項目に記載されていることがあります。この場合は、本書で解説したプログラムの「$GNGGA」を「$GPGGA」に変更する事で緯度、経度を読み取れるようになります。

配線し終えたらL76X GPS Moduleからの出力を表示してみましょう。作成したプログラム「gnss-nmea.ino」の内容を以下に示します。

ソース　GNSSモジュールからの出力を表示するプログラム

gnss-nmea.ino

```
HardwareSerial Serialgps(2); ── HartwareSerialクラスを利用し、「Serialgps」という名前で使えるようにする

const int TX_PIN = 17; ── 接続したTxDのGPIO番号
const int RX_PIN = 16; ── 接続したRxDのGPIO番号

void setup() {
  Serial.begin(115200);
  Serialgps.begin(9600, SERIAL_8N1, RX_PIN, TX_PIN); ── UARTを利用できるようにする
}                      （9600：通信速度）

void loop() {
  if (Serialgps.available()) { ── 受信用のFIFOにデータがあるか確認する
    int data = Serialgps.read(); ── FIFOにデータがある場合は1バイト（1文字）取り出す
    Serial.write( data ); ── 受け取った1バイトをシリアルモニタに表示する
  }
}
```

プログラムの要点を説明します。HardwareSerialクラスを利用して、UART通信をするインスタンス名とチャンネルを指定しておきます。ここでは、インスタンス名を「Serialgps」という名前にし、チャンネル2を利用するように指定しています。また、「TX_PIN」と「RX_PIN」変数にTXとRXのGPIOの番号を格納しておきます。

「setup()」関数では、GNSSを接続したUARTを利用できるようにします。「Serialgps.begin()」に通信速度、UARTの通信方式、RXとTXのGPIO番号を純に指定します。LX76X GPS Moduleは、初期状態で9600bpsで通信するようになっているので、通信速度は9600を指定します。通信方式は「SERIAL_8N1」（8ビット、パリティ無し、ストップビット）を指定します。また、GNSSから取得した結果を表示するため、「Serial.begin()」でPCとシリアル通信できるようにしておきます。

UARTでは、GNSSモジュールなどから送られてきたデータを受信したら、一時的にFIFOと呼ばれるメモリーに格納します。FIFOとは「First In First Out」の略です。FIFOからデータを読み出す際には、最も古いデータから順に読み出します（**下図**）。例えば、GNSSモジュールから「$GNGGA」の文字列を送った場合、FIFOには「$」「G」「P」「G」「G」「A」の順に保存されます。プログラムからFIFOに記録されたデータを読み出す場合は、最も古いデータである「$」から順に読み出す形になります。

ESP32では、UART用のFIFOとして、受信用FIFOと送信用FIFOがそれぞれ用意されています。

図　UARTで受信したデータを一時的に記憶しておくFIFO

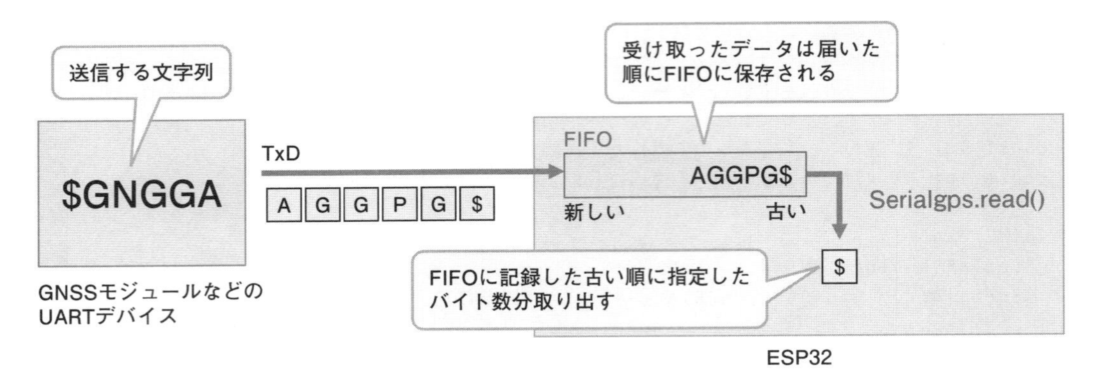

「Serialgps.read()」で、FIFOから1バイト分のデータを呼び出せます。取得した文字は、シリアル通信を介して、PCに転送するようにします。こうすることで、GNSSモジュールから送られてきた文字列を、PCで確認できるようになります。

プログラムを実行すると、**下図**のようにL76X GPS Moduleから取得した文字列がArduino IDEのシリアルモニタに表示されます。

図　L76X GPS Moduleから取得したデータを表示できた

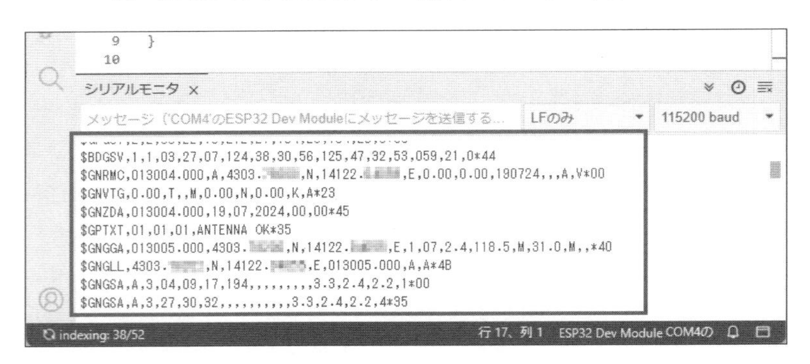

■現在地の緯度、経度を表示する

次に、L76X GPS Moduleから緯度、経度の情報を抜き出してみましょう。作成したプログラム「gnss.ino」の内容を以下に示します。

ソース　現在地の緯度、経度を表示するプログラム

gnss.ino

```
HardwareSerial Serialgps(2);

const int TX_PIN = 17;
const int RX_PIN = 16;

const int BUFFER_SIZE = 100;

char nmeaBuffer[ BUFFER_SIZE ];
int bufferIndex = 0;

void setup() {
  Serial.begin( 115200 );
  Serialgps.begin( 9600, SERIAL_8N1, RX_PIN, TX_PIN );
}

void loop() {
  while ( Serialgps.available() ) {
    char c = Serialgps.read();

    if ( bufferIndex < BUFFER_SIZE - 1 ) {
      nmeaBuffer[ bufferIndex++ ] = c;
    }

    if (c == '\n') {
      nmeaBuffer[ bufferIndex ] = '\0';
      parseNMEA( nmeaBuffer );
      bufferIndex = 0;
    }
  }
}

void parseNMEA( char *nmea ) {
  if ( strncmp( nmea, "$GNGGA", 6 ) == 0) {
    char *gps_data = strtok( nmea, "," );
    int index = 0;
    float latitude = 0.0, longitude = 0.0;
    char latHemisphere = 'N', lonHemisphere = 'E';

    while ( gps_data != NULL ) {
      if ( index == 2 ) {
        latitude = atof( gps_data );
      } else if ( index == 3 ) {
        latHemisphere = gps_data[ 0 ];
      } else if ( index == 4 ) {
        longitude = atof( gps_data );
      } else if ( index == 5 ) {
        lonHemisphere = gps_data[ 0 ];
```

GNSSから取得した文字列を格納しておく変数

①FIFOから一文字取り出す

②取り出した一文字を「nmeaBuffer」に追加する

③改行(\n)が現れたかを確認する

④緯度、経度を取得する関数「parseNMEA()」を呼び出す

緯度、経度を取得して表示する関数

⑤行頭が「$GNGGA」であるかを確かめる

⑥対象の1行をカンマで区切り、初めの値を読み取れるようにする

⑧現在対象の項目を記録しておく変数

⑨3番目の値(緯度)を取り出す

⑪4番目の値(北緯、南緯)を取り出す

⑩5番目の値(経度)を取り出す

⑫6番目の値(東経、西経)を取り出す

次ページに続く

```
      }
      gps_data = strtok( NULL, "," );   ―― ⑦カンマで区切った次の値まで読み取れるようにする
      index++;
    }
              ⑭convertToDegress()関数を呼び出し、緯度をDEG形式に変関数r
    float latDegrees = convertToDegrees( latitude );
    if ( latHemisphere == 'S' ){
      latDegrees = -latDegrees;          ―― ⑯南緯の場合は負の値に変換する
    }
              ⑮convertToDegress()関数を呼び出し、経度をDEG形式に変関数r
    float lonDegrees = convertToDegrees( longitude );
    if ( lonHemisphere == 'W' ){
      lonDegrees = -lonDegrees;          ―― ⑰西経の場合は負の値に変換する
    }

    Serial.print( "Latitude: " );
    Serial.print( latDegrees, 6 );
    Serial.print( "  Longitude: " );     ―― 緯度と経度を表示する
    Serial.println( lonDegrees, 6 );
  }
}

float convertToDegrees( float nmeaCoord ) {
  float degrees = (int)( nmeaCoord / 100 );
  float minutes = nmeaCoord - ( degrees * 100 );   ―― ⑬DMM表記からDEG形式に変換する関数
  return degrees + ( minutes / 60 );
}
```

このプログラムでは、L76X GPS Moduleから送られてくるNMEAフォーマットのデータについて、FIFOから1文字ずつ読み取ります（①）。しかし、NMEAは、改行するまでの1行が一つの情報として送られます。そこで、改行記号「\n」が現れるまで、文字を取り出し、一つの変数に格納するようにします。プログラムでは、FIFOから取り出した文字列を「nmeaBuffer」という配列に追記してゆきます（②）。これを改行コードが現れるまで続けます（③）。改行コードが現れたら「parseNMEA()」という関数を呼び出し、緯度・経度を取り出すようにしています（④）。

「parseNMEA()」関数の内容みていきましょう。最初に、緯度・経度情報が記録されている「$GNGGA」であるかを確認します（⑤）。「$GNGGA」は、**下図**のようにカンマをくり義理として各項目が列挙されています。1番目は「$GNGGA」、2番目は現在の時刻、3番目には緯度、4番目には北緯（N）か南緯（S）のようにデータが記載されます。カンマで切り分けてそれぞれの値を取得するには「strtok(nmea, ",")」を使います（⑥）。すると、初めの値が読み取れます。次の項目を利用したい場合は、「strtok(NULL, ",")」を実行します（⑦）。すると、次に現れるカンマの後の項目が読み取れるようになります。このように順に項目を進めながら必要な項

目の値を取得します。なお、現在どこの項目を対象にしているかを判断できるよう「index」変数を用意しています（⑧）。なお、1番目の項目は「index」を0、2番目の項目は1、3番目は2と数えます。

図　取得したGNSSのデータを切り分ける

今回は、緯度と経度を取得するので、3番目の「緯度」、5番目の「経度」を読み取ります（⑨⑩）。取得した値は文字列であるため、「atof()」関数で数値に変換しておきます。また、4番目、6番目の項目を読み取っておき、北緯か南緯、東経か西経が分かるようにしておきます（⑪⑫）。

L76X GPS Moduleから取得した緯度と経度は、下図に示すように度（Degree）と分（Minute）の二つの数値で表現する「DMM形式」になっています。度と分の関係は、1度が60分です。取得した値は、35度39.8444分であれば「3539.8444」という具合に度と分がつながった状態になっています。

一方、Googleマップなどでは緯度、経度の表記に「DEG形式」を採用しています。DEG形式は一般に角度を表すときに利用する形式で、DMM形式のように度と分に分けて記述しません。このため、L76X GPS Moduleから取得した緯度と経度をそのまま使ってGoogleマップで検索しても、正しい場所は表示されません。

そこで、このプログラムではDMM形式からDEG形式に変換する関数「convertToDegrees()」を用意しています（⑬）。取得したDMM形式の緯度と経度を関数に渡すとDEG形式に変換された値を取得できます（⑭⑮）。なお、南緯、西経の場合は、負の数に変換します（⑯⑰）。

図　DMM形式の緯度・経度表記とDEG形式への変換式

GNSSの緯度、経度の形式（DMM形式）

35 | 39.8444
度 | 分

DEG形式に変換

度 ＋ 分 ÷ 60 ＝ 35 ＋ 39.8444 ÷ 60 ＝ 35.664074

Googleマップで緯度と経度を使って位置を表示する

Googleマップでは検索ボックスにDEG形式で「緯度 経度」と入力することで地図上に場所が示されます。

ESP32で作成したプログラムを実行すると、**下図**のように「Latitude:」に緯度、「Longitude:」に経度が表示されます。

図　現在地の緯度と経度が表示された

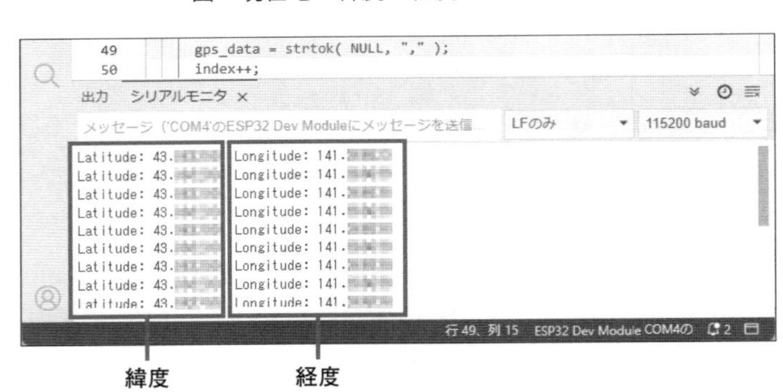

■現在の日時を表示する

L76X GPS Moduleからは正確な日時も取得できます。プログラムで正確な時刻情報を必要とする際に利用できます。

日時を取得するプログラム「gnss-time.ino」の内容を以下に示します。

ソース　GNSSで取得した現在時刻を表示するプログラム

gnss-time.ino

```
const int TIMEZONE = 9; ── ③表示したい地域のタイムゾーンを指定する(日本は+9)

HardwareSerial Serialgps(2);

const int TX_PIN = 17;
const int RX_PIN = 16;

const int BUFFER_SIZE = 100;
char nmeaBuffer[BUFFER_SIZE];
int bufferIndex = 0;
```

次ページに続く

```
void setup() {
  Serial.begin(115200);
  Serialgps.begin(9600, SERIAL_8N1, RX_PIN, TX_PIN);
}

void loop() {
  while (Serialgps.available()) {
    char c = Serialgps.read();

    if (bufferIndex < BUFFER_SIZE - 1) {
      nmeaBuffer[bufferIndex++] = c;
    }

    if (c == '\n') {
      nmeaBuffer[bufferIndex] = '\0';
      parseNMEA(nmeaBuffer);
      bufferIndex = 0;
    }
  }
}

void parseNMEA(char *nmea) {
  if (strncmp(nmea, "$GNRMC", 6) == 0) {
    char *gps_data = strtok(nmea, ",");
    int index = 0;
    int utcHour = 0, utcMinute = 0, utcSecond = 0;
    int utcDay = 0, utcMonth = 0, utcYear = 0;

    while (gps_data != NULL) {
      if (index == 1) {
        char timeStr[7];
        strncpy(timeStr, gps_data, 6);
        timeStr[6] = '\0';
        utcHour = (timeStr[0] - '0') * 10 + (timeStr[1] - '0');
        utcMinute = (timeStr[2] - '0') * 10 + (timeStr[3] - '0');
        utcSecond = (timeStr[4] - '0') * 10 + (timeStr[5] - '0');
      } else if (index == 9) {
        char dateStr[7];
        strncpy(dateStr, gps_data, 6);
        dateStr[6] = '\0';
        utcDay = (dateStr[0] - '0') * 10 + (dateStr[1] - '0');
        utcMonth = (dateStr[2] - '0') * 10 + (dateStr[3] - '0');
        utcYear = 2000 + (dateStr[4] - '0') * 10 + (dateStr[5] - '0');
      }
      gps_data = strtok(NULL, ",");
      index++;
    }

    int localHour, localMinute, localSecond, localDay, localMonth, localY↵
ear;
```

GNSSモジュールから送られてきたデータを1行分取得する

$GNRMC項目であるか確認する

②時間のデータから時、分、日秒を分ける

①日付のデータから年、月、日を分ける

次ページに続く

```
    convertToLocalTime(utcHour, utcMinute, utcSecond, utcDay, utcMonth, ut⮐
cYear,
                       localHour, localMinute, localSecond, localDay, loca⮐
lMonth, localYear);

    Serial.print(localYear);
    Serial.print('/');
    Serial.print(localMonth);
    Serial.print('/');
    Serial.print(localDay);
    Serial.print(' ');
    Serial.print(localHour);
    Serial.print(':');
    Serial.print(localMinute);
    Serial.print(':');
    Serial.println(localSecond);
  }
}

void convertToLocalTime(int utcHour, int utcMinute, int utcSec⮐
ond, int utcDay, int utcMonth, int utcYear,
                        int &localHour, int &localMinute, int ⮐
&localSecond, int &localDay, int &localMonth, int &localYear) {
    localHour = utcHour + TIMEZONE;
    localMinute = utcMinute;
    localSecond = utcSecond;
    localDay = utcDay;
    localMonth = utcMonth;
    localYear = utcYear;

    if (localHour >= 24) {
      localHour -= 24;
      localDay++;
      if (localDay > daysInMonth(localMonth, localYear)) {
        localDay = 1;
        localMonth++;
        if (localMonth > 12) {
          localMonth = 1;
          localYear++;
        }
      }
    } else if (localHour < 0) {
      localHour += 24;
      localDay--;
      if (localDay < 1) {
        localMonth--;
        if (localMonth < 1) {
          localMonth = 12;
          localYear--;
        }
```

取得した日時をシリアルモニタに表示する

④UTCからタイムゾーンに合った日時に変換する関数

次ページに続く

```
        localDay = daysInMonth(localMonth, localYear);
      }
    }
}

int daysInMonth(int month, int year) {
  if (month == 2) {
    if (year % 4 == 0 && (year % 100 != 0 || year % 400 == 0)) {
      return 29;
    } else {
      return 28;
    }
  } else if (month == 4 || month == 6 || month == 9 || month == 11) {
    return 30;
  } else {
    return 31;
  }
}
```

月ごとの日付の変換

前述した二つのプログラムと同様に、L76X GPS Moduleから取得したNMEAフォーマットのデータのうち、「$GNRMC」から始まる行を取り出します。日時情報は、10番目の項目に日付、2番目の項目に時刻が記載されています。strtok(nmea, ",")でカンマで区切りながら対象の項目を取得します。

日付は「日月年（下2桁）」が列挙されています（**下図**）。例えば、2024年7月24日ならば「190724」となります。同様に、時刻は「時分秒」となっています。8時52分32秒であれば「084435.000」となります。なお、秒は小数点以下も記述されますが、L76X GPS Moduleでは小数点以下は常に0となっています。

図　日付と時刻のデータの形式

日付の情報

日　月　年（下2桁）

190724

時間の情報

時　分　秒　秒（小数点以下）

084435.000

この二つの値（文字列）から年、月、日、時、分、秒を取り出します（①②）。取り出すには「strncpy()」で対象の文字列を配列「dateStr」または「timeStr」に格納します。日付の場合は、1文字目と2文字目を取り出して、1文字目に10を掛け、2文字目と足し合わせることで数値にすることができます。同様に、月、日、時、分、秒についても取り出して数値として変数に記録します。

なお、L76X GPS ModuleなどGNSSモジュールから出力される日時は、協定世界時（UTC）となっています。このため､UTCを日本時間など利用している場所の時間に変換する必要があります。そこで､「TIMEZONE」変数に協定世界時からどの程度ずれているかを指定します（③)。

取得した日時は、convertToLocalTime()関数で指定したタイムゾーンの日時に変換することが可能です（④)。

プログラムを実行すると、現在の日時がシリアルモニタに表示されます（**下図**)。

図　現在の日時が表示された

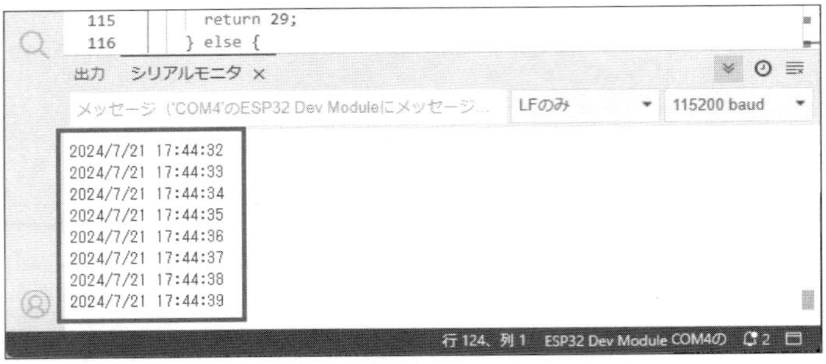

```
115        return 29;
116      } else {
出力　シリアルモニタ ×
メッセージ（'COM4'のESP32 Dev Moduleにメッセージ...　LFのみ　115200 baud
2024/7/21 17:44:32
2024/7/21 17:44:33
2024/7/21 17:44:34
2024/7/21 17:44:35
2024/7/21 17:44:36
2024/7/21 17:44:37
2024/7/21 17:44:38
2024/7/21 17:44:39
行 124、列 1　ESP32 Dev Module COM4の　2
```

第6章

50種の電子パーツを動かす

この第6章では、フルカラーLEDやサーボモーター、各種センサーなど電子工作でよく使う主要な50種類の電子パーツについて、ESP32に接続して制御する方法を紹介します。各電子パーツを接続図（実体配線図）の通りつなぎ、掲載しているプログラムを実行するだけですぐに動かせます。

第5章で説明したLEDやDCモーター、スイッチ、温度センサーなど以外にも、たくさんの電子パーツが市販されています。そうした電子パーツも含め、基本的にどんな電子パーツでも、適切にESP32に接続し、プログラムを作成することで動かせます。

しかし、購入した電子パーツを独力で動作させるには、データシートを読み解くためにさまざまな知識が必要となります。また、試行錯誤しながらプログラムを作成するなど手間も非常にかかります。自分であれこれ調べたり、試行錯誤したりしながら動かしてみるのも電子工作の醍醐味の一つではありますが、本書で電子工作を始める人の多くは、きっと「いきなりそんな面倒なことはしたくない」と思うことでしょう。

そこで、この第6章では電子工作でよく使われる代表的な電子パーツ50種をESP32で動作させる方法をまとめて紹介します。各パーツの記事に用意した接続図（実体配線図）の通りESP32と接続し、掲載しているプログラムを実行してみることですぐに動作を確認でき、動かし方を効率良くマスターできます。

基本的な動作を確認したら、自分でプログラム中のパラメーターを変更したり処理を追加したりしてみましょう。自分で手を動かしてこうした改造をしてみることで、さまざまな用途に活用できる応用力が身に付きます。いろいろな電子パーツを触ってみることにより、掲載していない電子パーツを動かすための“勘所”もつかめるはずです。

紹介する50種の電子パーツは、「点灯」「動作」「表示」「入力」「センサー」という五つのカテゴリーに大きく分類しています（**下表**）。この第6章については、先頭から順番に各パーツの記事を読み進めるのではなく、表を見て、興味のあるカテゴリーや動作させたい電子パーツの記事から優先的に読むのがお勧めです。

表　ESP32で動かす主要な電子パーツ50種

No	カテゴリー	電子パーツ
1	点灯	フルカラーLED
2		パワーLED
3		キャンドルLED
4		シリアルLED
5	動作	振動モーター
6		モータードライバー
7		バイポーラー型 ステッピングモーター
8		サーボモーター
9		連続回転 サーボモーター
10		ソレノイド
11	表示	7セグメントLED
12		4桁7セグメントLED
13		マトリクスLED
14		バーLED
15		キャラクター ディスプレイ
16		グラフィックス ディスプレイ
17	入力	マイクロスイッチ
18		リードスイッチ
19		ロータリースイッチ
20		2進数出力 ロータリースイッチ
21		ロータリー エンコーダー
22		振動スイッチ
23		デジタル ジョイスティック
24		アナログ ジョイスティック
25		キーパッド
26	センサー	サーミスター
27		温度センサー
28		温湿度センサー
29		温湿度・気圧センサー
30		熱電対
31		光センサー（CdSセル）
32		光センサー （フォトトランジスタ）
33		フォトリフレクター
34		フォトインターラプター
35		カラーセンサー
36		加速度センサー
37		地磁気センサー
38		ジャイロセンサー
39		9軸モーションセンサー
40		曲げセンサー
41		焦電赤外線センサー
42		ドップラーセンサー
43		超音波距離センサー
44		赤外線距離センサー
45		近接センサー
46		ロードセル
47		土壌湿度センサー
48		ガスセンサー
49		CO2センサー
50		心拍センサー

各電子パーツの記事の見方

各電子パーツの記事は、タイトル部分が**下図**のようになっています。

図　各電子パーツ記事のタイトル部分

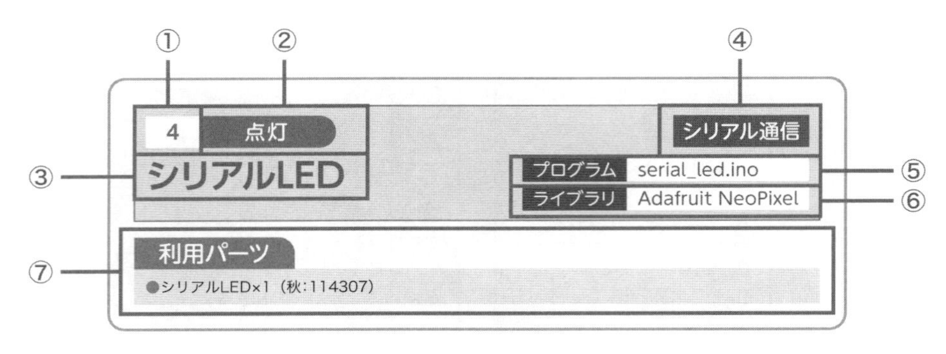

図中に①〜⑦で示した部分の意味は以下の通りです。

① 記事番号

各記事に付けている通し番号です。本書のサポートサイトで配布しているプログラムやライブラリは、第6章のZIPファイルを展開すると、この記事番号のフォルダー名で分けて入れてあります。例えば、4番のシリアルLEDの場合は「04」フォルダーに記事中で紹介しているプログラムのファイルなどが入っています。

② カテゴリー

各電子パーツは、以下のようにカテゴリー分けしています。

◉点灯：光を発する電子パーツ
◉動作：回転など物理的に動く電子パーツ
◉表示：数字や文字などで情報を表示する電子パーツ
◉入力：利用者が操作する電子パーツ
◉センサー：温度や光の強さなど周囲の状態を検知、検出、計測する電子パーツ

③ 電子パーツの名称

記事で紹介する電子パーツの名称です。

④ 制御、通信方法

電子パーツをESP32から制御したり、電子パーツの状態や計測した値をESP32で読み取ったりするために利用する制御および通信方法を示します。下記の8種類があります。

◉デジタル出力：GPIOの状態をHighまたはLowに切り替えて電子パーツを制御（5-1）
◉デジタル入力：GPIOの状態を調べ、HighまたはLowで入力（5-2）
◉PWM出力：HighとLowを周期的に切り替えながら出力して電子パーツを制御（5-3）
◉アナログ入力：アナログ入力端子にかかる電圧をデジタル値に変換して取得（5-4）
◉I^2C：I^2Cで通信する（5-5）
◉SPI：SPIで通信する（5-6）
◉UART：UARTで通信する（5-7）
◉シリアル通信：I^2C、SPI、UART以外の方式で通信する

⑤ サンプルプログラムのファイル名

本書のサポートサイトで配布するサンプルプログラムのファイル名です。

⑥ ライブラリの名前など

各電子パーツの制御に利用するライブラリを示します。本書のサポートサイトで配布している場合はファイル名（Zipファイル）、他のWebサイトなどで配布しているライブラリを利用する場合にはライブラリの名前を記載しています。ライブラリの追加方法については2-2を参照してください。

⑦ 利用するパーツ

記事中で利用する電子パーツの一覧です。各パーツは必要な個数と購入したオンラインショップの通販コードを記載しています。「秋」の場合は秋月電子通商、「ス」の場合はスイッチサイエンス、「マ」はマルツオンライン、「L」はLEDパラダイスを表します。各ショップのWebサイトで検索ボックスに通販コードを入力すると商品ページを表示できます。

なお、掲載しているパーツは執筆時点（2024年8月）時点で販売されていることを確認済みですが、その後売り切れになったり、販売が終了していたりする可能性があります。

そういう場合でも、同じ型番のチップを搭載した製品であれば、記事と同じ方法で制御可能なケースがよくあります。例えば、記事番号29番の温湿度・気圧センサー「BME280」は、秋月電子通商が販売する商品を利用パーツとして記載しています。もし、この商品が売り切れていたとしても、米SparkFun Electronics社や米Adafruit Industries社などのBME280を搭載したセ

ンサーモジュールも同様に利用可能です（**下図**）。ただし、製品によって端子の配置などが異なる場合があるので接続する際には注意してください。

図　同じ型番のチップを搭載する商品なら同じように動かせることが多い

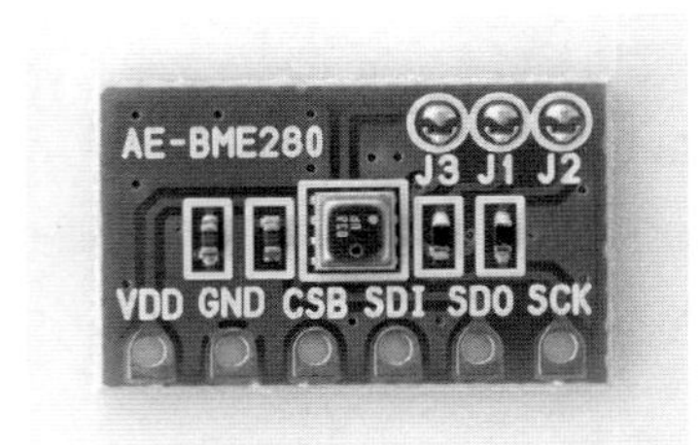

秋月電子通商製の「AE-BME280」（秋：109421）

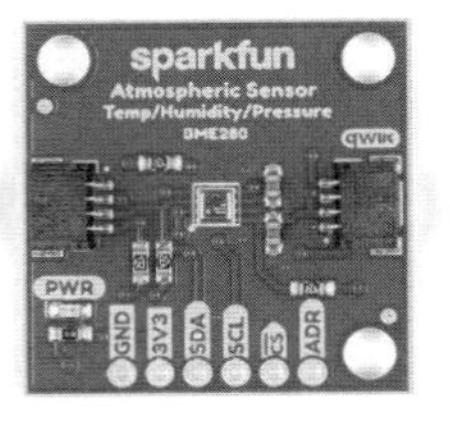

SparkFun Electronics社製の「BME280」（ス：5862）

（日経BP撮影）

1 点灯　PWM出力

フルカラーLED

プログラム	color_led.ino
ライブラリ	−

利用パーツ

●フルカラーLED×1（秋:102476）　●トランジスタ×3（秋:106477）
●抵抗器330Ω×3（秋:125331）、3.3kΩ×3（秋:125332）

一つのLEDで、さまざまな色に変化させたい場合には、フルカラーLEDを利用します（**下図**）。フルカラーLEDには赤、緑、青のLED素子が入っており、点灯するLEDの組み合わせにより色を変えられます。例えば、赤と青を点灯すると紫（マゼンタ）、すべてのLEDを点灯すると白になります。PWMを使って各色の明るさを調節すれば、明るい色、暗い色、褪せた色、濃い色など任意の色を表現可能です。

フルカラーLEDの「OSTA5131A」は、赤、緑、青の各アノードが3端子と、すべてのLEDをまとめたカソードが1端子あります。カソードは最も長い端子です。点灯させたい色のアノードに電源、カソードにGNDを接続します。アノードをESP32のGPIO端子に接続すれば、PWMで各色の明るさを調節できます。

図　フルカラーLEDの外観と点灯例

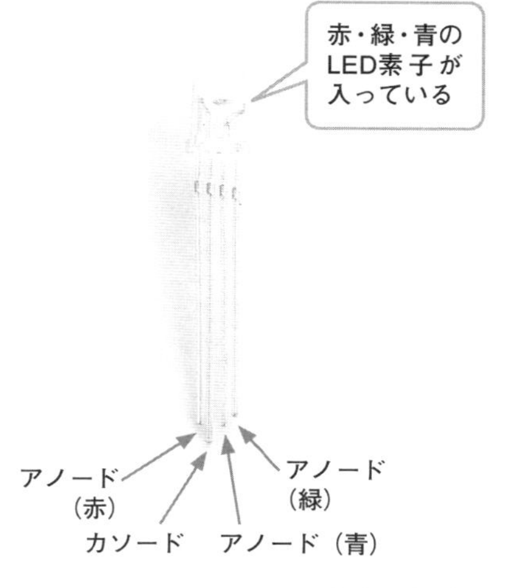

（日経BP撮影）

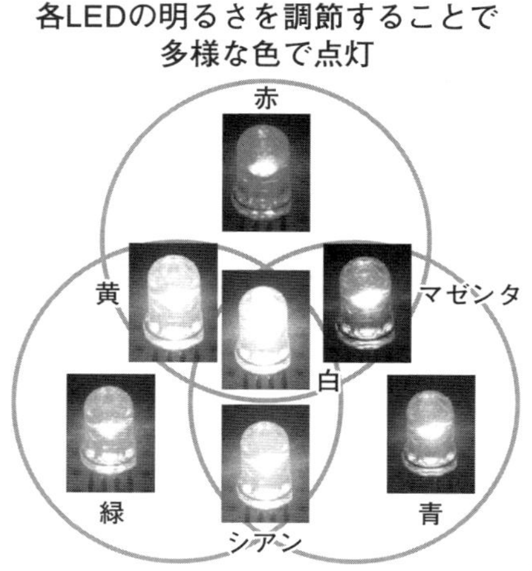

（著者撮影）

6章

アノードコモンタイプもある

上記OSTA5131Aとは逆に、各LED素子のアノードを一つの端子にまとめ、それぞれのカソードを別々の端子として備えたタイプのフルカラーLEDも販売されています（秋：112168）。こちらの場合は、アノードを電源、カソードをESP32のGPIOに接続して点灯制御します。GPIOをHighにすると消灯し、Lowにすると点灯します。PWMで制御する場合はデューティー比が大きいほど暗くなり、小さいほど明るくなります。

フルカラーLEDは、**下図**のようにつなぎます。赤色、青色、緑色のアノードはそれぞれ、ESP32のGPIO 18、GPIO 19、GPIO 20に接続されています。

OSTA5131Aの順電圧は、赤色が2.0V、緑色と青色が3.6Vとなっています。ESP32のGPIOの出力電圧は3.3Vで緑色と青色の順電圧より低いため、トランジスタを利用して5Vの電源を利用するようにしています。

図　フルカラーLEDの接続図

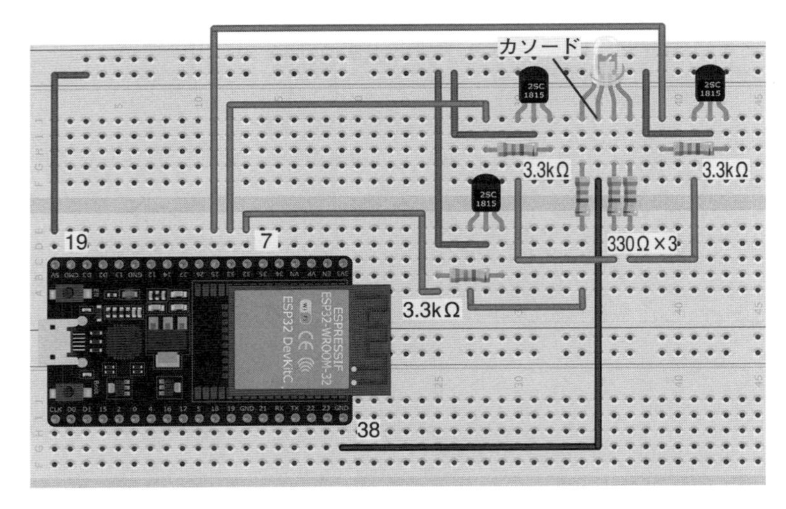

（Fritzingで作成）

フルカラーLEDを任意の色で光らせるプログラム「color_led.ino」を以下に示します。赤色、緑色、青色の端子に接続したそれぞれのGPIOをPWMで制御します。どの程度の明るさにするかは、「RED」「GREEN」「BLUE」の変数に指定します。値は0～65535の範囲で指定します。

ソース　任意の色で点灯するプログラム

color_led.ino

```
const int RED_PIN = 32;
const int GREEN_PIN = 25;
const int BLUE_PIN = 33;

const int RED_CH = 0;
const int GREEN_CH = 1;
const int BLUE_CH = 2;

int RED = 65535;
int GREEN = 39321;
int BLUE = 52428;

int FREQ = 50;
int PWM_RESOL = 16;
int resolution = pow( 2, PWM_RESOL ) - 1;

void setup() {
    ledcAttachChannel( RED_PIN, FREQ, PWM_RESOL, RED_CH );
    ledcAttachChannel( GREEN_PIN, FREQ, PWM_RESOL, GREEN_CH );
    ledcAttachChannel( BLUE_PIN, FREQ, PWM_RESOL, BLUE_CH );
}

void loop() {
    ledcWrite( RED_PIN, RED );
    ledcWrite( GREEN_PIN, GREEN );
    ledcWrite( BLUE_PIN, BLUE );

    delay( 1000 );
}
```

各色のアノードに接続したGPIOの番号

各色のPWMのチャンネル番号

各色の明るさを0～65535の範囲で指定

PWM出力で各色を点灯制御する

2 点灯

デジタル出力 PWM出力

パワーLED

プログラム	◉power_led.ino ◉power_led-pwm.ino
ライブラリ	−

利用パーツ

●パワーLED×1（秋:108956） ●トランジスタ2SC4382×1（秋:107682、マ:10575821）
●LEDリフレクター×1（秋:106077） ●ACアダプター 5V×1（秋:111996）
●DCジャック×1（秋:108849） ●抵抗器2.2Ω1W×1（秋:107953）、150Ω×1（秋:125151）

パワーLEDは、非常に明るく点灯させられるLEDです。例えば、ここで使う白色パワーLED「OSW4XNE3C1S」（**下図**）の場合、200lm（ルーメン）という20Wの白熱電球に相当する明るさで点灯させることができ、手元を照らす照明用途で十分使えます。複数のパワーLEDを並べれば、部屋の照明としても利用可能です。

パワーLEDは発熱量が大きいため、そのまま使うと熱によりLED素子がダメージを受け劣化が進みます。このため、あらかじめ放熱板が取り付けられたパワーLEDを購入して使うことをお勧めします。OSW4XNE3C1Sには花形の放熱板が付いており、アノードとカソードの端子を二つずつ備えています。通常のLEDと同様にアノードを電源、カソードをGNDに接続することで点灯できます。

図　パワーLED「OSW4XNE3C1S」の外観

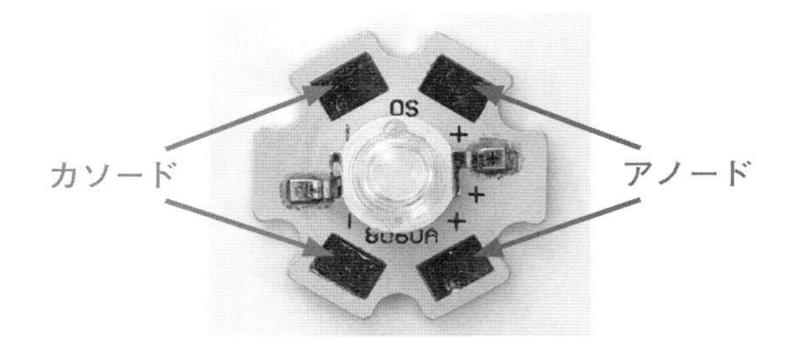

（日経BP撮影）

接続する際には「リフレクターキット」（**下図**）を使うと配線しやすくなります。側面にある差し込み口にリード線を差し込むだけで接続できます。リフレクターキットにはすり鉢状の反射板が付いており、光を一方向に集光できるようになっています。

図　パワーLED用リフレクターキット

（日経BP撮影）

パワーLEDには大きな電流が流れます。OSW4XNE3C1Sを200lmで点灯した場合、700mAの電流が流れます。このため、700mAの電流を流しても問題ないトランジスタや制限抵抗を選択する必要があります。例えば、5-1で使ったトランジスタ「2SC1815」は、150mAまでしか流せないため利用できません。そこで、大電流に対応した「2SC4382」（**下図**）を利用します。このトランジスタはコレクター、エミッター間に最大2Aの電流を流せます。なお、2SC1815とは端子の並びが異なるので、接続時には注意が必要です。

図　2Aの電流を流せるトランジスタ「2SC4382」の外観

（日経BP撮影）

制限抵抗は、4-3のコラムで説明した計算により抵抗値を求めます。5Vの電源を利用し、パワーLEDに700mA（順電圧は3.8V）を流すとすると、抵抗器に1.2Vがかかることになり、抵抗値は約1.7Ωと求まります。一般的な2.2Ωの抵抗器を利用することにすると、パワーLEDには約545mAの電流が流れます。

パワーLEDのような大電流が流れるLEDの制限抵抗については、抵抗値だけでなく、大電流を流しても焼き切れるなどの問題が発生しない仕様のものを選択する必要があります。抵抗器には、1Wや1/2W、1/4Wといった定格電力が定められています。抵抗器にかかる電力はこの定格電力よりも小さくする必要があります。

電力は「抵抗器にかかった電圧×流れる電流」で求まります。ここでは2.2Ωの抵抗器に545mAの電流が流れることを想定します。電源電圧が5V、パワーLEDの順電圧が3.8Vなので抵抗器には1.2Vの電圧がかかっていることになります。ここから抵抗器にかかる電力は「1.2V×545mA」を計算し「0.654W」と求まります（**下図**）。この値より大きな定格電力1Wの抵抗器を選択します。

図　制限抵抗の選択

5V

順電圧：3.8V

電流：545mA

2.2Ω

抵抗器にかかる電圧：1.2V

抵抗器にかかる電力 ＝ 抵抗器にかかる電圧 × 電流
＝ 1.2 × 0.545 ＝ 0.654 W

この値より大きな定格電力の抵抗器を選択する

パワーLEDは**下図**のように接続します。パワーLEDには比較的大きな電流が流れるため、5V端子から給電すると十分に供給できない恐れがあります。別途5VのACアダプターから供給する形にします。

図　パワーLEDの接続図

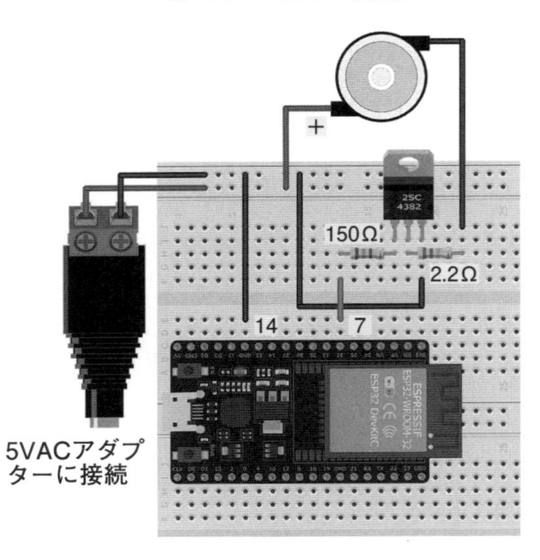

（Fritzingで作成）

通常のLED同様に、デジタル出力を使ってパワーLEDの点灯、消灯を制御できます。パワーLEDを1秒ごとに点滅させるプログラム「power_led.ino」を以下に示します。

ソース　パワーLEDを点灯するプログラム

power_led.ino

```
const int LED_PIN = 32; ── パワーLEDを接続したGPIOの番号

void setup() {
    pinMode( LED_PIN, OUTPUT );
}

void loop() {
    digitalWrite( LED_PIN, HIGH );
    delay( 1000 );

    digitalWrite( LED_PIN, LOW );
    delay( 1000 );
}
```

PWMを使えば、パワーLEDの明るさを調節可能です。以下に示すプログラム「power_led-pwm.ino」中の変数「LED_VALUE」に代入する値を0～65535の範囲で指定することで、明るさを変更できます。

ソース　パワーLEDの明るさを調節するプログラム

power_led-pwm.ino

```
const int LED_PIN = 32; ── パワーLEDを接続したGPIOの番号
const int PWM_CH = 0;

int LED_VALUE = 30000; ── 明るさを0～65535の範囲で指定

int FREQ = 50;
int PWM_RESOL = 16;
int resolution = pow( 2, PWM_RESOL ) - 1;

void setup() {
    ledcAttachChannel( LED_PIN, FREQ, PWM_RESOL, PWM_CH );
}

void loop() {
    ledcWrite( LED_PIN, LED_VALUE );
    delay( 1000 );
}
```

3 点灯

デジタル出力

キャンドルLED

プログラム	candle_led.ino
ライブラリ	－

利用パーツ

●キャンドルLED×1（秋:111585） ●トランジスタ×1（秋:106477）
●キャンドルIC×1（L:845） ●黄色LED×1（秋:111657）
●抵抗器330Ω×1（秋:125331）、3.3kΩ×1（秋:125332）

ロウソクのように、明るくなったり暗くなったりする形でLEDを点灯したい場合、プログラムでPWMの出力をランダムに大きくしたり小さくしたりすることで実現できます。光を揺らがせるなど、よりリアルに見せたいなら、そうした工夫もプログラムに盛り込んでLEDの点灯制御をし続ける必要があり、手間がかかります。

「キャンドルLED」を利用すると、電源をつなぐだけでロウソクのような光り方でLEDが点灯します（**下図**）。ESP32側からは点灯するか消灯するかを制御するだけで済み、プログラムを単純化できます。

図　ロウソクのように揺らいで光るキャンドルLED

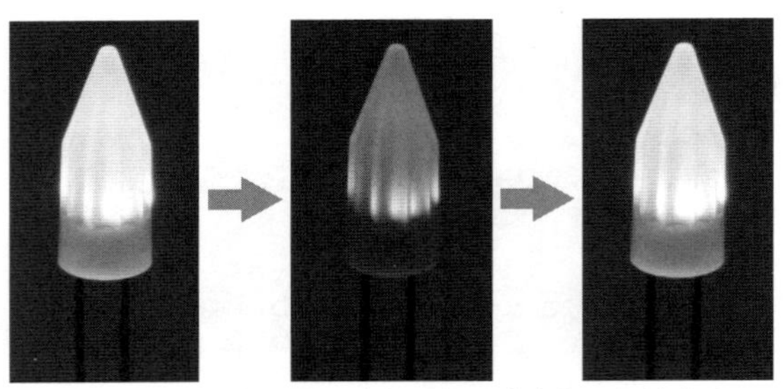

（著者撮影）

ロウソクのように明るくなったり暗くなったりする

もし、任意のLEDをロウソクのように点灯したい場合には、「キャンドルIC」を利用する手もあります（**下図**）。キャンドルICに電源と点灯したいLEDを接続するだけで、キャンドルLEDと同じように光が揺らぐようになります。

図　任意のLEDをロウソクのように点灯できる「キャンドルIC」の外観

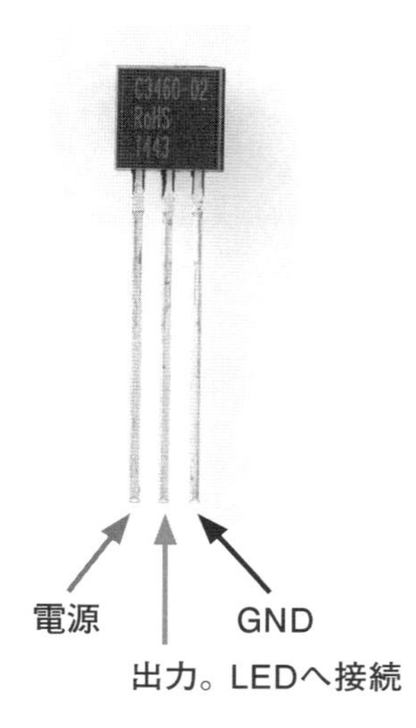

（日経BP撮影）

キャンドルLEDをESP32から点灯制御するには**下図**のように接続します。ここで利用しているキャンドルLEDは5Vで動作するため、トランジスタを利用して5Vの電源を接続しています。

図　キャンドルLEDの接続図

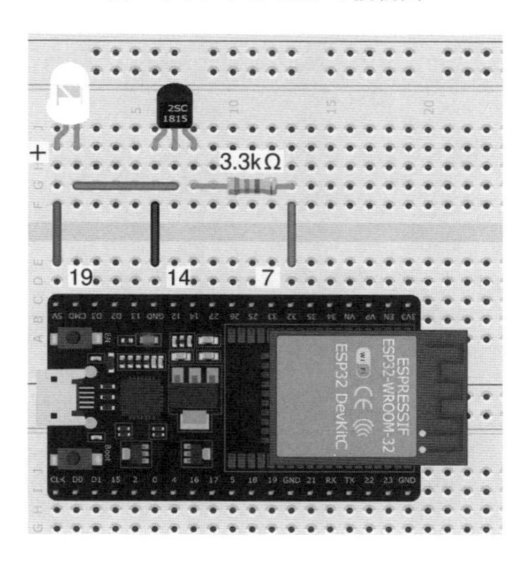

（Fritzingで作成）

キャンドルICを使って黄色LEDをESP32で点灯するには、**下図**のように接続します。このLEDには制限抵抗が必要になるので、忘れないよう注意しましょう。

図　キャンドルICの接続図

（Fritzingで作成）

以下に示すプログラム「candle_led.ino」は、キャンドルLED、キャンドルICのどちらでも動作します。実行すると、1分間点灯したあと、消灯します。

ソース　キャンドルLEDの点灯、消灯を制御するプログラム

candle_led.ino

```
const int LED_PIN = 32; ── キャンドルLEDを接続したGPIOの番号

void setup() {
    pinMode( LED_PIN, OUTPUT );
}

void loop() {
    digitalWrite( LED_PIN, HIGH );
    delay( 60000 );

    digitalWrite( LED_PIN, LOW );

    while( true ){
      delay( 1000 );
    }
}
```

4 点灯

シリアル通信

シリアルLED

プログラム	serial_led.ino
ライブラリ	Adafruit NeoPixel

利用パーツ

●シリアルLED×1（秋:114307）

たくさんのフルカラーLEDを点灯したい場合に役立つのが「シリアルLED」です。シリアルLEDは、1本のデータ線だけで複数のLEDを点灯制御できるのが特徴です。シリアルLEDは単体で販売されているほか、複数のシリアルLEDを横一列に並べたもの、タイル状に配置したもの、テープ状になったものなどさまざまな形状で販売されています（**下図**）。

図　主なシリアルLEDの形状

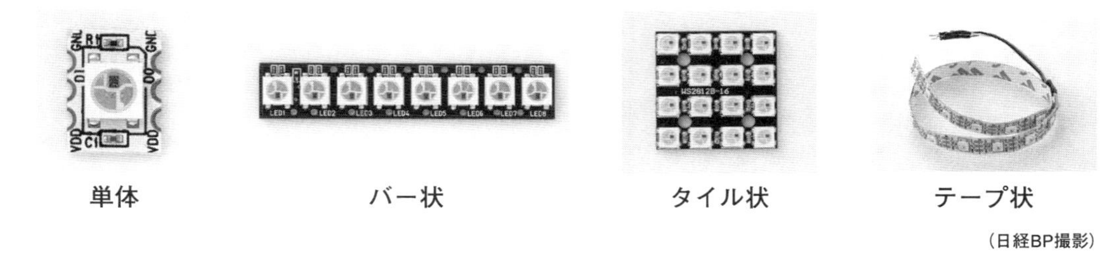

シリアルLEDは、中国WorldSemi社が開発したLEDを指すことが一般的です。「NeoPixel」というブランド名でも呼ばれています。シリアルLEDはさまざまなメーカーから販売されていますが、それらの中でもWorldSemi社のフルカラーシリアルLED「WS2812B」がよく利用されています。

WS2812Bは、データ入力（DIN）、データ出力（DOUT）、電源（VDD）、GND（VSS）の4端子を備えています（**下図**）。ESP32などのマイコンからは、GPIOを一つめのシリアルLEDのDINに接続し、所定のデータを送り込むことで任意の色で点灯できます。二つのシリアルLEDを制御したい場合は、一つめのシリアルLEDのDOUTを、二つめのシリアルLEDのDINに接続します。このように数珠つなぎに何個でも接続して制御できます。

図　複数のシリアルLEDを接続して制御できる

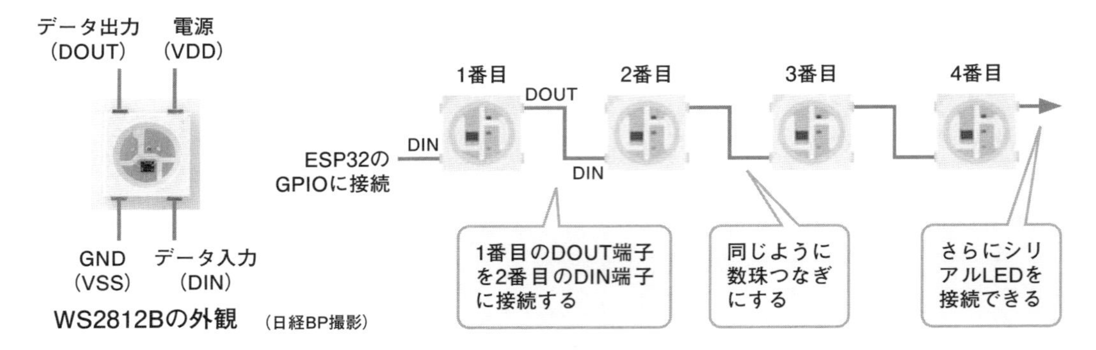

シリアルLEDは、**下図**のように制御します。ESP32から送出する信号に、各LEDを点灯させるためのデータを並べておきます。それぞれのデータの中には、赤、緑、青の色成分が8ビットずつ格納されています。シリアルLEDは、先頭にあるデータを取り出して指定された色に点灯し、残ったデータを次のLEDに引き渡します。次のLEDも同様に、先頭にあるデータを使って点灯します。このように、連結して送り出したデータを次々とLEDが取り出していくことで、複数のLEDを点灯制御できます。なお、終端に「RET」というデータを付加しておくことで、そのあとに送出されたデータは再度1番目のLEDから順に取り出されるようになります。

図　シリアルLEDの制御の仕組み

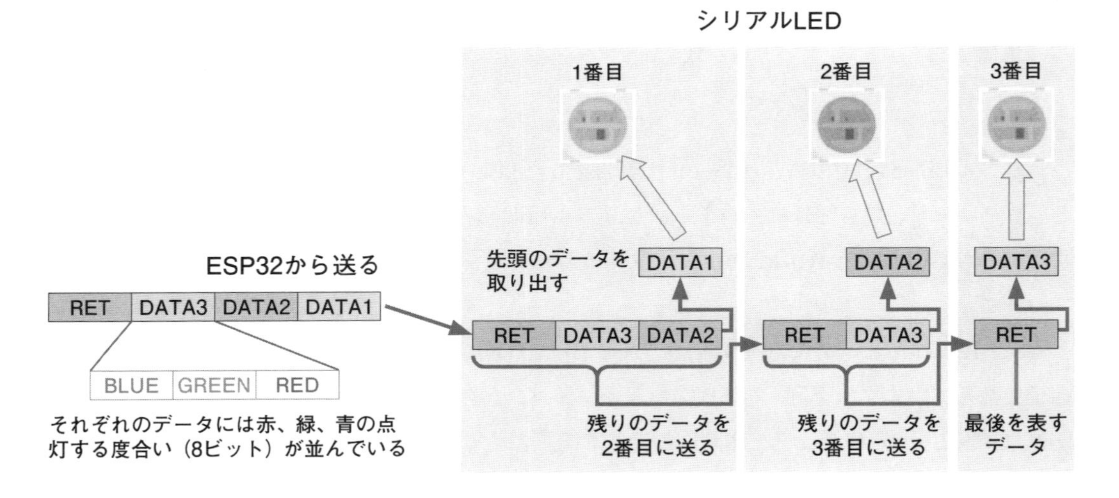

ここでは、WS2812Bを8個1列に並べたバー状のシリアルLED「RGB 8LEDスティック」を点灯制御しますが、リング型など他の形状であっても制御方法は変わりません。「RGB 8LEDスティック」は、裏面の「DIN」をESP32のGPIOに接続します（**下図**）。また、電源（5VDC）とGNDにもケーブルをはんだ付けする必要があります。なお、反対側にある「DOUT」にシリ

アルLEDを数珠つなぎに接続し、制御するLED数を増やすことも可能です。ただし、追加したLEDに対しても、データ（DIN）だけでなく電源とGNDへの配線が必要です。

図　8個のシリアルLEDを搭載した「RGB 8LEDスティック」

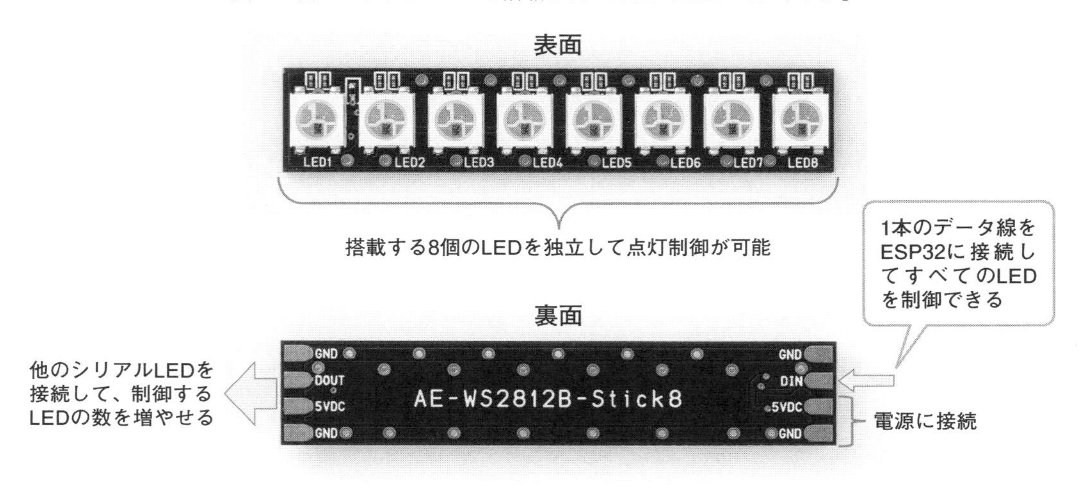

（日経BP撮影）

ESP32とは**下図**のように接続します。

図　シリアルLEDの接続図

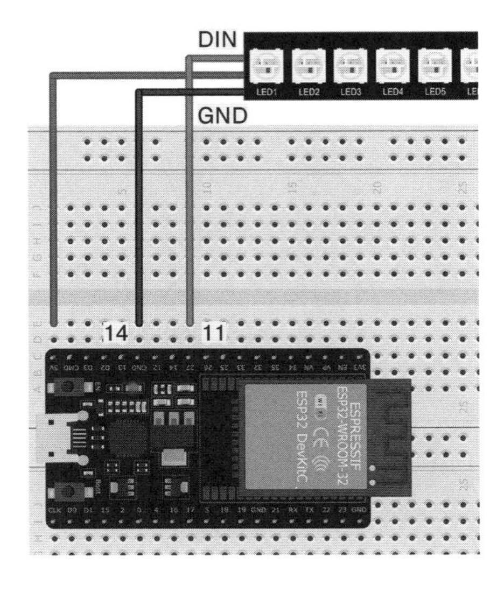

（Fritzingで作成）

シリアルLEDをESP32のプログラムで制御するには、ライブラリを使うのが簡単です。ここでは、Adafruit Industries社が配布しているライブラリ「Adafruit NeoPixel」を利用します。2-2を参照してライブラリマネージャーで追加しておきます。

シリアルLEDを制御するプログラム「serial_led.ino」を以下に示します。プログラムではまず、「LED_NUMBER」で接続されたシリアルLEDの個数を、「LED_PIN」でシリアルLEDを接続したGPIOの番号を指定します。

LEDの点灯色を指定するには「pixels.setPixelColor()」を使います。何番目のLEDを対象にするかを指定し、その後ろに色を指定します。対象となるLEDは最もESP32寄りのLEDが0番、次が1番……となります。8個のLEDを接続している場合は「0～7」の範囲で指定します。色は色成分ごとに分けた「pixels.Color(赤, 緑, 青)」形式で指定します。それぞれの色成分は0～255の範囲で指定し、値が大きくなるほど明るく点灯します。具体的に、4番目に接続したLEDを黄色で点灯したい場合には、「pixels.setPixelColor(3, pixels.Color(64, 64,   0))」と記述します。

最後の「pixels.show()」が実行されると、データがシリアルLEDに送られます。

ソース　各LEDを指定した色で点灯するプログラム

serial_led.ino

```
#include <Adafruit_NeoPixel.h>

const int LED_PIN = 27;     ── シリアルLEDを接続したGPIOの番号
const int LED_NUMBER = 8;   ── 接続したシリアルLEDの個数

Adafruit_NeoPixel pixels( LED_NUMBER, LED_PIN, NEO_GRB + NEO_KHZ800 );

void setup() {
  pixels.begin();
}

void loop() {
  pixels.clear();
  pixels.setPixelColor( 0, pixels.Color( 64,  0,  0 ) );
  pixels.setPixelColor( 1, pixels.Color(  0, 64,  0 ) );
  pixels.setPixelColor( 2, pixels.Color(  0,  0, 64 ) );
  pixels.setPixelColor( 3, pixels.Color( 64, 64,  0 ) );
  pixels.setPixelColor( 4, pixels.Color( 64,  0, 64 ) );
  pixels.setPixelColor( 5, pixels.Color(  0, 64, 64 ) );
  pixels.setPixelColor( 6, pixels.Color( 64, 64, 64 ) );
  pixels.setPixelColor( 7, pixels.Color( 16, 16, 16 ) );

  pixels.show();
```

各シリアルLEDの点灯色を指定する

対象のLEDの番号　赤　緑　青

シリアルLEDにデータを送り実際に点灯する

次ページに続く

```
  delay( 10000 );
}
```

プログラムを実行すると、指定した色で各シリアルLEDが点灯します（**下図**）。

図　指定した色で点灯した

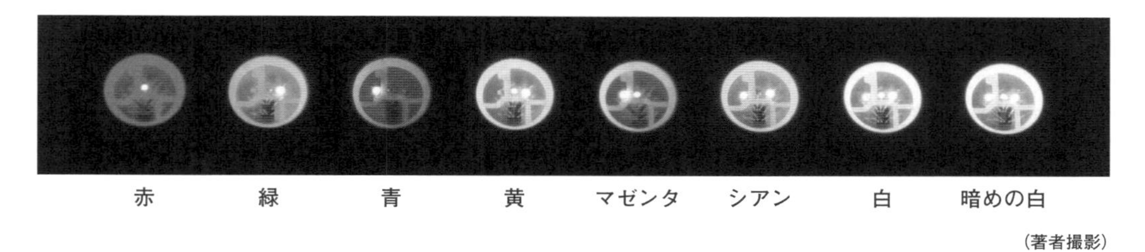

（著者撮影）

6章

5 動作

デジタル出力

振動モーター

プログラム	vib.ino
ライブラリ	―

利用パーツ

●振動モーター×1（秋:106784） ●FET×1（秋:107597） ●ダイオード×1（秋:100934）
●電池ボックス×1（秋:100327） ●コンデンサー 0.1μF×1（秋:100090）
●抵抗器1kΩ×1（秋:125102）、20kΩ×1（秋:103940）

振動モーターは、小さな振動を起こすことができる電子パーツです。スマホのバイブレーション機能のように、音を鳴らしたくない場面において、代わりに振動で通知するといった使い方ができます。

ここで紹介する振動モーター「LA3R5-480DE」は、回転軸に対して重りが偏って取り付けられています（**下図**）。この重りが回転すると、振動を引き起こします。

図　振動モーターの外観と振動する仕組み

振動モーターの外観

（日経BP撮影）

振動モーターの仕組み

重りが偏っている
回転すると振動が発生する

振動モーターは小型のモーターですが、比較的大きな電流が流れます。LA3R5-480DEの場合、3Vで駆動すると100mAの電流が流れます。このため、DCモーター同様にFETを介して制御します（**下図**）。

図　接続図

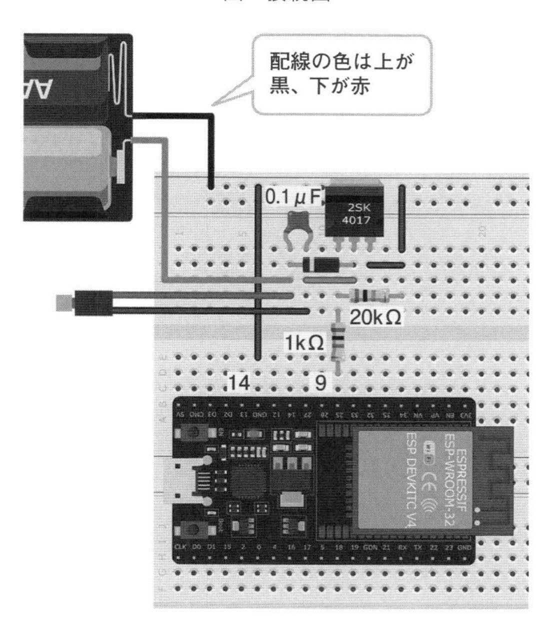

（Fritzingで作成）

デジタル出力をHighにすると回転し、Lowにすると停止します。スマホのバイブレーション機能と同じように、プログラムによって所定のパターンで振動させることが可能です。以下に示すプログラム「vib.ino」では、PATTERNに設定したパターンで振動します。パターンは振動している時間、停止している時間、と交互に指定します。時間の単位は秒です。

ソース　振動モーターを所定のパターンで振動させるプログラム

vib.ino

```
const int M_PIN = 25;

int PATTERN[] = { 1, 1, 2, 1, 3 };

int pattern_num = sizeof( PATTERN ) / sizeof( PATTERN[0] );

void setup() {
    pinMode( M_PIN, OUTPUT );
    digitalWrite( M_PIN, LOW );
}

void loop() {
  int output = 1, i;
  for ( i = 0; i < pattern_num; i++ ){
    digitalWrite( M_PIN, output );
    delay( PATTERN[ i ] * 1000 );
    if( output == 1 ){
      output = 0;
    }else{
      output = 1;
    }
  }
  digitalWrite( M_PIN, LOW );

  while( true ){
    delay( 1000 );
  }
}
```

振動時間(秒)

停止時間(秒)

振動のパターンを設定する

パターンに従って振動させる

6章

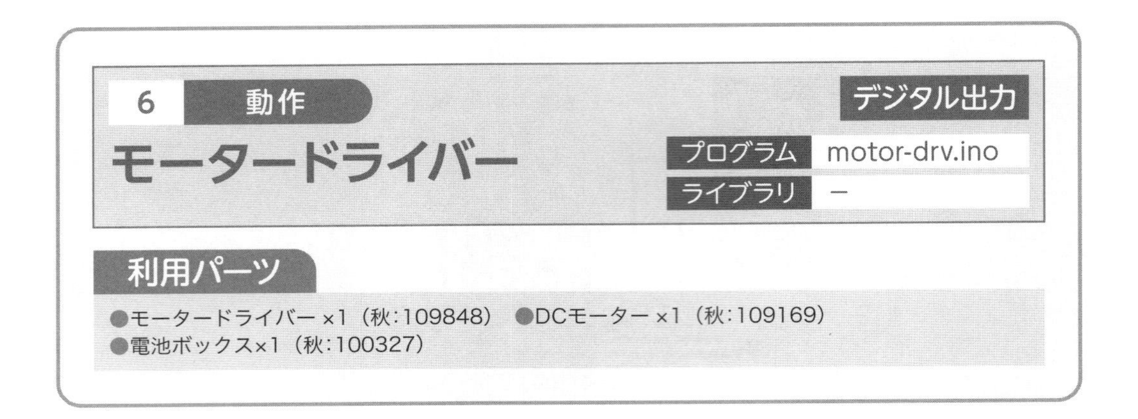

6 動作

デジタル出力

モータードライバー

プログラム	motor-drv.ino
ライブラリ	−

利用パーツ

●モータードライバー ×1（秋:109848）　●DCモーター ×1（秋:109169）
●電池ボックス×1（秋:100327）

DCモーターは、電源を接続する極の向き、すなわち電流を流す方向によって軸の回転方向が変わります。4-3で利用したDCモーター「FA-130RA」では、赤線を電源の＋極に接続すると**下図**の方向に回転（正転）します。逆に、黒線を＋極に接続すると逆方向に回転（逆転）します。

図　DCモーターは電源に接続する向きで回転方向を変えられる

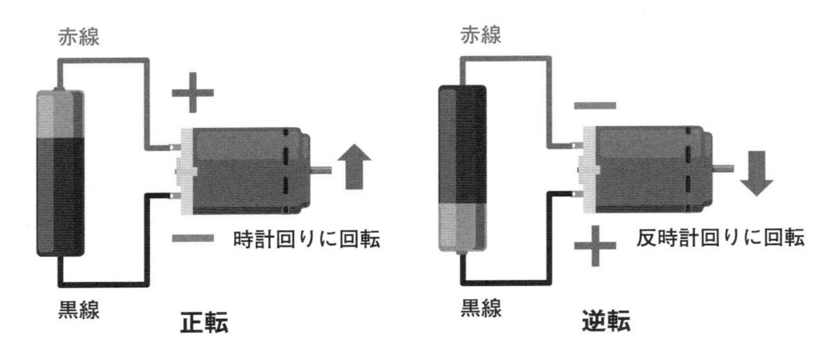

正転、逆転を自由に切り替えたい場合には、「フルブリッジ」という回路を組みます（**下図**）。FA-130RAの場合、中央のモーター（M）は左側を赤線、右側を黒線に接続します。

フルブリッジ回路の四つのスイッチを切り替えることで、モーターの正転、逆転を切り替えられます。下図であれば、SW1とSW4をオンにすると、モーターの左側が＋極に接続され正転します。一方、SW2とSW3をオンにすると、モーターの右側が＋極につながり、モーターを逆転できます。実際には各スイッチの部分を4-3で説明したのと同様にFETに置き換えてESP32から制御することになります。

図　フルブリッジ回路で正転、逆転を切り替えられる

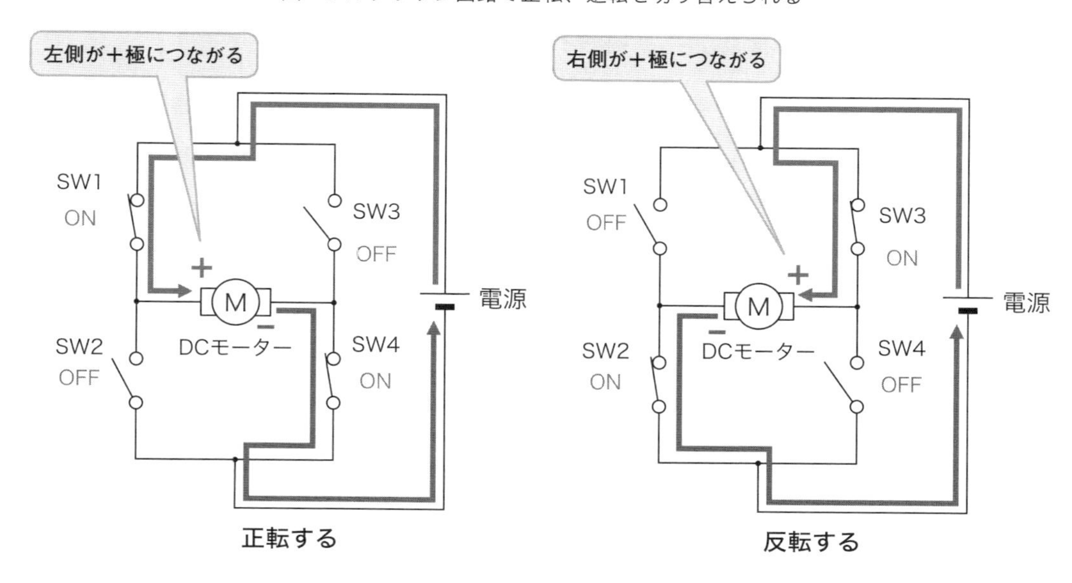

このフルブリッジ回路をICとしてまとめた電子パーツが「モータードライバー」です。ESP32などから信号を送ることで、モーターの正転、逆転、停止の制御が可能となります。

ここで紹介するモータードライバー「DRV8835」には、入力1と入力2の二つの端子が用意されています（**下図**）。これらをESP32のGPIOに接続し、図内の表のようにデジタル出力することで、回転方向を変えられます。どちらもLowにすると惰性で回転したあと停止し、どちらもHighにするとモーターから発生する逆起電力を利用してブレーキがかかります。

DRV8835は2系統のフルブリッジ回路を搭載しているため、同時に二つのDCモーターの制御が可能です。

図　モータードライバー「DRV8835」の外観と制御方法

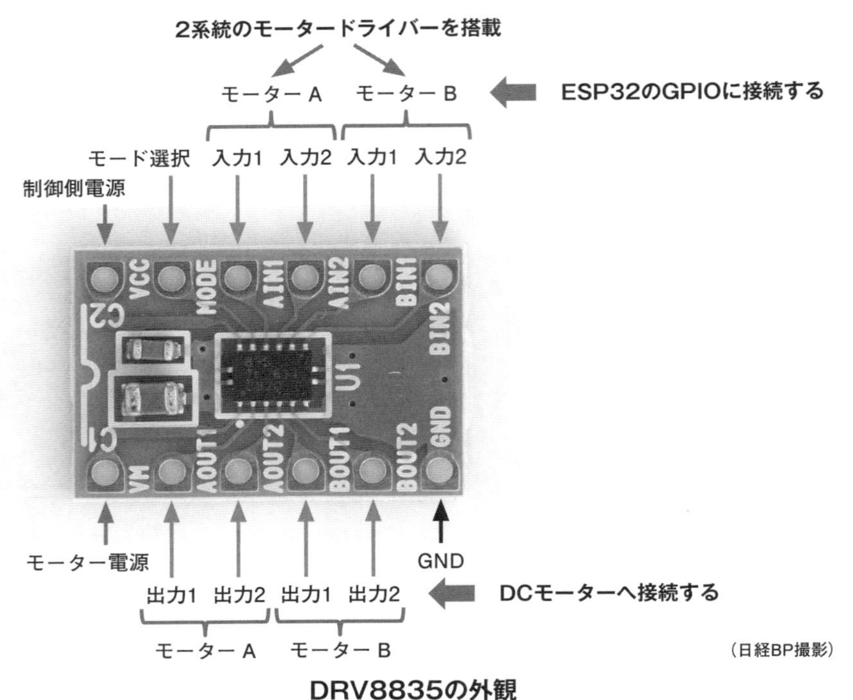

DRV8835の外観

モード選択をGNDに接続した場合

入力1	入力2	出力1	出力2	動作
Low	Low	オープン	オープン	停止
High	Low	電源	GND	正転
Low	High	GND	電源	逆転
High	High	GND	GND	ブレーキ

モード選択を電源に接続した場合

入力1	入力2	出力1	出力2	動作
High	High	電源	GND	正転
Low	High	GND	電源	逆転
−	Low	GND	GND	ブレーキ

モーターの制御方法

モータードライバーを使ってモーターを制御するには、**下図**のように接続します。モーターの駆動用電源として、単3電池を2本接続して3Vを供給します。

図　接続図

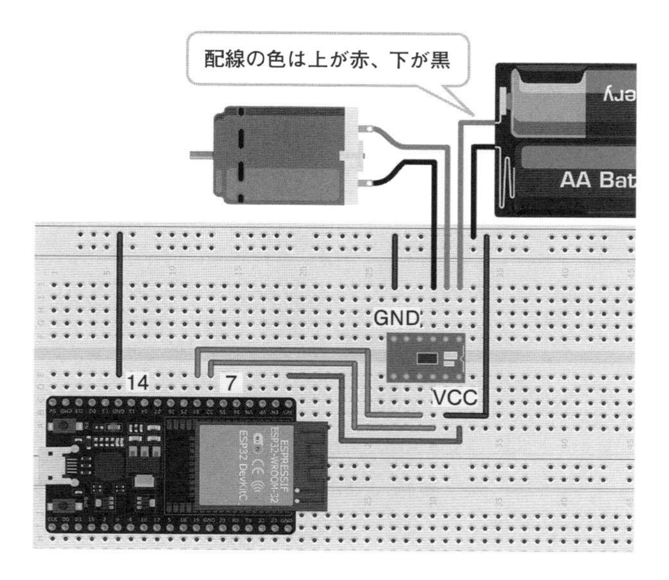

（Fritzingで作成）

モーターの回転方向を切り替えるプログラム「motor-drv.ino」を以下に示します。プログラムを実行すると、5秒間隔で正転、停止、逆転、ブレーキの順にDCモーターの動作が切り替わります。

ソース　モーターの正転、逆転、停止を切り替えて動作させるプログラム

motor-drv.ino

```
const int M1_PIN = 32;   ← 入力1に接続したGPIOの番号
const int M2_PIN = 33;   ← 入力2に接続したGPIOの番号

void setup() {
  pinMode( M1_PIN, OUTPUT );
  pinMode( M2_PIN, OUTPUT );
}

void loop() {
  digitalWrite( M1_PIN, HIGH );  ┐
  digitalWrite( M2_PIN, LOW );   ┘ 正転
  delay( 5000 );

  digitalWrite( M1_PIN, LOW );   ┐
  digitalWrite( M2_PIN, LOW );   ┘ 停止
  delay( 5000 );

  digitalWrite( M1_PIN, LOW );   ┐
  digitalWrite( M2_PIN, HIGH );  ┘ 逆転
  delay( 5000 );

  digitalWrite( M1_PIN, HIGH );  ┐
  digitalWrite( M2_PIN, HIGH );  ┘ ブレーキ
  delay( 5000 );
}
```

5-3で紹介したDCモーターは、回転するか停止するかを制御できますが、「指定した回数だけ回転したら停止する」といった正確な制御はできません。正確に回転を制御したい場合には「ステッピングモーター」を利用します。

ステッピングモーターは、**下図**のような原理で動作します。左右に配置した電磁石に電流を流すと磁石が横向きになります。次に上下の電磁石に電流を流すと、磁石が90度回転します。この手順を繰り返すことで、回転数や角度を正確に制御しながら回転させられます。実際の動作はもっと細かく、1回の切り替えで1度程度回転します（製品により異なります）。

図 ステッピングモーターの動作原理

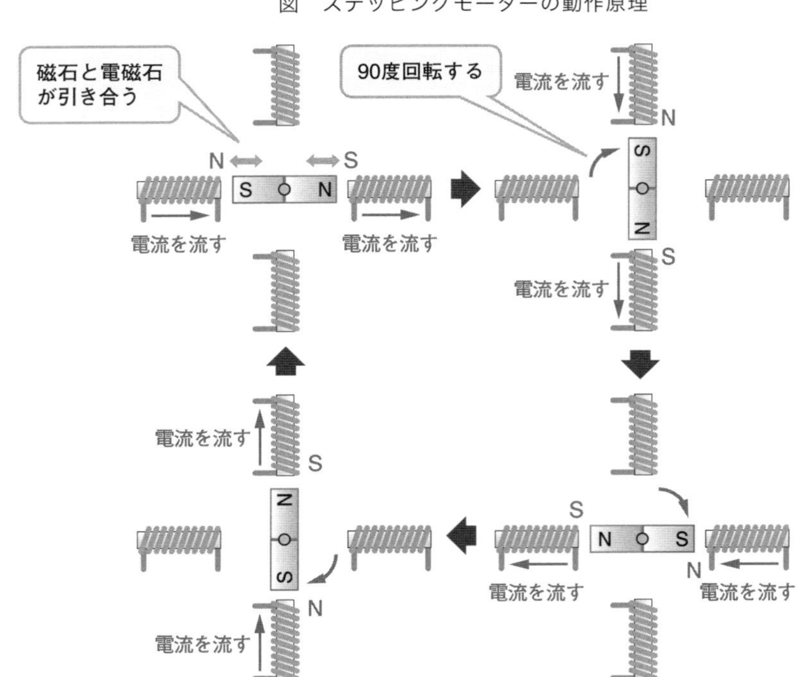

ステッピングモーターには色違いの複数の線が付いています。ここに電源の＋極と－極を接続することで内部の電磁石の磁極を制御し、軸を回転させられます。ここで紹介するステッピングモーター「SM-42BYG011」は、赤、青、黄、緑の４本の線を備えています（**下図**）。なお、他のステッピングモーターでは配線の色が異なることがあります。この場合は、データシートなどを確認し、接続してください。

図　ステッピングモーターの外観

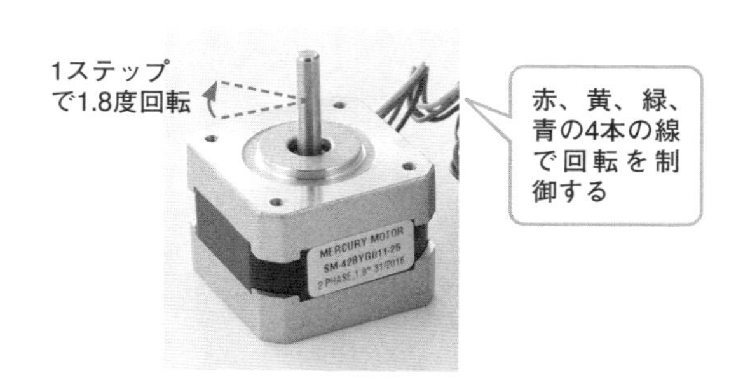

（日経BP撮影）

SM-42BYG011を回転させるには、各線に**下図**のように電源を接続します。Highは電源の＋極、Lowは－極を表します。時計回りに回転（正転）させるには、左表のようにまず赤、黄をHigh、緑、青をLowにします（①）。次に黄、緑をHigh、赤、青をLowにすると１ステップ分回転します（②）。SM-42BYG011の場合は、1ステップで1.8度回転します。続いて③の状態にするともう1ステップ回転します。このように、①～④の順に接続状態を切り替えることで1ステップずつ回転させられます（④まで達したら①に戻ります）。200回切り替えれば1回転になります（1.8度×200回＝360度）。

一方、右の表のように順次切り替えれば反時計回り（逆転）に回転させられます。

図　回転制御方法

順序	赤	黄	緑	青
①	High	High	Low	Low
②	Low	High	High	Low
③	Low	Low	High	High
④	High	Low	Low	High

時計回り（正転）

順序	赤	黄	緑	青
①	High	High	Low	Low
②	High	Low	Low	High
③	Low	Low	High	High
④	Low	High	High	Low

反時計回り（逆転）

ステッピングモーターには「バイポーラー型」と「ユニポーラー型」の２種類があります（**下図**）。バイポーラー型は、電磁石が一つのコイルで構成されており、電流を流す向きによって磁極を切り替えます。このためNo.6で紹介した「フルブリッジドライバー」のような電流の向きを逆にできるドライバーICが必要です。

一方のユニポーラー型は、電磁石が二つのコイルで構成されています。どちらか一方に電流を流すことで磁極を切り替えます。流すか流さないかを切り替えるだけなのでフルブリッジドライバーを使わずに動かせます。半面、動かすには正転だけのモータードライバーが4回路分必要になります。

ここで利用するSM-42BYG011はバイポーラー型のステッピングモーターです。ユニポーラー型では回路の接続方法や制御方法が異なるので、購入する際には注意しましょう。

図　ステッピングモーターの種類

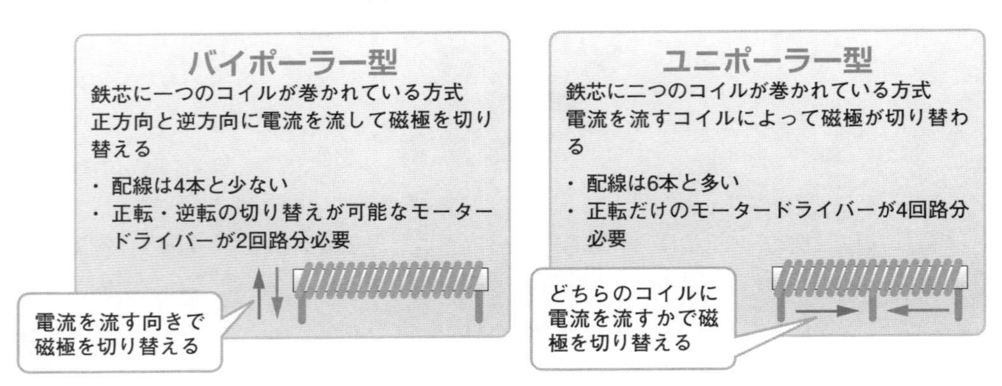

SM-42BYG011とESP32は**下図**のように接続します。このステッピングモーターは配線の赤と緑、青と黄のそれぞれに電磁石が接続されており、それぞれを別に制御します。このため、2系統を備えるモータードライバーのDRV8835を使って制御できます。モーターの制御電源としてACアダプターを利用して5Vを供給するようにしています。

図　接続図

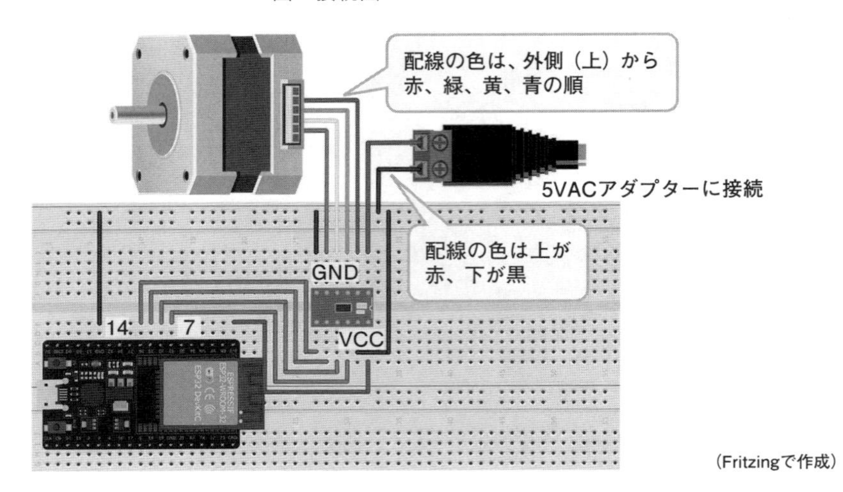

（Fritzingで作成）

ステッピングモーターを制御するプログラム「stepping.ino」を以下に示します。プログラム中の「STEPS」で指定したステップだけ回転し、その後停止します。「SPEED」の値を増減することで回転速度を変えられます。これは1ステップごとの待機時間（秒）で、値が大きいほど遅く、小さいほど速く回転します。「DIRECT」は回転方向です。1にすると正転、0にすると逆転します。

ソース　指定したスピードと回転方向でステッピングモーターを制御するプログラム

stepping.ino

```
const int ST_MOTOR_A0 = 32;
const int ST_MOTOR_A1 = 33;
const int ST_MOTOR_B0 = 25;
const int ST_MOTOR_B1 = 26;
const int STEPS = 200;
const int SPEED = 10;
const int DIRECT = 1;
const uint8_t ST_MOTOR_OUT[ 4 ] ={
    0b1100,
    0b0110,
    0b0011,
    0b1001
};

int all_step = 0;
int finish = 0;

void setup() {
    Serial.begin( 115200 );
    pinMode( ST_MOTOR_A0, OUTPUT );
    pinMode( ST_MOTOR_A1, OUTPUT );
    pinMode( ST_MOTOR_B0, OUTPUT );
    pinMode( ST_MOTOR_B1, OUTPUT );
}

void loop() {
    int i = 0;
    int step_count = 0;
    while ( i < 4 ){
        if ( DIRECT  == 1 ){
            step_count = i;
        } else {
            step_count = 4 - 1 - i;
        }

        int a0 = ST_MOTOR_OUT[ step_count ] & 0b1000;
        int a1 = ST_MOTOR_OUT[ step_count ] & 0b0010;
        int b0 = ST_MOTOR_OUT[ step_count ] & 0b0100;
        int b1 = ST_MOTOR_OUT[ step_count ] & 0b0001;

        Serial.print( all_step );
        Serial.print( " : " );
        Serial.print( a0 );
        Serial.print( b0 );
        Serial.print( a1 );
        Serial.println( b1 );

        digitalWrite( ST_MOTOR_A0, a0 );
        digitalWrite( ST_MOTOR_A1, a1 );
        digitalWrite( ST_MOTOR_B0, b0 );
        digitalWrite( ST_MOTOR_B1, b1 );

        delay( SPEED );
        i = i + 1;
        all_step = all_step + 1;
        if ( STEPS <= all_step ){
            finish = 1;
            break;
        }
    }

    if ( finish == 1 ){
        while( true ){
            delay( 10000 );
        }
    }

}
```

- ST_MOTOR_A0〜ST_MOTOR_B1：モータードライバーに接続したGPIOの番号
- STEPS：回転させるステップ数
- SPEED：1ステップごとの待機時間
- DIRECT：回転方向。1は正転、0は逆転

6章

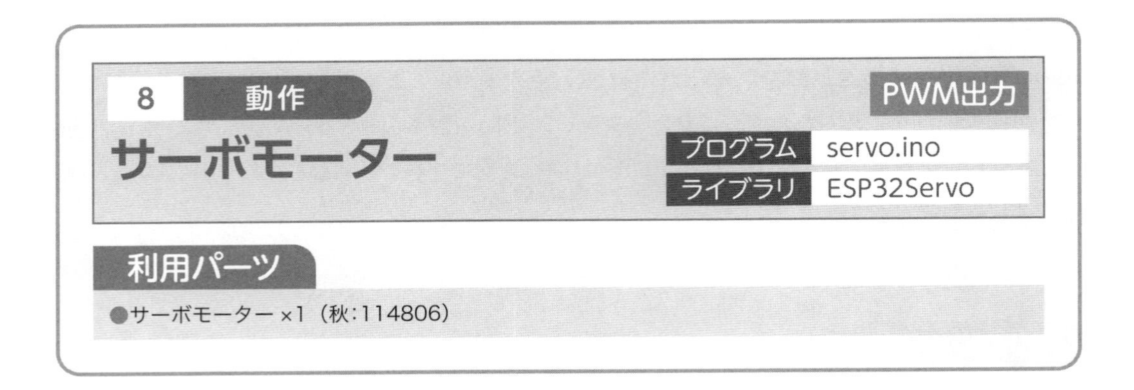

「サーボモーター」は、所定の角度まで回転し、その状態を保持し続ける電子パーツです。ロボットアームの関節部分などに利用されています。

サーボモーターは、内部にDCモーターとポテンショメーター（可変抵抗）、ギヤ、制御回路が入っています（**下図**）。制御回路が信号を受け取ると、DCモーターを回転します。DCモーターはギヤを介してポテンショメーターとつながっており、DCモーターが回転すると抵抗値が変化します。この抵抗値を制御回路が読み取ることで、どの程度回転したかを計測できます。制御回路は、目的の角度に達するとモーターを停止してその角度を保持します。

図　サーボモーターの仕組み

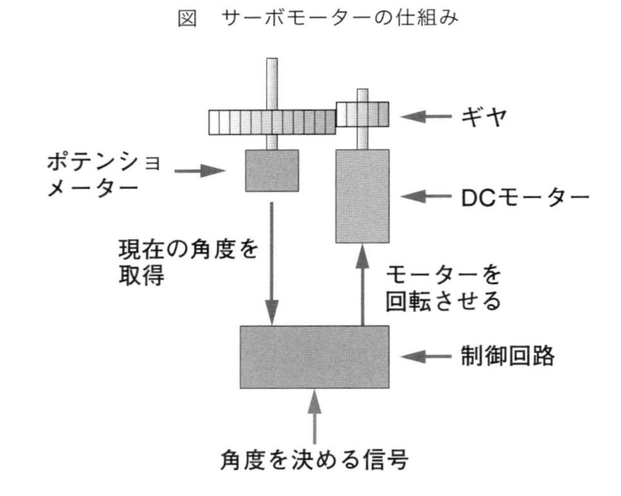

サーボモーターは、本体上部にある軸が指定した角度まで回転します。付属のホーンを取り付けることで工作物に取り付けられます。ここで紹介するサーボモーター「FS90」には、信号線（オレンジ色）、電源（赤色）、GND（茶色）の3本の導線が付いています（**下図**）。駆動するには、4.8～6Vの電源供給が必要です。

図　サーボモーターの外観

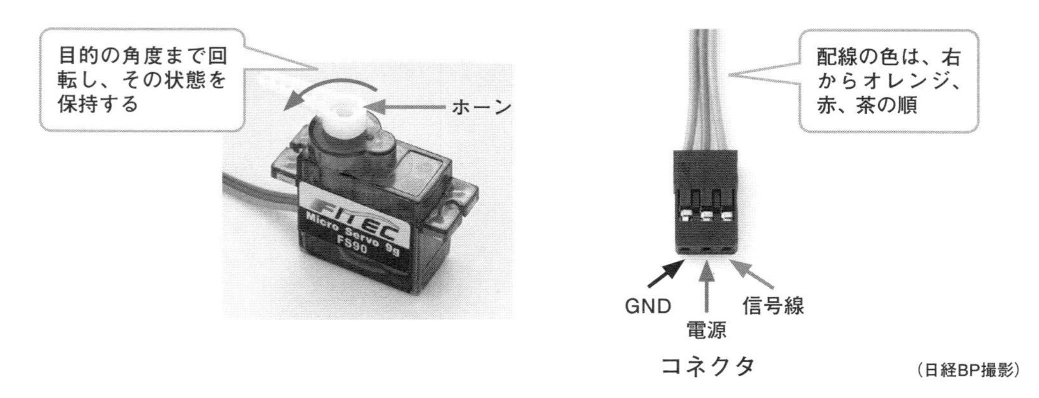

サーボモーターはPWMで制御します。PWMのHighの時間（パルス幅）で角度を指定します。FS90の場合、パルス幅を1500マイクロ（μ）秒にすると中央（0度）、500μ秒にすると中央から右に90度、2500μ秒にすると中央から左に90度の位置まで回転します（**下図**）。

図　サーボモーターの制御方法

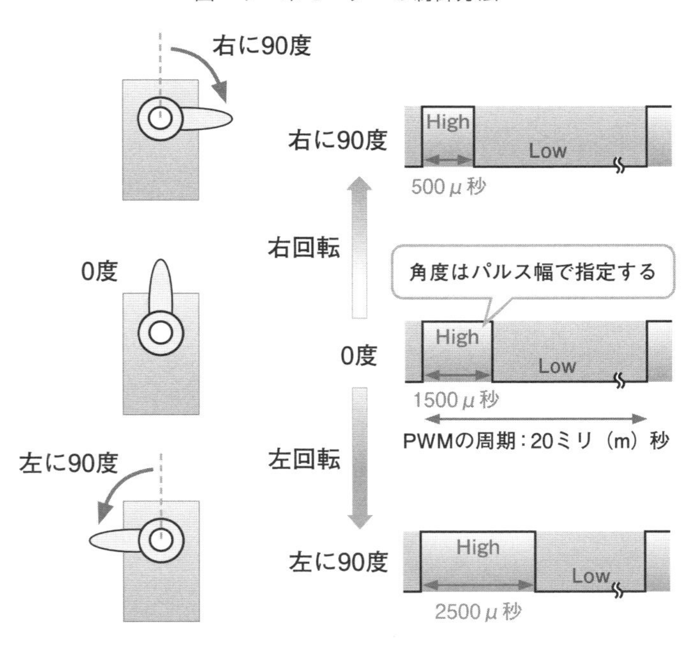

目的の角度にするためのパルス幅は、以下の計算式で求められます。中央から右は正の値、左は負の値にした角度を代入します。

```
1500−(1000×角度)÷90
```

サーボモーターとESP32は**下図**のように接続します。サーボモーターの制御線をESP32のGPIOに接続し、PWMで出力して制御します。ここで利用するサーボモーターの動作には5Vの電源供給が必要なので、ESP32の5V端子に接続しています。

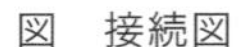

図　接続図

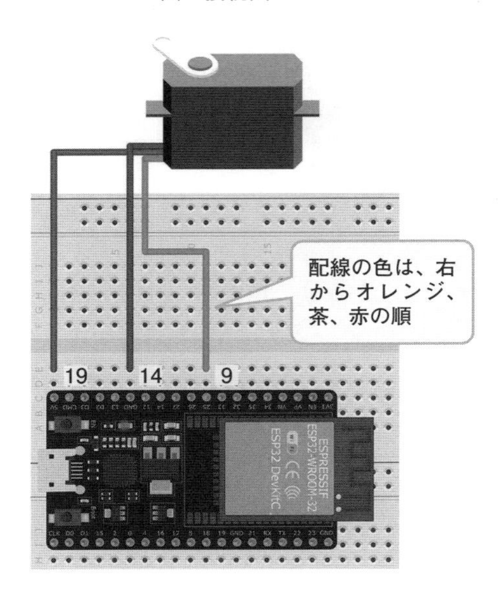

(Fritzingで作成)

サーボモーターを制御するプログラム「servo.ino」を以下に示します。プログラムを実行すると、中央、右90度、中央、左90度の順に繰り返し回転します。ESP32でサーボモーターを制御するには、「ESP32Servo」ライブラリを利用します。2-2を参照してサーボモーターのライブラリをあらかじめ追加しておきます。ESP32Servoでは、サーボモーターに送るPWMのパルス幅をwriteMicroseconds()にマイクロ秒単位で指定します。中央ならば1500と指定します。なお、同ライブラリでは、write()を使うことで角度で指定可能です。ただし、中央は90とし、左90度が180、右90度が0となるので指定する際には注意が必要です。

ソース　サーボモーターを制御するプログラム

servo.ino

```
#include <ESP32Servo.h>

const int SERVO_PIN = 25;   // 信号線を接続したGPIOの番号

Servo mservo;

void setup() {
  mservo.attach( SERVO_PIN );
}

void loop() {
  mservo.writeMicroseconds( 1500 );   // 0度
  delay( 1000 );
  mservo.writeMicroseconds( 500 );    // 右90度
  delay( 1000 );
  mservo.writeMicroseconds( 1500 );   // 0度
  delay( 1000 );
  mservo.writeMicroseconds( 2500 );   // 左90度
  delay( 1000 );
}
```

9 動作　PWM出力

連続回転サーボモーター

プログラム rotservo.ino
ライブラリ ESP32Servo

利用パーツ

●連続回転サーボモーター ×1（秋:113206）

「連続回転サーボモーター（ローテーションサーボモーター）」は、DCモーターのように連続して回転するサーボモーターです。DCモーターの代わりとして、模型の車を動かす目的などで利用できます（**下図**）。

連続回転サーボモーターは、通常のサーボモーターと同じ形状をしており、回転軸にホーンを付けて作品などに取り付けます。ホーンのほかに、回転軸に直接差し込めるタイヤも販売されています（秋：113207）。

図　連続回転サーボモーターの外観

連続回転サーボモーターの外観

パルス幅を1500μ秒にした場合に回転してしまう場合は、ボリュームを調節して停止するようにする

（日経BP撮影）

回転の制御には、通常のサーボモーターと同じPWM出力を使います。ここで利用する「FS90R」は、パルス幅を1500μ秒にすると停止し、それよりもパルス幅を大きくすると左回転、小さくすると右回転します（**下図**）。

回転速度の調節も可能で、1500μ秒に近い値だとゆっくり、1500μ秒より値が離れるほど速くなります。

図　連続回転サーボモーターの制御方法

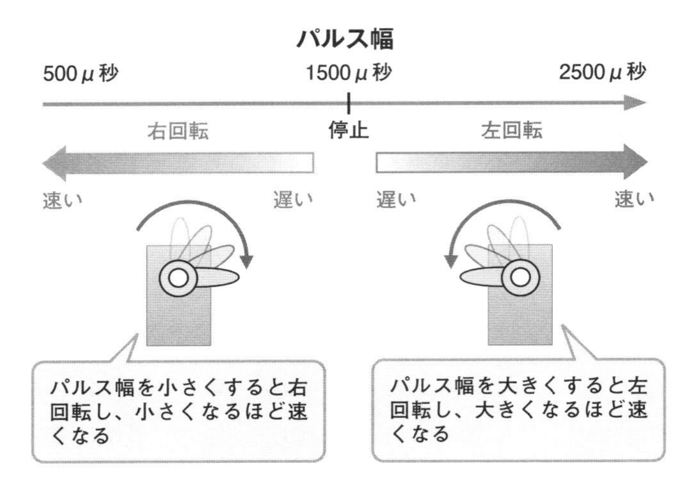

ESP32との接続方法も通常のサーボモーターと変わりません(**下図**)。制御線をESP32のGPIOに接続し、電源は5V端子に接続します。

図　接続図

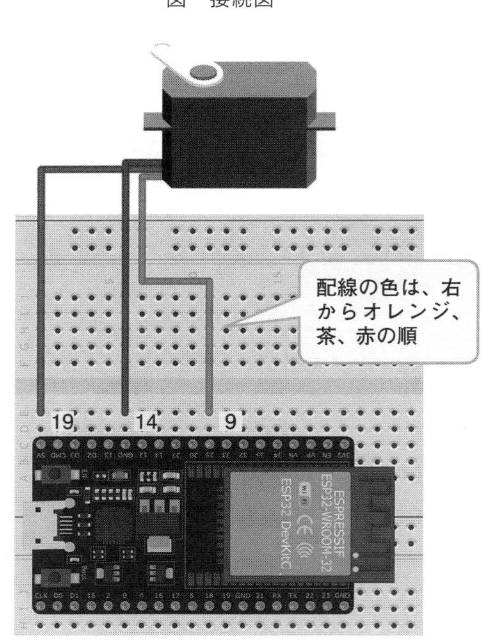

(Fritzingで作成)

連続回転サーボモーターの制御プログラム「rotservo.ino」を以下に示します。一つ前に紹介したサーボモーターと同様に、ESP32Servoライブラリを利用し、writeMicroseconds()でPWMのパルス幅をマイクロ秒単位で指定します。

プログラムを実行すると、右にゆっくり回転、右に速く回転、停止、左にゆっくり回転、左に速く回転、停止を繰り返します。

もし、停止（パルス幅が1500 μ秒）のところで回転が止まらない場合は、製品の個体差が原因です。底面にあるボリュームを回して停止するように調節してください。

ソース　連続回転サーボモーターの速度と回転方向を制御するプログラム

rotservo.ino

```
#include <ESP32Servo.h>

const int SERVO_PIN = 25; ── 信号線を接続したGPIOの番号

Servo mservo;

void setup() {
  mservo.attach( SERVO_PIN );
}

void loop() {
  mservo.writeMicroseconds( 1400 ); ── ゆっくり右回転
  delay( 1000 );
  mservo.writeMicroseconds( 1000 ); ── 速く右回転
  delay( 1000 );
  mservo.writeMicroseconds( 1500 ); ── 0度
  delay( 1000 );
  mservo.writeMicroseconds( 1600 ); ── ゆっくり左回転
  delay( 1000 );
  mservo.writeMicroseconds( 2000 ); ── 速く左回転
  delay( 1000 );
  mservo.writeMicroseconds( 1500 ); ── 停止
  delay( 1000 );
}
```

6章

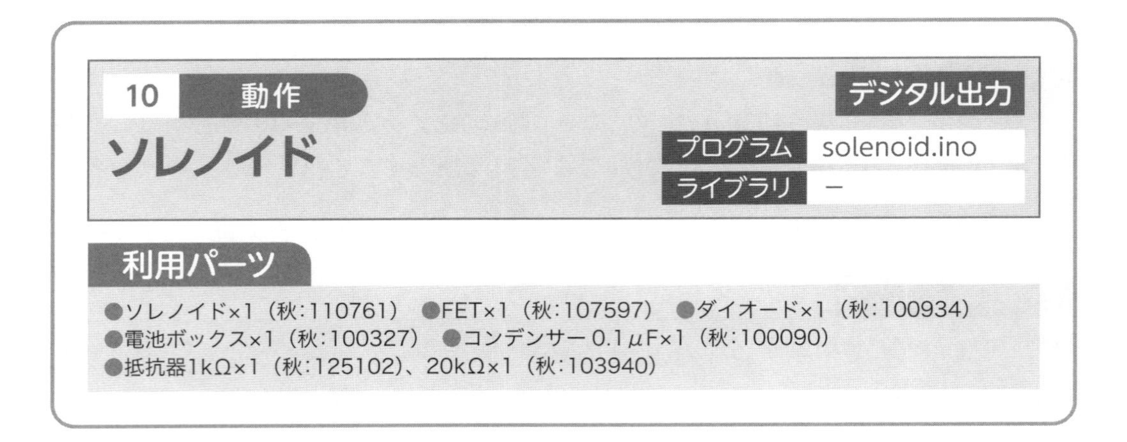

10 動作

ソレノイド

デジタル出力

プログラム	solenoid.ino
ライブラリ	−

利用パーツ

●ソレノイド×1（秋:110761）●FET×1（秋:107597）●ダイオード×1（秋:100934）
●電池ボックス×1（秋:100327）●コンデンサー0.1μF×1（秋:100090）
●抵抗器1kΩ×1（秋:125102）、20kΩ×1（秋:103940）

「ソレノイド」は直線的な動作を発生させるための電子パーツです（**下図**）。例えば、ボタンを押したり、ドアをロックしたりする目的で使われます。

コイルの中に鉄芯が入っており、コイルに電気を流すと発生した磁力により鉄芯が引き込まれます。電気を流すのをやめると鉄芯に取り付けられているバネの力で元の位置に戻ります。

図　ソレノイドの外観

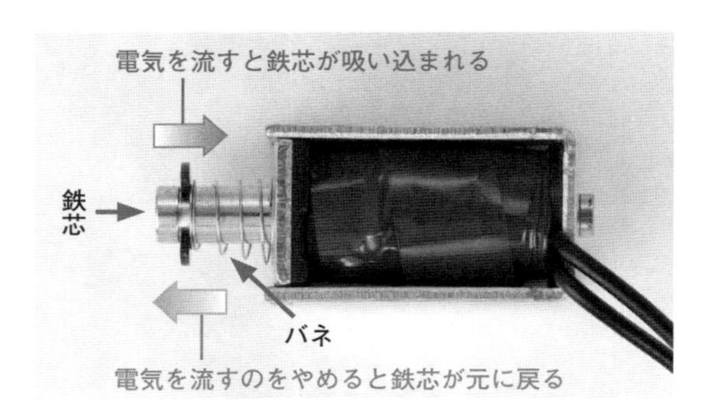

（日経BP撮影）

ソレノイドを動作させるには大きな電流が必要です。ここで紹介する「ZHO-0420S-05A4.5」は、数百mAの電流を必要とします。このため、DCモーター同様にFETを介して制御します。ESP32も含めた接続方法を**下図**に示します。

図　接続図

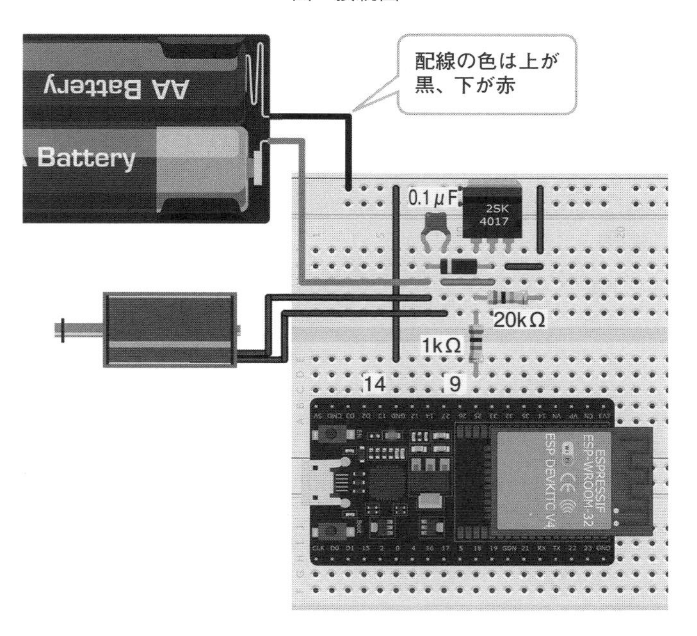

(Fritzingで作成)

ソレノイドを制御するプログラム「solenoid.ino」を以下に示します。ESP32のデジタル出力をHighにするとソレノイドの鉄芯が吸い込まれ、Lowにすると元に戻ります。このプログラムでは、鉄芯を10秒間吸い込んだ状態にし、その後元に戻しています。

ソース　ソレノイドの鉄芯を10秒間吸い込むプログラム

solenoid.ino

```
const int S_PIN = 25; ── ソレノイドを接続したGPIOの番号

void setup() {
    pinMode( S_PIN, OUTPUT );
}

void loop() {
    digitalWrite( S_PIN, HIGH );
    delay( 10000 );

    digitalWrite( S_PIN, LOW );

    while( true ){
      delay( 1000 );
    }
}
```

11
表示
デジタル出力
7セグメントLED
プログラム
7seg.ino
ライブラリ
－
利用パーツ
●7セグメントLED×1（秋：100640）　●抵抗器330Ω×8（秋：125331）

作品にデジタル数字の表示機能を付けたい場合には、「7セグメントLED」（以下、7セグLED）を使うのがお手軽です。7セグLEDには、8の字状にLED（セグメント）が配置されており、LEDの点灯状態によって数字を表現できます（**下図**）。例えば、右2個のLED（下図のBとC）を点灯すれば「1」、すべてのLEDを点灯すれば「8」という具合です。なお、右下には点を表すLED（下図のDP）が配置されており、小数点として使えます。

図　数値を表示できる7セグメントLED

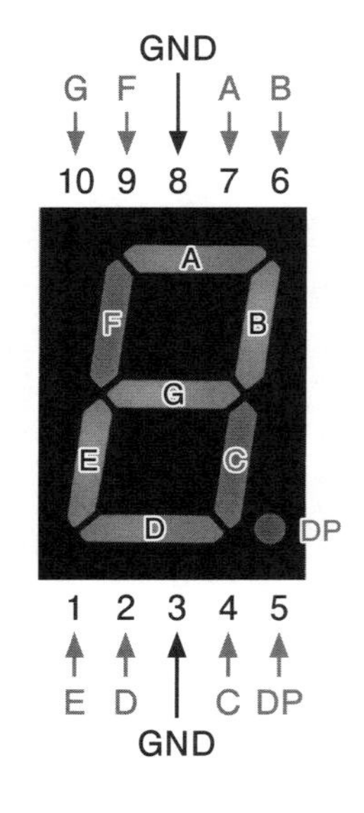

（日経BP撮影）

ここで紹介する7セグLEDは、すべてのLEDのカソードをまとめたGND端子と、各LEDのアノードの端子を備えています。このようにカソードを一つの端子にまとめることを「カソードコモン」と呼びます（**下図**）。これとは逆に、アノードを一つの端子にまとめた「アノードコモン」の7セグLEDも販売されています。

カソードコモンの場合は、電源の－側をGND端子に接続し、＋側を点灯したいLEDのアノードに接続することで目的のLEDを点灯できます。

図　カソードコモンとアノードコモン

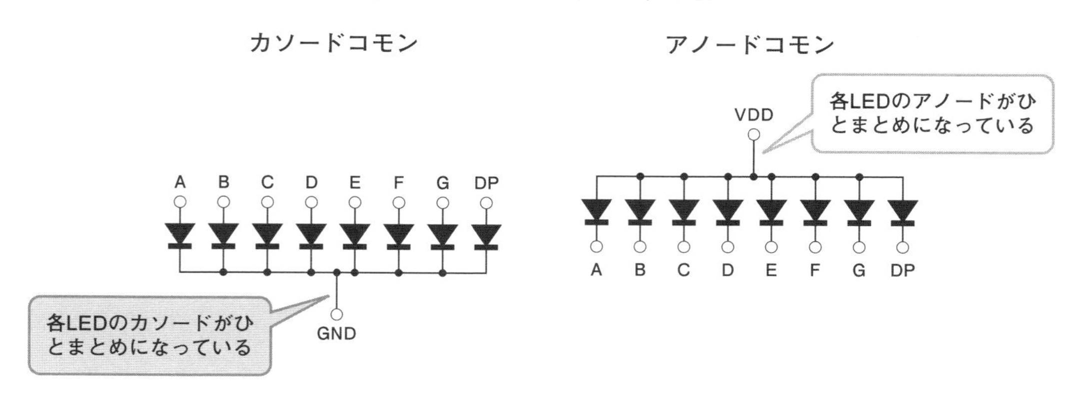

7セグLEDは**下図**のように接続します。各LEDのアノードをESP32のGPIOに接続します。この際、制限抵抗を接続して、電流が流れ過ぎないようにしておきます。

図　接続図

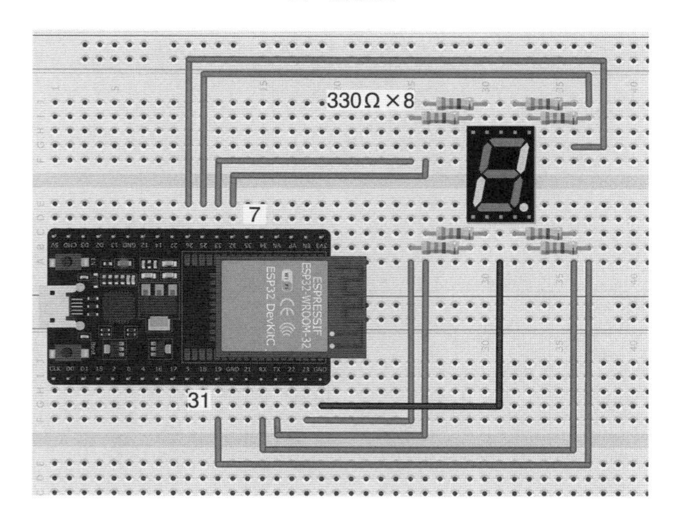

（Fritzingで作成）

7セグLEDに指定した数値を表示するプログラム「7seg.ino」を以下に示します。プログラム中の「DISP_NUMBER」で指定した数値が表示されます。7セグLEDの右下にあるドットを点灯したい場合は「DISP_DP」を「1」にします。

数値の形状を決めているのが「SEG_SHAPE」です。2進数で各LEDを点灯するかどうかを指定しています。1桁目がAのLED、2桁目がB……という具合に7桁目まで順に各LEDを割り当てています。「0」の場合は消灯、「1」の場合は点灯です。例えば、「0b0000110」であれば、BとCのLEDを点灯させます。

ソース　指定した数値を 7 セグ LED に表示するプログラム

7seg.ino

```
int DISP_NUMBER = 5; ── 表示する数値を指定する
int DISP_DP = 0; ── ドットを点灯する場合は「1」にする

const int SEG_PINS[7] = { 26, 25, 3, 1, 23, 32, 33 };
const int DP_PIN = 19;
                                        7セグLEDの各アノードに接続したGPIOの番号

const uint8_t SEG_SHAPE[10] = {
    0b00111111,
    0b00000110,
    0b01011011,
    0b01001111,
    0b01100110,        各数値の形状を設定する
    0b01101101,
    0b01111101,
    0b00000111,
    0b01111111,
    0b01101111
};

void setup() {
  for (int pin : SEG_PINS) {
    pinMode(pin, OUTPUT);
  }
  pinMode(DP_PIN, OUTPUT);
}

void loop() {
  uint8_t shape = SEG_SHAPE[ DISP_NUMBER ];

  digitalWrite(SEG_PINS[0], shape & 0x01);
  digitalWrite(SEG_PINS[1], shape & 0x02);
  digitalWrite(SEG_PINS[2], shape & 0x04);
  digitalWrite(SEG_PINS[3], shape & 0x08);   SEG_SHAPEに従ってLEDを
  digitalWrite(SEG_PINS[4], shape & 0x10);   点灯する
  digitalWrite(SEG_PINS[5], shape & 0x20);
  digitalWrite(SEG_PINS[6], shape & 0x40);

  digitalWrite(DP_PIN, DISP_DP);

  delay(10000);
}
```

12 表示　I²C

4桁7セグメントLED

プログラム	7segx4.ino
ライブラリ	－

利用パーツ

- ●4桁7セグLED×1（秋:109971）
- ●マトリクスドライバー×1（秋:111246）
- ●I²Cレベル変換×1（秋:105452）
- ●抵抗器330Ω×8（秋:125331）

一つ前で紹介した7セグメントLED（以下、7セグLED）は、複数個を並べることで2桁以上の数字を表示できますが、最初から2桁や4桁分が連結された形の7セグLEDも販売されています。複数の桁で数値を表示できれば、大きな値や日付、時間を表示できます。各桁の右下に配置されているドットを点灯すれば、小数を表示することも可能です。

ここでは4桁表示の7セグLED「OSL40391-LRA」（**下図**）を利用してみます。このOSL40391-LRAには、時計の表示などに使えるコロンも用意されています。

図　4桁の数字を表示できる7セグLEDの外観

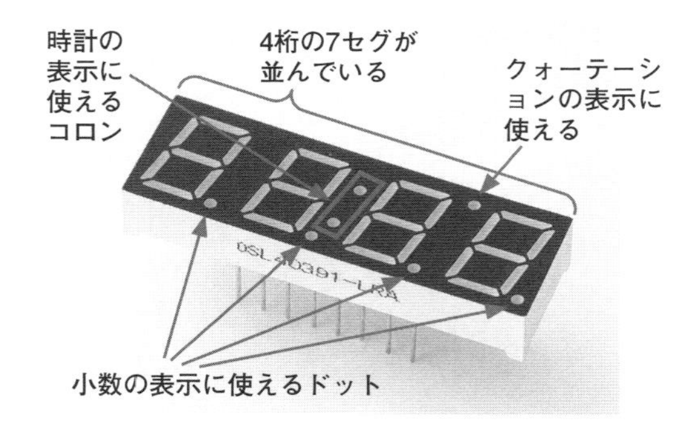

（日経BP撮影）

複数個の7セグLEDを並べて複数桁を作る場合、たくさんの端子を接続する必要が生じます。例えば、一つ前に紹介した7セグLEDを4個接続すると、計40端子にもなってしまいます。

一方、複数桁の7セグLEDでは、アノードやカソードが大きくまとめられており、端子の数が少なくなっています。OSL40391-LRAの場合、**下図**に示したように16端子を備えています。それぞれの端子の用途は以下の通りです。

まず、桁ごとに全セグメント（図のA～GおよびDPに対応するLED）のカソードが一つの端子にまとめられています。例えば、1桁目のすべてのセグメントのカソードは8番端子に割り当てられています。そして、それぞれのセグメントのアノードは、全桁共通のアノードとして一つの端子に束ねられています。例えば、各桁Aの位置に対応するアノードは14番端子という具合です。

目的のセグメントを点灯するには、対象のセグメントが接続されたアノードとカソードに電源を接続します。例えば、1桁目のAのLEDを点灯するには、電源の＋側を14番端子、－側を8番端子に接続します。

図　OSL40391-LRA の端子の用途

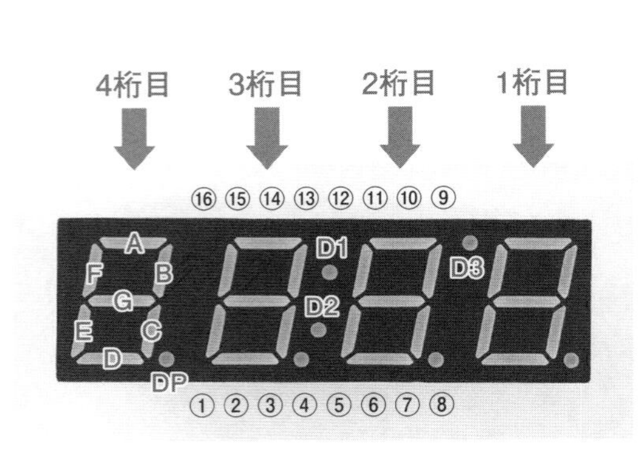

（日経BP撮影）

端子番号	用途
①	4桁目のカソード
②	3桁目のカソード
③	Dのアノード
④	D1、D2、D3のカソード
⑤	Eのアノード
⑥	2桁目のカソード
⑦	DPのアノード
⑧	1桁目のカソード
⑨	未使用
⑩	未使用
⑪	Fのアノード
⑫	未使用
⑬	C、D3のアノード
⑭	A、D1のアノード
⑮	Gのアノード
⑯	B、D2のアノード

複数の桁を持つ7セグLEDでは、同時に複数の桁を表示する際、1桁ずつ切り替えながら表示を行う「ダイナミック制御」と呼ぶ方式で制御します（**下図**）。点灯対象となる桁のカソードを「Low」にして、それ以外の桁は「High」にしておきます。点灯したいセグメントのアノードを「High」にすると、対象の桁に数字が表示されます。これを2桁目、3桁目〜と順に短い時間で

切り替えることで、人間の目には全桁が同時に表示されているように見えます。

図　ダイナミック制御で複数の桁の７セグを点灯する

ESP32でこうした表示の制御をしたい場合、「マトリクスドライバー」という電子パーツを使うのがお手軽です。ここで利用するマトリクスドライバー「HT16K33」は、アノード向けの端子を16端子、カソード向けの端子を８端子備えています（**下図**）。

ESP32とはI^{2}Cで通信し、送られてきた表示パターンに基づきマトリクス制御でLEDなどを点灯制御します。既定のI^{2}Cアドレスは「0x70」ですが、基板上のA0、A1、A2のパターンにはんだ付けすることで0x71～0x77への変更も可能です。

図　ダイナミック制御が可能なマトリクスドライバー「HT16K33」の外観と端子の用途

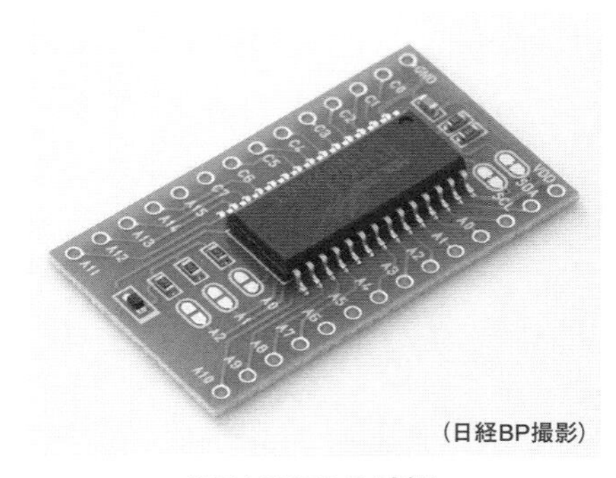
(日経BP撮影)

HT16K33の外観

端子名	用途
VDD	5V電源
GND	GND
SDA	I^{2}CのSDA
SCL	I^{2}CのSCL
A0～A15	LEDのアノード側に接続
C0～C7	LEDのカソード側に接続

HT16K33は**下図**のように接続します。ESP32とはI^2CのSDA、SCLをつなぎます。ただし、ESP32は3.3V、マトリクスドライバーは5VとI^2C通信の電圧が異なるため、「I^2Cレベル変換モジュール」を介して電圧を変換する必要があります。

また、4桁7セグLEDも一般的のLED同様、点灯する際には制限抵抗を接続して電流が流れ過ぎないようにしています。

たくさんの電子パーツを取り付けるため、小さなブレッドボードを利用している場合は、配置し切れなくなります。その場合は複数のブレッドボードに分けたり、大きなブレッドボードを使ったりしてください。

図　接続図

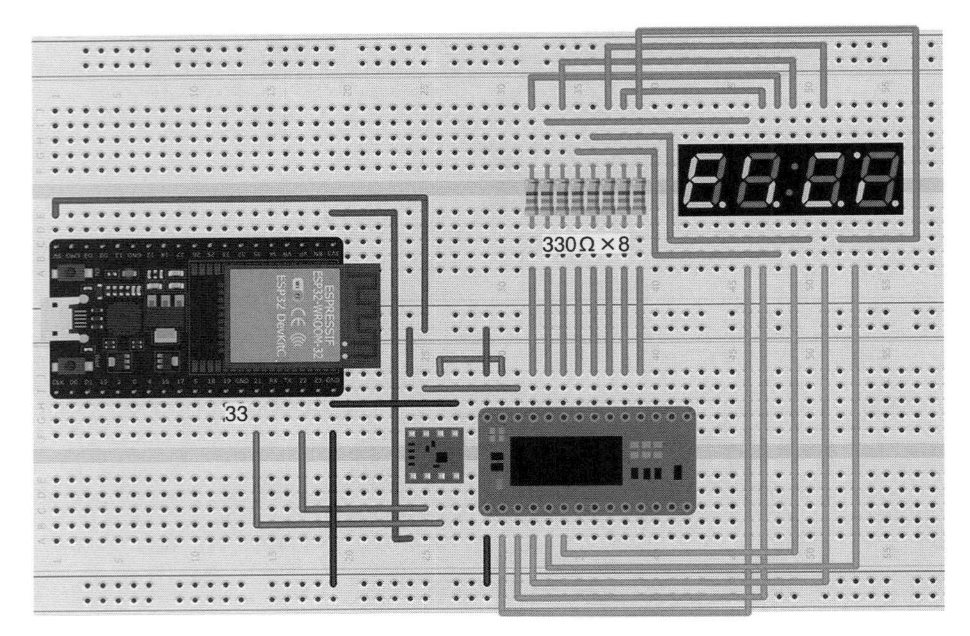

（Fritzingで作成）

指定した数値を表示するプログラム「7segx4.ino」を以下に示します。このプログラムは「DISP_NUMBER」に指定した4桁の数字を表示します。各桁の右下にあるドットを点灯したい場合は「dot」の対象の桁を「1」にします。中央のコロンについては、上側を点灯する場合は「colon_up」、下側は「colon_down」を「1」にします。右上のドットは「dot_up」を「1」にすると点灯します。

ソース　４桁の７セグ LED に任意の数字を表示するプログラム

7segx4.ino

```
#include <Wire.h>
                              表示する数値を指定する
int DISP_NUMBER = 1249; ─┘
                   マトリクスドライバーのI²Cアドレス
const int HT16K33_ADDR = 0x70; ─┘
const int DIGIT = 4;
                                        各桁のドット
int dot[ DIGIT ] = { 0, 0, 0, 0 }; ─┘
int colon_up = 0; ── コロンの上の点
int colon_down = 0; ── コロンの下の点
int dot_up = 0; ── 右上の点

const int seg_char[ 10 ] = { 0x3f, 0x⤶
06, 0x5b, 0x4f, 0x66, 0x6d, 0x7c, 0x0⤶
7, 0x7f, 0x67 }; ─┐
                              各数値の形状を設定する
void makeDigit( int number, int dig[]⤶
 ) {
  String str_num = String(number);

  for (int i = 0; i < DIGIT; i++) {
    if (i < str_num.length()) {
      dig[DIGIT - i - 1] = str_num[st⤶
r_num.length() - 1 - i] - '0';
    } else {
      dig[DIGIT - i - 1] = 0;
    }
  }
}

void setup(){
    Wire.begin();

    Wire.beginTransmission( HT16K33_A⤶
DDR );
    Wire.write( 0x21 );
    Wire.write( 0x01 ); ⤴
    Wire.endTransmission();
    delay( 100 );
    Wire.beginTransmission( HT16K33_
AD⤶DR );
    Wire.write( 0x81 );
    Wire.write( 0x01 );
    Wire.endTransmission();
    delay( 100 );
}

void loop(){
    uint8_t data;
    int digits[ DIGIT ];
    makeDigit( DISP_NUMBER, digits );

    for( int i = 0; i < DIGIT; i⤶
++ ){
        data = seg_char[ digits⤶
[ i ] ] | 0x80 * dot[ i ];
        Wire.beginTransmission( H⤶
T16K33_ADDR );
        Wire.write( i * 2 );
        Wire.write( data );
        Wire.endTransmission();
        delay( 10 );
    }
             各桁の数値とドットを表示する
    data = colon_up + colon_down⤶
 * 2 + dot_up * 4;
    Wire.beginTransmission( HT16⤶
K33_ADDR );
    Wire.write( 0x08 );
    Wire.write( data );
    Wire.endTransmission()
           コロンと右上のドットを表示する
    delay( 10000 );
}
```

6章

13 表示

I²C

マトリクスLED

プログラム	matrix.ino
ライブラリ	－

利用パーツ

●マトリクスLED×1（秋:108249）●マトリクスドライバー×1（秋:111246）
●I²Cレベル変換×1（秋:105452）●抵抗器330Ω×5（秋:125331）

マトリクスLEDは、LEDがマス目状に配置されたLEDです。点灯のさせ方で文字や記号、絵などを表示できます。駅の電光掲示板などでよく使われています。

ここで紹介するマトリクスLED「MOA20UB019GJ」（**下図**）は、縦7個×横5個（7行×5列）のLEDが並んだ構成ですが、他にも8×8などさまざまな構成の製品があります。

マトリクスLEDは、同じ行にあるLEDのアノードがひとまとめになっています。同様に、同じ列のカソードがまとめられています。対象のLEDがある行に電源の＋側、列に－側を接続すると点灯できます。

図　マトリクスLEDの外観と端子の用途
縦7個×横5個のLEDが並んだ構成となっている（写真は横方向から撮影）。

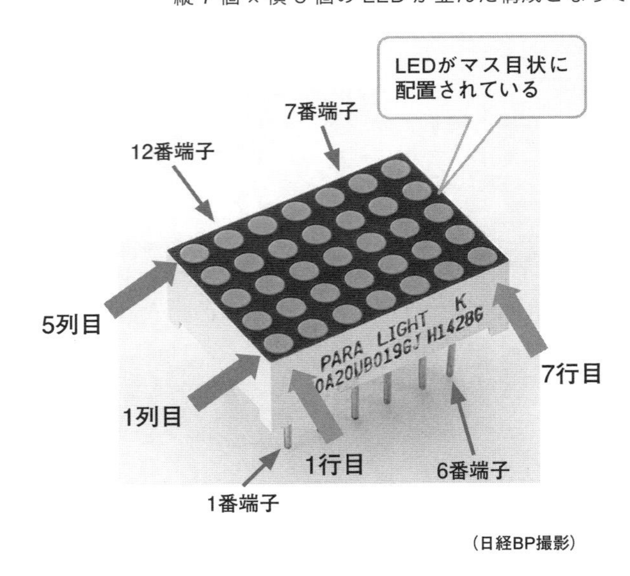

（日経BP撮影）

端子番号	用途
1	1列目のアノード
2	3行目のカソード
3	2列目のアノード
4	5行目のカソード
5	6行目のカソード
6	7行目のカソード
7	4列目のアノード
8	5列目のアノード
9	4行目のカソード
10	3列目のアノード
11	2行目のカソード
12	1行目のカソード

文字や記号を表示するには、一つ前に紹介した4桁7セグLEDと同じようにダイナミック制御を利用します。点灯対象のある列について、光らせたい行のアノードを「High」にセットした上で、その列のカソードを「Low」にし、それ以外の列を「High」にします。対象列を順にずらしながら短い時間で切り替えることで、文字や図形を表現できます（**下図**）。

図　ダイナミック制御でマトリクスLEDを点灯する
横向きに使う場合の例なので、図では行と列が入れ替わっている点に注意。

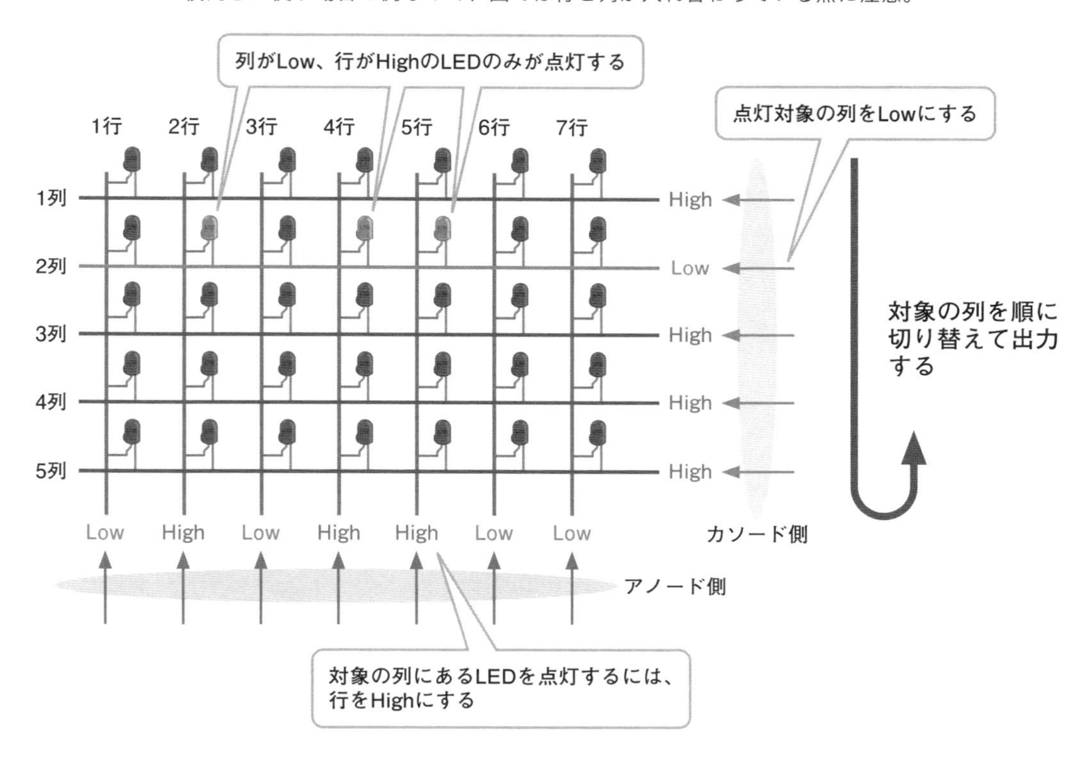

4桁7セグLEDの場合と同様に、マトリクスドライバーを使うことで、ダイナミック制御の処理を任せられます。マトリクスLEDは**下図**のように接続します。

図　接続図

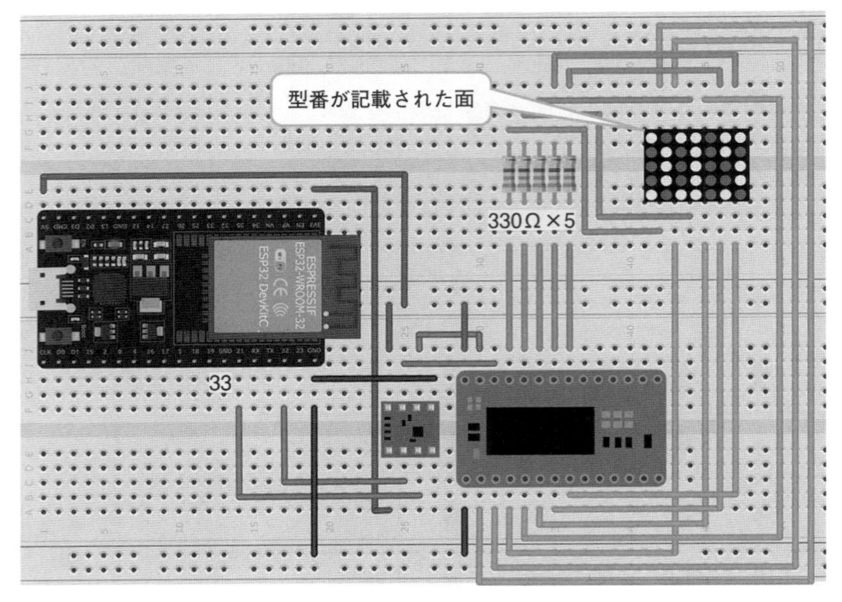

(Fritzingで作成)

制御用プログラム「matrix.ino」を以下に示します。

ソース　マトリクスLEDに記号などを表示するプログラム

matrix.ino

```
#include <Wire.h>

const int HT16K33_ADDR = 0x70;
const int MATRIX_ROW = 7;

int pattern[ MATRIX_ROW ] = {
    0b01001,
    0b00110,
    0b11111,
    0b00000,
    0b01110,
    0b10001,
    0b01110
};

void setup(){
    Wire.begin();

    Wire.beginTransmission( HT16K33_ADDR );
    Wire.write( 0x21 );
    Wire.write( 0x01 );
```

マトリクスドライバーのI²Cアドレス

表示パターンを指定。1は点灯、0は消灯

次ページに続く

```
    Wire.endTransmission();
    delay( 100 );
    Wire.beginTransmission( HT16K33_ADDR );
    Wire.write( 0x81 );
    Wire.write( 0x01 );
    Wire.endTransmission();
    delay( 100 );
}

void loop(){
    for( int i = 0; i < MATRIX_ROW; i++ ){
        Wire.beginTransmission( HT16K33_ADDR );
        Wire.write( i * 2 );
        Wire.write( pattern[ i ] );
        Wire.endTransmission();
        delay( 10 );
    }

    delay( 10000 );
}
```

パターンを表示する

表示するパターンは、プログラム中の「pattern」に**下図**のように2進数で指定します。各行の初めにある「0b」は2進数を表しています。その後ろの5桁の数字が各列の点灯パターンです。「1」は点灯、「0」は消灯を表します。

図　表示パターンの指定

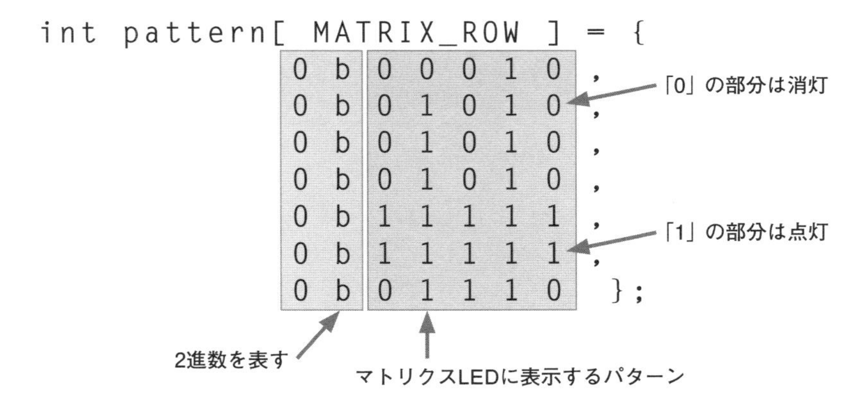

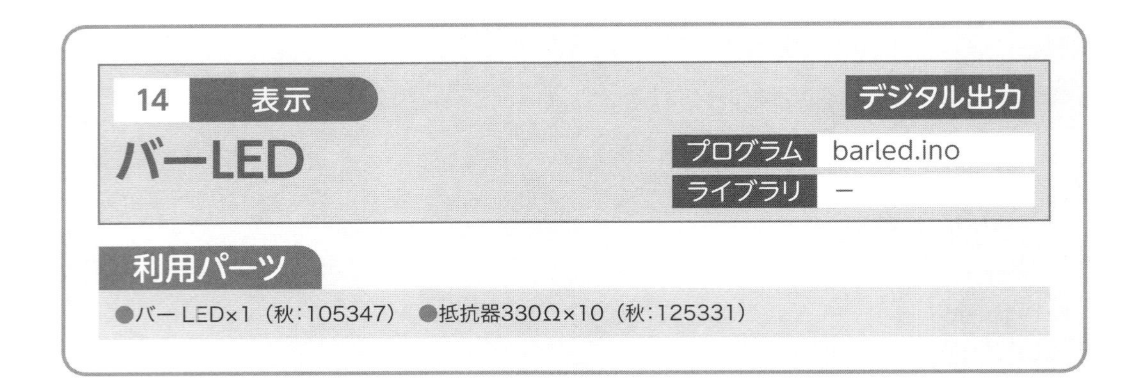

「バーLED」は、複数のLEDを一つの部品として詰め込む形で一列に配置した電子パーツです。音量の表示用インジケーターや、進捗を通知するプログレスバーなどの用途で使われます。ここでは左から順に緑色5個、黄色3個、赤色2個の計10個のLEDが配置された「OSX10201-GYR1」（**下図**）を使う方法を紹介します。

OSX10201-GYR1には、LEDごとにアノードとカソード端子が付いています。型番が記載されている面にある端子がアノードです。

図　10個のLEDが一列に配置されたバーLEDの外観

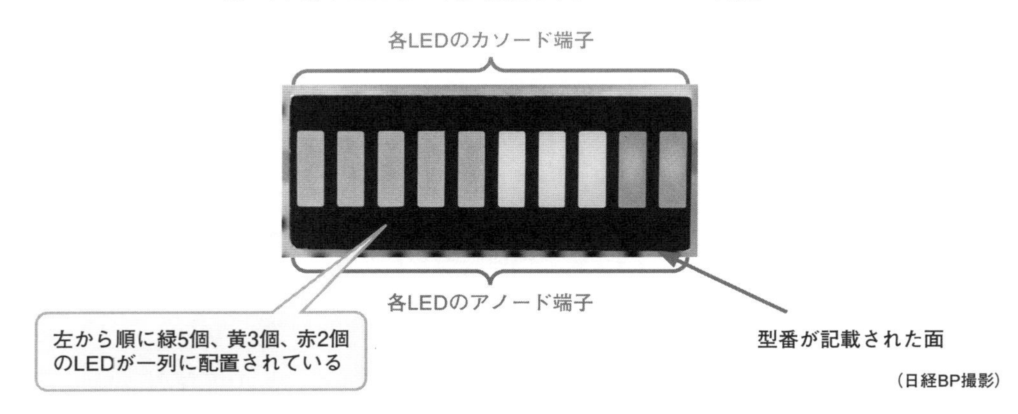

それぞれのLEDをESP32のGPIOに接続し、デジタル出力で制御します（**下図**）。この際、制限抵抗を忘れないように接続してください。

図　接続図

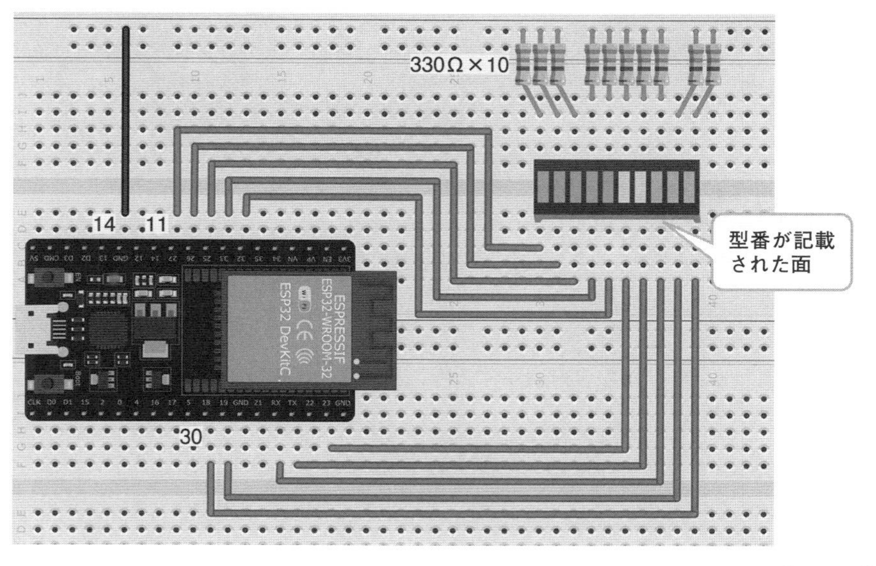

（Fritzingで作成）

指定した値で点灯するLEDの数を変えられるように制御するプログラム「barled.ino」を以下に示します。プログラム中では、「BAROUT」変数に0～10の数値を指定すると、緑色側のLEDから指定した数のLEDが点灯します。例えば、3の場合は3個の緑のLEDが点灯し、7の場合は緑5個、黄色2個のLEDが点灯します。

ソース　指定した数のLEDを点灯するプログラム

barled.ino

```
int BAROUT = 7;
const int LED_PIN[ 10 ] = { 27, 26, 25, 33, 32, 23, 1, 3, 19, 18 };
void setup() {
    for( int pin : LED_PIN ){
        pinMode( pin, OUTPUT );
    }
}

void loop() {
    int count;
    for( int pin : LED_PIN ){
        if( count < BAROUT ){
            digitalWrite( pin, HIGH );
        }else{
            digitalWrite( pin, LOW );
        }
        count++;
    }
    delay( 10000 );
}
```

- `int BAROUT = 7;`：指定した数だけLEDが点灯する
- `LED_PIN`：各LEDに接続したGPIOの番号
- `for`ループ：OUTPUTに指定した数分のLEDを点灯する

15 表示

I²C

キャラクターディスプレイ

プログラム chardisp.ino
ライブラリ so1602.zip

利用パーツ

●キャラクターディスプレイ×1（秋：108277）

センサーで計測した結果などを表示する際には、キャラクターディスプレイが役立ちます。キャラクターディスプレイには、あらかじめアルファベットや数字、記号などの表示データが登録されており、表示する文字の種類と位置をESP32などから送ることで文字列を表示できます。

ここで紹介するキャラクターディスプレイ「SO1602」は、横16文字×2行の合計32文字を表示可能です（**下図**）。シンプルなメッセージを表示したり、センサーの計測結果を表示したりする分には十分な文字数です。

表示する文字などのデータは、I²C通信でやり取りします。I²Cアドレスは、4番端子の接続先によって変更できます。GNDに接続した場合は0x3c、電源に接続した場合は0x3dとなります。

図　文字を表示できるキャラクターディスプレイ

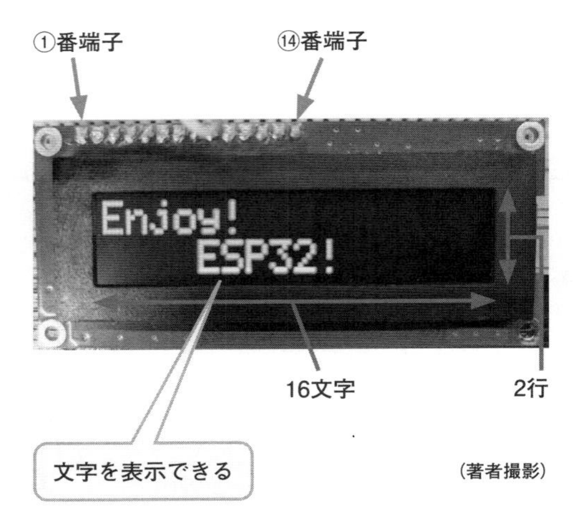

端子番号	用途
①	GND
②	3.3V電源
③	Lowにすると制御可能になる
④	I²Cアドレス選択 GNDに接続：0x3c 電源に接続：0x3d
⑦	I²CのSCL
⑧	I²CのSDA（受信）
⑨	I²CのSDA（送信）
⑤⑥⑩～⑭	未使用

SO1602は**下図**のように接続します。I^{2}Cでデータをやり取りするため、SDAとSCLを接続します。なお、SDAについては、分配してキャラクターディスプレイの8番と9番の端子に接続する必要があります。

図　接続図

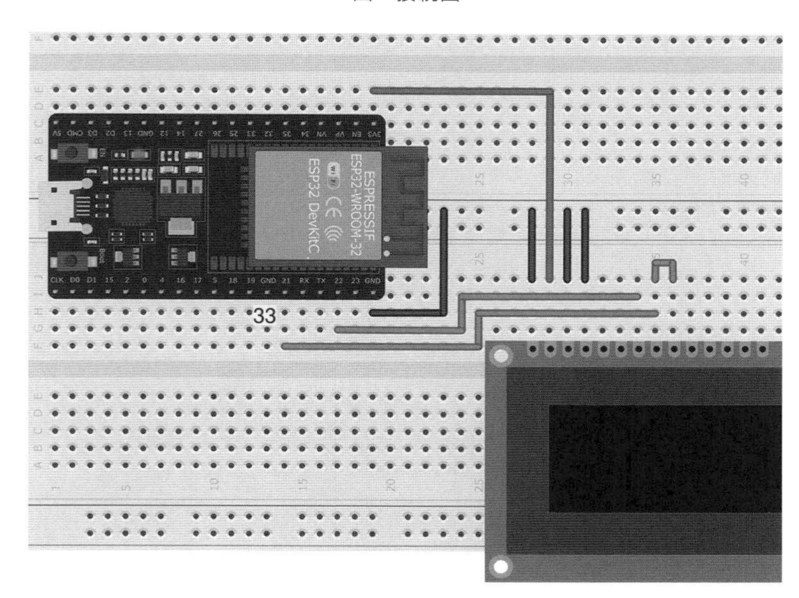

（Fritzingで作成）

SO1602を制御するには、本書で提供しているライブラリ「so1602.zip」を利用します。2-2を参照し、Arduino IDEに読み込んでください。

制御用プログラム「chardisp.ino」を以下に示します。表示する文字はプログラム中の「oled.charwrite()」で指定します。なお、このライブラリはカタカナの表示には対応していません。また、SO1602はひらがなや漢字を表示することはできません。

文字の表示を開始する場所は「oled.move(桁, 行)」で指定できます。位置は左上が0桁、0行となっています。例えば2行3桁目から表示したい場合は「oled.move(2, 1)」と指定します。

このほか、「oled.clear()」で表示されている文字をすべて消去できます。「oled.set_cursol()」で1を指定すると下線のカーソルを、「oled.set_blink()」で1を指定すると点滅のカーソルを表示します。

ソース　指定した文字を表示するプログラム

chardisp.ino

```
#include <Wire.h>
#include <SO1602.h> ── ライブラリを読み込む

const int SO1602_ADDR = 0x3c; ── キャラクターディスプレイのI2Cアドレス

SO1602 oled( SO1602_ADDR );

void setup() {
    Wire.begin();
    oled.begin();
    oled.set_cursol( 0 ); ── 1にすると下線のカーソルを表示する
    oled.set_blink( 0 ); ── 1にすると点滅のカーソルを表示する
    oled.clear(); ── 画面上のすべての文字を消す
}

void loop() {
    oled.charwrite("Enjoy!"); ── 文字列を表示する
    oled.move( 4, 1 ); ── カーソルを指定した座標(桁,行)に移動する
    oled.charwrite("ESP32!"); ── 文字列を表示する

    while( true ){
        delay( 10000 );
    }
}
```

センサーなどで計測した値を表示したい場合、そのまま変数を指定してもデータ型が異なるため、正しく表示できません。そこで、数値はsprintf()で文字列に変換してからoled.charwrite()で表示するようにします。例えば、「temp」変数に入っている整数を表示する場合は以下のようにします（本書サポートサイトに「chardispvar.ino」として用意しています）。

```
int temp = 23;
char dispstr[ 16 ];

sprintf( dispstr, "Temp: %d C", temp );

oled.charwrite( dispstr );
```

sprintf()では、変換した文字列を格納する配列、文字列の形式、埋め込む変数の順に指定します。文字列の形式で変数を埋め込む場所には「%d」を指定します。なお、小数の場合は「%f」を指定します。

グラフィックスディスプレイは、文字や図形、画像などをドット単位で自由に表示（描画）できるディスプレイです。メッセージを表示したり、センサーで計測した結果をグラフとして表示したりできます。

ここで紹介するグラフィックスディスプレイ「SSD1306」（**下図**）は、横128ドット、縦64ドットの解像度を持ち、単色で表示可能です。もっと表示ドット数が多い製品やフルカラー表示できる製品も市販されています。

SSD1306で描画する際は座標を指定します。座標は（横,縦）のように記述します。左上が(0,0)、右下が(127,63)となります。

図　グラフィックスディスプレイの外観

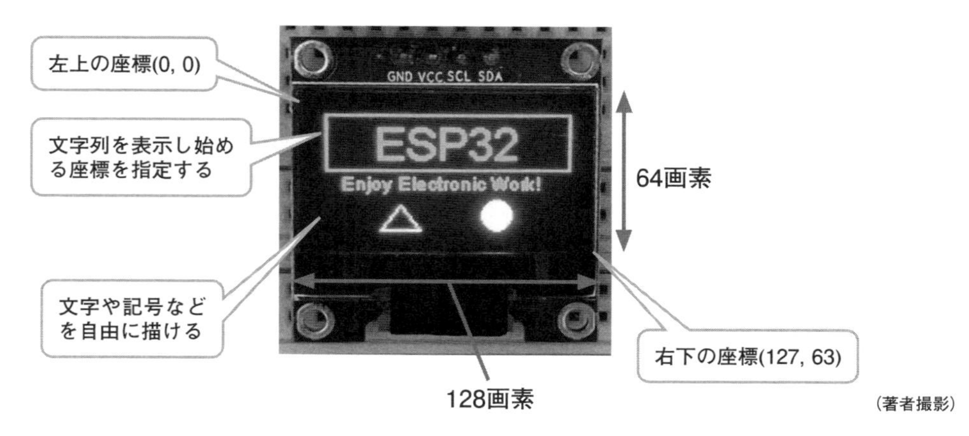

（著者撮影）

グラフィックスディスプレイは**下図**のようにI^2C経由でESP32と接続します。

6章

図　接続図

（Fritzingで作成）

SSD1306をESP32で制御するには、別途ライブラリ「ESP8266 and ESP32 OLED driver for SSD1306 displays」を利用します。あらかじめ、2-2を参照してライブラリを追加しておきます。

SSD1306に文字列を表示するプログラム「graphdisp.ino」を以下に示します。このプログラムは、前ページの図で表示しているように、「ESP32」と「Enjoy Electronic Work!」の文字列、四角、三角、内部が塗られた円を表示しています。

ディスプレイに表示する画像を描画するには、ESP32側に仮想の画面（キャンバス）を用意しておき、そこに図形や文字などを描きます。このライブラリではSSD1306Wireクラスでキャンパスを用意しています。

clear()では描画エリアを消去しています。キャンバスには、下表に示すような関数を使って描画できます。drawRect()は四角、drawTriangle()で三角、drawCircle()で円を描けます。また、fillRect()、fillTriangle()、fillCircle()とするとそれぞれの図形の内部を塗りつぶします。

文字の表示には、drawString()を使います。描画を開始する座標と文字列を指定します。また、setFont()で文字描画に利用するフォントとサイズを指定できます。setTextAlignment()では文字のそろえ位置を指定できます。左揃えの場合は「TEXT_ALIGN_LEFT」、中央揃えの場合は「TEXT_ALIGN_CENTER」、右揃えの場合は「TEXT_ALIGN_RIGHT」と指定します。

display()では、キャンパス内の画像をSSD1306に転送し、実際に画面上に表示します。

ソース　グラフィックスディスプレイに文字列を表示するプログラム

graphdisp.ino

```
#include <Wire.h>
#include "SSD1306Wire.h"
```

次ページに続く

```
SSD1306Wire display( 0x3c, SDA, SCL );

void setup() {
  display.init();
  display.flipScreenVertically(); ── ディスプレイの向きを設定
}

void loop(){
  display.clear(); ── 画面をクリアーする

  display.drawRect( 2, 2, 126, 30 ); ── 四角を描く
  display.drawTriangle( 30, 63, 50,63, 40, 50 ); ── 三角を描く
  display.fillCircle( 90, 55, 8 ); ── 円を描く

  display.setTextAlignment( TEXT_ALIGN_CENTER ); ─ テキストの揃える位置を指定
  display.setFont( ArialMT_Plain_24 ); ── テキスト描画に利用するフォントとサイズを指定
  display.drawString( 64, 4, "ESP32" ); ── 指定した文字列を描画する

  display.setTextAlignment( TEXT_ALIGN_LEFT );
  display.setFont( ArialMT_Plain_10 );
  display.drawString( 10, 32, "Enjoy Electronic Work!" );

  display.display(); ── 画面に表示する

  while( true ){
    delay( 10000 );
  }
}
```

表　描画関連の主な関数

関数名	内容
drawCircle(X, Y, R) fillCircle(X, Y, R)	(X,Y)を中心、Rを半径とした円を描画する。fillCircle()にすると内部を塗りつぶす
drawLine(X1, Y1, X2, Y2)	(X1,Y1)から(X2,Y2)に線を描画する
setPixel(X, Y)	(X,Y)に点を描画する
drawTriangle(X1, Y1, X2, Y2, X3, Y3) fillTriangle(X1, Y1, X2, Y2, X3, Y3)	(X1,Y1)、(X2,Y2)、(X3,Y3)を頂点とした三角形を描く。fillTriangle()にすると内部を塗りつぶす
drawRect(X, Y, W, H) fillRect(X, Y, W, H)	(X1,Y1)から、幅W、高さHの四角を描画する。fillRect()にすると内部を塗りつぶす
drawString(X, Y, 文字列)	指定した文字列を表示する
setTextAlignment(位置)	テキストの揃え位置を指定する。左揃えは「ALIGN_LEFT」、右揃えは「TEXT_ALIGN_RIGHT」、中央揃えは「TEXT_ALIGN_CENTER」、両端揃えは「TEXT_ALIGN_CENTER_BOTH」
setFont(フォント, サイズ)	文字を描画するフォントを指定する

マイクロスイッチは、高い信頼性と耐久性を備えたスイッチです。所定の力が加わると、確実にスイッチが切り替わるようになっています。マウスのボタンや、動く作品が壁に衝突したことを検知する仕組みなどに利用されています。金属製のレバーが付いているタイプのマイクロスイッチを使うと、スイッチとして反応する面が広くなる上、てこの原理により、弱い力でもスイッチを押すことができるようになります。

ここで紹介するマイクロスイッチは「COM」「NO」「NC」という三つの端子を備えています（**下図**）。NO（Normally Open）はスイッチを押していない状態では何も接続されず、スイッチを押すとCOMと接続された状態になります。一方、NC（Normally Close）はNOと逆で、スイッチを押していない状態ではCOMと接続され、スイッチが押されると何も接続しない状態になります。用途に応じてNOとNCのどちらを利用するかを選択します。

図　マイクロスイッチの外観

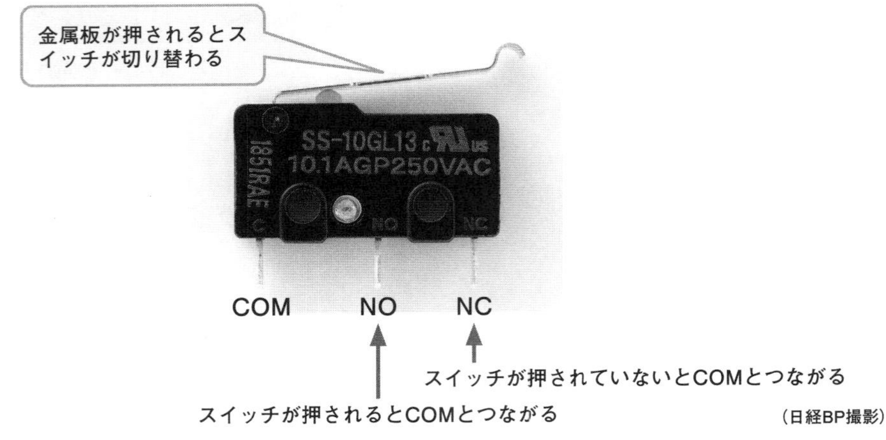

ESP32とマイクロスイッチは**下図**のように接続します。ここではNO端子を利用し、マイクロスイッチが押されたらCOM（電源）と接続するようにしています。

図　接続図

(Fritzingで作成)

制御用プログラム「microsw.ino」を以下に示します。このプログラムでは、マイクロスイッチが押されると「Hit」と表示します。また、マイクロスイッチを接続したGPIOについて、プルダウン抵抗が有効になるように設定しています。

ソース　マイクロスイッチが押されたら「Hit」と表示するプログラム

microsw.ino

```
#include <driver/gpio.h>

const int SW_PIN = 33; ── マイクロスイッチを接続したGPIOの番号

void setup() {
    pinMode( SW_PIN, INPUT );
    gpio_set_pull_mode( GPIO_NUM_33, GPIO_PULLDOWN_ONLY ); ─┐
                                                  プルダウン抵抗を有効にする
    Serial.begin( 115200 );
}

void loop() {
    if( digitalRead( SW_PIN ) == 1 ){ ─┐
        Serial.println( "Hit" ); ──────┴─ 押されたら「Hit」と表示する
    }

    delay( 500 );
}
```

18 入力

デジタル入力

リードスイッチ

プログラム	reed.ino
ライブラリ	—

利用パーツ

●ドアスイッチ×1（秋:113371）

「リードスイッチ」は、磁石を近づけることでスイッチを切り替えることのできる電子パーツです（**下図**）。センサー自体に触れずに感知できるため、動くものの状態を調べたり、密封した空間内の状態を調べたりできます。ドアや窓などの開閉の状態を知りたい場合にも役立ちます。

図の右側に示したように、リードスイッチの内部には、2枚の金属板が離れた状態で配置されています。磁石を近づけると、金属板がN極またはS極になります。N極とS極は引き合うので金属板がくっつき、導通状態になります。図の左側下のガラス管を使った透明のリードスイッチを見ると、内部に2枚の金属版が配置されている様子を確認できます。

図　リードスイッチの外観と仕組み

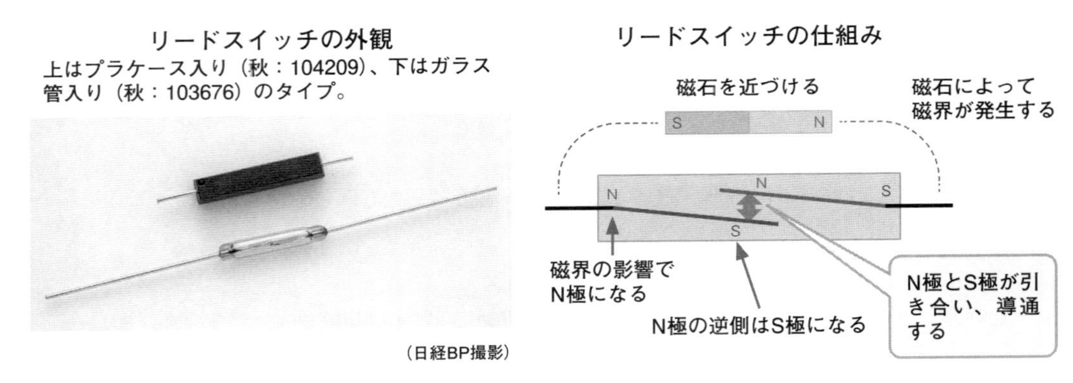

ドアなどの開閉状態を調べる目的で作られた、「ドアスイッチ」と呼ばれるリードスイッチの応用製品も市販されています（**下図**）。ドアスイッチは、二つの部品に分かれています。一つにはリードスイッチが、もう一つには磁石が入っており、二つの部品を近づけることでリードスイッチがオンの状態になる仕組みです。利用する際は、ドアの枠にリードスイッチ側を取り付けて配線し、ドア側に磁石を取り付けておきます。ドアを閉めると磁石がリードスイッチに近づき、スイッチがオンになります。

図　ドアの開閉を調べるのに使える「ドアスイッチ」の外観

（日経BP撮影）

リードスイッチとESP32は**下図**のように接続します。リードスイッチがオンになると、ESP32のGPIOはLowに接続された状態になります。

図　接続図

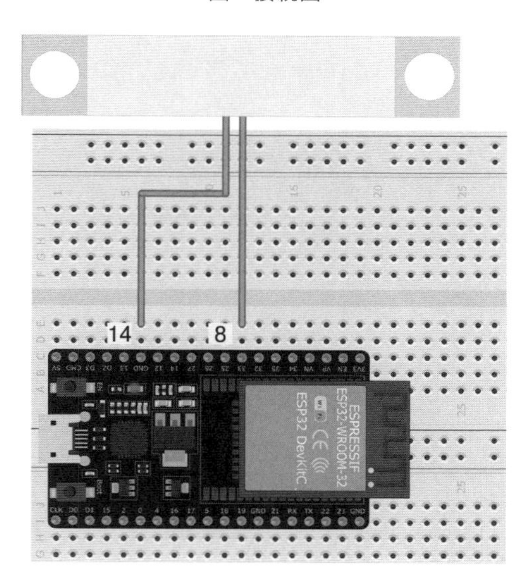

（Fritzingで作成）

制御用プログラム「reed.ino」を以下に示します。ドアスイッチを接続したGPIOはプルアップ抵抗を有効にしておきます。プログラムを実行すると、ドアが開いていれば「Open.」、閉まっていれば「Close.」と表示されます。

ソース　ドアスイッチを使って扉の状態を確認するプログラム

reed.ino

```
#include <driver/gpio.h>

const int SW_PIN = 33; ── ドアスイッチを接続したGPIOの番号

void setup() {
    pinMode( SW_PIN, INPUT );
    gpio_set_pull_mode( GPIO_NUM_33, GPIO_PULLUP_ONLY ); ─┐
                                              プルアップ抵抗を有効にする
    Serial.begin( 115200 );
}

void loop() {
    if( digitalRead( SW_PIN ) == 0 ){ ── ドアが閉じているかを確認する
        Serial.println( "Close." ); ── ドアが閉じていたら表示
    }else{
        Serial.println( "Open." ); ── ドアが開いたら表示
    }

    delay( 500 );
}
```

19 入力　　デジタル入力

ロータリースイッチ

プログラム	rotsw.ino
ライブラリ	―

利用パーツ

●ロータリースイッチ×1（秋:116035）　●ボリュームつまみ×1（秋:100253）

「ロータリースイッチ」は、切り替える回路を選択できるスイッチです。オーディオの出力先の切り替えなどに使えます。ESP32と組み合わせると、ロータリースイッチの回転軸の位置によって作品の設定や動作を切り替えるといった制御が可能になります。

ここで紹介するロータリースイッチは、COM端子と接続できる端子を四つの端子から選択できるタイプです（**下図**）。例えば、つまみを右いっぱいまで回転させると、内部で10番（COM）と9番の端子がつながった状態になります。なお、図を見ると分かるように、1〜5番端子と6〜10番端子はそれぞれ独立した二つのスイッチになっています。つまみを回すことでそれぞれのスイッチが同時に切り替わります。

図　ロータリースイッチの外観と仕組み

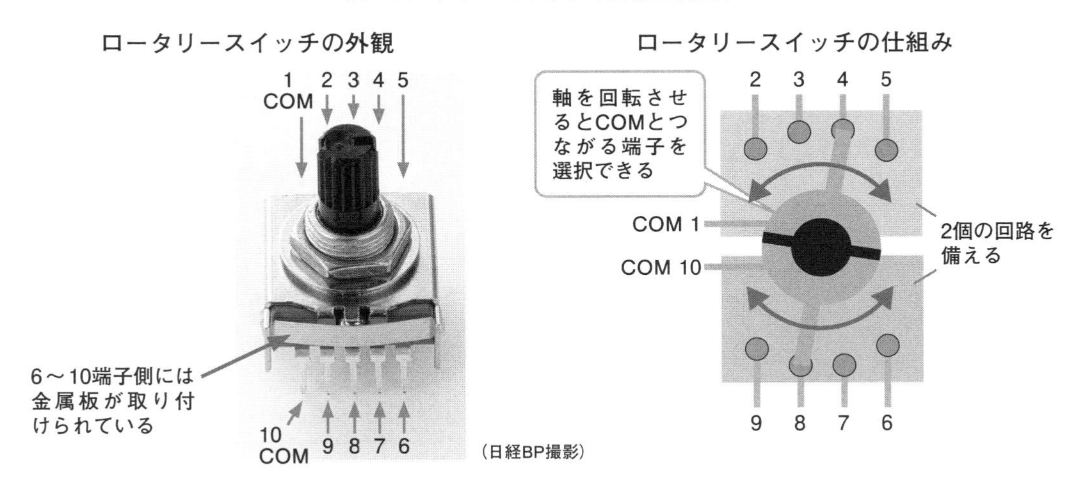

ロータリースイッチとESP32は**下図**のように接続します。10番（または1番）端子にESP32の3.3V出力端子を接続し、スイッチで切り替える6〜9番（または2〜5番）端子をそれぞれGPIOに接続します。これで選択中の端子が電源に接続した状態になります。あとはデジタル入力でHighになっているGPIO端子を探せば、どの端子が選択されているかが分かります。

図　接続図

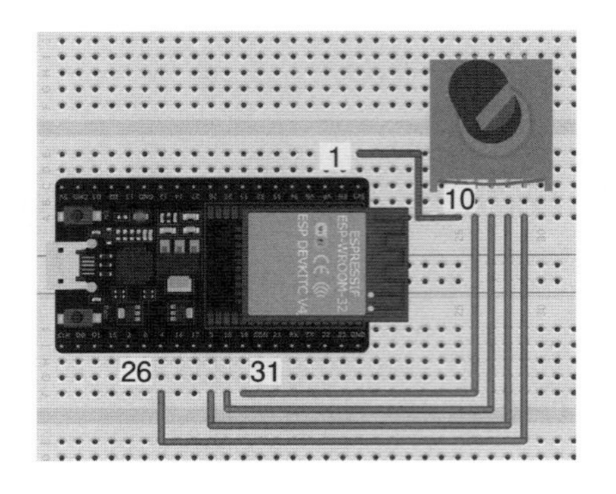

（Fritzingで作成）

制御用プログラム「rotsw.ino」を以下に示します。プログラム中では、ロータリースイッチのそれぞれの端子に接続したGPIOの番号をROT_PINに指定しています。ROT_NAMEには、結果を表示する際の名称（端子番号など任意）を指定しておきます。ここでは、GPIO 19が選択されている場合は「9」、GPIO 18の場合なら「8」とロータリースイッチの端子番号を表示するように設定しています。また、各GPIOではプルダウン抵抗を有効にしておきます。

プログラムを実行すると、「Select SW : 9」のように選択中のロータリースイッチの端子番号が表示されます。

ソース　ロータリースイッチで選択中の番号を表示するプログラム

rotsw.ino

```
#include <driver/gpio.h>
        ロータリースイッチの切り替える数
const int ROT_PIN_NUM = 4;
ロータリースイッチの各端子を接続したGPIO番号
int ROT_PIN[ ROT_PIN_NUM ] = { 19, 18, 5, 4 };
int ROT_NAME[ ROT_PIN_NUM ] = { 9, 8, 7, 6 }; ── ロータリースイッチの端子名

void setup() {
    int i;
接続したGPIOでプルダウン抵抗を有効にする
    for( i = 0; i < ROT_PIN_NUM; i++ ){
      pinMode( ROT_PIN[ i ], INPUT );
      gpio_set_pull_mode( static_cast<gpio_num_t>(ROT_PIN[ i ]), GPIO_PULLDOWN_ONLY );
    }

    Serial.begin( 115200 );
}

void loop() {
    int sel = 0;
    int i = 0;
各GPIOの状態を調べ、Highとなっている端子を見つける
    for( i = 0; i < ROT_PIN_NUM; i++ ){
      if( digitalRead( ROT_PIN[ i ] ) == 1 ){
        sel = i;
        break;
      }
    }
                        選択中の端子を表示する
    Serial.print( "Select SW: " );
    Serial.println( ROT_NAME[ sel ] );

    delay( 1000 );
}
```

20 入力

デジタル入力

2進数出力ロータリースイッチ

プログラム	rotlog.ino
ライブラリ	−

利用パーツ

●ロータリースイッチ0～9正論理×1（秋:102274）

ロータリースイッチには、ダイヤル（つまみ）で選択した数値を出力する「正論理」と呼ぶタイプの製品もあります（**下図**）。合わせた数値によって内部のスイッチが切り替わり、各桁の端子の状態が変化します。

図　2進数出力ロータリースイッチの外観

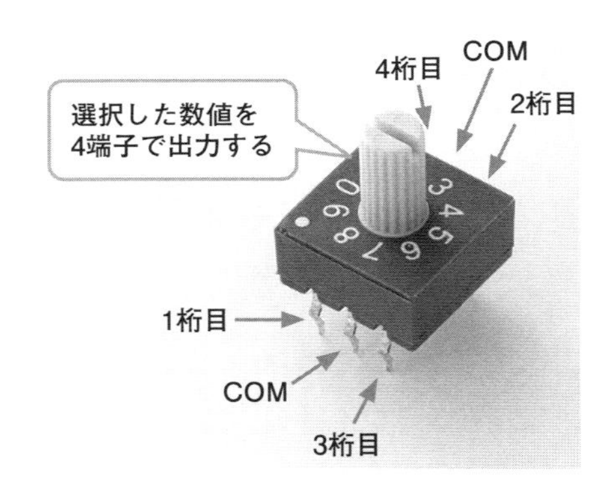

（日経BP撮影）

ここで利用するロータリースイッチは、0～9の数値を選択でき、選んだ数値を4本の端子の出力状態で表現します（**下表**）。表中の「オフ」は何もつながっていない状態、「オン」はCOM端子とつながった状態です。

表　各数値に合わせた際のロータリースイッチの端子の状態

数値	4桁目	3桁目	2桁目	1桁目
0	オフ	オフ	オフ	オフ
1	オフ	オフ	オフ	オン
2	オフ	オフ	オン	オフ
3	オフ	オフ	オン	オン
4	オフ	オン	オフ	オフ
5	オフ	オン	オフ	オン
6	オフ	オン	オン	オフ
7	オフ	オン	オン	オン
8	オン	オフ	オフ	オフ
9	オン	オフ	オフ	オン

ESP32で数値を読み取るには、**下図**のようにCOM端子を3.3V、各桁の端子をGPIOに接続します。

図　接続図

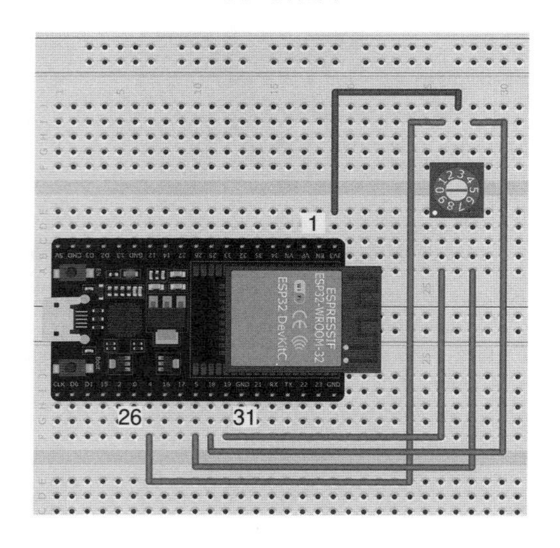

(Fritzingで作成)

プログラムで数値を読み取るには、各桁の端子に接続したESP32のGPIOの状態を調べ、Highの場合は「1」、Lowの場合は「0」とします。取得した値を**下図**の計算式に当てはめると、どの数値を選択したかが分かります。

図　数値を求める計算式

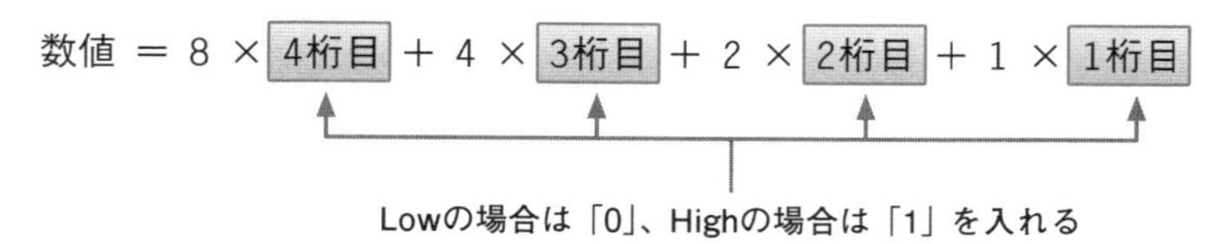

作成した数値取得用プログラム「rotlog.ino」を以下に示します。「ROT_PIN」には各桁の端子に接続したGPIOの番号を指定しておきます。

ソース　ロータリースイッチで合わせた数値を取得するプログラム

rotlog.ino

```
#include <driver/gpio.h>
const int ROT_DIG = 4;
int ROT_PIN[ 4 ] = { 19, 18, 5, 4 };
int data[4] = { 0, 0, 0, 0 };
void setup() {
    int i;
    for( i = 0; i < ROT_DIG; i ++ ){
      pinMode( ROT_PIN[ i ], INPUT );
      gpio_set_pull_mode( static_cast<gpio_num_t>(ROT_PIN[ i ]), GPIO_PULLDOWN_ONLY );
    }

    Serial.begin( 115200 );
}

void loop() {
  int i, value;
  for( i = 0; i < ROT_DIG; i++ ){
    data[ i ] = digitalRead( ROT_PIN[ i ] );
  }
  value = data[ 3 ] * 8 + data[ 2 ] * 4 + data[ 1 ] * 2 + data[ 0 ];
  Serial.print( value );
  Serial.print( " (" );
  Serial.print( data[ 3 ] );
  Serial.print( ", " );
  Serial.print( data[ 2 ] );
  Serial.print( ", " );
  Serial.print( data[ 1 ] );
  Serial.print( ", " );
  Serial.print( data[ 0 ] );
  Serial.println( ")" );
  delay( 1000 );
}
```

- ロータリースイッチの端子数（const int ROT_DIG = 4;）
- 各桁に接続したGPIOの番号（int ROT_PIN[4] = …）
- 各桁の状態を格納しておく配列（int data[4] = …）
- 接続したGPIOでプルダウン抵抗を有効にする（for文）
- 各桁の状態を読み取る（for文）
- 計算して数値を求める（value = …）
- ロータリースイッチの合わせている数値と各桁の状態を表示する（Serial.print …）

21 入力 デジタル入力

ロータリーエンコーダー

プログラム	rotenc.ino
ライブラリ	―

利用パーツ

- ロータリーエンコーダー×1（秋:106357）
- ロータリーエンコーダーDIP化基板×1（秋:107241）
- ボリューム用ツマミ×1（秋:100253）

ロータリーエンコーダーは、付属する回転軸どの程度回転させたかとその回転方向が分かる電子パーツです（**下図**）。時計の時間を合わせたり、回転した角度を調べたりできます。

ここで紹介するロータリーエンコーダーは、中央の端子と左右の端子間がそれぞれスイッチになっていて、回転すると異なるタイミングでオン、オフが切り替わる仕組みになっています。

図　ロータリーエンコーダーの外観

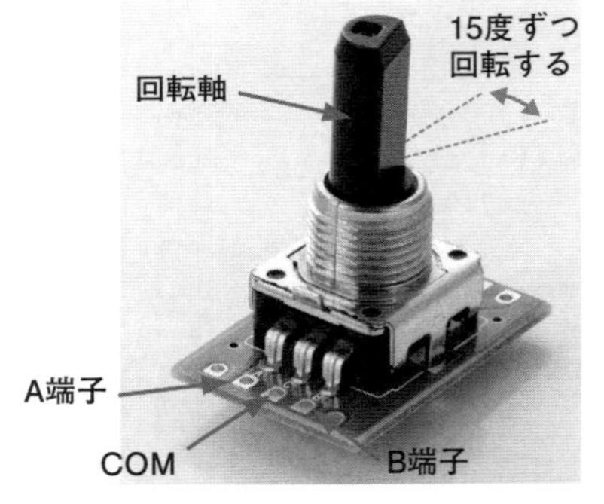

（日経BP撮影）

このロータリーエンコーダーの回転軸を回すと、15度ごとに停止する位置（ポジション）があります。この一つのポジション分を回す間に、端子Aと端子Bの状態が変化します。回転軸を動かしていないときはどちらもオフの状態です。回転軸を回転させると、次のポジションまでの間にいずれの端子もオフ→オン→オフと変化します。A端子、B端子のオンになるタイミングは**下図**のように異なっており、どちらが先のオンになったかで回転方向が分かります。A端子が先にオンになった場合は右回転、B端子の場合は左回転したと判断できます。

図　回転軸を回したときのスイッチの変化

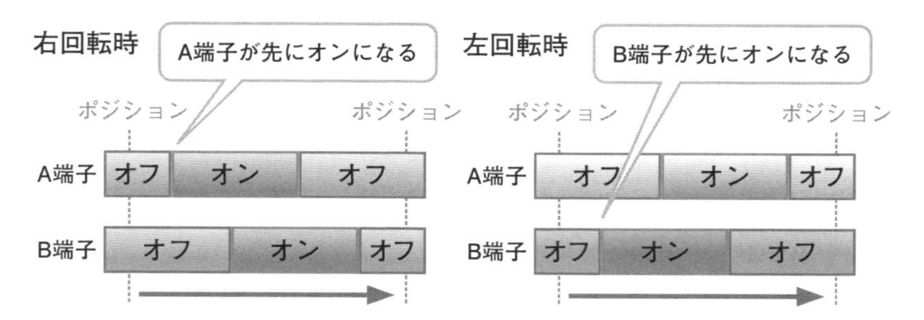

オンになった回数を数えれば、どれくらい回転したかも分かります。このロータリーエンコーダーは1回転当たり24のポジションがあり、1ポジション移動するごとに15度回転したと分かります。

ロータリーエンコーダーとESP32は**下図**のように接続します。A端子とB端子をGPIOに接続し、それぞれプルアップ抵抗を有効にしておきます。

図　接続図

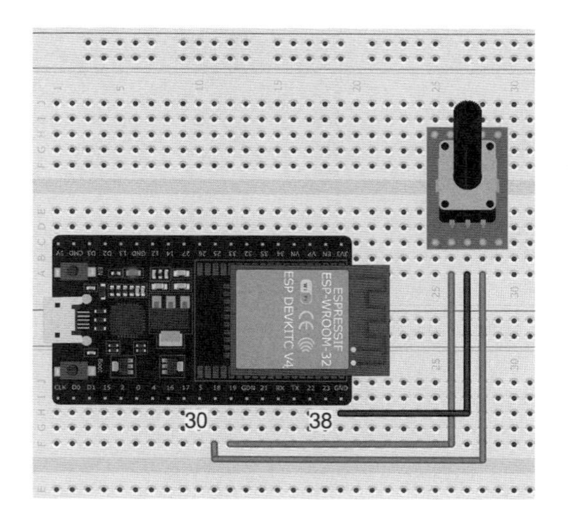

（Fritzingで作成）

どの程度回転させたかをカウントするプログラム「rotenc.ino」を以下に示します。右回転でポジションごとにカウントが1ずつ増加し、左回転すると1ずつ減少します。右に1回転すれば24になり、2回転すれば48になります。カウントした数に15度をかけて求めた回転角度も併せて表示するようになっています。

なお、あまり素早く回転させるとプログラムの処理速度が間に合わず、カウントされないことがあるので注意してください。

ソース　ロータリーエンコーダーを動かした回数を数えるプログラム

rotenc.ino

```
#include <driver/gpio.h>

const int ROT_A_PIN = 19;
const int ROT_B_PIN = 18;
```

ロータリーエンコーダーに接続したGPIOの番号

```
int count = 0;
bool flag = false;
int b_a = 1;
int b_b = 1;
int buf[4] = {0, 0, 0, 0};

void setup() {
  pinMode(ROT_A_PIN, INPUT_PULLUP);
  pinMode(ROT_B_PIN, INPUT_PULLUP);
  Serial.begin(115200);
}
```

プルアップ抵抗を有効にする

```
void loop() {
  int a = digitalRead(ROT_A_PIN);
  int b = digitalRead(ROT_B_PIN);
  delay(1);
```

端子の状態を調べる

```
  if (b_a != a || b_b != b) {
    for (int i = 0; i < 3; i++) {
      buf[i] = buf[i + 1];
    }
    buf[3] = b_a * 8 + b_b * 4 + a * 2 + b;
    b_a = a;
    b_b = b;

    if ((buf[0] == 0b1101 && buf[1] == 0b0100 && buf[2] == 0b0010 && buf[3] == 0b1011) ||
        (buf[0] == 0b1011 && buf[1] == 0b0010 && buf[2] == 0b0100 && buf[3] == 0b1101)) {
      count++;
      flag = true;
    } else if ((buf[0] == 0b1110 && buf[1] == 0b1000 && buf[2] == 0b0001 && buf[3] == 0b0111) ||
              (buf[0] == 0b0111 && buf[1] == 0b0001 && buf[2] == 0b1000 && buf[3] == 0b1110)) {
      count--;
      flag = true;
    }
  }
```

回転した方向を調べ、カウントを増減させる

```
  if (flag) {
    Serial.print("Count: ");
    Serial.print(count);
    Serial.print("  Angle: ");
    Serial.println(count * 15);
    flag = false;
  }
}
```

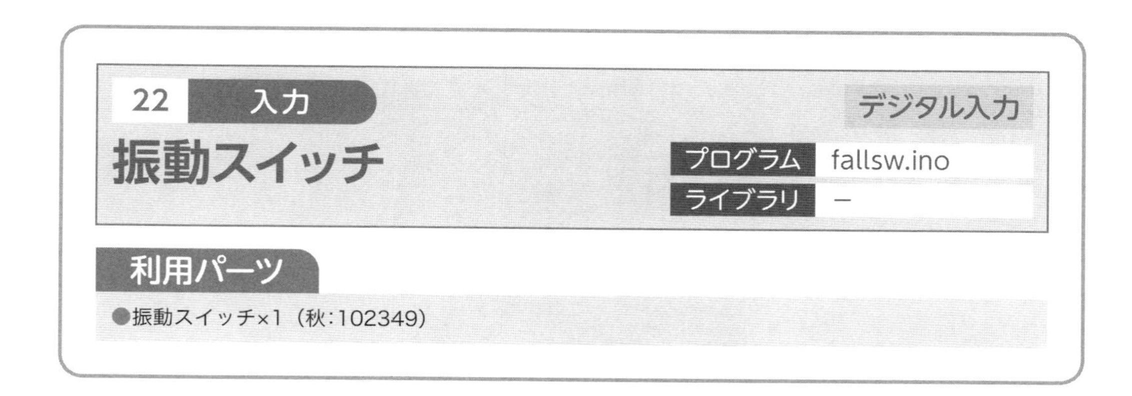

振動スイッチ

「振動スイッチ」は、直立状態か転倒状態かによってオンとオフが切り替わるスイッチです（**下図**）。暖房器具が転倒したことを検知するなどの用途があります。

振動スイッチの内部には金属球が入っており、上下方向に自由に動きます。このため、直立状態では底面に配置された端子に金属球が触れて端子間が導通していますが、転倒すると金属球が端子から離れて導通しなくなります。

図　振動スイッチの外観と仕組み

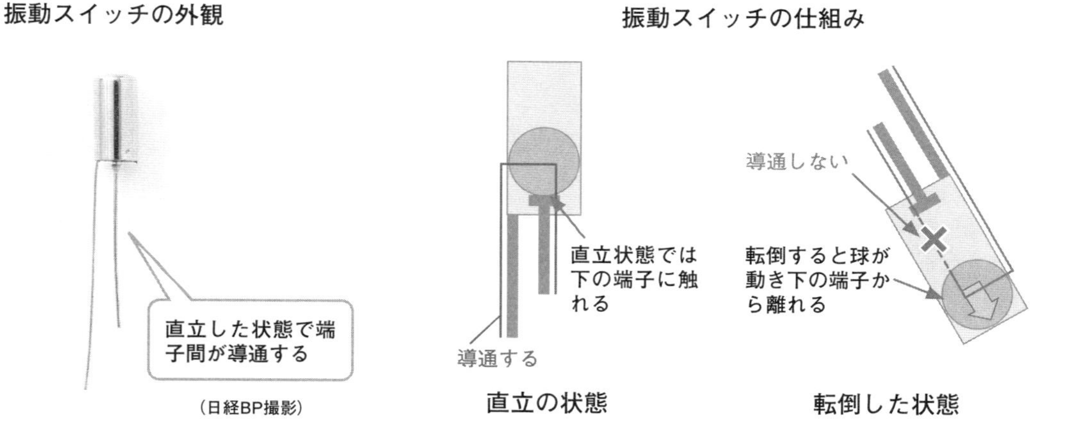

振動スイッチとESP32は、**下図**のように接続します。直立時には振動スイッチがオンの状態となっているため、GPIOはGNDと接続されています。転倒するとオフとなり、GPIOには何も接続されていない状態になります。

6章

図　接続図

（Fritzingで作成）

転倒しているかどうかを表示するプログラム「fallsw.ino」を以下に示します。振動スイッチを接続するGPIOは、プログラム中でプルアップ抵抗を有効にしておきます。

実行すると、直立状態であれば「Stability.」、転倒状態では「Fall down.」と表示します。

ソース　転倒しているかどうかを表示するプログラム

fallsw.ino

```
#include <driver/gpio.h>

const int SW_PIN = 33; ── 振動スイッチを接続したGPIOの番号

void setup() {
    pinMode( SW_PIN, INPUT );
    gpio_set_pull_mode( GPIO_NUM_33, GPIO_PULLUP_ONLY ); ── プルアップ抵抗を有効にする

    Serial.begin( 115200 );
}

void loop() {
    if( digitalRead( SW_PIN ) == 1 ){
        Serial.println( "Fall down." ); ── 転倒した場合に表示
    }else{
        Serial.println( "Stability." ); ── 直立状態の場合に表示
    }

    delay( 500 );
}
```

23 入力

デジタル入力

デジタルジョイスティック

プログラム	d_joystick.ino
ライブラリ	―

利用パーツ

●デジタルジョイスティック×1（秋：115233）

「ジョイスティック」は、搭載するスティックを上下、左右に動かすことで方向の入力ができる電子パーツです。リモコンで動かす模型やロボットアームの方向指示、メニュー画面の操作などに使えます。

ここで紹介するデジタルジョイスティックは、上下左右の4方向にスイッチが入っており、操作すると各スイッチがオンになります（**下図**）。加えて、スティックの根元に押し込むとオンにできる押しボタンスイッチも搭載しています。

各スイッチは一方がGND、もう一方がそれぞれ別々の端子に接続されています。操作すると対象の端子とGNDがつながった状態になります。例えば、上方向に操作するとUP端子とGND端子が導通します。各スイッチの端子をESP32のGPIOに接続し、デジタル入力がLowになるかどうかを調べることで、スティックの入力方向が分かります。

なお、各スイッチはプルアップ抵抗を搭載しているため、プログラムでESP32の内蔵プルアップ抵抗を有効にする必要はありません。

図　デジタルジョイスティックの外観

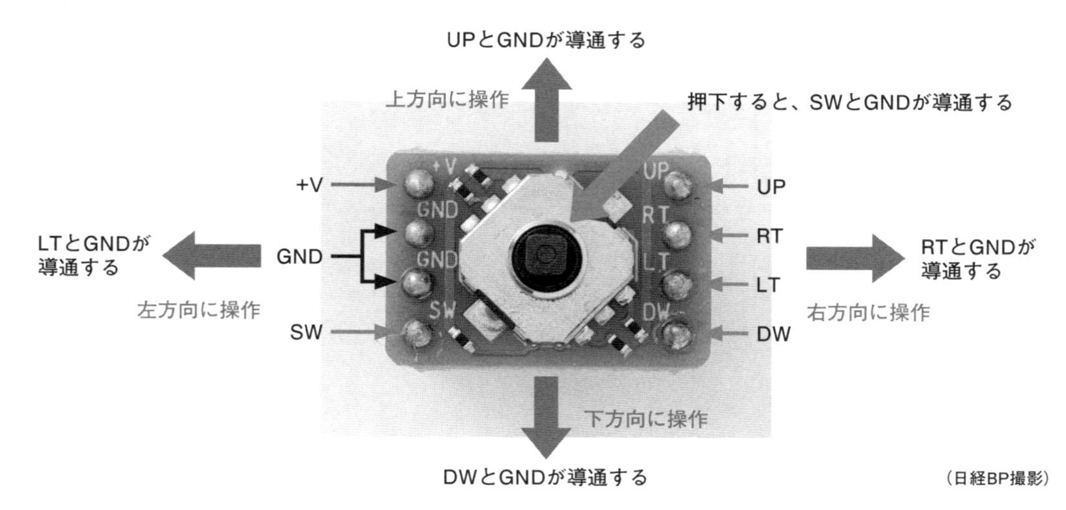

（日経BP撮影）

デジタルジョイスティックとESP32は**下図**のように接続します。各スイッチは、上方向をGPIO 12、下方向をGPIO 15、左方向をGPIO 14、右方向をGPIO 13、押しボタンをGPIO 16に接続しています。

この図では、デジタルジョイスティックを右に90度回して差し込んでいます。このため、図中に矢印で示した方向が上方向の操作となるので注意してください。

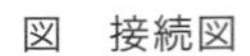

図　接続図

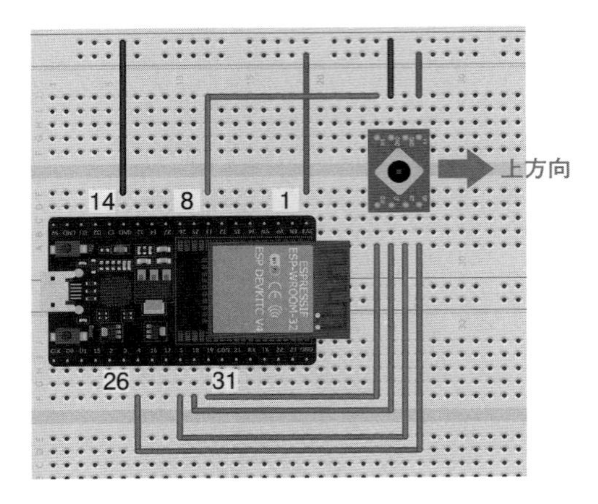

（Fritzingで作成）

デジタルジョイスティックの操作を読み取るプログラム「d_joystick.ino」を以下に示します。デジタルジョイスティックに接続した各GPIOの状態をチェックし続けて、Lowになったらその方向へのジョイスティックの入力があったと判断し、方向を表示します。

ソース　デジタルジョイスティックの操作を読み取るプログラム

d_joystick.ino

```
#include <driver/gpio.h>

const int UP_PIN = 4;
const int DW_PIN = 19;
const int LT_PIN = 18;
const int RT_PIN = 5;
const int SW_PIN = 33;

void setup() {
    pinMode( UP_PIN, INPUT );
    pinMode( DW_PIN, INPUT );
    pinMode( LT_PIN, INPUT );
    pinMode( RT_PIN, INPUT );
    pinMode( SW_PIN, INPUT );

    Serial.begin( 115200 );
}
```

ジョイスティックに接続したGPIOの番号

```
void loop(){
    if( digitalRead( UP_PIN ) == 0 ){
        Serial.println( "UP" );
    }else if( digitalRead( DW_PIN ) == 0 ){
        Serial.println( "DOWN" );
    }else if( digitalRead( LT_PIN ) == 0 ){
        Serial.println( "LEFT" );
    }else if( digitalRead( RT_PIN ) == 0 ){
        Serial.println( "RIGHT" );
    }else if( digitalRead( SW_PIN ) == 0 ){
        Serial.println( "PUSH" );
    }

    delay( 500 );
}
```

24 入力

アナログ入力

アナログジョイスティック

プログラム	a_joystick.ino
ライブラリ	−

利用パーツ

●アナログジョイスティック×1（秋:110263）

一つ前に紹介したデジタルジョイスティックは上下左右方向の入力があったことをスイッチで検知するタイプですが、スティックをその方向にどの程度動かしたかを知りたい場合もあります。例えば、ジョイスティックを倒した度合いによってリモコンカーの速度を調節したい場合などです。こういう場合には、「アナログジョイスティック」が利用できます。

ここで紹介するアナログジョイスティックは、上下方向と左右方向にそれぞれボリュームが入っています（**下図**）。ジョイスティックを左右に動かすと、左右方向のボリュームの抵抗値が変化します。5-4で説明したボリュームと同じように、それぞれのボリュームを電源とGNDに接続し、電圧を出力する端子をESP32のアナログ入力端子に接続して読み出します。何も操作していなければ、それぞれのボリュームの出力は電源電圧のおおよそ半分になります。ジョイスティックを操作するとそれぞれの出力電圧が増減します。

図　ジョイスティックの傾き度合いも分かるアナログジョイスティックの外観

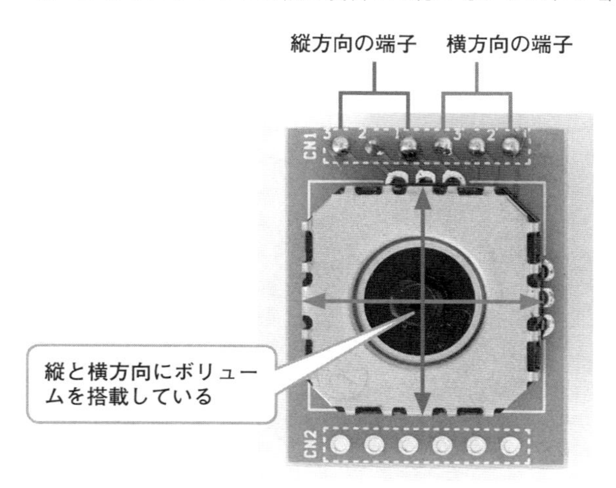

（日経BP撮影）

アナログジョイスティックは、**下図**のようにESP32のアナログ入力端子に接続します。

図　接続図

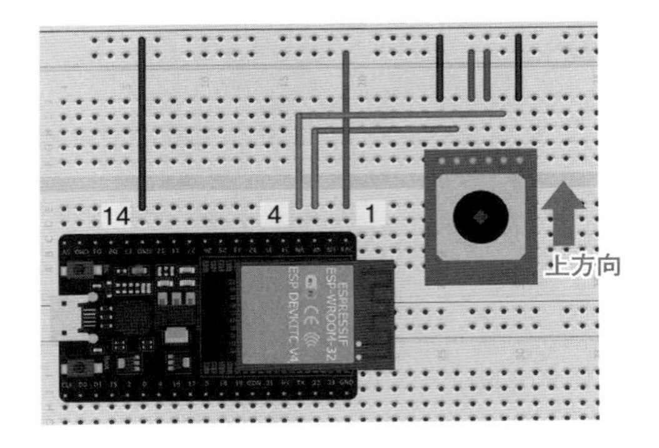

（Fritzingで作成）

ジョイスティックの操作を確認するプログラム「a_joystick.ino」を以下に示します。プログラムでは、ジョイスティックの状態を確認し、どちらの方向に操作しているかを表示します。また、中央からどの程度動かしたかを表す値も表示します。

プログラムを実行すると、各軸の値を確認し、この値を中央値として記録します。中央の値よりthで指定したしきい値以上ジョイスティックを動かすと操作したと見なし、どちらの方向に動かしたかを判別します。このプログラムでは、斜め方向も加えた8方向の入力操作を認識できるようにしています。

ソース　アナログジョイスティックを操作した方向と度合いを表示するプログラム

a_joystick.ino

```
#include "driver/adc.h"

#define X_CHANNEL ADC1_CHANNEL_3
#define Y_CHANNEL ADC1_CHANNEL_0

const int threshold = 1000;

const char* direct_name[] = {"NEUTRAL", "DOWN", "DOWN-LEFT", "LEFT", "UP-
LEFT", "UP", "UP-RIGHT", "RIGHT", "DOWN-RIGHT"};

int x_center, y_center;

void setup() {
    Serial.begin(115200);
    adc1_config_width( ADC_WIDTH_BIT_12 );
    adc1_config_channel_atten( X_CHANNEL, ADC_ATTEN_DB_11 );
    adc1_config_channel_atten( Y_CHANNEL, ADC_ATTEN_DB_11 );

    int x , y;
    for( int i = 0; i < 10; i++ ){
        x = x + adc1_get_raw( X_CHANNEL );
        y = y + adc1_get_raw( Y_CHANNEL );
        delay( 20 );
```

各端子に接続したADCのユニットとチャンネル番号

操作したと判断するしきい値

次ページに続く

```
    }

    x_center = x / 10;
    y_center = y / 10;
}

int directCheck( int x, int y ) {
    if ( x == 0 && y == 1 ) {
        return 1;
    } else if ( x == 1 && y == 1 ) {
        return 2;
    } else if ( x == 1 && y == 0 ) {
        return 3;
    } else if ( x == 1 && y == -1 ) {
        return 4;
    } else if ( x == 0 && y == -1 ) {
        return 5;
    } else if ( x == -1 && y == -1 ) {
        return 6;
    } else if ( x == -1 && y == 0 ) {
        return 7;
    } else if ( x == -1 && y == 1 ) {
        return 8;
    } else {
        return 0;
    }
}

void loop() {

    int x_value = adc1_get_raw( X_CHANNEL );
    int y_value = adc1_get_raw( Y_CHANNEL );
    int x_dist = 0, y_dist = 0;

    if ( abs( x_value - x_center ) > threshold ) {
        x_dist = ( x_value - x_center ) / abs( x_value - x_center );
    }

    if ( abs( y_value - y_center ) > threshold ) {
        y_dist = ( y_value - y_center ) / abs( y_value - y_center );
    }

    int direction = directCheck( x_dist, y_dist );
    float delta = sqrt( pow( abs( x_value - x_center ), 2 ) + pow( abs( y_
value - y_center ), 2 ) );

    Serial.print( direct_name[ direction ] );
    Serial.print( " : " );
    Serial.println( delta, 2 );

    delay( 500 );
}
```

ジョイスティックの操作した方向を判断する

ジョイスティックの状態を読み取る

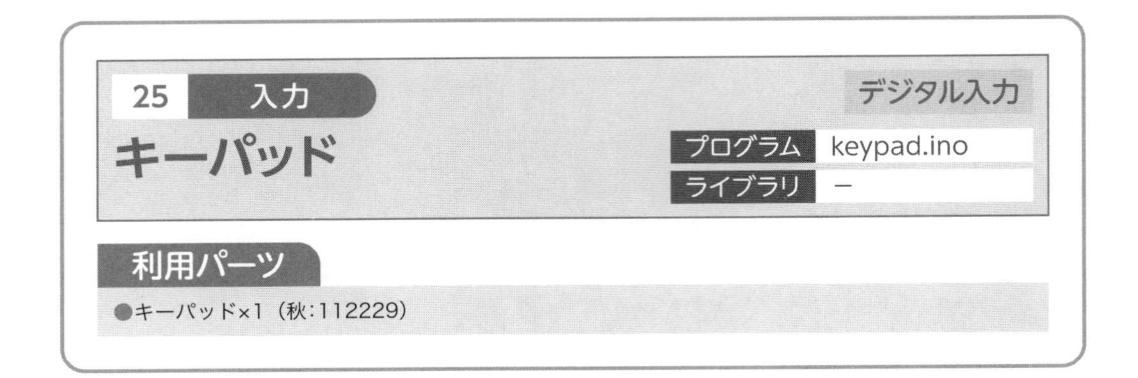

25 入力
キーパッド
デジタル入力
プログラム keypad.ino
ライブラリ －
利用パーツ
●キーパッド×1（秋:112229）

「キーパッド」は、複数の押しボタンスイッチ（キー）が配置された電子パーツです。単純に複数個のスイッチとして使えるほか、それぞれのキーに文字などを割り当てることで、PCのキーボードのような文字入力用パーツとしても利用可能です。

ここで紹介するキーパッドは4行3列で合計12個のキーが配置されています（**下図**）。0～9とドット、決定キーを割り当てることで、テンキーのように数字の入力に使えます。

図　複数の押しボタンスイッチを配置したキーパッドの外観

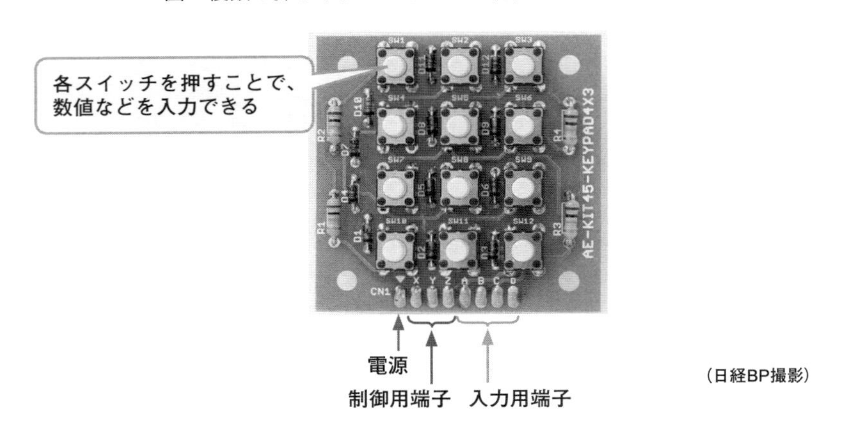

（日経BP撮影）

キーパッドの読み取りには、No.13のマトリクスLEDと同じようにダイナミック制御を使います。ここで利用するキーパッドには、読み取り対象列を選択するための3列分の制御用端子（X～Z列）と、押しているキーを判定するための4行分の入力用端子（A～D行）が用意されています（**下図**）。

読み取り対象となる列をLow、他の列をHighに設定しておきます。この状態で対象列内のいずれかのキーが押されていると、該当する行の入力用端子がHighからLowに変化します。ESP32のデジタル入力で各行の状態を読み取ると、どのキーが押されているかが分かります。

この処理をX、Y、Zと順にずらしながら短い時間で切り替えることで、すべてのスイッチの状態を確認できます。なお、入力用端子はプルアップ抵抗を備えているため、ESP32側で内蔵プルアップ抵抗を有効にする必要はありません。

図　ダイナミック制御ですべてのキーの状態を読み取る

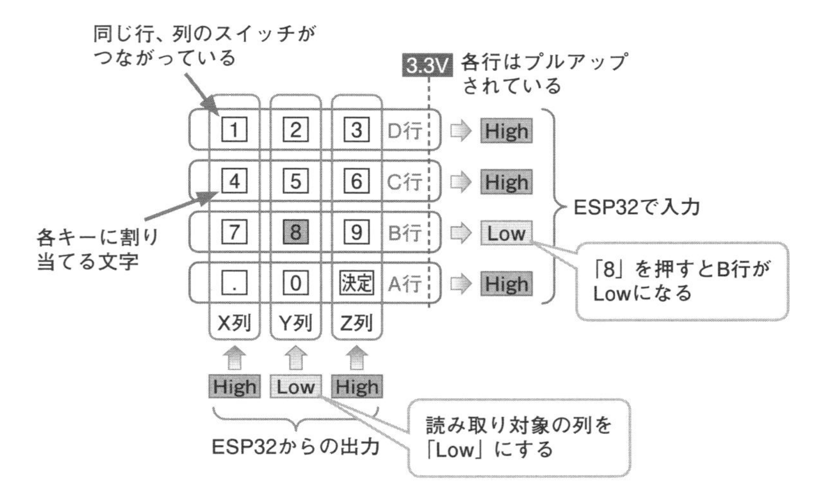

キーパッドは**下図**のようにESP32と接続します。行の端子に接続したGPIOはデジタル入力、列の端子に接続したGPIOはデジタル出力として使います。

図　接続図

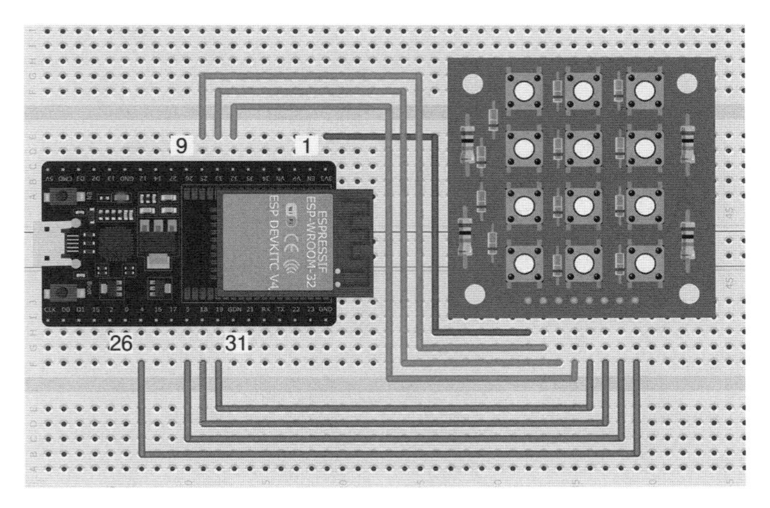

(Fritzingで作成)

キーパッドから数値を入力するプログラム「keypad.ino」を以下に示します。プログラム中の「KEY_MAP」で数を割り当てたキーを使って数値を入力し、決定キーを押すと入力した数値が表示されます。ドットは小数点として利用可能です。

ソース　キーパッドから数値を入力するプログラム

keypad.ino

```
#include <driver/gpio.h>

const int IN_PIN[] = {19, 18, 5, 4};
const int SEL_PIN[] = {25, 33, 32};

const int NUM_SEL_PINS = 3;
const int NUM_IN_PINS = 4;

const char* KEY_MAP[3][4] = { {".", "7", "4", "1"},
                              {"0", "8", "5", "2"},
                              {"\n", "9", "6", "3"} };

void setup() {
  for (int i = 0; i < NUM_SEL_PINS; i++) {
    pinMode(SEL_PIN[i], OUTPUT);
    digitalWrite(SEL_PIN[i], HIGH);
  }

  for (int i = 0; i < NUM_IN_PINS; i++) {
    pinMode(IN_PIN[i], INPUT);
  }

  Serial.begin(115200);
}

String keybuf = "";

void loop() {
  bool keyPressed = false;

  for (int i = 0; i < NUM_SEL_PINS; i++) {
    digitalWrite(SEL_PIN[i], LOW);
    for (int j = 0; j < NUM_IN_PINS; j++) {
      if (digitalRead(IN_PIN[j]) == LOW) {
        keybuf += KEY_MAP[i][j];
        keyPressed = true;
        while (digitalRead(IN_PIN[j]) == LOW) {
          delay(50);
        }
      }
    }
    digitalWrite(SEL_PIN[i], HIGH);
  }

  if (keyPressed) {
    if (keybuf.indexOf('\n') > -1) {
```

各端子に接続したGPIOの番号

各キーに割り当てる文字

次ページに続く

```
      float value = processBuffer();
      Serial.println(value);
      keybuf = "";
    }
  }
}

float processBuffer() {
  String number = "";

  for (unsigned int i = 0; i < keybuf.length(); i++) {
    if (keybuf[i] == '\n') {
      break;
    }
    number += keybuf[i];
  }

  return number.toFloat();
}
```

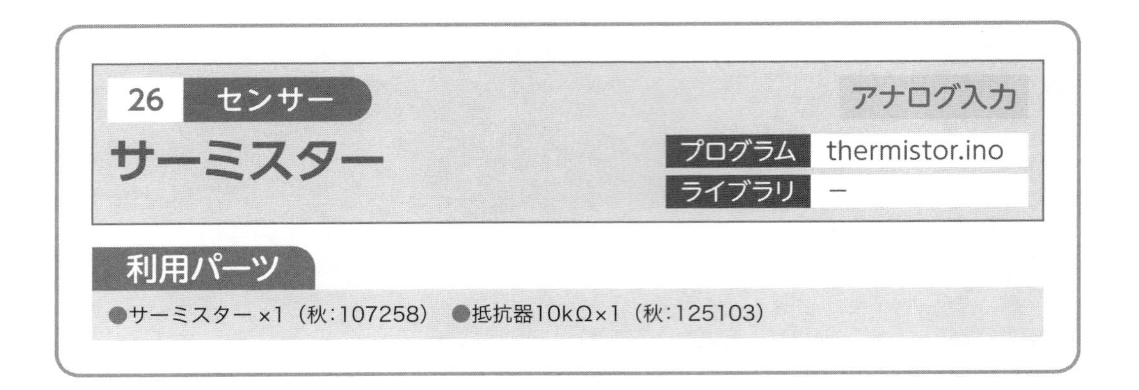

「サーミスター」は、周囲の温度を計測できる電子パーツです（**下図**）。サーミスターの内部に搭載されているセラミックスは、熱を加えると内部抵抗が変化します。温度が上昇すると、セラミックス内部に自由に動ける電子が増えるため、電気が流れやすくなります。つまり、内部抵抗値が小さくなります。逆に、温度が下降すると内部抵抗値が大きくなります。この抵抗値の変化を計測することで、温度を求めることができます。

図　サーミスターの外観と仕組み

サーミスターの外観

（日経BP撮影）

サーミスターの仕組み

自由に動ける電子が増える
抵抗値が小さくなる
セラミックス
温める

サーミスターの特徴は、温度センサーとしては安価なことです。一つ50円程度で入手できるため、多数の場所で温度を計測したい場合に役立ちます。形状もさまざまで、フィルム状に薄くしたタイプや、水中でも利用できるよう防水加工したタイプなども販売されています（**下図**）。温度変化に対する感度も高く、細かい温度計測が可能です。

図　サーミスターの主な形状

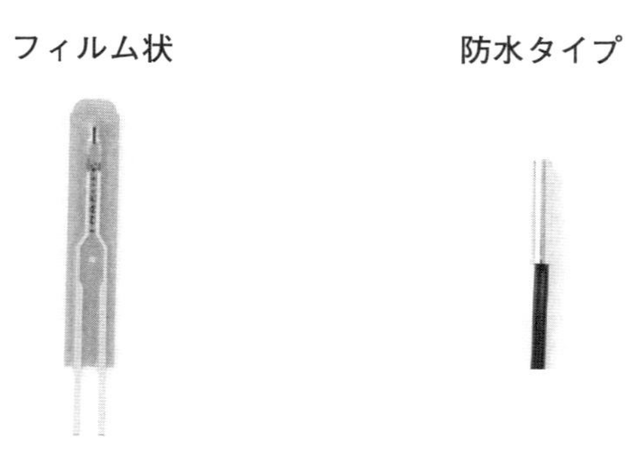

（日経BP撮影）

ただし、計測可能な温度範囲は-50～100℃程度と他の温度センサーと比べてあまり広くありません。また、抵抗値から温度を求める際に、対数を使った若干面倒な計算が必要になり、その計算を実行するためには計算用のライブラリをプログラムから呼び出す必要があるなど手間がかかります。

サーミスターの内部抵抗を計測したら、**下図**の計算式を使って温度を求められます。式中のBは「B定数」と呼ぶ定数で、サーミスターの感度を表しています。感度が高いほどB定数の値が大きくなります。B定数はサーミスターで利用している素材によって決まっています。T_0とR_0は所定の温度（T_0）の場合のサーミスターの内部抵抗（R_0）を表しています。それぞれの値はデータシートなどに記載されています。

計算式内の温度は絶対温度（単位はK：ケルビン）で指定します。絶対温度は摂氏に273.15を足すことで求まります。例えば、20℃であれば絶対温度は293.15Kとなります。計算結果も絶対温度で求まるので、計算結果から273.15を引いて摂氏の温度に変換します。

図　計測したい内部抵抗から温度を求める計算式

$$温度 = \frac{1}{\frac{1}{B}\log\frac{内部抵抗}{R_0} - \frac{1}{T_0}}$$

※温度は絶対温度

サーミスターとESP32は**下図**のように接続します。抵抗器を直列に接続して、サーミスターと抵抗器の間にかかる電圧をESP32にアナログ入力することで、サーミスターの内部抵抗値を求めることができます。内部抵抗は、「(電源電圧－計測電圧) ÷計測電圧×抵抗器の抵抗値」で算出できます。

6章

図　接続図

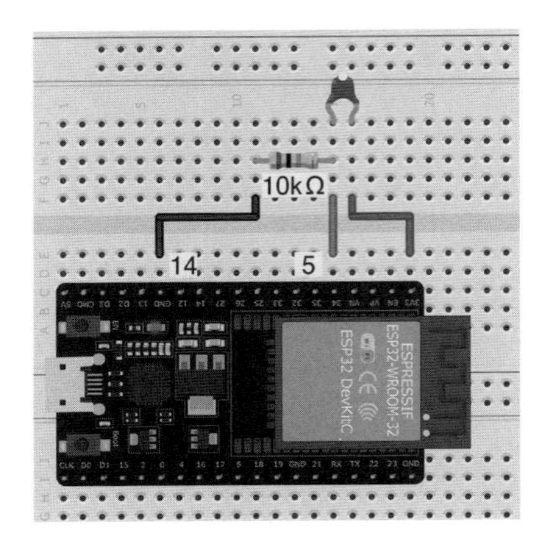

(Fritzingで作成)

なお、ESP32のADコンバーターは減衰器を11dBを選択した場合、150～2450mVの範囲しか正しく計測できません。このため、サーミスターの計測範囲がこの範囲内に収まるようにする必要があります。今回利用するサーミスター「103AT-2」は、B定数が2425K、25℃のとき内部抵抗は10kΩとなります。計測範囲は-50～100℃となっています。ただし、気温を計測する用途であれば-20～50℃の範囲で計測できれば問題無いでしょう。そこで、本書では-20～50℃の範囲を問題無く計測できるようにします。

計測範囲の内部抵抗を計算すると、-20℃の場合は約78kΩ、50℃の時は約4.1kΩと求まります。サーミスターに10kΩの抵抗器を直列に接続して、3.3Vの電圧をかけたとします（**下図**）。すると、抵抗器にかかる電圧は-20℃の場合は357mV、50℃の場合は2340mVとなり、ESP32のADコンバーターで利用できる計測範囲である事が分かります。

図　内部抵抗の計算方法

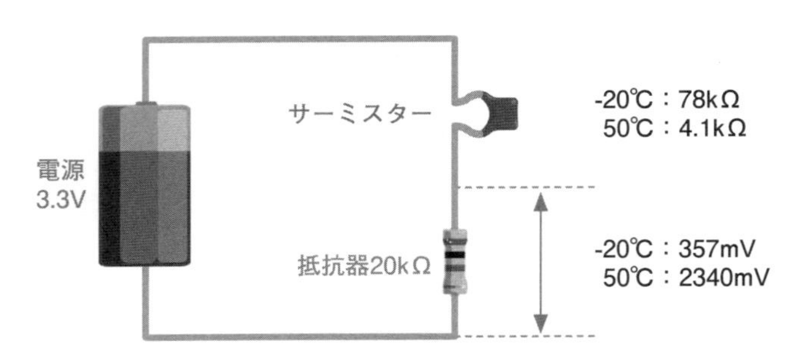

もし、-20℃以下または50℃以上を計測したい場合は、接続する抵抗器を変えてADコンバーターの範囲内に収まるようにしましょう。

サーミスターの温度を計測するプログラム「thermistor.ino」を以下に示します。アナログ入力（ADC1_6）で抵抗器にかかる電圧を計測し、そこから計算でサーミスターの内部抵抗値を求めます。その後、前述した計算式に当てはめることで温度を求めています。ここで利用したサーミスター「103AT-2」は、B定数が3435K、25°Cのときに内部抵抗が10kΩとなります。他のサーミスターを利用する場合は、データシートに記載された値を見て、プログラム中の各変数(THERM_X)を書き換えてください。

ソース　サーミスターの温度を計測するプログラム

thermistor.ino

```
#include "driver/adc.h"
#include "esp_adc_cal.h"
#include <math.h>

const float VREF = 3.3; ── 電源の電圧
const float R = 10000; ── 接続した抵抗器の抵抗値

const float THERM_B = 3452; ── サーミスターのB定数
const float THERM_To = 25;    ─┐
                               ├─ 所定の温度のときの内部抵抗値
const float THERM_Ro = 10000; ─┘

esp_adc_cal_characteristics_t adcChar;

void setup() {
    Serial.begin( 115200 );
    adc1_config_width( ADC_WIDTH_BIT_12 );
    adc1_config_channel_atten( ADC1_CHANNEL_6, ADC_ATTEN_DB_11 );
    esp_adc_cal_characterize( ADC_UNIT_1, ADC_ATTEN_DB_11, ADC_WIDTH_BIT_⏎
12, 1100, &adcChar);
}

void loop(){
    uint32_t mvolt;
    esp_adc_cal_get_voltage( ADC_CHANNEL_6, &adcChar, &mvolt );

    float volt = (float)mvolt / 1000.0;

    if ( volt != 0 ) {
        float Rx = ( ( VREF - volt ) / volt ) * R;
        float Xa = log( Rx / THERM_Ro ) / THERM_B;
        float Xb = 1 / ( THERM_To + 273.15 );
        float temp = ( 1 / ( Xa + Xb ) ) - 273.15;

        Serial.print( "Temperature : " );
        Serial.print( temp );
        Serial.println( "C" );
    }

    delay( 500 );
}
```

27 センサー

アナログ入力

温度センサー

プログラム	temperature.ino
ライブラリ	―

利用パーツ

●温度センサー×1（秋:114300）　●コンデンサー 0.1μF×1（秋:100090）

「MCP9700A」は、計測した温度を電圧の変化で出力するタイプの温度センサーです（**下図**）。三つの端子を備えており、電源とGNDを接続すると、中央の端子から計測した温度を電圧として出力します。計測可能な温度範囲は-40～125℃です。ただし、精度が±2℃と比較的大きいため、おおよその温度を知りたい場合に使うとよいでしょう。

図　計測した温度を電圧で出力する温度センサー「MCP9700A」の外観

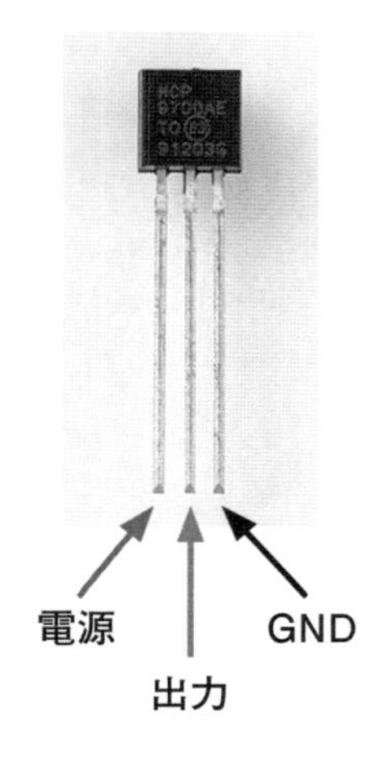

（日経BP撮影）

出力される電圧は計測した温度と比例の関係にあるため、**下図**のような簡単な計算で変換できます。一つ前に紹介したサーミスターでは対数計算が必要で、プログラムで計算ライブラリを利用していましたが、MCP9700Aの場合は四則演算だけで求められます。

図　出力した電圧から温度を求める計算式

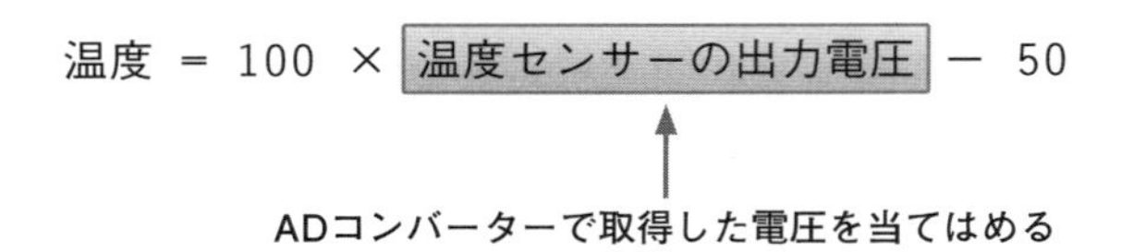

アナログ入力型の温度センサーとしては、MCP9700A以外にもLM60BIZ（秋：102490）やLM61CIZ（秋：111160）、TMP36GT9Z（秋：114188）などもMCP9700Aと同じように比例式で温度を求められます。

MCP9700AとESP32は**下図**のように接続します。センサーの中央の端子をESP32のアナログ入力端子「ADC1_6」に接続しています。電源の雑音によって、温度センサーの計測に影響を及ぼすのを軽減するためにコンデンサーを付けています。

図　接続図

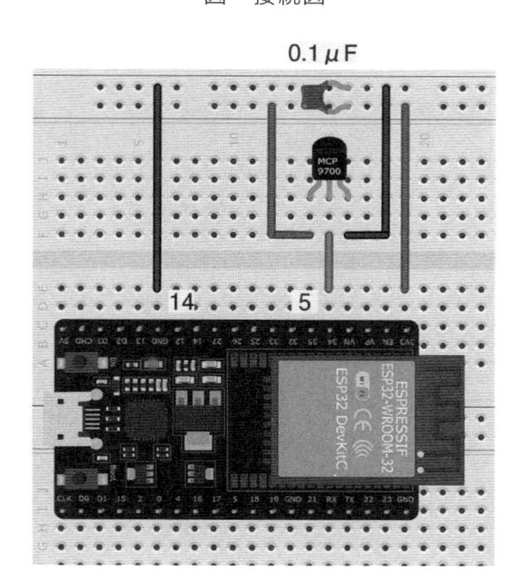

（Fritzingで作成）

温度計測用のプログラム「temperature.ino」を以下に示します。ADC1_6からアナログ入力した値を電圧に変換したあと、前述した計算式を使って計算することで温度を求めています。

なお、MCP9700Aの温度計測範囲-40～125℃での出力電圧は100～750mVとなり、ESP32のADコンバーターの利用できる範囲内に収まっています。なお、このプログラムでは減衰器を利用せずにアナログ入力をしています。

ソース　温度を計測するプログラム

temperature.ino

```
#include "driver/adc.h"
#include "esp_adc_cal.h"

esp_adc_cal_characteristics_t adcChar;

void setup() {
    Serial.begin( 115200 );
    adc1_config_width( ADC_WIDTH_BIT_12 );
    adc1_config_channel_atten(ADC1_CHANNEL_6, ADC_ATTEN_DB_0 );
```

次ページに続く

```
    esp_adc_cal_characterize(ADC_UNIT_1, ADC_ATTEN_DB_0, ADC_WIDTH_BIT_12,⏎
 1100, &adcChar);
}

void loop(){
    uint32_t mvolt;
    float volt;
    esp_adc_cal_get_voltage( ADC_CHANNEL_6, &adcChar, &mvolt );

    volt = (float)mvolt / 1000.0;

    float temp = volt * 100.0 - 50.0; ── 電圧から温度を計算で求める

    Serial.print( "Temperature : " );
    Serial.print( temp );
    Serial.println( "C" );

    delay( 500 );
}
```

28 センサー

I^2C

温湿度センサー

プログラム	temphumi.ino
ライブラリ	Adafruit SHT31

利用パーツ

●温湿度センサー ×1（秋:112125）

室内が快適かどうかを知るには、「温湿度センサー」が利用できます。温湿度を計測することで、部屋の快適度を表す「不快指数」が求まります。この指数を基に、エアコンや加湿器を制御して、より快適な状態に近づけるといった応用も可能です。

「SHT31-DIS」は、温度と湿度を同時に計測できるセンサーです（**下図**）。温度は-40～125℃、湿度は0～100%の範囲で計測可能です。精度は、温度が±0.3℃、湿度が±2%となっており、比較的正確と言えるでしょう。なお、SHT31-DISよりも精度が高い「SHT35-DIS」（ス：5337）という製品も販売されています。温湿度の計測可能範囲はSHT31-DISと同じですが、精度が±0.1℃および±1.5%と高くなっています。

SHT31-DISは、計測した温度や湿度をI^2C通信を使って取得できます。I^2Cアドレスは、0x44、0x45のいずれかを選択可能で、I^2Cアドレスの選択端子に何も接続しないと0x45、GNDに接続すると0x44になります。

図　SHT31-DISの外観

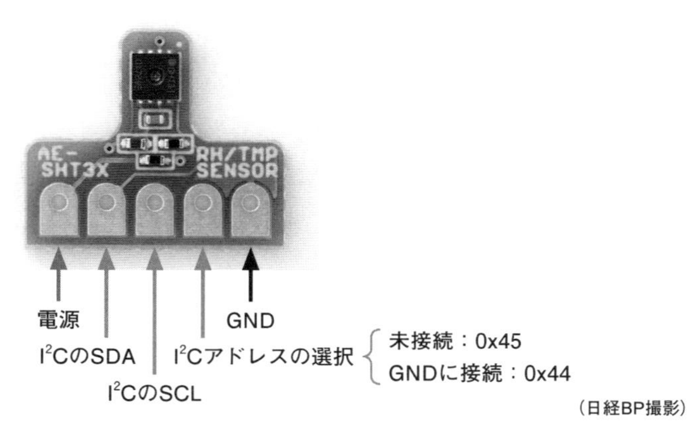

（日経BP撮影）

SHT31-DISとESP32は**下図**のように接続します。ここでは、I^2Cアドレス選択端子に何も接続せず、0x45を使うようにしています。

図　接続図

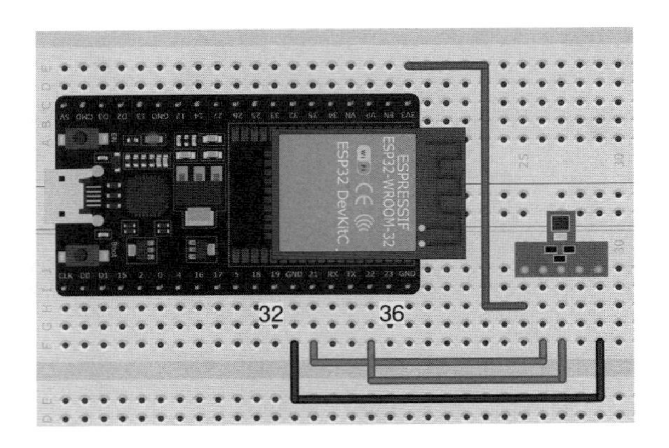

（Fritzingで作成）

SHT31-DISの制御には、Adafruit Industries社が提供するライブラリ「Adafruit SHT31」を利用します。2-2の手順に従ってArduino IDEにライブラリをインストールしておきます。

同ライブラリを使って、SHT31-DISで温度、湿度を定期的に計測する計測プログラム「temphumi.ino」を以下に示します。ライブラリの「sht31.readTemperature()」で温度を、「sht31.readHumidity()」で湿度を取得できます。

ソース　温度、湿度を定期的に計測するプログラム

temphumi.ino

```
#include <Wire.h>
#include "Adafruit_SHT31.h"

Adafruit_SHT31 sht31 = Adafruit_SHT31();

void setup() {
  sht31.begin( 0x45 ); ── SHT31-DISを利用できるようにする。I2Cアドレスを指定する。
  Serial.begin(115200);
}

void loop() {
    float temp = sht31.readTemperature(); ── 温度を取得する
    float humi = sht31.readHumidity(); ── 湿度を取得する

    Serial.print( "Temp : " );
    Serial.print( temp );
    Serial.print( "C    Humi : " );
    Serial.print( humi );
    Serial.println( "%" );

    delay(1000);
}
```

29 センサー

I²C

温湿度・気圧センサー

プログラム	weather.ino
ライブラリ	Adafruit BME280

利用パーツ

●温湿度・気圧センサー ×1（秋：109421）

温度や湿度、気圧など気象に関係するデータをまとめて計測したい場合には、「温湿度・気圧センサー」が役立ちます。一つ前で説明した温湿度センサーのように不快指数を算出したり、気圧センサーを利用して気圧の変化から天気の崩れを予想したり、現在地の標高を求めたり、さまざまな目的で使えます。

ここで紹介する温湿度・気圧センサー「BME280」（**下図**）は、温度を-40〜85℃、湿度を0〜100%、気圧を300〜1100hPaの範囲でまとめて計測できます。生活環境の温湿度および気圧を計測するのに十分な計測可能範囲となっています。

計測結果は、I²CまたはSPI通信を使ってESP32で読み取れます。ここではI²Cで通信する方法を紹介します。I²Cを利用する場合は、③番端子を常に電源へ接続しておきます。I²Cアドレスは「0x76」と「0x77」のいずれかを選択可能です。⑤番端子をGNDに接続すると0x76、電源に接続すると0x77になります。

図　BME280の外観と端子配置

端子番号　①　②　③　④　⑤　⑥

（日経BP撮影）

端子番号	端子名	I²Cでの用途	SPIでの用途
①	VDD	電源	電源
②	GND	GND	GND
③	CSB	常に電源に接続	CS
④	SDI	SDA	MOSI
⑤	SDO	I²Cアドレス選択 GND：0x76 電源：0x77	MISO
⑥	SCK	SCL	CLK

BME280とESP32は**下図**のように接続します。ここでは、⑤番端子をGNDに接続してI²Cアドレスは0x76を使っています。

図　接続図

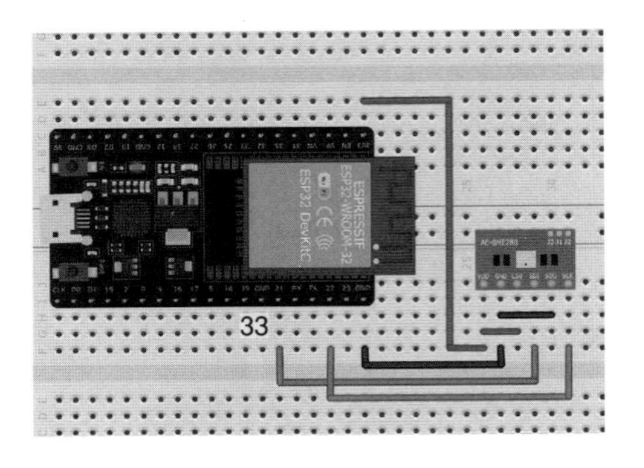

（Fritzingで作成）

BME280を制御するには、Adafruit Industries社が提供するライブラリ「Adafruit BME280」を利用します。2-2の手順に従ってArduino IDEにインストールしておきます。

同ライブラリを使って温湿度・気圧を計測するプログラム「weather.ino」を以下に示します。ライブラリの「bme.readTemperature()」、「bme.readHumidity()」、「bme.readPressure()」関数を呼び出すことで、センサーが計測した温度、湿度、気圧をそれぞれ取得できます。

ソース　温湿度・気圧を計測するプログラム

weather.ino

```
#include <Wire.h>
#include <Adafruit_BME280.h>

Adafruit_BME280 bme;

void setup() {
    Serial.begin( 115200 );
    bme.begin( 0x76 ); ── BME280を利用できるようにする。I2Cアドレスを指定する。
}

void loop(){
    float temp = bme.readTemperature(); ── 温度を取得する
    float humi = bme.readHumidity(); ── 湿度を取得する
    float press = bme.readPressure(); ── 気圧を取得する

    Serial.print( "Temperature:" );
    Serial.print( temp );
    Serial.print( "C  Humidity:");
    Serial.print( humi );
    Serial.print( "%  Pressure:");
    Serial.print( press / 100.0 ); ── 取得した気圧はPa単位であるため、100で割ってhPa単位に変換してから表示する
    Serial.println( "hPa" );

    delay( 1000 );
}
```

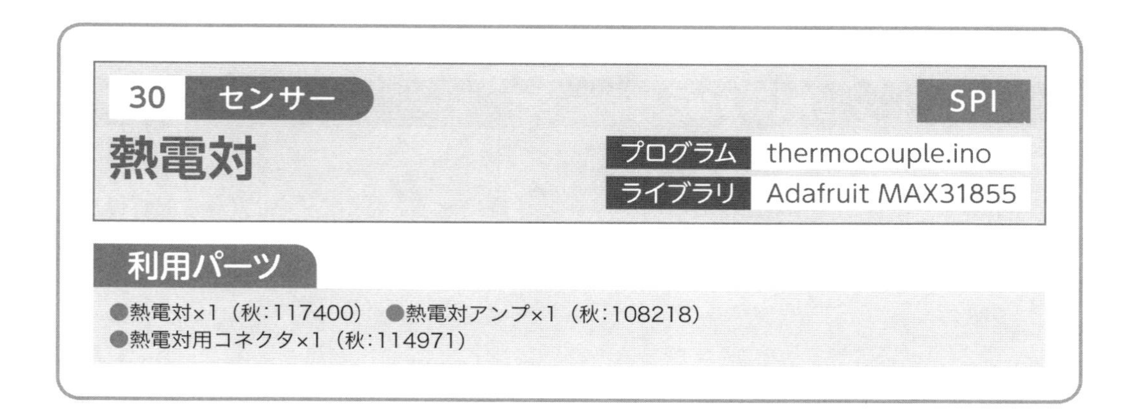

30 センサー
SPI
熱電対
プログラム thermocouple.ino
ライブラリ Adafruit MAX31855
利用パーツ
●熱電対×1（秋：117400） ●熱電対アンプ×1（秋：108218）
●熱電対用コネクタ×1（秋：114971）

「熱電対」は、1000℃を超えるような高温を計測可能な温度センサーです（**下図**）。調理用の鍋や陶芸用の窯、電気炉など、高温かつ温度管理が必要となる場所や器具の温度を計測する目的でよく使われています。

金属は、両端の温度が異なると、内部を電荷が移動します。これを「熱起電力」と呼びます。熱起電力の大きさは金属によって異なります。熱電対は異なる二つの金属を接合したものです。接合した部分を温めると、温度差によりそれぞれの金属で熱起電力が発生し、他方の端との間で電圧が生じます。異なる金属では熱起電力が異なるため、それぞれの金属の端では電圧の差が生じます。この電圧の差を調べることによって温度を求めることができます。

図　熱電対の外観と仕組み

熱電対の外観

（日経BP撮影）

2種類の金属が結合している。ここを計測する対象物に取り付ける

異なる金属を接合する

熱起電力が大きい

冷たい

金属A

熱い

電圧が異なる

金属B

電圧の差から温度を求められる

熱起電力が小さい

熱電対の仕組み

熱電対は、利用する金属によって計測できる温度が異なります。例えば、クロメル（ニッケルとクロムの合金）とアルメル（ニッケルとアルミニウムの合金）という2種類の金属を使った「K型熱電対」は、-270～1372℃の範囲の温度を計測できます。白金（プラチナ）とその合金である白金ロジウム（13%）を接合した「R型熱電対」なら、-50～1768℃とさらに高い温度まで計測可能です（**下表**）。

表　主な熱電対と計測可能な温度範囲

熱電対の型	利用金属（＋側）	利用金属（－側）	計測可能温度範囲[*1]
K型	クロメル	アルメル	-270～1372℃
N型	ナイクロシル	ナイシル	-270～1300℃
E型	クロメル	コンスタンタン	-270～1000℃
J型	鉄	コンスタンタン	-210～1200℃
T型	銅	コンスタンタン	-270～400℃
B型	白金・ロジウム（30%）	白金・ロジウム（6%）	0～1820℃
R型	白金・ロジウム（13%）	白金	-50～1768℃
S型	白金・ロジウム（10%）	白金	-50～1768℃

＊1　JIS規格で定義されている温度範囲

ここで利用する熱電対（秋月電子通商で販売）は、K型熱電対を用いた製品で、-200～1250℃の温度計測に対応しています。この熱電対は、1℃の温度変化に対して電圧が約40.7μV上昇または下降します。この電圧を調べることで温度を計算できます。

ただし、熱電対が出力する電圧は非常に小さいため、そのまま入力したのではESP32が搭載するADコンバーターでは読み取れません。そこで、熱電対専用のADコンバーターを別途用意して読み取ります。ここでは、Adafruit Industries社の「MAX31855K」を搭載した熱電対用ADコンバーターを利用する方法を紹介します（**下図**）。熱電対から入力された電圧を増幅したあと、14ビットのADコンバーターでデジタル値に変換します。変換した計測値はSPI通信を使ってESP32で読み取ります。

図　熱電対用ADコンバーター「MAX31855K」搭載モジュール

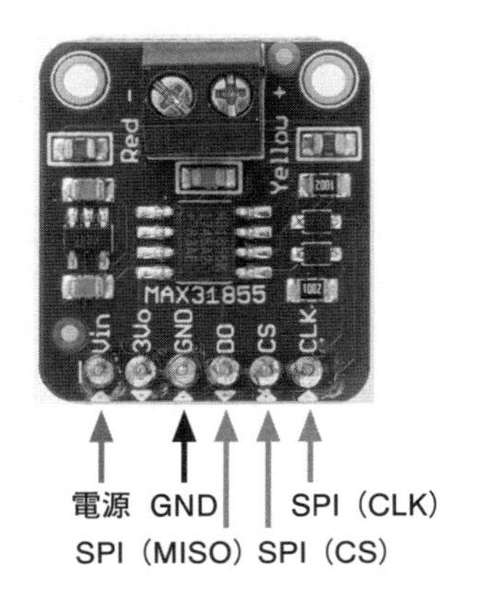

（日経BP撮影）

熱電対は**下図**のようにESP32と接続します。熱電対用のコネクタを熱電対用ADコンバーターと接続します。ADコンバーターの「Yellow＋」と記載されている端子をコネクタの「＋」と記載された端子に接続します。接続したら、熱電対をコネクタに差し込みます。SPI通信をするためにMISOをGPIO 12（13番端子）、CLKをGPIO 14（12番端子）、CSをGPIO 15（23番端子）に接続します。MAX31855Kは出力しかしないため、MOSIを接続する必要はありません。

図　接続図

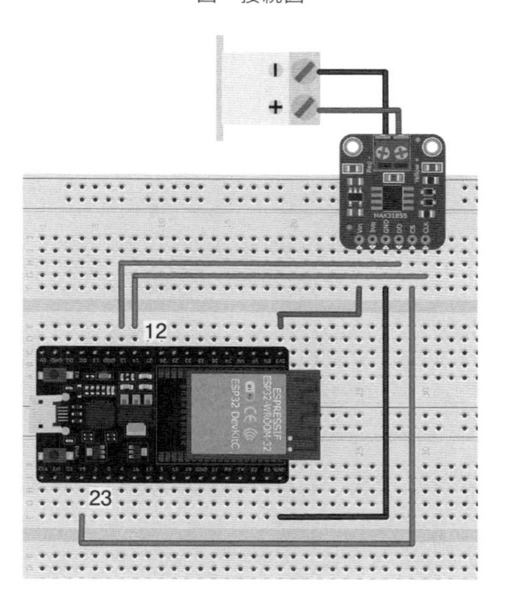

（Fritzingで作成）

熱電対で計測した温度を取得するプログラム「thermocouple.ino」を以下に示します。MAX31855Kを制御するには、Adafruit Industries社が提供するライブラリ「Adafruit MAX31855」を利用します。2-2の手順に従ってArduino IDEにインストールしておきます。

熱電対で計測した温度は、thermocouple.readCelsius()関数を呼び出すことで取得できます。

ソース　熱電対で計測した温度を取得するプログラム

thermocouple.ino

```
#include <SPI.h>
#include "Adafruit_MAX31855.h"

const int MISO_PIN = 12;
const int CLK_PIN = 14;
const int CS_PIN = 15;

Adafruit_MAX31855 thermocouple( CLK_PIN, CS_PIN, MISO_PIN );

void setup() {
    Serial.begin( 115200 );
}

void loop() {
    double temp = thermocouple.readCelsius();

    Serial.print( "Temperature: " );
    Serial.print( temp );
    Serial.println( "C" );

    delay( 1000 );
}
```

SPIの各端子のGPIOの番号

温度を取得する

31 センサー　アナログ入力

光センサー（CdSセル）

プログラム	cds.ino
ライブラリ	－

利用パーツ

●CdS×1（秋:105859）●抵抗器10kΩ×1（秋:125103）

「CdS（硫化カドミウム）セル」は、周囲が明るいか暗いかを判別できる光センサーです（**下図**）。部屋の明るさを調べ、暗くなったら照明を自動的に点灯するといった目的で使えます。

CdSは、照射される光の強さによって内部抵抗値が変化します。明るいほど小さくなり、暗いほど大きくなります。2本の端子を備えていますが、極性はありません。

図　CdSセルの外観

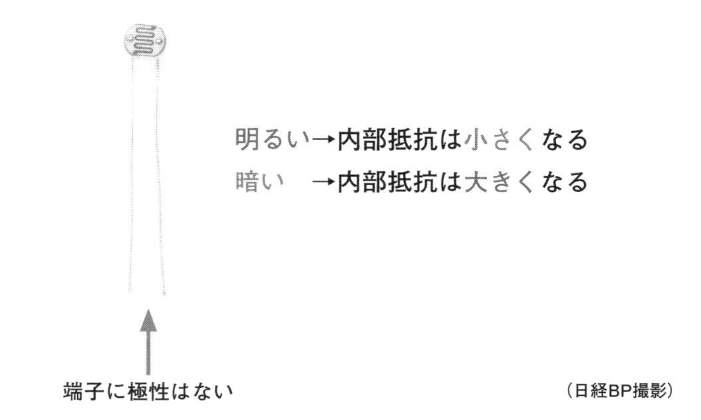

CdSセルとESP32は**下図**のように接続します。CdSセルの内部抵抗値を知るには、CdSセルと抵抗器を直列接続して両端に電源とGNDを接続します。すると、CdSセルと抵抗器の間の電圧がCdSセルの内部抵抗によって変化します。CdSセル側に電源をつないだ場合、CdSセルの内部抵抗が小さい（明るい）と電圧が高くなり、大きい（暗い）と電圧が低くなります。この電圧をESP32のアナログ入力端子に接続して読み取ります。

図　接続図

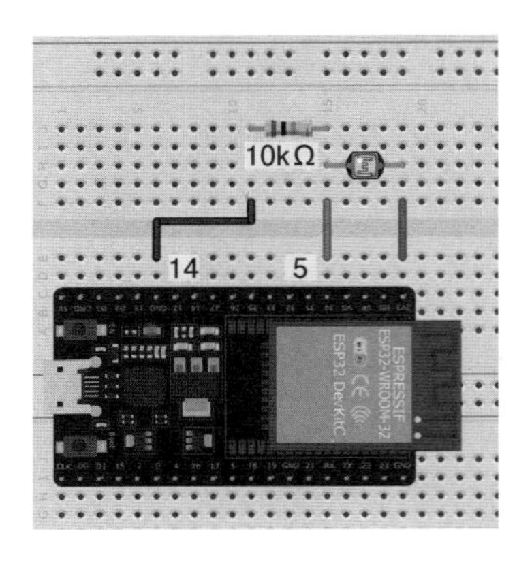

（Fritzingで作成）

CdSセルで周囲の明るさを計測し、明るいか暗いかを判断するプログラム「cds.ino」を以下に示します。CdSセルの状態をアナログ入力し、取得した値を0〜100の範囲の値に変換しています。そして、「TH」で指定したしきい値（初期値は50）より大きい場合は明るい（Light）、しきい値以下の場合は暗い（Dark）と表示します。THの値を変更することで、明るいと判別する明るさを変更できます。

ソース　CdSセルで周囲の明るさを計測し、明るいか暗いかを判断するプログラム

cds.ino

```
#include "driver/adc.h"

const float TH = 50; ── 明るさを判断するしきい値(0 ～ 100)

void setup() {
    Serial.begin( 115200 );
    adc1_config_width( ADC_WIDTH_BIT_12 );
    adc1_config_channel_atten( ADC1_CHANNEL_6, ADC_ATTEN_DB_11 );
}

void loop(){
    int value = adc1_get_raw( ADC1_CHANNEL_6 ); ── 計測した値を取得する
    float cds_val = (float)value / 4096.0 * 100.0; ── 計測値を0 ～ 100の範囲に変換する
    if( cds_val > TH ){ ── しきい値よりも高いかを調べる
        Serial.print( "Light Value: " );   ┐
        Serial.println( cds_val );         ┘─ 明るい場合に表示
    }else{
        Serial.print( "Dark Value: " );    ┐
        Serial.println( cds_val );         ┘─ 暗い場合に表示
    }
    delay( 500 );
}
```

32 センサー

アナログ入力

光センサー（フォトトランジスタ）

プログラム	photo-tr.ino
ライブラリ	–

利用パーツ

●フォトトランジスタ×1（秋:102325） ●抵抗器10kΩ×1（秋:125103）

光の強さは照度（単位はlx: ルクス）で表します。この値が大きいほど明るいことを示します。例えば、晴天時の太陽光下であれば約10万lx、リビングの照明は約200lx、ロウソクの明かりなら約10lx——という具合です。

照度を知りたい場合には「フォトトランジスタ」が使えます。フォトトランジスタは、照射した光の強さによって電流が変化する電子パーツです。この電流値をESP32で読み取り、データシートに記載された電流値と照度の関係を当てはめることで照度を求められます。なお、一つ前に説明したCdSセルは、内部抵抗値と照度の関係について素子ごとのバラツキが大きいため、照度を知る目的で使うのには向いておらず、明るいか暗いかの判断程度にしか使えません。

ここで紹介するフォトトランジスタの「NJL7502L」はLEDのような形状をしています（**下図**）。2本の端子を備えており、長い端子がコレクター、短い端子がエミッターとなります。

図　フォトトランジスタの外観

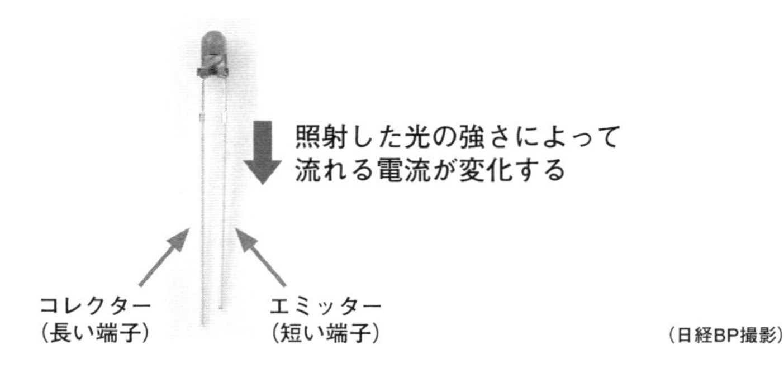

照射した光の強さによって、コレクターとエミッター間に流れる電流が変化します。この電流をESP32で読み取り、所定の計算式に当てはめることで照度が得られます。NJL7502Lの場合は、計測した電流（μA）を「電流×20÷9」と計算することで照度（lx）を求められます（計算式についてはp.331のコラムを参照）。

フォトトランジスタとESP32は**下図**のように接続します。フォトトランジスタのコレクターに電源、エミッターに抵抗器を直列でつなぎ、抵抗器のもう一方はGNDにつなぎます。フォトトランジスタと抵抗器の間の電圧をESP32のアナログ入力で計測し、これを抵抗値で割ることで電流を求めます。

図　接続図

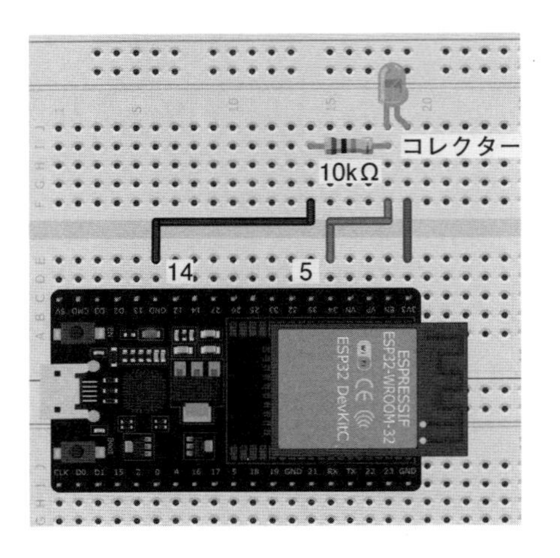

(Fritzingで作成)

照度の計測用プログラム「photo-tr.ino」を以下に示します。プログラム中の「Rx」に接続した抵抗器の値を指定します。アナログ入力で取得した電圧（volt）をRxで割ることにより電流（current）を求めています。ただし、電流と照度の計算式の電流はμA単位なので、currentに10の6乗を掛けることで単位を変換しています。あとは、前述した関係式に当てはめることで照度（illumi）が求まります。

なお、ESP32のADコンバーターは11dBの減衰器を利用した場合、150～2450mVの範囲が正しく利用できます。この範囲の電圧からオームの法則を用いて抵抗器に流れる電流を求めると、15～245μAの電流の範囲が利用できると分かります。上述した電流と商都の関係式から、約33～544lxの範囲については正しく計測できると判断できます。この範囲外の照度を計測したい場合には、接続する抵抗器を変更して、ADコンバーターの計測値を利用できる範囲内にする必要があります。

ソース　照度の計測プログラム

photo-tr.ino

```
#include "driver/adc.h"
#include "esp_adc_cal.h"

const float VREF = 3.3;     ― 電源の電圧
const float Rx = 10000;     ― 接続した抵抗器の抵抗値

esp_adc_cal_characteristics_t adcChar;

void setup() {
    Serial.begin( 115200 );
    adc1_config_width( ADC_WIDTH_BIT_12 );
    adc1_config_channel_atten(ADC1_CHANNEL_6, ADC_ATTEN_DB_11 );
    esp_adc_cal_characterize(ADC_UNIT_1, ADC_ATTEN_DB_11, ADC_WIDTH_BIT_12, 1100, &adcChar);
}

void loop(){
    uint32_t mvolt;
    esp_adc_cal_get_voltage(ADC_CHANNEL_6, &adcChar, &mvolt);

    float volt = (float)mvolt / 1000.0;
    float current = volt / Rx;
    float u_current = current * 1000000;     ― 電流(μA)を求める
    float illumi = 20.0 / 9.0 * u_current;     ― 照度を求める
    Serial.print( "Illuminanc : " );
    Serial.print( illumi );
    Serial.print( "lx   Current : " );
    Serial.print( u_current );
    Serial.println( "uA" );

    delay( 500 );
}
```

コラム

電流と照度の関係式を導く

データシートに記載されている電流と照度の関係を表したグラフは、「両対数」で記載されているのが一般的です。この両対数のグラフから、電流と照度の関係式を求める必要があります。

両対数のグラフが直線となっている場合、照度と電流の関係式は次のように表せます。

$$照度 = C \times 電流^{a}$$

式中の「a」は、グラフの任意の2点を以下の式に代入することで求められます。

$$a = \frac{\log_{10} 照度_2 - \log_{10} 照度_1}{\log_{10} 電流_2 - \log_{10} 電流_1}$$

求めた「a」を上記電流と照度の関係式に代入します。さらに、グラフの任意の点の照度と電流を代入すると係数「C」が求まります。これで電流から照度を計算できるようになります。

ここで利用しているフォトトランジスタ「NJL7502L」の場合は、データシートの「Photocurrent vs. Illuminance」を閲覧すると、照度が4000lxまで電流と照度の関係がおおよそ直線で表されています（**下図**）。よって照度が1～4000lxの間であれば、上述した関係式を使って計算できることになります。

図　NJL7502Lの電流と照度の関係を表したグラフ（データシートより転載*1）

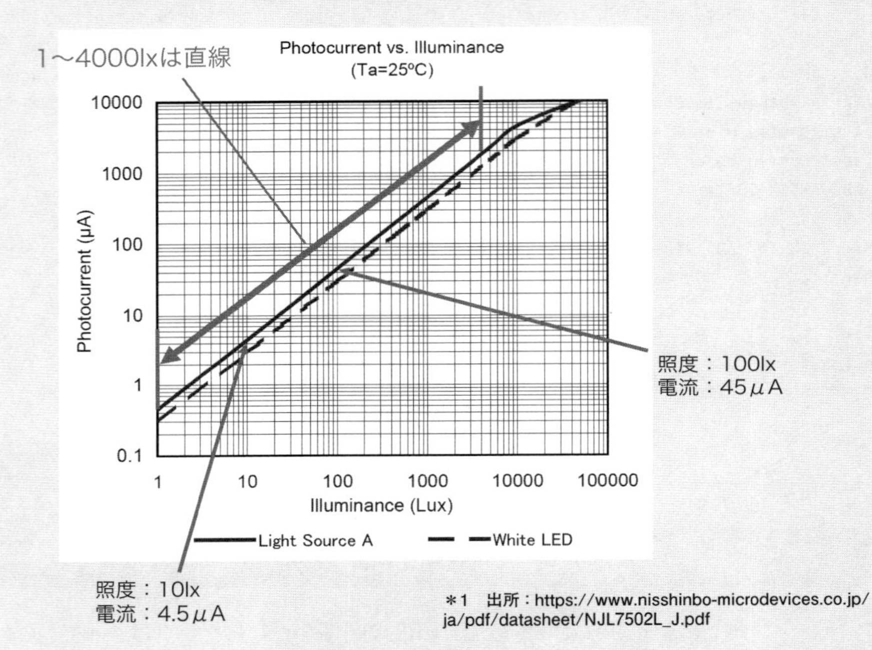

*1　出所：https://www.nisshinbo-microdevices.co.jp/ja/pdf/datasheet/NJL7502L_J.pdf

「a」を求めるには任意の2点の値が必要となります。照度が10lxの場合は4.5μA、照度が100lxの場合は45μAという2点を使うことにします。この値を前述したaを求める式に代入して計算すると「1」と求まります。

照度と電流の関係式のaに1を代入し、照度が100lxの場合は45μAを当てはめて計算すると、Cは「20÷9」と求まります。これで、NJL7502Lの電流と照度の関係式は次の式を利用できることになります。この計算式を使う場合には、電流の単位がμAである点に注意しましょう。

$$照度 = \frac{20}{9} \times 電流$$

なお、4000lx以上の照度（電流は2mA）については、グラフに直線性がなくなるため、この式は適用できません。

33 センサー

デジタル入力

フォトリフレクター

プログラム	photo-ref.ino
ライブラリ	−

利用パーツ

●フォトリフレクター×1（秋:104500） ●半固定抵抗100kΩ×1（秋:108014）
●抵抗器150Ω×1（秋:125151）

「フォトリフレクター」は、対象物に赤外線を照射し、その反射した光が内蔵する光センサーに届くかどうかを調べられるセンサーモジュールです（**下図**）。赤外線を反射する対象物の有無を調べる目的で使えます。フォトリフレクターには赤外線LEDとフォトトランジスタが並んで配置されています。赤外線LEDとフォトトランジスタの間には仕切りが付いており、赤外線が直接届かないようになっています。フォトリフレクターに紙などをかざすと、赤外線LEDから照射した光が反射して、隣にあるフォトトランジスタに届きます。フォトトランジスタの状態をESP32で読み取り、明るい（赤外線が届いて電流が多く流れる）場合は対象物があり、暗い（赤外線が届かずほとんど電流が流れない）場合は対象物がないと判断できます。

図　フォトリフレクターの外観

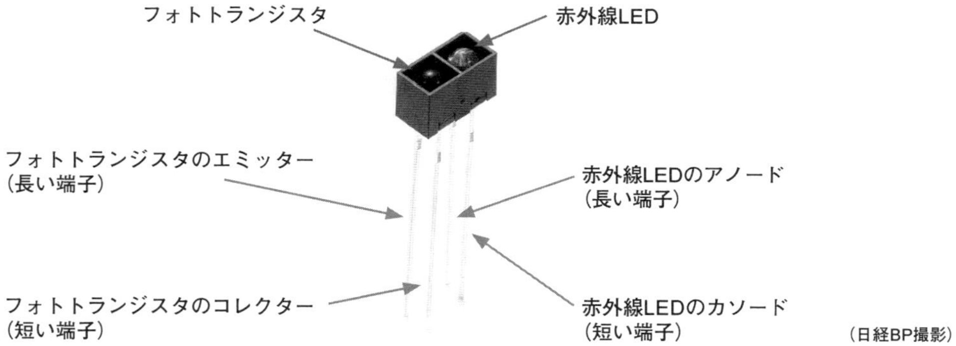

（日経BP撮影）

この仕組みを応用して、紙や床などに引いた黒い線の有無を調べることができます（**下図**）。白い紙や床は赤外線を多く反射しますが、黒い線の上ではほとんど反射しません。この違いにより、光センサー部分に流れる電流の大きさが変わります。このため、電流の変化を調べることで、黒い線があるかどうかを判断できるわけです。

図　照射した対象物が白か黒かを判別できる

ここでは、フォトリフレクターを利用して、かざした対象物の色が白か黒かを判別してみます。フォトリフレクターとESP32は、**下図**のように接続します。半固定抵抗でフォトトランジスタの感度を調節可能にしています。正しく色を判別できない場合は、半固定抵抗を回して調節してください。

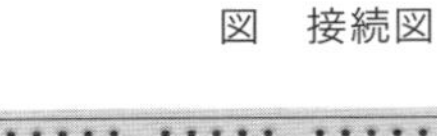

図　接続図

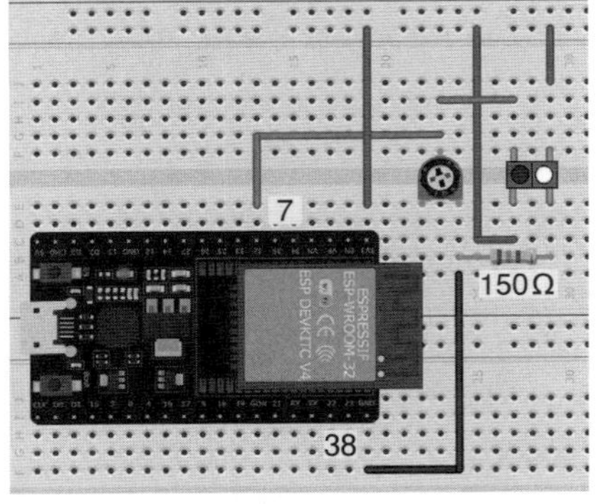

（Fritzingで作成）

対象物が白か黒かを判別するプログラム「photo-ref.ino」を以下に示します。フォトトランジスタと抵抗器の間をデジタル入力し、Highとなった場合は白、Lowとなった場合は黒と判断します。

ソース　対象物が白か黒かを判別するプログラム

photo-ref.ino

```
const int PREF_PIN = 32;
void setup() {
    pinMode( PREF_PIN, INPUT );

    Serial.begin( 115200 );
}

void loop() {
    if( digitalRead( PREF_PIN ) == 1 ){
        Serial.println( "White" );
    }else{
        Serial.println( "Black" );
    }
    delay( 100 );
}
```

エミッターに接続したGPIOの番号（const int PREF_PIN = 32;）

白、黒を判別して表示する（if〜else）

34 センサー

デジタル入力

フォトインターラプター

プログラム	photo-int.ino
ライブラリ	–

利用パーツ

- フォトインターラプター ×1（秋:109668）
- 抵抗器150Ω×1（秋:125151）、750kΩ×1（秋:125754）

「フォトインターラプター」は、赤外線を利用するセンサーモジュールです（**下図**）。モジュール上の溝を挟んで赤外線LEDと光センサー（フォトトランジスタ）が配置されており、この溝を通して赤外線が光センサーまで届くようになっています。溝に遮蔽物を差し込むと、赤外線が届かなくなり、光センサーの出力が変化します。

図　フォトインターラプターの外観

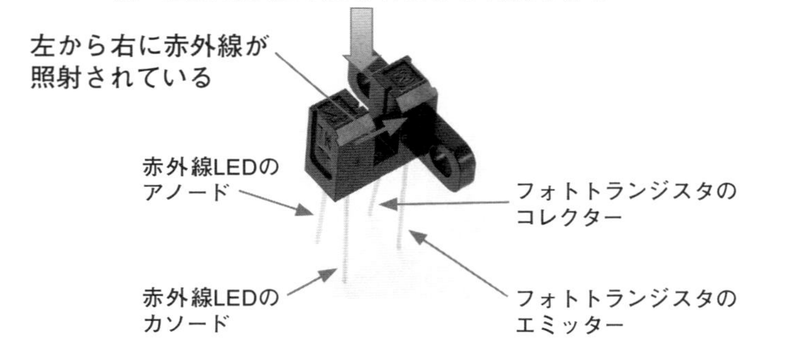

（日経BP撮影）

フォトインターラプターを使うと、例えばモーターが回転した回数を調べられます。モーターに穴が一つ開いた円盤を取り付けておきます。この円盤をフォトインターラプターの溝に差し込んでモーターを回転させると、穴が開いた部分が通過するたびに1回転したことを検出できます。

フォトインターラプターとESP32は**下図**のように接続します。フォトトランジスタの状態変化を調べるために、一つ前のフォトリフレクターと同じように抵抗器を接続して、フォトトランジスタと抵抗器の間の電圧を読み取ります。

図　接続図

（Fritzingで作成）

遮蔽物が差し込まれているかどうかを判断するプログラム「photo-int.ino」を以下に示します。遮蔽物が差し込まれていない場合は、赤外線がフォトトランジスタに届くため入力が「High」となり「None.」と表示します。遮蔽物を差し込むと、赤外線が届かなくなるため入力が「Low」となり「Block.」と表示します。

ソース　遮蔽物が差し込まれているかどうかを判断するプログラム

photo-int.ino

```
const int PREF_PIN = 32; ── エミッターに接続したGPIOの番号

void setup() {
    pinMode( PREF_PIN, INPUT );

    Serial.begin( 115200 );
}

void loop() {
    if( digitalRead( PREF_PIN ) == 1 ){
        Serial.println( "None." );
    }else{
        Serial.println( "Block." );
    }
    delay( 100 );
}
```

遮蔽物の有無を判別して表示する

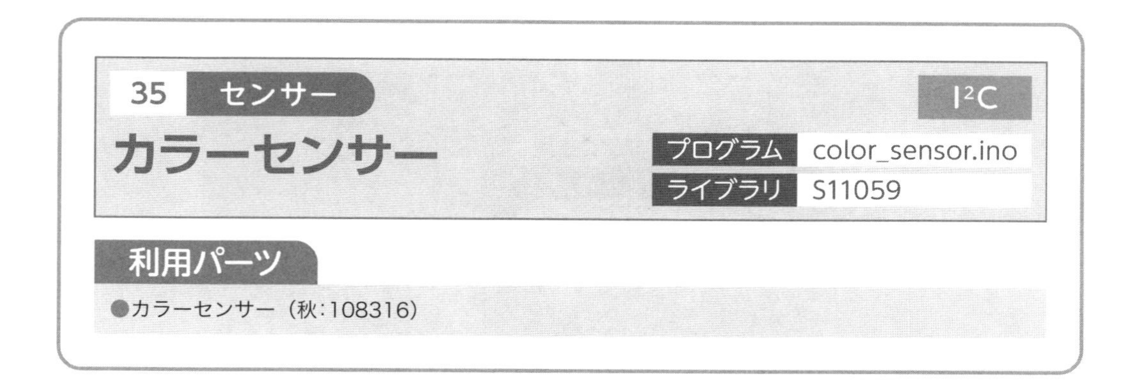

35
センサー
I²C
カラーセンサー
プログラム color_sensor.ino
ライブラリ S11059
利用パーツ
●カラーセンサー（秋:108316）

CdSセルやフォトトランジスタは、光の強さは分かるものの、どのような色の光が照射されているかは識別できません。光の色を知りたい場合には「カラーセンサー」が利用できます（**下図**）。カラーセンサーは、光の3原色である赤、緑、青の各成分を計測できる光センサー素子を搭載しており、受けた光を成分ごとに分けて計測できます。この計測結果から、光がどのような色であるかを判定可能です。例えば、赤と緑の成分が強ければ黄色であると分かります。

ここで紹介するカラーセンサー「S11059-02DT」を搭載したモジュールは、中央に搭載したカラーセンサーチップで受けた光を3原色の成分ごとに計測できるほか、赤外線の計測も可能です。

図　カラーセンサーの外観

カラーセンサーチップ
光を四つの成分に分けて出力する
赤の成分の強さ
緑の成分の強さ
青の成分の強さ
赤外線の成分の強さ
電源
I²CのSDA
I²CのSCL
GND

（日経BP撮影）

S11059-02DTは、I²C通信を使ってモジュールから計測結果を取得できます。I²Cアドレスは「0x2a」です。ESP32とは**下図**のように接続します。

図　接続図

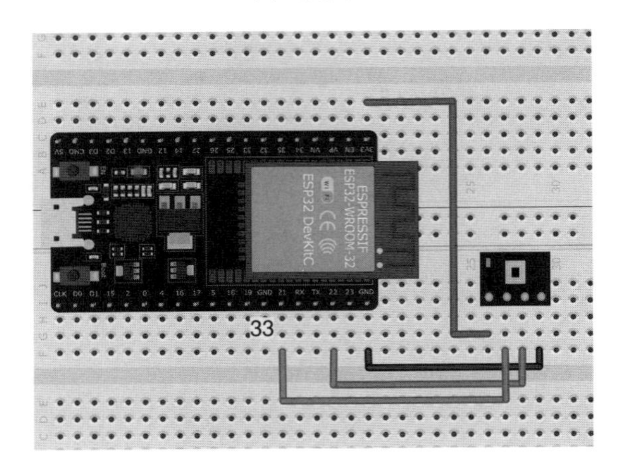

（Fritzingで作成）

S11059-02DTの制御には、Hamada Hideki氏が提供するライブラリ「S11059」を利用します。2-2の手順に従ってArduino IDEにインストールしておきます。

同ライブラリを使って、照射した光の成分を計測するプログラム「color_sensor.ino」を以下に示します。ライブラリの「colorSensor.getRed()」「colorSensor.getBlue()」「colorSensor.getGreen()」「colorSensor.getIR()」関数を呼び出すことで、各色成分の計測値を取得できます。

ソース　照射した光の成分を計測するプログラム

color_sensor.ino

```
#include <Wire.h>
#include "S11059.h"

S11059 colorSensor;

void setup(){
    Serial.begin( 115200 );
    Wire.begin();
    colorSensor.setMode( S11059_MODE_FIXED );
    colorSensor.setGain(S11059_GAIN_HIGH);
    colorSensor.setTint(S11059_TINT1);
    colorSensor.reset();
    colorSensor.start();
}

void loop(){
    colorSensor.update();
```

カラーセンサーの初期設定

カラーセンサーを起動する

センサーから計測値を更新する

```
    uint16_t red = colorSensor.getRed();
    uint16_t blue = colorSensor.getBlue();
    uint16_t green = colorSensor.getGreen();
    uint16_t ir = colorSensor.getIR();

    Serial.print( "Red : " );
    Serial.print( red );
    Serial.print( "  Green : " );
    Serial.print( green );
    Serial.print( "  Blue : " );
    Serial.print( blue );
    Serial.print( "  IR : " );
    Serial.println( ir );

    delay( 1000 );
}
```

各色の計測値を取得する

36 センサー

アナログ入力

加速度センサー

プログラム	accel.ino
ライブラリ	ー

利用パーツ

●加速度センサー ×1（秋:115232）

「加速度センサー」は、加速や減速といった加速度の変化を計測できるセンサーです（**下図**）。車などが加速しているか減速しているかを調べたり、急激な加速度の増加が発生する衝突を検知したりする用途があります。

加速度センサーは、X軸、Y軸、Z軸の三つの軸方向に分けて加速度を計測します。ここで利用する加速度センサー「KXTC9-2050」には、基板上に各軸の向きが記載されています。**下図**のように配置した場合、上方向がX軸、左方向がY軸、基板の表面に垂直な上方向がZ軸となります。

KXTC9-2050は、計測した加速度をアナログ電圧として出力します。Xと記載さ入れた端子からX軸の加速度、Y端子からY軸の加速度、Z端子からZ軸の加速度がそれぞれ出力されます。各軸の出力電圧から、図にある計算式にあてはめることで加速度を計算できます。

図　加速度センサーの外観

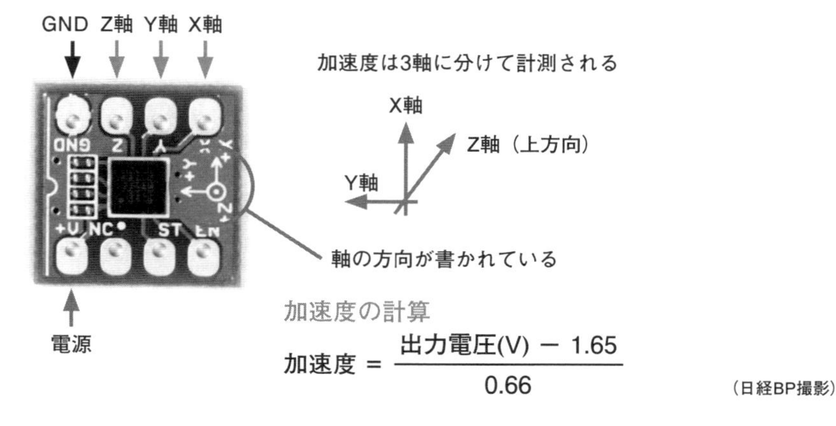

地球の重力は加速度の一種であり、重力を受けながら地球上にいるということは、地球の中心に向かって常に加速しているのと同じ状態です。このため、加速度センサーで重力を計測することも可能です。加速や減速などをしていない一定の状態で加速度を計測すると、重力がX軸、Y

軸、Z軸に分かれて計測されます。地面と水平にセンサーを配置すれば、Z軸方向にのみ加速度が計測されます。ここから徐々にX軸方向に傾けるとX軸の加速度が増え、逆にZ軸の加速度が減ります。この計測結果を三角関数を用いて計算することで、傾いた角度を求められます（**下図**）。下図では簡略化のためX軸、Z軸と重力の関係のみ示していますが、実際にはY軸方向も考慮して計算する必要があります。

図　加速度センサーで傾きを導き出す

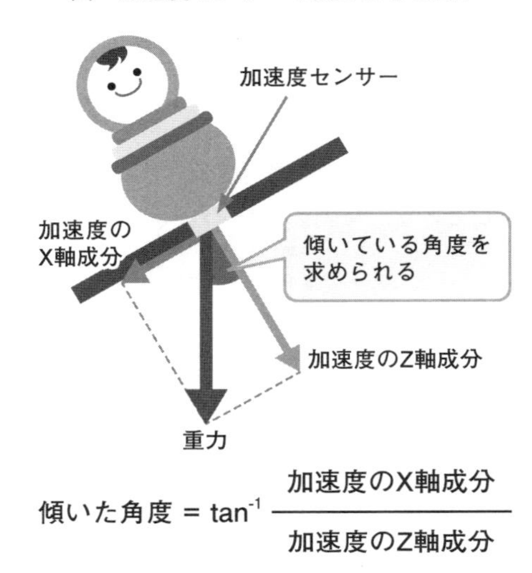

$$傾いた角度 = \tan^{-1} \frac{加速度のX軸成分}{加速度のZ軸成分}$$

KXTC9-2050は計測した結果をアナログ電圧で出力します。**下図**のようにADコンバーターを介してESP32で取得するようにします。この際、X軸はADコンバーターユニット1のチャンネル0、Y軸はチャンネル3、Z軸はチャンネル6に接続します。

図　接続図

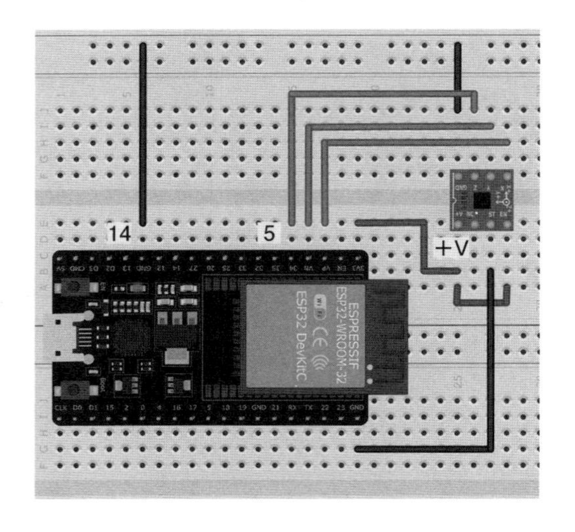

（Fritzingで作成）

加速度と傾きを表示するプログラム「accel.ino」を以下に示します。アナログ入力で各軸の電圧を取得します。電圧を1.65を引き、0.66で割ることで加速度に変換できます。もし、平面に置いた際、X軸、Y軸の加速度が0にならない場合は、X軸とY軸のオフセット値（OFFSET_X、OFFSET_Y）を調節して0になるようにします。Z軸の場合はセンサーを垂直配置してから加速度が0になるようにOFFSET_Zの値を調節します。

傾きを求めるための計算をconv_angle()関数として用意しています。この関数に各軸の加速度を指定することで、XZ、YZ平面の傾きをそれぞれ取得できます。

ソース　加速度と傾きを表示するプログラム

accel.ino

```
#include "driver/adc.h"
#include "esp_adc_cal.h"
#include <math.h>

const float OFFSET_X = 1.65;
const float OFFSET_Y = 1.65;
const float OFFSET_Z = 1.65;

const float SENS_X = 660.0;
const float SENS_Y = 660.0;
const float SENS_Z = 660.0;

esp_adc_cal_characteristics_t adcChar;

void conv_angle(float x, float y, float z, float* x_angle, float* y_➘
angle) {
    *x_angle = atan2(x, sqrt(y * y + z * z)) * 180.0 / PI;
    *y_angle = atan2(y, sqrt(x * x + z * z)) * 180.0 / PI;
}

void setup() {
    Serial.begin( 115200 );
    adc1_config_width( ADC_WIDTH_BIT_12 );
    adc1_config_channel_atten( ADC1_CHANNEL_0, ADC_ATTEN_DB_11 );
    adc1_config_channel_atten( ADC1_CHANNEL_3, ADC_ATTEN_DB_11 );
    adc1_config_channel_atten( ADC1_CHANNEL_6, ADC_ATTEN_DB_11 );

    esp_adc_cal_characterize( ADC_UNIT_1, ADC_ATTEN_DB_11, ADC_WIDTH_BIT_➘
12, 1100, &adcChar);
}

void loop() {
    uint32_t mvolt;
```

各軸の0Gとなる電圧(オフセット)

各軸の感度(mV/G)

傾きを算出する関数

次ページに続く

```
    esp_adc_cal_get_voltage( ADC_CHANNEL_0, &adcChar, &mvolt );
    float volt_x = (float)mvolt / 1000.0;
    esp_adc_cal_get_voltage( ADC_CHANNEL_3, &adcChar, &mvolt );
    float volt_y = (float)mvolt / 1000.0;
    esp_adc_cal_get_voltage( ADC_CHANNEL_6, &adcChar, &mvolt );
    float volt_z = (float)mvolt / 1000.0;
```
ADコンバーターから各軸の電圧を取得する

```
    float accel_x = ( volt_x - OFFSET_X ) / ( SENS_X / 1000 );
    float accel_y = ( volt_y - OFFSET_Y ) / ( SENS_Y / 1000 );
    float accel_z = ( volt_z - OFFSET_Z ) / ( SENS_Z / 1000 );
```
電圧から加速度を算出する

```
    Serial.print( "X:" );
    Serial.print( accel_x );
    Serial.print( "  Y:" );
    Serial.print( accel_y );
    Serial.print( "  Z:" );
    Serial.println( accel_z );

    float angle_x, angle_y;
    conv_angle( accel_x, accel_y, accel_z, &angle_x, &angle_y );
    Serial.print( "Angle X-Y:" );
    Serial.print( angle_x );
    Serial.print( "   Y-Z:" );
    Serial.println( angle_y );

    delay( 500 );
}
```
conv_angle()関数で傾きを取得する

37 センサー　I²C

地磁気センサー

プログラム	compass.ino
ライブラリ	Adafruit LIS3MDL

利用パーツ

●地磁気センサー ×1（ス:6266）

地球は南極をN極、北極をS極とした大きな磁石のようになっており、南極から北極に向けて磁場が形成されています。このためコンパス（方位磁石）の針は、地球の磁場を受けてN極（赤い方）が北極方向、S極が南極方向を指し示し、その結果自分が現在どちらの方角を向いているかが分かります（**下図**）。

図　地球は南極から北極に向けて磁場が形成されている

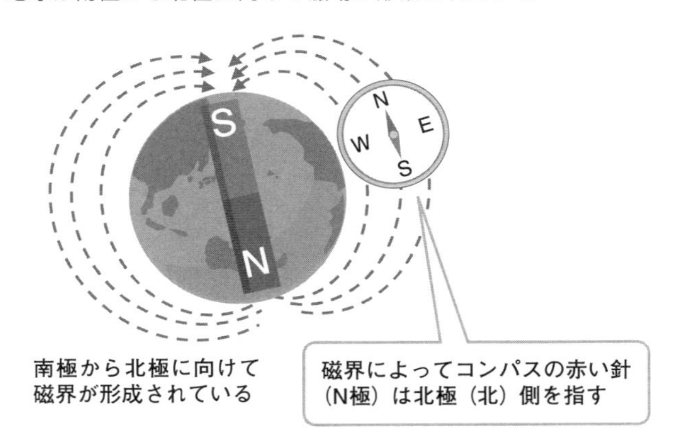
S
N
N
E
W
S
南極から北極に向けて
磁界が形成されている
磁界によってコンパスの赤い針
（N極）は北極（北）側を指す

地磁気センサーは、この地球の磁場を計測できるセンサーです。磁場はX軸、Y軸、Z軸の成分に分けて計測されます。ここで紹介する地磁気センサー「LIS3MDL」は、各軸の向きが基板上に記載されています。**下図**のように置いた場合、上側がX軸、左側がY軸、基板表面に垂直な方向がZ軸となっています。

取得した磁場のX軸成分とY軸成分を利用することで、磁場がどちらの方向に向いているかを導き出せます。取得した値は、N極からS極に向けて正の値となっており、X軸とY軸の成分を合成して取得した方角が北向きとなります。

図　地磁気センサーの外観

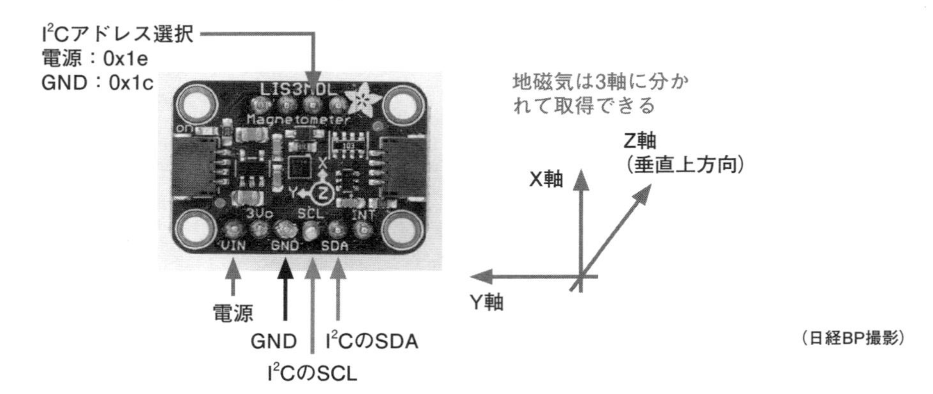

（日経BP撮影）

LIS3MDLはI^2CまたはSPIで通信可能です。ここではI^2Cを利用する方法を説明します。I^2Cアドレスは「0x1c」を使います。ESP32とは**下図**のように接続します。

図　接続図

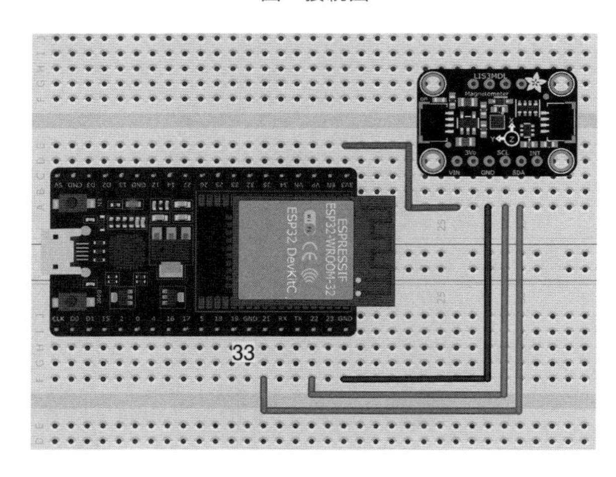

（Fritzingで作成）

LIS3MDLの制御には、Adafruit Industries社が提供するライブラリ「Adafruit LIS3MDL」を利用します。2-2の手順に従ってArduino IDEにインストールしておきます。

方位を精度高く計測するには、センサーの計測値に対して、現在地に合わせた補正を加える必要があります。そこで、まずは補正値を取得するプログラム「compass_calib.ino」を実行します。すると、CALIB_X、CALIB_Yの補正値が表示されます。この状態で、水平の状態を保ちながらセンサーを数周回転させてください。CALIB_XとCALIB_Yが特定の値で安定したら、その補正値をメモしておきます。

方位の計測プログラム「compass.ino」を以下に示します。compass_calib.inoで取得した補正値をプログラム内の「CALIB_X」と「CALIB_Y」に設定してください。実行すると、方位が北を0度として0〜360度の範囲で表示されます。

ソース　方位を計測するプログラム

compass.ino

```
#include <Wire.h>
#include <Adafruit_LIS3MDL.h>
#include <math.h>

const int CALIB_X = 0;  ┐─ 補正値を設定する
const int CALIB_Y = 0;  ┘

Adafruit_LIS3MDL lis3mdl;

void setup(){
    Serial.begin(115200);
    lis3mdl.begin_I2C();
    lis3mdl.setPerformanceMode(LIS3MDL_MEDIUMMODE);
    lis3mdl.setOperationMode(LIS3MDL_CONTINUOUSMODE);
    lis3mdl.setDataRate(LIS3MDL_DATARATE_155_HZ);
    lis3mdl.setRange(LIS3MDL_RANGE_4_GAUSS);
    lis3mdl.setIntThreshold(500);
    lis3mdl.configInterrupt(false, false, true, true, false, true);
}

void loop(){
    lis3mdl.read();

    int x = lis3mdl.x - CALIB_X;  ┐─ 計測値を取得し、補正する
    int y = lis3mdl.y - CALIB_Y;  ┘
    float heading = -1 * ( atan2( x, y ) * 180) / M_PI; ── 方位を算出する

    Serial.print( "Compass :" );
    Serial.print( heading );
    Serial.println( "deg" );

    delay( 500 );
}
```

6章

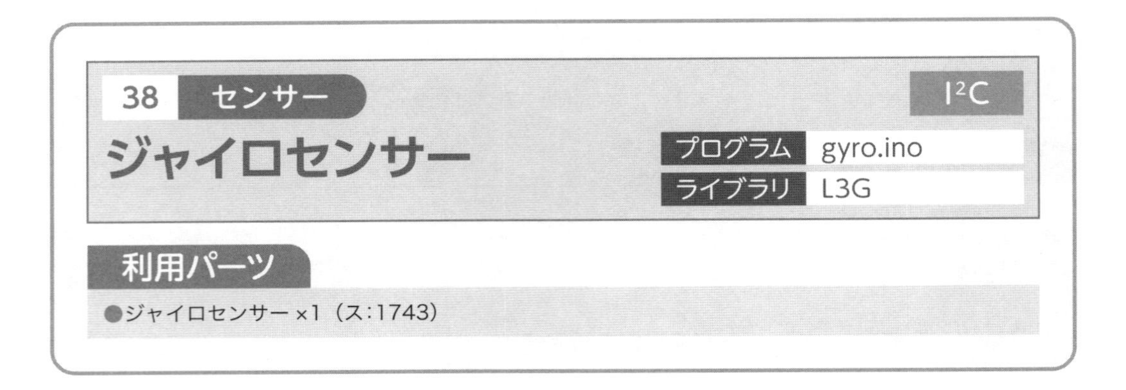

「ジャイロセンサー」は、回転した速度（角速度）を計測できるセンサーです。飛行機が回転（ロール）する際にどの程度傾いたかや、車がどれくらい曲がったかといったデータを取得する目的で使えます。

ここで紹介するジャイロセンサー「L3GD20H」（**下図**）は、角速度をX軸、Y軸、Z軸成分に分けて計測します。X軸の計測値は、下図に示したX軸を中心とする角速度を計測します。角速度は、1秒間に変化する角度（単位はdps）で表します。例えば、3秒かけて90度回転したならば、30dps（90度÷3秒）となります。

L3GD20Hはレンジ（計測精度）を3段階から選択できます。計測する角速度が大きい場合は、レンジ2を選択します。レンジ2では、-2000～2000dps（1秒間に最大で約5回転半）の角速度を計測可能です。

図　ジャイロセンサーの外観

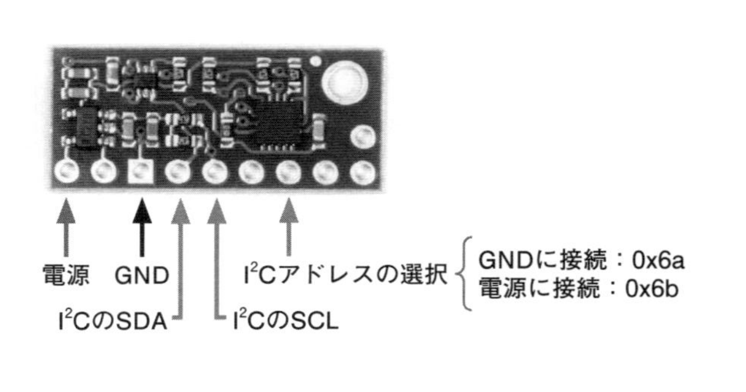

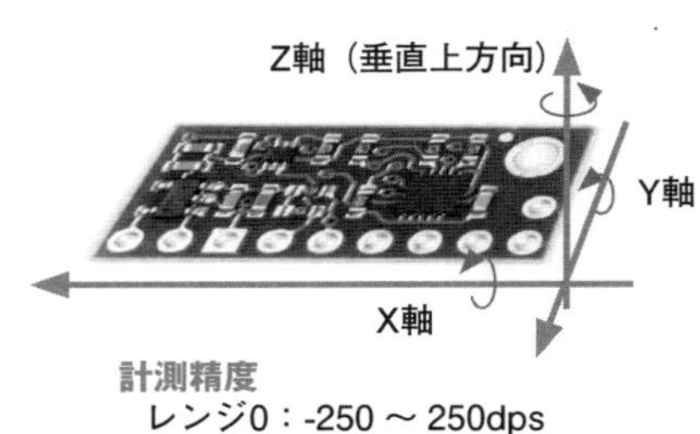

（著者撮影）

ジャイロセンサーは「コリオリ力」という力を利用します。動いている物体を回転させると、進行方向および回転した軸と直角となる方向に慣性力が働きます。この慣性力がコリオリ力です（**下図**）。センサーの内部では、ばねで固定した重りを一方向に振動させておきます。センサーが回転すると、それと直角の方向にコリオリ力が働き、振動します。この振動で回転を計測し、角速度を取得する仕組みになっています。

図　ジャイロセンサーの仕組み

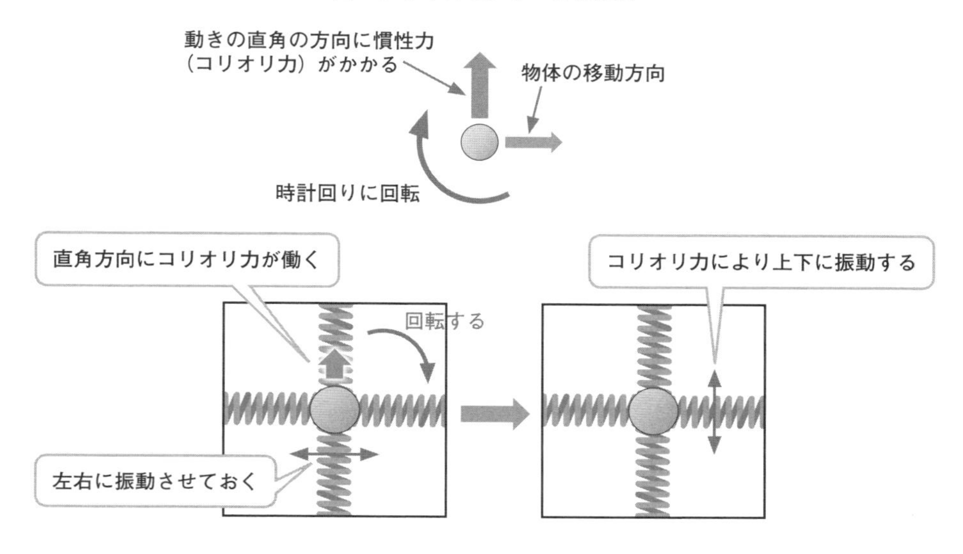

L3GD20Hとの通信には、I^2CまたはSPIが利用可能です。I^2Cを使う場合は、**下図**のようにESP32とつなぎます。SA0端子を電源に接続することで、I^2Cで通信できるようになります。I^2Cアドレスは、CS端子で二つから選べます。電源に接続すると0x6b、GNDに接続すると0x6aとなります。ここでは電源に接続しているので、0x6bの方を使っています。

図　接続図

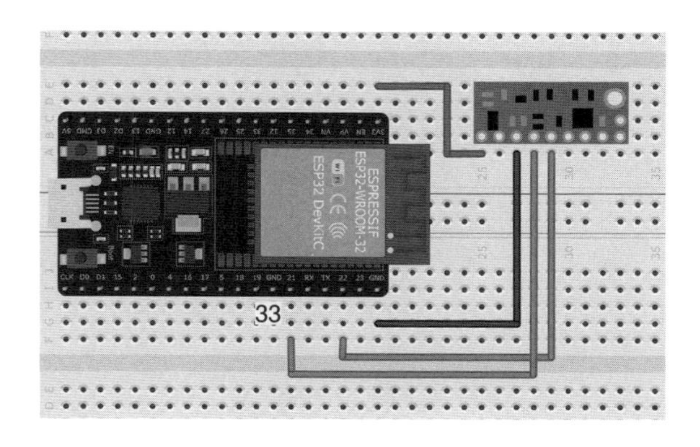

（Fritzingで作成）

L3GD20Hの制御には、Pololu社が提供するライブラリ「L3G」を利用します。2-2の手順に従ってArduino IDEにインストールしておきます。

ジャイロセンサーで角速度を計測するプログラム「gyro.ino」を以下に示します。計測値は

「gyro.g.x」「gyro.g.y」「gyro.g.z」で取得できます。取得した計測値から角速度を求めるには8.75をかけます。なお、単位はmdpsとなるので、1000倍してdps単位に変換しておきます。

ソース　ジャイロセンサーで角速度を計測するプログラム

gyro.ino

```
#include <Wire.h>
#include <L3G.h>

L3G gyro;

void setup() {
    Serial.begin( 115200 );
    Wire.begin();

    gyro.init();
    gyro.enableDefault();
}

void loop(){
    gyro.read();

    int raw_x = gyro.g.x;
    int raw_y = gyro.g.y;    ← 計測値を取得する
    int raw_z = gyro.g.z;

    float gyro_x = raw_x * 8.75 / 1000;
    float gyro_y = raw_y * 8.75 / 1000;    ← 角速度を算出する
    float gyro_z = raw_z * 8.75 / 1000;

    Serial.print( "X:" );
    Serial.print( gyro_x );
    Serial.print( "dps  Y:" );
    Serial.print( gyro_y );
    Serial.print( "dps  Z:" );
    Serial.print( gyro_z );
    Serial.println( "dps" );

    delay( 500 );
}
```

39 センサー

I²C

9軸モーションセンサー

プログラム	9axis.ino
ライブラリ	Adafruit BNO055

利用パーツ

●9軸モーションセンサー（秋:116996）

「9軸モーションセンサー」は、加速度、ジャイロ（角速度）、地磁気の三つをまとめて測れるセンサーです。ドローンなどの姿勢を調べる際に、この三つのセンサーがよく使われます。加速度センサーでは、機体がどの程度傾いたかや移動速度が分かります。ジャイロセンサーは機体の回転を計測できるので、向きや傾きを調べられます。地磁気センサーは、地球の磁場を計測して向いている方向を取得できます。これらの情報を統合することで、機体の姿勢を正確に把握して制御できます。

ここで紹介する9軸モーションセンサー「BNO055」は、X軸、Y軸、Z軸またはロール、ピッチ、ヨーの要素に分けてそれぞれのセンサーの計測値が出力されます（**下図**）。このように3種類の計測値がそれぞれ3軸／3要素に分けて出力されることから、9軸モーションセンサーあるいは単に9軸センサーと呼ばれています。

図　9軸モーションセンサーの外観

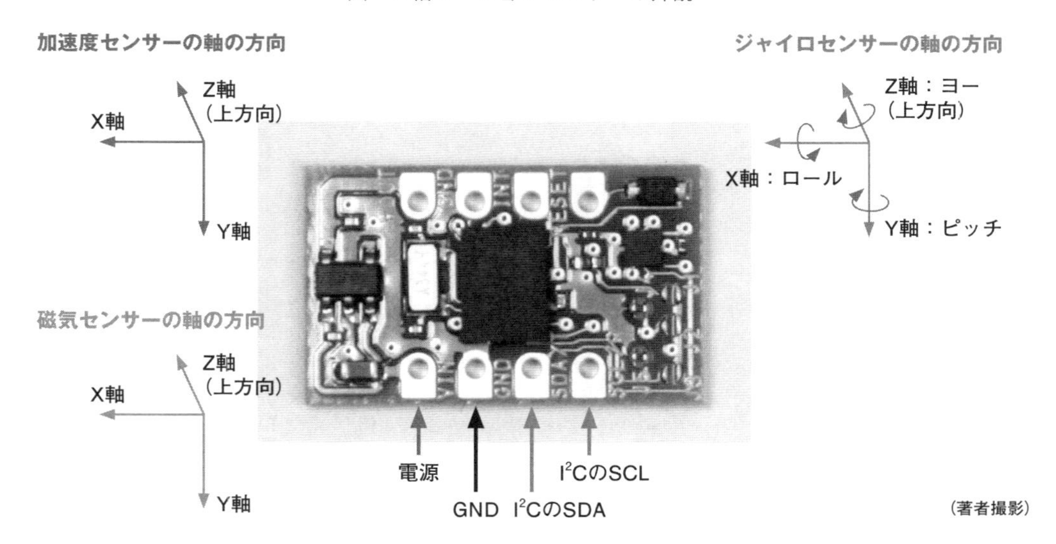

（著者撮影）

6章

BNO055から各計測値を取得するには、I^2Cを使って通信します。ESP32との接続には**下図**のようにセンサーに付属するコネクタ付きケーブルを用いて接続します。

図　接続図

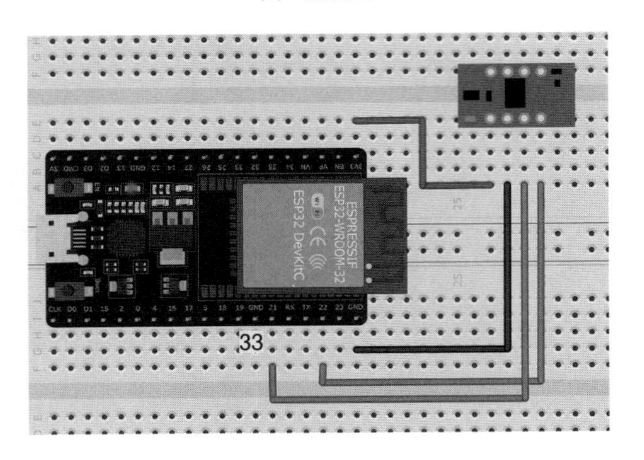

(Fritzingで作成)

BNO055の計測には、Adafruit Industries社が提供するライブラリ「Adafruit BNO055」を利用します。2-2の手順に従ってArduino IDEにインストールしておきます。

加速度、磁気、ジャイロの各計測値を表示するプログラム「9axis.ino」を以下に示します。加速度、地磁気、角速度の計測値を取得し、それぞれX、Y、Z軸成分に分けて表示します。

ソース　加速度、地磁気、ジャイロの各計測値を表示するプログラム

9axis.ino

```
#include <Wire.h>
#include <Adafruit_BNO055.h>

Adafruit_BNO055 bno = Adafruit_BNO055( -1, 0x28, &Wire );

void setup(){
    Serial.begin( 115200 );
    bno.begin();
    bno.setExtCrystalUse( true );
}

void loop(){
    sensors_event_t gyro, mag, accel;

    bno.getEvent( &gyro, Adafruit_BNO055::VECTOR_GYROSCOPE );
    bno.getEvent( &mag, Adafruit_BNO055::VECTOR_MAGNETOMETER );
    bno.getEvent( &accel, Adafruit_BNO055::VECTOR_ACCELEROMETER );

    showdata( &accel );
```

各計測値を取得する

次ページに続く

```
    showdata( &mag );
    showdata( &gyro );

    delay( 500 );
}

void showdata( sensors_event_t* event ) { ── 計測結果を表示する関数
    double x, y, z;
    if ( event->type == SENSOR_TYPE_ACCELEROMETER ) {
        x = event->acceleration.x;
        y = event->acceleration.y;
        z = event->acceleration.z;

        Serial.print( "Accel X:" );        ── 加速度を表示する
        Serial.print( x );
        Serial.print( "  Y:" );
        Serial.print( y );
        Serial.print( "  Z:" );
        Serial.println( z );
    } else if( event->type == SENSOR_TYPE_MAGNETIC_FIELD ){
        x = event->magnetic.x;
        y = event->magnetic.y;
        z = event->magnetic.z;

        Serial.print( "Mag X:" );          ── 地磁気を表示する
        Serial.print( x );
        Serial.print( "  Y:" );
        Serial.print( y );
        Serial.print( "  Z:" );
        Serial.println( z );
    } else if ( event->type == SENSOR_TYPE_GYROSCOPE ) {
        x = event->gyro.x;
        y = event->gyro.y;
        z = event->gyro.z;

        Serial.print("Gyro X:");           ── 角速度を表示する
        Serial.print( x );
        Serial.print("  Y:");
        Serial.print( y );
        Serial.print("  Z:");
        Serial.println( z );
    }
}
```

6章

40 センサー

アナログ入力

曲げセンサー

プログラム	bend.ino
ライブラリ	−

利用パーツ

●曲げセンサー ×1（秋:116410） ●抵抗器10kΩ×1（秋:125103）

「曲げセンサー」は、取り付けた物体がどれくらい曲げられたかを計測できるセンサーです。フィルム内に抵抗素子が入っており、曲げることで抵抗値が変化します。この抵抗値を計測することで曲がり度合いを把握できる仕組みです。例えば、ロボットの腕の関節などに曲げセンサーを取り付けておけば、どの程度腕を曲げているかが分かります。

ここで紹介する曲げセンサーは、片面にアルファベットが記載されています（**下図**）。この面とは逆方向に曲げることで内部抵抗値が変化します。伸ばした状態では内部抵抗は小さく、曲げていくことで内部抵抗が徐々に増えていきます。

図　曲げセンサーの外観

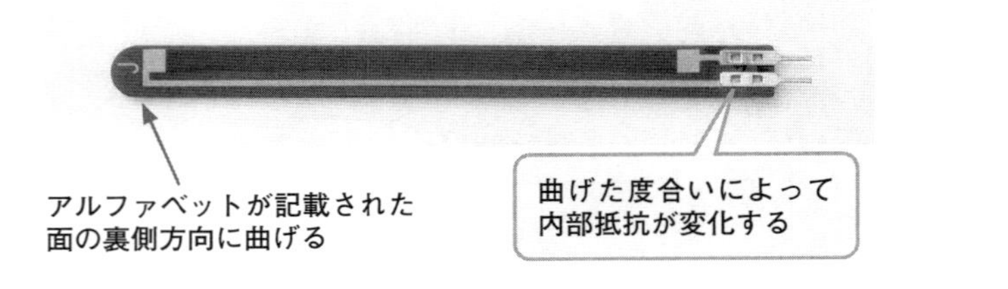
アルファベットが記載された
面の裏側方向に曲げる
曲げた度合いによって
内部抵抗が変化する

（日経BP撮影）

曲げセンサーとESP32は**下図**のように接続します。曲げセンサーの内部抵抗値を読み取るには、図中に示したように抵抗器を直列に接続して分圧回路を作り、抵抗器にかかる電圧をESP32のアナログ入力で読み取ります（分圧回路については5-4を参照）。ここで示した回路では、伸ばした状態では電圧が高く、曲げることで電圧が低くなります。

図　接続図

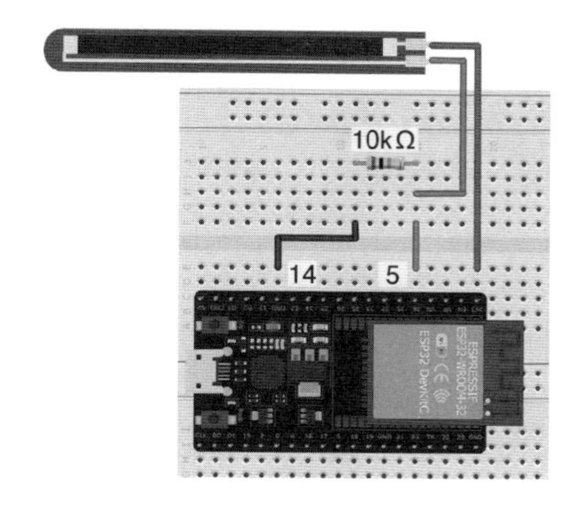

（Fritzingで作成）

曲げた度合いを調べるプログラム「bend.ino」を以下に示します。このプログラムは、曲げた度合いを割合で表示します。そのために必要となるセンサーの校正情報を、BEND_MIN変数とBEND_MAX変数にあらかじめ設定しておく必要があります。プログラムを実行し、曲げセンサーをまっすぐにした状態と180度曲げた状態における「Value」の値をメモしておきます。そして、BEND_MINにまっすぐの状態の値を、BEND_MAXには180度曲げた状態の値を設定してください。プログラムを再度実行すると、曲げた度合いが正しく表示されるようになります。

なお、180度曲げる際は、センサーに折り目が付く形で折り曲げないよう注意してください。端同士を重ねてループ形状にして計測します（このため校正しても曲げ度合いはおおまかな値となります）。

ソース　曲げた度合いを表示するプログラム

bend.ino

```
#include "driver/adc.h"
                                    伸ばした状態の値
const float BEND_MIN = 1168;
const float BEND_MAX = 137;
                                    180度曲げた状態の値
void setup() {
    Serial.begin( 115200 );
    adc1_config_width( ADC_WIDTH_BIT_12 );
    adc1_config_channel_atten( ADC1_CHAN↗
NEL_6, ADC_ATTEN_DB_11 );
}

void loop(){
    int value;
    float volt;
    value = adc1_get_raw( ADC1_CHANNEL_6 );

    float ratio = 1 - ( value - ↗↗
BEND_MAX ) / ( BEND_MIN - BEND_MAX );
    ratio = round( ratio * 100 );
                                    曲げた度合を求める
    if ( ratio < 0 ){
        ratio = 0;
    }
    if ( ratio > 100 ){
        ratio = 100;
    }

    Serial.print( "Ratio : " );
    Serial.print( ratio );
    Serial.print( "%   Value : " );
    Serial.println( value );

    delay( 500 );
}
```

41 センサー

デジタル入力

焦電赤外線センサー

プログラム	pir.ino
ライブラリ	ー

利用パーツ

●焦電赤外線センサー ×1（秋:109002）

「焦電赤外線センサー」は、人や動物などが発する熱（赤外線）を検知できるセンサーです。PIR（Passive InfraRed）センサーとも呼ばれます。自宅の玄関前に人が立ったら自動的に照明を点灯させたり、人が通りがかったらデジタルサイネージにメッセージを表示したり、ペットがカメラの前に来たら自動的に写真を撮影したりするなど、さまざまな用途に活用できます。

ここで紹介する焦電赤外線センサーは、人などが発する赤外線を検出したかどうかを2段階の電圧で出力します（**下図**）。一定範囲内に誰もいない状態ではLow（0V）を出力し、人などを検知するとHigh（3V）を出力します。人などを検出したあとは、一定の時間Highの状態を保ちます。この時間はセンサーの中央にあるボリュームで調節できます。

図　焦電赤外線センサーの外観

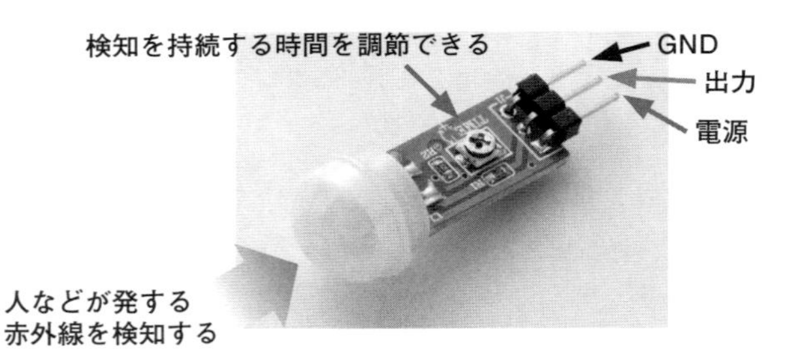

（日経BP撮影）

焦電赤外線センサーとESP32は**下図**のように接続します。この焦電赤外線センサーはピンヘッダーを備えているので、オス-メス型ジャンパー線を使ってESP32に接続できます。

図　接続図

（Fritzingで作成）

人などがいるかどうかを判別するプログラム「pir.ino」を以下に示します。センサーは0Vまたは3Vで出力するため、ESP32のGPIOに直接接続し、デジタル入力で端子の状態を確認することでセンサーの状態を読み取れます。プログラムを実行すると、誰もいない状態では「Nobody.」と表示し、人などを検知すると「Visitor.」と表示します。

ソース　人などがいるかどうかを判別するプログラム

pir.ino

```
const int PIR_PIN = 32; ── 焦電赤外線センサーに接続したGPIOの番号

void setup() {
    pinMode( PIR_PIN, INPUT );

    Serial.begin( 115200 );
}

void loop() {
    if( digitalRead( PIR_PIN ) == 1 ){
        Serial.println( "Visitor." ); ── 人などを検知すると表示
    }else{
        Serial.println( "Nobody." ); ── 誰もいないと表示
    }
    delay( 100 );
}
```

42 センサー

UART

ドップラーセンサー

プログラム	doppler.ino
ライブラリ	−

利用パーツ

●ドップラーセンサー ×1（秋：107776）

「ドップラーセンサー」は、人や物体が近づいたり遠ざかったりする動きを検知できるセンサーです（**下図**）。後ろから車が近づいているのを検出したら注意を促すといった使い方ができます。

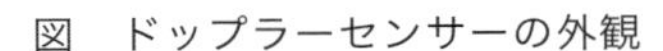
図　ドップラーセンサーの外観

（日経BP撮影）

ドップラーセンサーは、電波を送出しています。1秒間に発生する電波の波の数を周波数と呼び、Hz（ヘルツ）という単位で表します。ここで紹介するドップラーセンサーは周波数24GHzの電波を発します。

ドップラーセンサーから発した電波は、対象物に当たると反射してセンサーに戻ってきます。この際、対象物がセンサーに近づく方向に動いていると、センサーが受け取る1秒当たりの波の数が多くなる、つまり、周波数が高くなります（**下図**）。

一方、センサーから離れる方向に動くと、1秒当たりの波の数が少なくなり、周波数が低くなります。この周波数の変化を見ることで、近づいているか離れているかを判断できます。これがいわゆる「ドップラー効果」で、救急車が近づいてくる場合にサイレンが高い音（周波数が高い）で聞こえ、遠ざかると低い音（周波数が低い）で聞こえるのと同じ原理です。

図　ドップラー効果を用いて物体が近づいているか遠ざかっているかを判別する

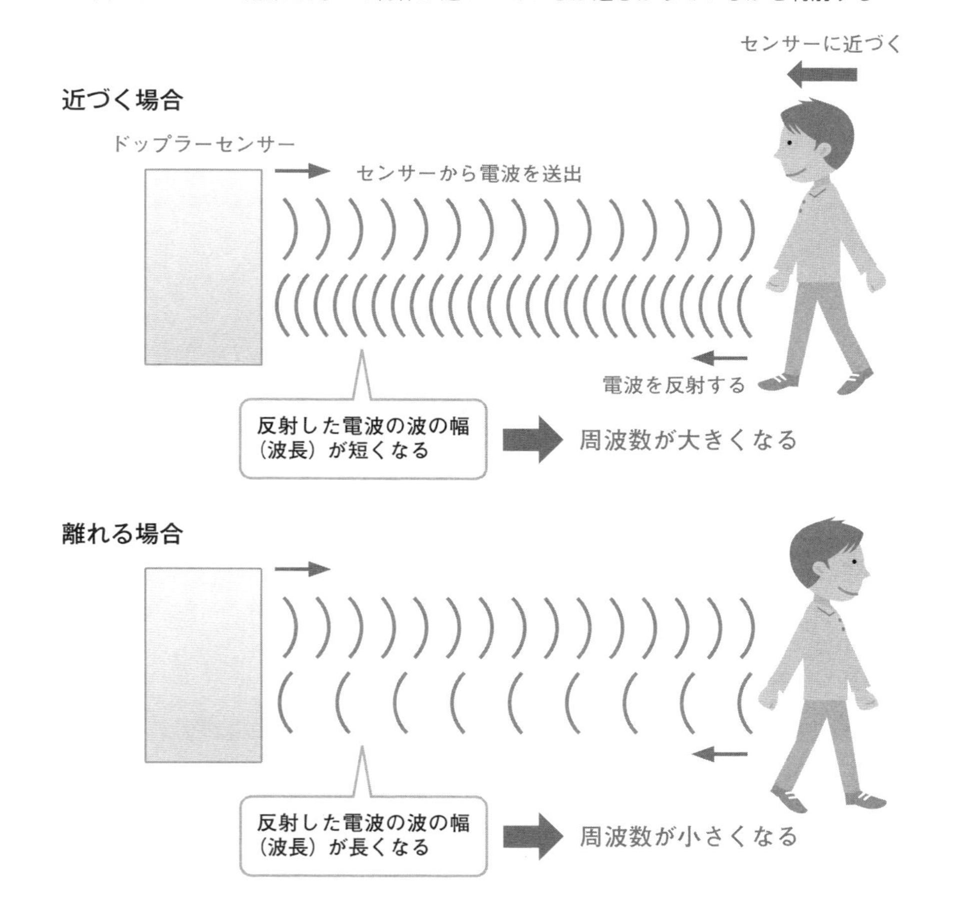

ドップラーセンサーとESP32は**下図**のように接続します。ここで利用するドップラーセンサーには基板とピンソケットが付属しており、あらかじめはんだ付けしておく必要があります。特にセンサー本体と基板のはんだ付けについては端子間の間隔が狭いため、はんだでつながってしまう「ブリッジ」にならないよう注意してください。はんだ付けが終わったら、オス-オス型ジャンパー線をドップラーセンサーのピンソケットに直接差し込んで接続します。

図　接続図

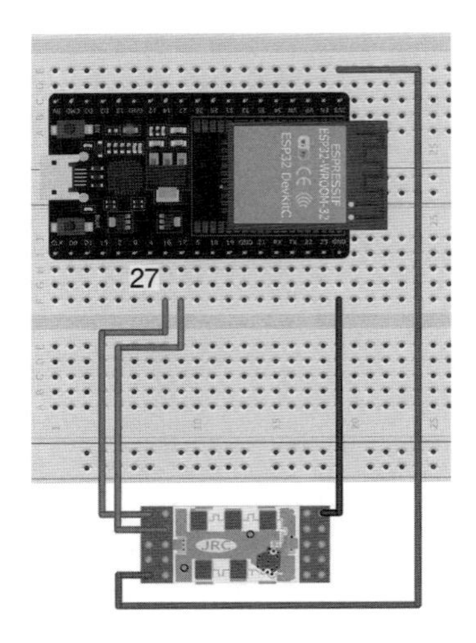

(Fritzingで作成)

物体が近づいているか遠ざかっているかを判別するプログラム「doppler.ino」を以下に示します。ここで利用するドップラーセンサーとは、UARTで通信して計測結果を取得できます。取得した値が「67」の場合は物体がセンサーに近づいており、「76」の場合は遠ざかっていると判別できます。

ソース　物体が近づいているか遠ざかっているかを判別するプログラム

doppler.ino

```
HardwareSerial Serialdop(2);
                    UARTのTxDのGPIO番号
const int TX_PIN = 17;
const int RX_PIN = 16;
                    UARTのRxDのGPIO番号
void setup() {
    Serial.begin( 115200 );
    Serialdop.begin( 9600, SERIAL_8N1, RX_PIN, TX_PIN );
}

void loop() {
    if ( Serialdop.available() > 0 ) {
        uint8_t buf[2];
        int len = Serialdop.readBytes( buf, 2 );
      値が67(近づいている)の場合に表示する
        if ( len > 1 ) {
            int ans = buf[1];
            if ( ans == 67 ) {
                Serial.println( "Approach." );
            } else if ( ans == 76 ) {
                Serial.println( "Move away." );
            }   値が76(遠ざかっている)の場合に表示する
        }
    }
    delay( 100 );
}
```

43 センサー

デジタル入力

超音波距離センサー

プログラム	us_length.ino
ライブラリ	―

利用パーツ

●超音波距離センサー ×1（秋:111009、ス:6080）
●抵抗器1kΩ×1（秋:125102）、2kΩ×1（秋:125202）

「超音波距離センサー」は、対象物までどの程度離れているかを超音波を使って計測するセンサーです。自走する作品で、障害物を検出したらぶつからないように止めたい場合などに利用できます。超音波は人の可聴領域よりも高い音であるため、超音波距離センサーを使っても人には聞こえません。また、次に説明する赤外線距離センサーは、屋外などでは周囲の光の影響を受けてしまいますが、超音波距離センサーにはそうした影響を受けないという利点があります。

ここで紹介する超音波距離センサー「HC-SR04」（**下図**）は、2cm～4mまでの距離を計測可能です。「Trig」という端子をHighにすると左側にある円形の送信部から超音波が送出されます。その後、反射した超音波を右の受信部で受けると「Echo」端子がHighになります。

図　超音波距離センサーの外観

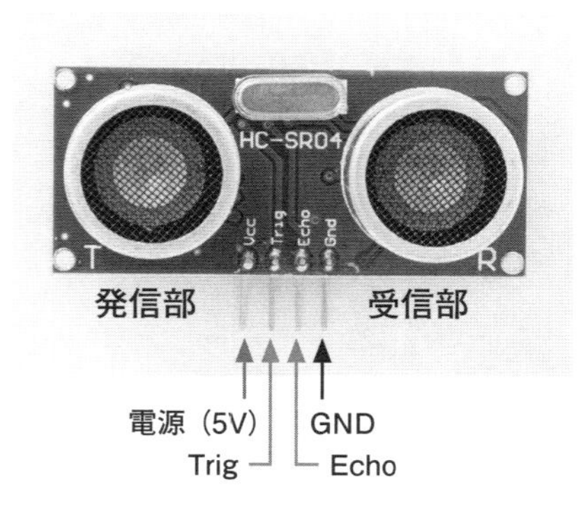

（日経BP撮影）

距離を求めるには、センサーから超音波を発信し、対象物で反射して戻ってきた超音波を受信するまでの時間を計測します（**下図**）。超音波は音速（約340m/秒）で進むので、かかった時間に音速を掛ければ往復の距離が求まり、これを2で割ればセンサーから対象物までの距離となります。なお、音速は気温によって変化します。図中に示した式にかかった時間と温度を代入することで、ほぼ正しい距離を求められます。

図　距離の計測方法

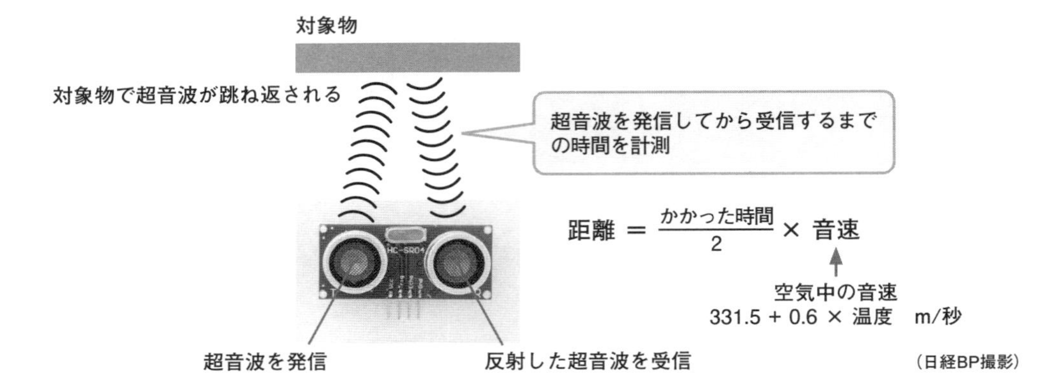

（日経BP撮影）

超音波距離センサーとESP32は、**下図**のように接続します。超音波発信、受信部は、図の上側を向いているので、センサーの差し込む向きに気をつけてください。Trig端子とEcho端子をESP32のGPIOに接続し、それぞれデジタル出力、デジタル入力で制御します。ただし、HC-SR04は5Vで動作し、Echo端子からは5Vの信号が出力されます。一方、ESP32のGPIOは3.3Vのため、抵抗器で分圧回路を作り、5Vの信号を3.3Vに変換しています。

図　接続図

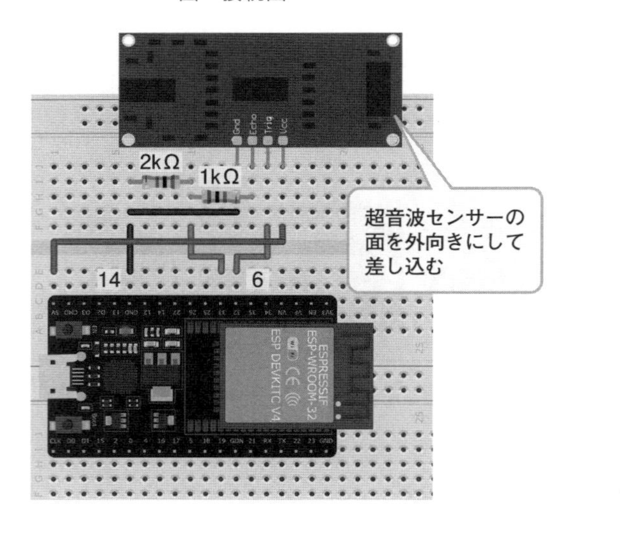

（Fritzingで作成）

超音波距離センサーで対象物までの距離を計測するプログラム「us_length.ino」を以下に示します。プログラム中で定義した「measure()」関数を呼び出すことで、cm単位で距離を取得できます。

measure()では、Trig端子をHighにして超音波を発生したあと、EchoがHighになるまでの時間を計測します。この時間を前述した式で計算することで距離が求まります。

なお、音速は温度によって変化します。もしより正確に距離を計測したい場合は、別途温度センサーを接続し、取得した温度をプログラムの「TEMP」変数に設定してください。

ソース　超音波距離センサーで対象物までの距離を計測するプログラム

us_length.ino

```
const int TRIG_PIN = 32;
const int ECHO_PIN = 33;

const float TEMP = 20;

float s_speed = 331.5 + 0.6 * TEMP;

void setup() {
  pinMode( TRIG_PIN, OUTPUT);
  digitalWrite( TRIG_PIN, LOW);
  pinMode( ECHO_PIN, INPUT);

  Serial.begin(115200);
}

float measure(){
  digitalWrite (TRIG_PIN, HIGH );
  delayMicroseconds( 10 );
  digitalWrite( TRIG_PIN, LOW );

  while ( digitalRead( ECHO_PIN ) == LOW );
  long start = micros();

  while ( digitalRead( ECHO_PIN ) == HIGH );
  long end = micros();

  long pulse_length = end - start;

  float distance = pulse_length / 58.0;

  return( distance );
}

void loop() {
  float distance = measure();

  Serial.print("Distance: ");
  Serial.print(distance);
  Serial.println(" cm");

  delay( 500 );
}
```

注釈:
- const int TRIG_PIN / ECHO_PIN：センサーのTRIGとECHOに接続したGPIOの番号
- const float TEMP：周囲の温度
- float s_speed：音速を計算
- float measure()：距離を計測する関数
- float distance = measure();：計測した距離を取得する

44 センサー　I²C

赤外線距離センサー

プログラム	ir_length.ino
ライブラリ	−

利用パーツ

●赤外線距離センサー ×1（秋:107547）

「赤外線距離センサー」は、センサーから対象物までの距離を赤外線を使って計測するセンサーです。一つ前で紹介した超音波距離センサーと同じような使い方ができます。サイズが小さな対象物でも距離を測りやすいことが、超音波距離センサーよりも優れている点です。

赤外線距離センサーは、対象物に照射した赤外線の反射光を受光して距離を計測します（**下図**）。ここで紹介する赤外線距離センサー「GP2Y0E03」は、4～50cmの距離の計測が可能です。二つのレンズが取り付けられており、一方が赤外線を照射し、もう一方が反射した赤外線を受光します。

GP2Y0E03が計測した距離データをESP32で取得するにはI^2C通信を使います。I^2Cアドレスは「0x40」です。このセンサーは、I^2Cで計測値を送るだけでなく、計測した距離に対応する電圧を2番端子から出力します。この電圧をESP32のADコンバーターで読み取って計算することで距離を求める方法もありますが、ここではI^2C通信で取得する方法を説明します。

図　赤外線距離センサーの外観

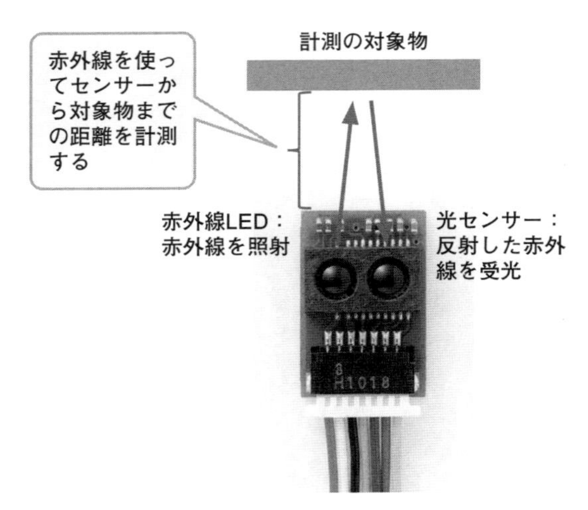

（日経BP撮影）

端子の用途

番号	線色	用途
1	赤	電源
2	白	出力（電圧変化）
3	黒	GMD
4	橙	I/O電圧
5	紫	アクティブの切り替え
6	緑	I^2CのSCL
7	黄	I^2CのSDA

I^2Cアドレス：0x40

GP2Y0E03は、「PSD（Position Sensing Detector）」と呼ぶ方式で距離を計測します（**下図**）。PSD方式は、対象物との距離によって、反射光のレンズへの入射角度が変わることを利用します。このとき、内部に配置された光センサーにレンズで集束された光が当たる位置も変わります。図に示した配置では、対象物が近いほどセンサーの左寄りに、遠いほど右寄りに光が当たります。この当たった位置を計測して、対象物までの距離を求める仕組みです。

図　赤外線距離センサーの仕組み

対象物
反射光の入射角
受光素子
光源
受光素子の一部に光が当たる
近づける
入射角が大きくなる
近づくと当たる場所が左にずれる
遠ざける
入射角が小さくなる
遠ざかると当たる場所が右にずれる

GP2Y0E03とESP32は**下図**のように配線します。GP2Y0E03は、付属するコネクタ付きケーブルを使ってブレッドボードに取り付けます。

図　接続図

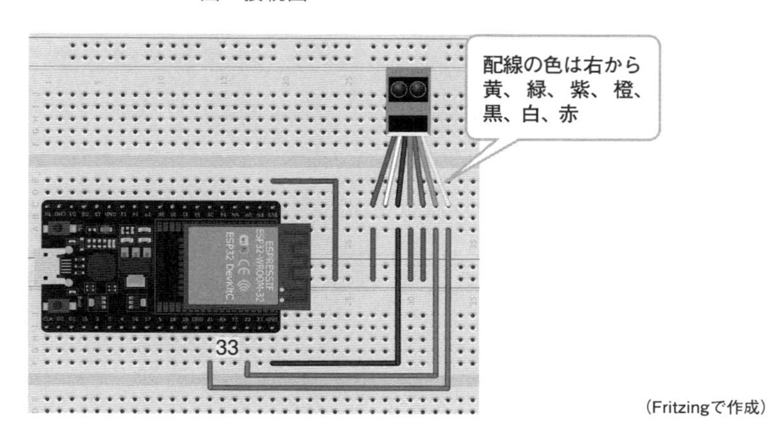

（Fritzingで作成）

赤外線距離センサーで対象物までの距離を計測するプログラム「ir_length.ino」を以下に示します。「measure()」関数を呼び出すことで、対象物までの距離をcm単位で取得します。

ソース　赤外線距離センサーで対象物までの距離を計測するプログラム

ir_length.ino

```
#include <Wire.h>

const int GP2Y0E03_ADDR = 0x40;  ── I2Cアドレス

void setup() {
    Serial.begin( 115200 );
    Wire.begin();
}

float measure( uint8_t addr ) {     ┐
    Wire.beginTransmission( addr ); │
    Wire.write( 0x35 );             │
    Wire.endTransmission( false );  │
    Wire.requestFrom( addr, (uint8_t)1);
    uint8_t shift = Wire.read();    │
                                    │
    Wire.beginTransmission(addr);   │
    Wire.write(0x5E);               │
    Wire.endTransmission(false);    │
    Wire.requestFrom(addr, (uint8_t)1);
    uint8_t d_h = Wire.read();      ├ 距離を計測する関数
                                    │
    Wire.beginTransmission(addr);   │
    Wire.write(0x5F);               │
    Wire.endTransmission(false);    │
    Wire.requestFrom(addr, (uint8_t)1);
    uint8_t d_l = Wire.read();      │
                                    │
    int d = (d_h << 4) + d_l;       │
    float dist = d / (16.0 * pow(2, shift));
                                    │
    return dist;                    │
}                                   ┘

void loop() {
    float distance = measure( GP2Y0E03_ADDR );  ── 計測した距離を取得する
    Serial.print( "Distance: " );
    Serial.print( distance );
    Serial.println( " cm" );
    delay( 500 );
}
```

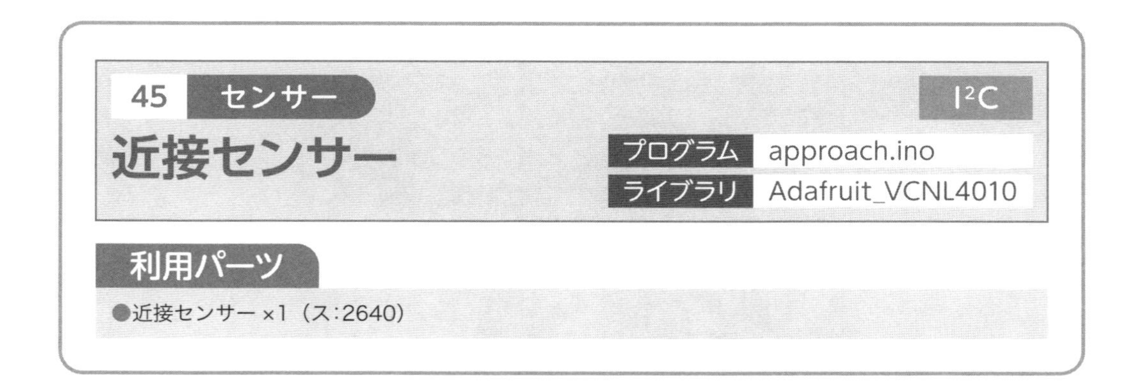

45 センサー
I2C
近接センサー
プログラム approach.ino
ライブラリ Adafruit_VCNL4010
利用パーツ
●近接センサー ×1（ス:2640）

「近接センサー」は、手などをかざしたかどうかを検知できるセンサーです。十数cmの距離以内の範囲にかざした場合のみ反応します。例えば、手をかざすだけで水や石けん水を流す装置などに利用できます。蛇口のレバーに触れずに済むため衛生的に使えます。

ここで紹介する近接センサー「VCNL4010」は、約20cm以内に対象物があるかどうかを調べられます（**下図**）。赤外線を照射し、対象物で反射した赤外線を光センサーで受けることで、手がかざされたかどうかを検知します。環境光を計測する光センサーも搭載しており、周囲の明るさも計測できます。

図　近接センサーの外観

近接用光センサー
検知可能範囲は20cm
（推奨は1 ～ 15cm）
環境光用光センサー
赤外線LED
手をかざしたことを検知できる
電源
GND
I^2CのSCL
I^2CのSDA
赤外線を照射し、対象物で反射した赤外線を光センサーで受光する

（日経BP撮影）

ESP32でVCNL4010の計測値を受信するには、I^2C通信を使います。I^2Cアドレスは「0x13」です。ESP32とは**下図**のように接続します。

図　接続図

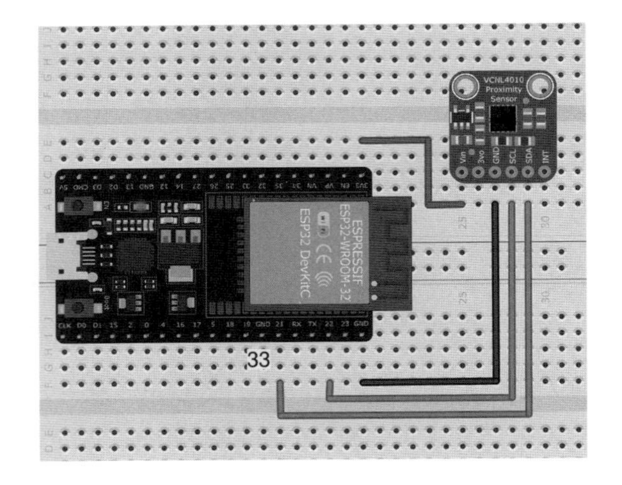

(Fritzingで作成)

VCNL4010を制御するには、Adafruit Industries社が提供するライブラリ「Adafruit_VCNL4010」を利用します。2-2の手順に従ってArduino IDEにインストールしておきます。

同ライブラリを使って、手などをかざしたかどうかを検知するプログラム「approach.ino」を以下に示します。このプログラムは、センサーからの入力値が「TH」変数で設定した値以上になったら手が近づいたとみなし、「Approach.」と表示します。THの初期値として4000を代入していますが、各自の環境に合わせて調節可能です。まず1回プログラムを実行し、手をかざして近づいたと検知させたい位置まで近づけていき、表示された値をTHに設定してください。

ソース　手などをかざしたかどうかを検知するプログラム

approach.ino

```
#include <Wire.h>
#include "Adafruit_VCNL4010.h"

const int TH = 4000; ── 近接したかを判断するしきい値

Adafruit_VCNL4010 vcnl;

void setup() {
    Serial.begin( 115200 );

    vcnl.begin();
}

void loop() {
    int value = vcnl.readProximity(); ── 計測値を取得する

    if( value >= TH ){
        Serial.print( "Approach.  " );
    }
    ── 近接したかを判断する

    Serial.print( "Value: " );
    Serial.println( value );

    delay( 500 );
}
```

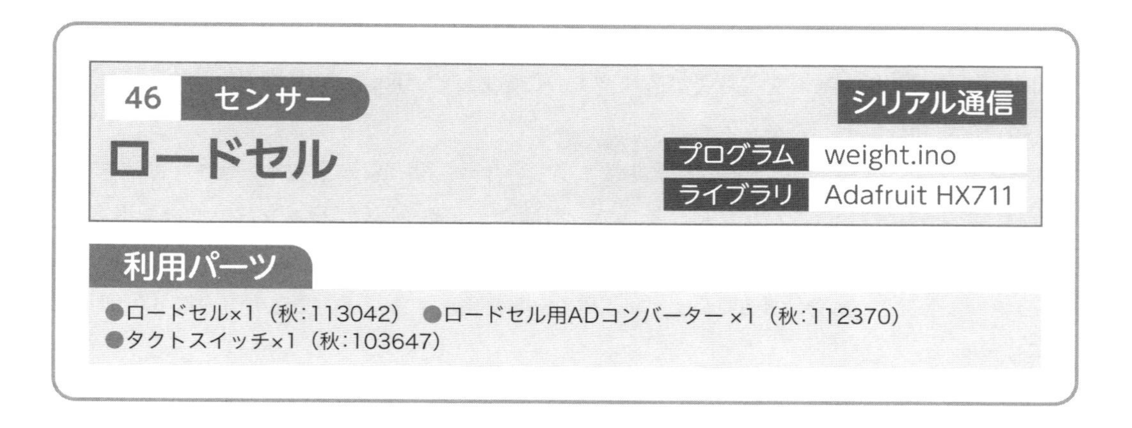

46 センサー

シリアル通信

ロードセル

プログラム weight.ino

ライブラリ Adafruit HX711

利用パーツ

●ロードセル×1（秋:113042） ●ロードセル用ADコンバーター×1（秋:112370）
●タクトスイッチ×1（秋:103647）

「ロードセル」は、重さを計測できるセンサーモジュールです（**下図**）。中央付近にひずみセンサーが貼り付けてあります。物体をロードセルに乗せると、中央の穴の部分でひずみが生じ、ひずみセンサーの内部抵抗値が変化します。この内部抵抗値の変化を読み取ることで重さを計測できます。ロードセルに取り付けられた赤と黒の配線を電源に接続すると、白と緑の配線に電圧が生じます。この電圧を読み取ることで重さが分かります。

図　ロードセルの外観

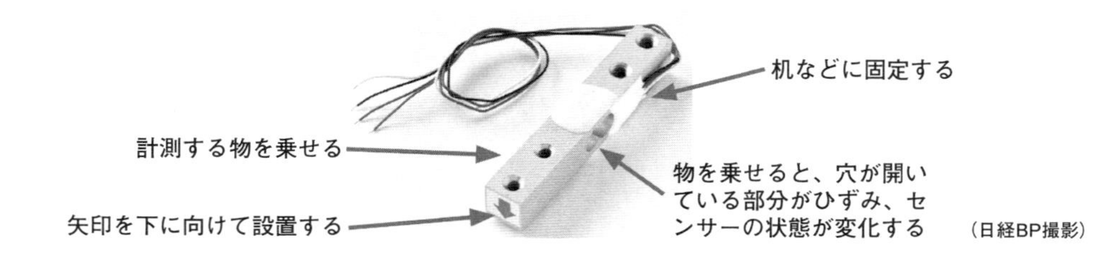

ロードセルは、記載されている矢印が下向きになるように配置し、底面を台座などに固定します。この状態で天面に物を乗せることで、重さを計測できます。設置例を**下図**に示します。

図　ロードセルの設置例

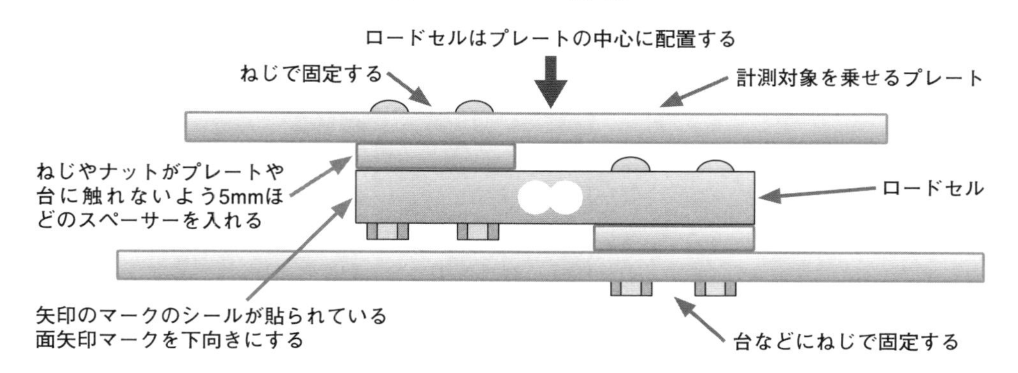

ロードセルは製品によって計測できる重さの範囲が異なるため、計測したい対象物に合わせて利用するロードセルを選択する必要があります。ここでは、10kgまで計測可能なロードセルを使う場合を紹介します。

ロードセルは、出力する電圧の変化が非常に小さいため、ESP32が搭載するADコンバーターでは変化を十分には読み取れません。そこで、別途ロードセル用のADコンバーターを用意し、これを介してロードセルが出力した電圧を読み取ります。ここで利用するロードセル用ADコンバーター「HX711」は分解能が24ビットと高く、非常に小さな電圧の変化も読み取り可能です(**下図**)。

図　ロードセル用ADコンバーターの外観

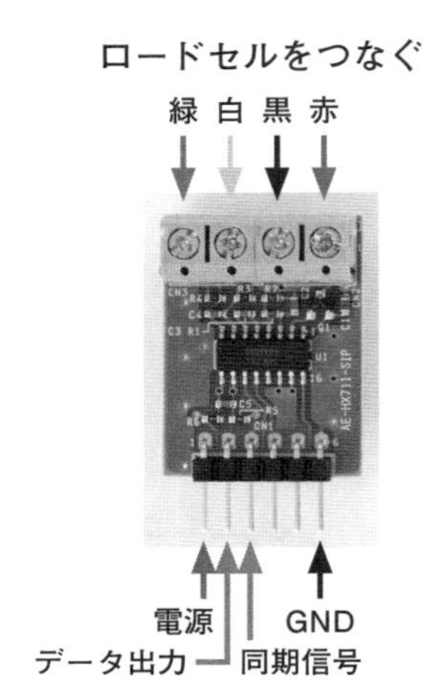

(日経BP撮影)

ロードセルおよびロードセル用ADコンバーターとESP32は**下図**のように接続します。計測値を0にリセットするためのタクトスイッチも接続しておきます。

図　接続図

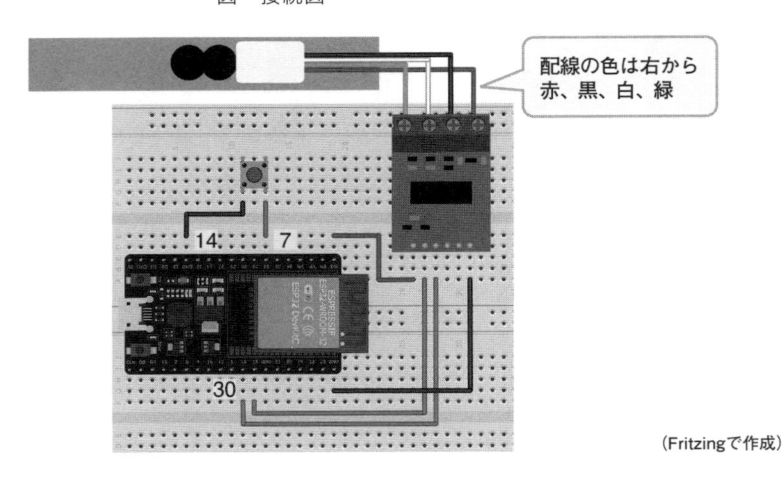

(Fritzingで作成)

HX711から計測値を取得するには、Adafruit Industries社が提供するライブラリ「Adafruit HX711」を利用します。2-2の手順に従ってArduino IDEにインストールしておきます。

同ライブラリを利用し、重さを計測するプログラム「weight.ino」を以下に示します。プログラムを実行したら、まずタクトスイッチを押してください。すると、重さが0にリセットされます。その後、ロードセルに計測対象物を乗せると重さが表示されます。

ソース　重さを計測するプログラム

weight.ino

```
#include <driver/gpio.h>
#include "Adafruit_HX711.h"

const int DOUT_PIN = 19;
const int SCK_PIN = 18;
const int SW_PIN = 32;
const float OUT_VOL = 0.001;
const float LOAD = 20000.0;

Adafruit_HX711 scale( DOUT_PIN, SCK_PIN );

void scaletare( int avgtime ){
    long sum = 0;
    for ( int i = 0; i < avgtime; i++ ){
        sum = sum + (long)scale.readChannelRaw( CHAN_A_GAIN_128 );
        delay( 100 );
    }

    float tareavg = (float)sum / avgtime;
    Serial.print( "Tare : " );
    Serial.println( tareavg );

    scale.tareA( (long)tareavg );
}

void setup() {
    Serial.begin( 115200 );
    scale.begin();

    pinMode( SW_PIN, INPUT );
    gpio_set_pull_mode( static_cast<gpio_num_t>( SW_PIN ), GPIO_PULLUP_ONLY );

    scaletare( 10 );
}

void loop() {
    if (!scale.isBusy()) {
        long sum_data = 0;
        for ( int i = 0; i < 10; i++ ){
            sum_data = sum_data + scale.readChannelBlocking( CHAN_A_GAIN_128 );
            delay( 10 );
        }
        long data = (long)( sum_data / 10 );
        float volt = (float)data * 4.2987 / 16777216.0 / 128;
        float weight = volt / ( OUT_VOL * 4.2987 / LOAD );

        Serial.print( "   Weight: " );
        Serial.print( weight );
        Serial.println( "g" );

    } else {
        Serial.println("HX711 not ready");
        delay( 1000 );
    }
    if( digitalRead( SW_PIN ) == 0 ){
        scaletare( 10 );
    }

    delay( 100 );
}
```

データ出力端子のGPIO番号（DOUT_PIN）
同期信号端子のGPIO番号（SCK_PIN）
タクトスイッチのGPIO番号（SW_PIN）
ADコンバーターから値を取得して重さを算出する
タクトスイッチを押したら重さを0にリセットする

6章

47 センサー

アナログ入力

土壌湿度センサー

プログラム	wet.ino
ライブラリ	−

利用パーツ

●土壌湿度センサー ×1（秋:107047）

「土壌湿度センサー」は、土に含まれる水分量を計測できるセンサーです。植木鉢や花壇の土に差し込んで水分量をチェックし、水やりのタイミングを通知する目的などで使えます。

土壌湿度センサーには二つの電極が付いており、土に差し込むと電極間に電流が流れます（**下図**）。このとき、土に含まれる水分量（湿り気）の違いによって、電流の大きさが変わります。

ここで紹介する土壌湿度センサーは、湿り気によって変化する電流を電圧に変換して出力します。乾いていると電圧が低くなり、湿っていると高くなります。

図　土壌湿度センサーの外観と仕組み

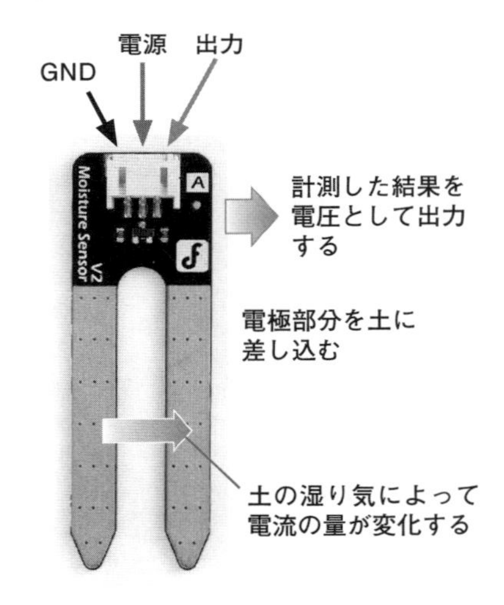

（日経BP撮影）

土壌湿度センサーは、**下図**のようにESP32のアナログ入力端子に接続してセンサーの状態を読み取ります。ここでは、ADC1_6に接続して読み取るようにしています。

図　接続図

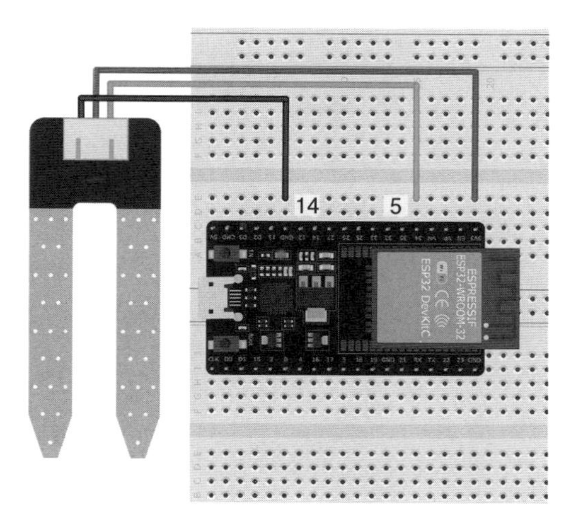

（Fritzingで作成）

センサー上部のコネクタに付属ケーブルを差し込み、そのケーブルの先端（メス型のコネクタ）にオス-オス型ジャンパー線を差し込んでブレッドボードに接続します。

土壌湿度センサーを使って土の湿り気を取得するプログラム「wet.ino」を以下に示します。土の湿り気によって、センサーが出力する電圧は0～3.3Vの範囲で変化します。このプログラムは、所定の電圧（TH）より高くなったら湿っていると判断して「Wet」と表示します。TH以下の場合は、乾いていると判断して「Dry」と表示します。

ソース　土の湿り気を取得するプログラム

wet.ino

```
#include "driver/adc.h"
#include "esp_adc_cal.h"
  湿っていると判断するしきい値(V単位)
const float TH = 1.0;

esp_adc_cal_characteristics_t adcChar;

void setup() {
    Serial.begin( 115200 );
    adc1_config_width( ADC_WIDTH_BIT_12 );
    adc1_config_channel_atten(ADC1_CHANNEL_6, ADC_ATTEN_DB_11 );
    esp_adc_cal_characterize(ADC_UNIT_1, ADC_ATTEN_DB_11, ADC_WIDTH_BIT_12, 1100, &adcChar);
}

void loop(){
    uint32_t mvolt;
    float volt;
    esp_adc_cal_get_voltage(ADC_CHANNEL_6, &adcChar, &mvolt);

    volt = (float)mvolt / 1000.0;
    乾いているか湿っているかを判別する
    if ( volt < TH ){
        Serial.print( "Wet  Volt : " );
        Serial.print( volt );
        Serial.println( "V" );
    }else{                    湿っている場合に表示
        Serial.print( "Dry  Volt : " );
        Serial.print( volt );
        Serial.println( "V" );
    }                         乾いている場合に表示

    delay( 500 );
}
```

48 センサー

アナログ入力

ガスセンサー

プログラム	smell.ino
ライブラリ	−

利用パーツ

●においセンサー×1（秋:100989）●トランジスタ×2（秋:106477）
●抵抗器27Ω×1（秋:114273）、100Ω×1（秋:125101）、1kΩ×2（秋:125102）

「ガスセンサー」を使うと、空気中に含まれる特定の種類のガスを検出できます。ここで利用するガスセンサー「TGS2450」は、メチルメルカプタンや硫化水素といった口臭の主な原因となるガス成分（硫黄化合物系ガス）を検出可能な金属酸化物半導体を使ったガスセンサーです（**下図**）。ガスセンサーの周りにこれら対応するガスがあると、金属酸化物半導体に吸着している酸素がガスによってはぎ取られます。その結果、酸素に引き寄せられていた金属酸化物半導体内の電荷が自由に動けるようになって内部抵抗値が下がります。この変化を計測することでガスを検出できる仕組みです。

図　ガスセンサーの仕組み

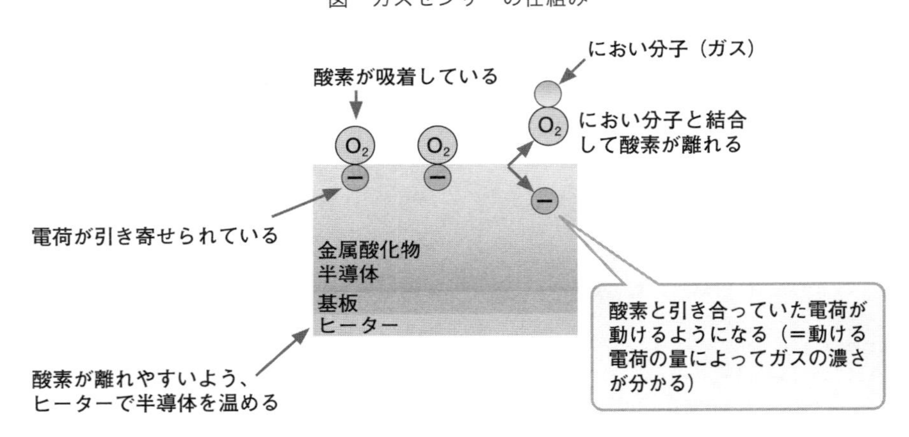

TGS2450は下面に四つの端子を備えています（**下図**）。①番端子がGND、②番端子が金属酸化物半導体を温めるためのヒーター用電源端子、④番端子がセンサー出力端子となっています（③番端子は未使用）。

図　TGS2450の外観と各端子の役割

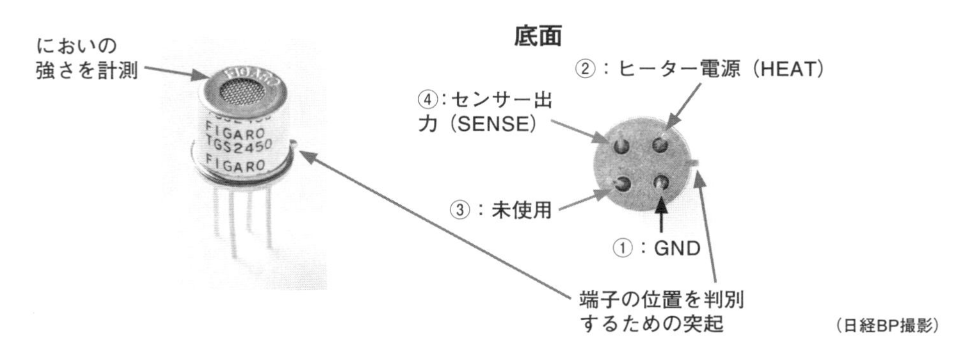

（日経BP撮影）

TGS2450とESP32は**下図**のように接続します。検出に当たっては、金属酸化物半導体から酸素が離れやすくなるように事前にヒーターで加熱する処理が必要です。このヒーターの温め処理と計測処理は同時には実行できません。そこで、トランジスタを利用してヒーター温め処理と計測処理を切り替えられるようにしています。

図　接続図

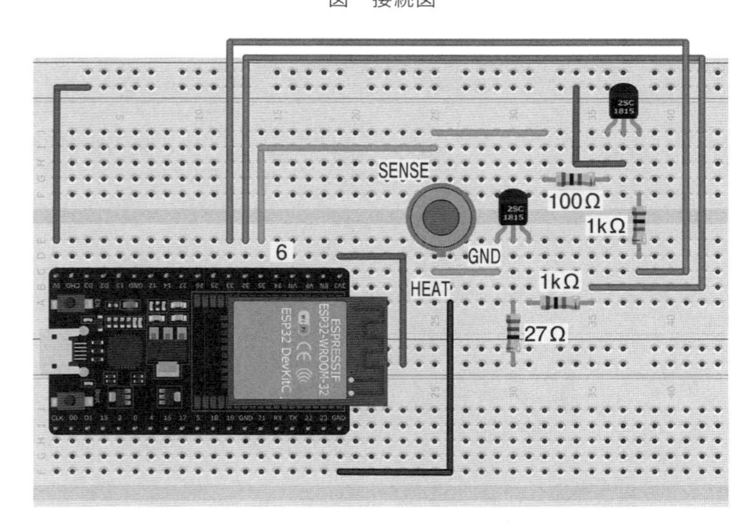

（Fritzingで作成）

TGS2450を使ってにおいを計測するプログラム「smell.ino」を以下に示します。ガスセンサーの計測結果はアナログ入力への電圧値として取得できるので、これを「volt」変数に格納しています。この値が所定の値（TH）よりも小さい場合は、においが強いと判断して「BAD.」と表示します。

THをどの程度にするかは、検出対象のガスがない状態でプログラムを実行して通常時の電圧を記録しておきます。続いて、口臭がすると感じる息をガスセンサーに吹きかけて電圧を記録します。通常時の電圧と息を吹きかけたときの電圧の中央値をTHに設定してください。

ソース　においを計測するプログラム

smell.ino

```
#include "driver/adc.h"
#include "esp_adc_cal.h"
                においが強いと判断するしきい値
const float TH = 2.0;

const int HEATER_PIN = 32;
const int SENSOR_PIN = 33;
                    センサー制御用のGPIO番号
esp_adc_cal_characteristics_t adcChar;

void setup() {
    Serial.begin( 115200 );

    pinMode( HEATER_PIN, OUTPUT );
    pinMode( SENSOR_PIN, OUTPUT );

    adc1_config_width( ADC_WIDTH_BIT_12 );
    adc1_config_channel_atten( ADC1_CHANNEL_7, ADC_ATTEN_DB_11 );
    esp_adc_cal_characterize(ADC_UNIT_1, ADC_ATTEN_DB_11, ADC_WIDTH_BIT_12, 1100, &adcChar );
}

void loop() {
    int i = 0;
    while (i < 5) {
        delay( 242 );
        digitalWrite( HEATER_PIN, HIGH );
        delay( 8 );
        digitalWrite( HEATER_PIN, LOW );
        i++;
    }
                    ヒーターでセンサーを温める
    delay( 237 );
    digitalWrite( SENSOR_PIN, HIGH );
    delay( 2.5 );
                    センサーの状態を読み取れるようにする
    uint32_t mvolt;
    esp_adc_cal_get_voltage( ADC_CHANNEL_7, &adcChar, &mvolt );
    float volt = (float)mvolt / 1000.0;
                    センサーの計測値を取得する
    if (volt > TH) {
        Serial.print( "OK. Volt: " );
        Serial.println( volt );
    } else {
        Serial.print( "BAD. Volt: " );
        Serial.println( volt );
    }
                    においが強いかを判別する
    delay(2.5);
    digitalWrite( SENSOR_PIN, LOW );
                    センサーの読み取りを無効にする
    delay(1000);
}
```

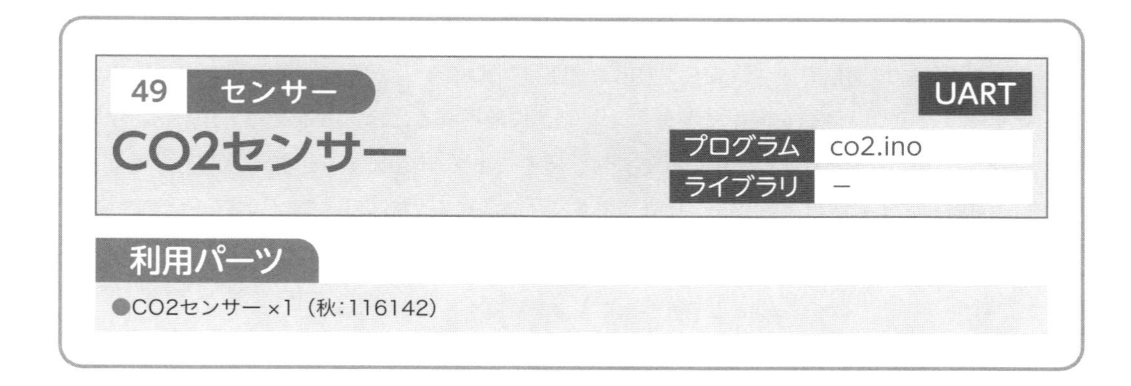
49 センサー

UART

CO2センサー

プログラム	co2.ino
ライブラリ	－

利用パーツ

●CO2センサー ×1（秋:116142）

「CO2センサー」は、二酸化炭素（CO2）の濃度を計測できるセンサーです（**下図**）。冬場は窓を開けることが少なくなるため、室内のCO2濃度が高くなりがちです。そこで、CO2センサーでその濃度を計測し、所定の濃度を超えたら換気を促すといった使い方ができます。

ここで紹介するCO2センサー「MH-Z19C」は、400～5000ppmのCO2濃度を計測可能です。ESP32で計測値を読み取るにはUARTを使います。

図　CO2センサーの外観

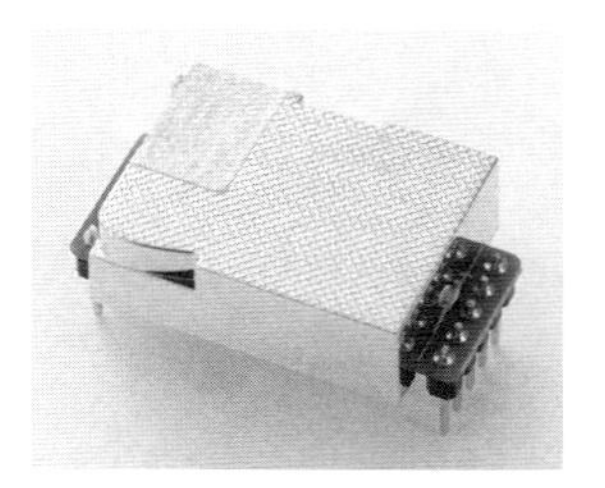

（日経BP撮影）

MH-Z19Cは、一般的なブレッドボードと端子間隔が異なっているため直接差し込めません。そこで、**下図**のようにオス-メス型ジャンパー線を使ってブレッドボードと接続します。

図　接続図

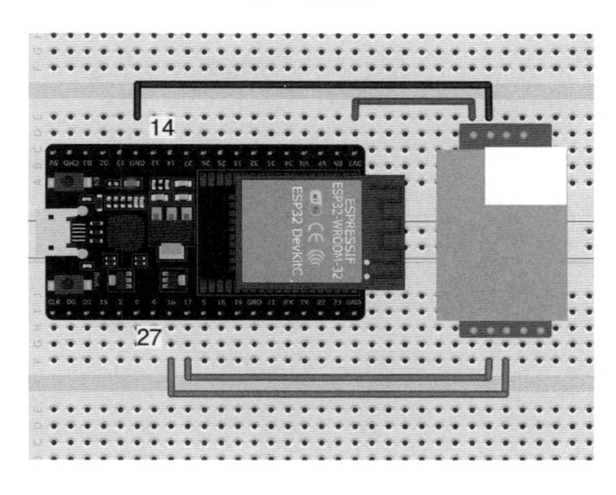

（Fritzingで作成）

6章

CO2濃度の計測プログラム「co2.ino」を以下に示します。ESP32とMH-Z19CはUARTの0チャンネルを使って通信します。MH-Z19Cに対してプログラムで所定の文字列を送り込むことでセンサーの設定や計測値を取得できます。計測値を取得するには、16進数で「ff」「01」「86」「00」「00」「00」「00」「00」「79」と文字列を送ることで値が返ってきます。取得した値の3文字目（s[2]）と4文字目（s[3]）が計測値です。3文字目を256倍して4文字目を足すことで、CO2濃度を求められます。

ソース　二酸化炭素の濃度を計測するプログラム

co2.ino

```
HardwareSerial SerialMHZ19C( 2 );

const bool AUTO_CALIB = true;

const int TX_PIN = 17; ── UARTのTxDのGPIO番号
const int RX_PIN = 16; ── UARTのRxDのGPIO番号

void setup() {
    Serial.begin( 115200 );
    SerialMHZ19C.begin( 9600, SERIAL_8N1, RX_PIN, TX_PIN );

    if (AUTO_CALIB) {
        SerialMHZ19C.write((const uint8_t*)"\xFF\x01\x79\xA0\x00\x00\x00\x00\xE6", 9);
    } else {
        SerialMHZ19C.write((const uint8_t*)"\xFF\x01\x79\x00\x00\x00\x00\x00\x86", 9);
    }
    delay(1000);
}

void loop() {
    SerialMHZ19C.write((const uint8_t*)"\xFF\x01\x86\x00\x00\x00\x00\x00\x79", 9); ─┐
    delay(1000);                                          計測値取得の命令を送る ─┘

    if (SerialMHZ19C.available()) {
        uint8_t buf[9];
        SerialMHZ19C.readBytes(buf, 9); ── 計測値を取得する
        if (buf[0] == 0xFF && buf[1] == 0x86) {
            int co2 = buf[2] * 256 + buf[3]; ─┐
            Serial.print( co2 );              ├─ 計測値を表示する
            Serial.println( " ppm" ); ────────┘
        } else {
            Serial.println( "Failed to read CO2 concentration" );
        }
    } else {
        Serial.println( "No data received" );
    }
}
```

50 センサー　　アナログ入力

心拍センサー

プログラム	heart.ino
ライブラリ	PulseSensor Playground

利用パーツ

- 心拍センサー ×1（ス:1135）

健康を維持する上で、日常的にチェックしておきたい指標の一つに心拍数があります。心拍数を計測するには、「心拍センサー」を使います。心拍センサーはLEDを内蔵しており、皮膚の上から光を照射すると、血流によって反射する光の強さが変化します。この反射光の変化を光センサーで計測することで心拍数を測定できる仕組みです。計測値は、**下図**のような周期的な波形になります。この波形が1分間に何回繰り返したかを数えることで、心拍数が求まります。

図　心拍を計測する方法

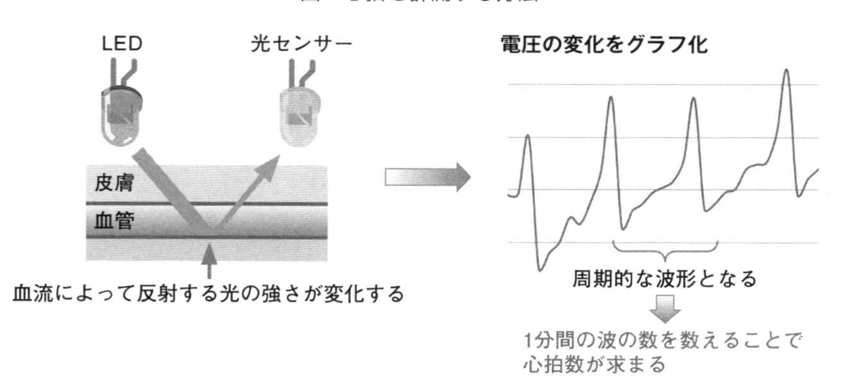

ここで利用する「心拍センサー」は、指にLEDの光を照射し、反射した光を光センサーで受け取ると、心拍に伴う血流の変化により反射光の強さが周期的に変化します。

6章

図　心拍センサーの外観

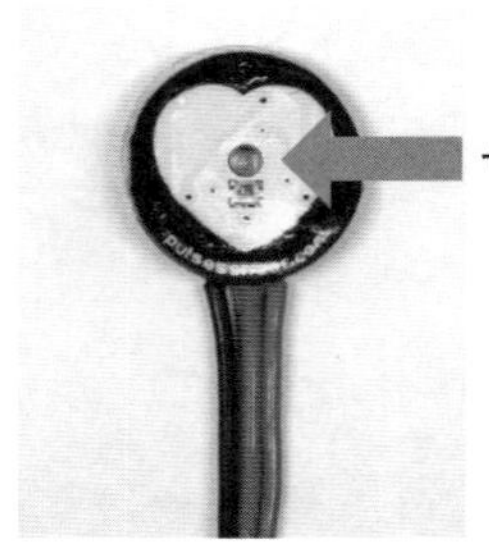

（著者撮影）

心拍を計測するには、**下図**のようにESP32と接続します。センサーで計測した信号をADコンバーターを介してESP32で読み取ります。

図　接続図

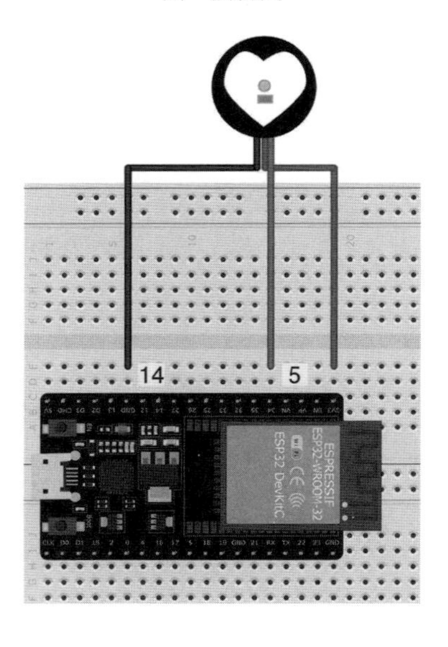

（Fritzingで作成）

心拍センサーを利用するには、World Famous Electronics社が提供するライブラリ「PulseSensor Playground」を利用します。2-2の手順に従ってArduino IDEにインストールしておきます。

心拍数を計測するプログラム「heart.ino」を以下に示します。センサーを接続したアナログ入力の端子を指定する場合、このライブラリではGPIO番号を指定します。例えば、ADC1_6を利用する場合はGPIO番号の「34」と指定します。プログラムを実行してセンサーに指を当て、しばらくすると心拍数が表示されます。

心拍センサーは周囲の雑音の影響を受けやすく、センサーの端子部分や回路内の金属部分を触るなどすると正しく計測できません。異常な心拍数が表示された場合は、センサーに接触する指の角度や強さを調節してみてください。また、付属の面ファスナーを使うと、端子部分に触れずに固定できます。

なお、このプログラムはおおよその心拍数を計測するものであり、精度は高くないのであくまでも参考程度にとどめてください。

ソース　心拍数を計測するプログラム

heart.ino

```
#include "PulseSensorPlayground.h"

const int PULSE_INPUT = 34; ── センサーを接続したアナログ入力のGPIO番号
const int THRESHOLD = 550;

PulseSensorPlayground pulseSensor;

void setup() {
    Serial.begin( 115200 );

    pulseSensor.analogInput( PULSE_INPUT );
    pulseSensor.setThreshold( THRESHOLD );

    pulseSensor.begin();
}

void loop(){
    if ( pulseSensor.sawStartOfBeat() ) {
        int bpm = pulseSensor.getBeatsPerMinute(); ── 心拍を取得する
        Serial.print("BPM: ");
        Serial.println(bpm);
    }

    delay(20);
}
```

6章

第7章

無線通信の利用

7-1 無線LAN接続

ESP32は、標準で無線通信モジュールを搭載しており、無線LANなどでのワイヤレス制御が可能です。ESP32を無線LANアクセスポイントに接続し、任意のWebサイトにアクセスしてWebページの内容を取得する方法と、ESP32に接続したセンサーの計測値を遠隔のPCから取得する方法を紹介します。

ESP32は標準で無線通信の機能を搭載しています。本書で利用した「ESP32-DevKitC」に搭載の「ESP32-WROOM-32E」では、無線LANとBluetoothでの通信ができます。このうち無線LANは、Wi-Fi 4（IEEE 802.11 b/g/n）、2.4GHz帯での通信に対応しています。

ESP32を無線LANに接続することで、リモコンカーやドローンのようにワイヤレスで動かしたい作品を制御したり、遠隔にあるセンサーの計測値を取得したりできます（**下図**）。

図　無線LANに接続すれば遠隔操作が可能

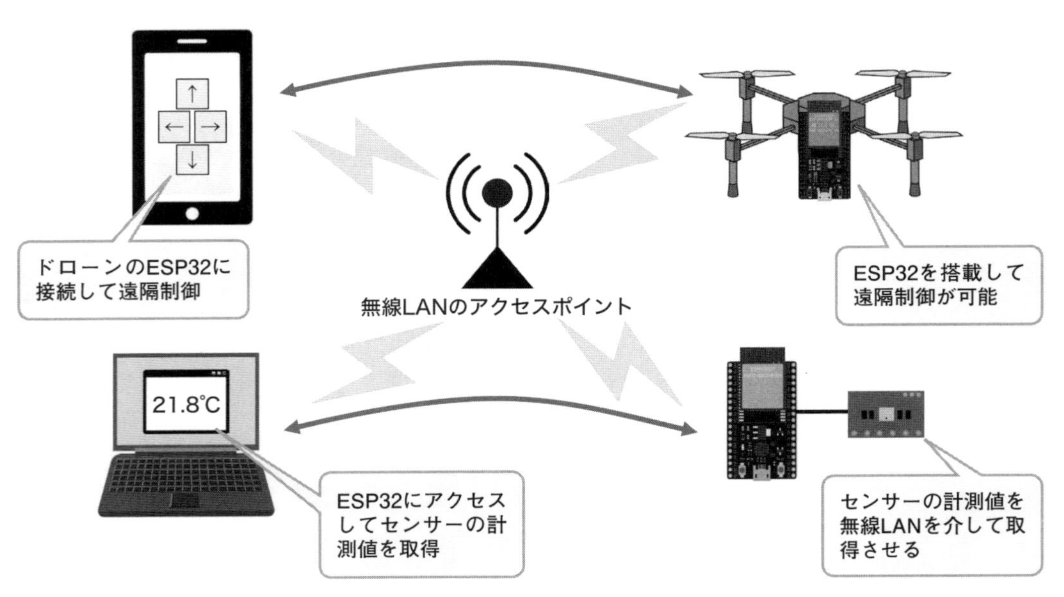

早速、ESP32の無線LAN機能を活用してみましょう[*1]。初めにESP32をアクセスポイントに接続する方法を紹介します。アクセスポイントに接続できたら、指定したWebサイトにアクセスし、Webページの内容を取得してみます。さらに、遠隔のPCやスマホからESP32にアクセス

[*1] ESP32によっては、いわゆる「技適」を取得していないモデルも存在します。特に海外のオンラインショップで購入した場合、技適を取得していないと、日本国内での利用が許可されていないので注意が必要です。なお、技適未取得のモデルであっても、「技適未取得機器を用いた実験等の特例制度」(https://exp-sp.denpa.soumu.go.jp/public/)に基づく申請をすることで、試験的に利用することが可能です。

し、ESP32に接続したセンサーの計測値を調べられるようにします。

アクセスポイントに接続する

無線LANで通信するには、まずESP32をアクセスポイントに接続します。接続には以下のアクセスポイントの情報が必要になります。

◉アクセスポイントのSSID
◉セキュリティキー（パスワード）

本書ではアクセスポイントのSSIDを「hikanet」、セキュリティキーを「wifipass」としています。

アクセスポイントに接続するプログラム「wifi.ino」を以下に示します。

ソース　アクセスポイントへ接続するプログラム

wifi.ino

```
#include <WiFi.h> ── 無線LAN通信に関連するライブラリを読み込む

const char SSID[] = "hikanet";
const char PASSWD[] = "wifipass";
                    接続するアクセスポイントのSSIDとセキュリティキーを指定する
void setup() {
    Serial.begin( 115200 );

    WiFi.begin( SSID, PASSWD ); ── アクセスポイントに接続する

    while( WiFi.status() != WL_CONNECTED ){
        Serial.print( "Try connecting to ");
        Serial.println( SSID );                アクセスポイントに接続が
                                               完了するまで待機する
        delay( 1000 );
    }

    Serial.print( "Connected to " );
    Serial.println( SSID );

    Serial.print( "IP Address: " );
    Serial.println( WiFi.localIP() ); ── 設定されたIPアドレスを表示する
}

void loop(){
    delay( 1000 );
}
```

プログラムの要点を説明します。無線LANを使うには、プログラム冒頭で無線LANに関連するライブラリを読み出しておきます。

続いて、「SSID」と「PASSWD」変数に、接続対象のアクセスポイントのSSIDとセキュリティキーを設定しています。

「WiFi.begin()」で無線LANを有効化し、指定したSSIDのアクセスポイントに接続します。「WiFi.status()」でアクセスポイントに接続できたかを確かめることができます。「WL_CONNECTED」が返ってくれば接続されたことが分かります。もし接続されていない場合は、while文で接続されるまで待機するようにしています。

接続が完了したら「WiFi.localIP()」を呼び出すことで、ESP32に設定されたIPアドレスを確認できます。

これで無線LAN通信のための準備が整いました。

プログラムをESP32に送り込むと、アクセスポイントに接続し、割り振られたIPアドレスが表示されます（**下図**）。

図　アクセスポイントに接続できた

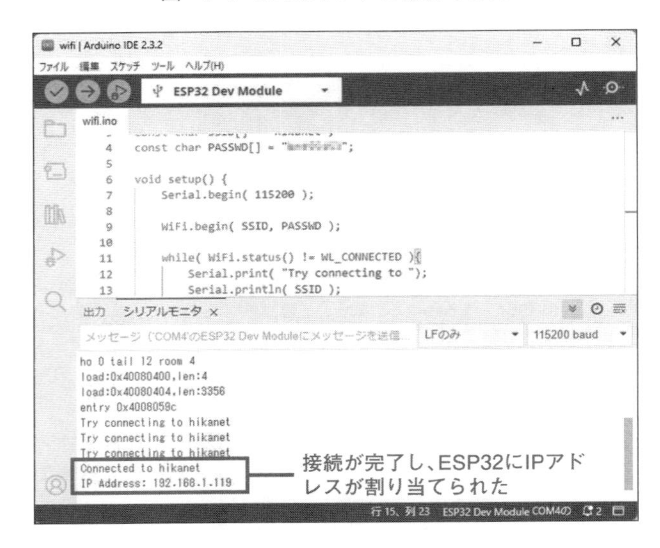

■指定したIPアドレスに設定する

家庭用のブロードバンドルーターは、接続したPCなどの端末にIPアドレスを自動的に割り当てる機能を備えています。前述したプログラムを使って接続した場合にも、ブロードバンドルーターが自動的に割り当てたIPアドレスがESP32に設定されます。

ESP32に対して通信する場合には、この割り当てられたIPアドレスをあらかじめ調べておく必要があります。ブロードバンドルーターが割り当てるIPアドレスは毎回同じというわけではありません。このため、ESP32を無線LANに接続するたびに前述のプログラムなどを使い、ESP32に割り当てられたIPアドレスを調べる必要がありますが、これは面倒です。

代わりに、特定のIPアドレスをESP32に固定で設定する方法を紹介します。そのためのプログラム「wifi_static.ino」を以下に示します。前出のwifi.inoに点線で囲んだの部分を追加しています。

ソース　任意の IP アドレスを設定する

wifi_static.ino

```
#include <WiFi.h>

const char SSID[] = "hikanet";
const char PASSWD[] = "passwd";
const IPAddress IP(192, 168, 1, 201);
const IPAddress GATEWAY(192, 168, 1, 1);
const IPAddress SUBNET(255, 255, 255, 0);
const IPAddress DNS(192, 168, 1, 1);

void setup() {
    Serial.begin( 115200 );

    WiFi.config( IP, GATEWAY, SUBNET, DNS );

    WiFi.begin( SSID, PASSWD );

    while( WiFi.status() != WL_CONNECTED ){
        Serial.print( "Try connecting to ");
        Serial.println( SSID );

        delay( 1000 );
    }

    Serial.print( "Connected to " );
    Serial.println( SSID );

    Serial.print( "IP Address: " );
    Serial.println( WiFi.localIP() );
}

void loop(){
    delay( 1000 );
}
```

デフォルトゲートウェイのIPアドレスを指定する
IPアドレスを指定する
ネットマスクを指定する
ネームサーバーのIPアドレスを指定する
上記で指定した4個のIPアドレスを設定する

ソースコード内の「IP」に設定したいIPアドレス、「GATEWAY」にデフォルトゲートウェイ（ブロードバンドルーター）のIPアドレス、「SUBNET」にネットマスク、「DNS」にDNSサーバーのIPアドレスを指定しておきます。これら指定したIPアドレスを、WiFi.config()で利用するよう設定します。IPアドレスの設定方法はブロードバンドルーターによって変わりますが、ブロードバンドルーターで割り当てられたIPアドレスが「192.168.1.110」であれば、最後の数字をより大きな数字（ここでは「201」）に変えると、多くの場合うまくいきます*2。

プログラムをESP32に送ると、指定したIPアドレスで設定されることが確認できます。

図　IPアドレスなどを変更できた

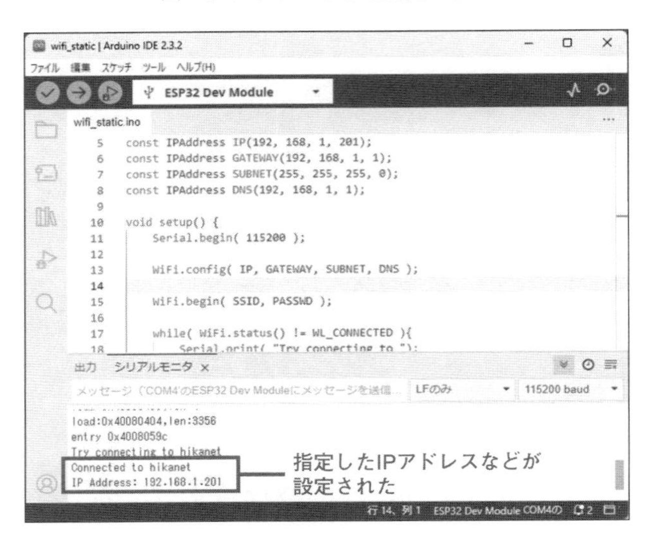

Webページを取得する

インターネットでは、ニュースサイトやSNSなどのサイト／サービスから、さまざまな情報を取得できます。ESP32でも無線LANで通信すれば、そうしたインターネット上のいろいろなサイト／サービスから情報を取得して作品に活用できます。例えば、天気予報のサイトから明日の天気を取得し、マトリクスLEDに晴れや雨のアイコンを表示して知らせたり、SNSに新しい記事が投稿されたらブザーを鳴らして知らせたりする、といった具合です。

ここでは、任意のWebページの内容をESP32で取得する方法を紹介します。取得した内容はArduino IDEのシリアルモニタに表示します。

---

*2 より確実に設定したいときは、ブロードバンドルーターの設定画面で自動的に割り当てられるIPアドレスの範囲を調べてください。この範囲以外の同じネットワーク内のIPアドレスを設定します。例えば、自動的に割り当てる範囲が192.168.1.100～192.168.1.150（ネットマスクは255.255.255.0）の場合は、それ以外の192.168.1.151～192.168.1.254の範囲のIPアドレスを設定します。

確認用のサンプルHTMLファイル

本書で接続の確認に利用したサンプルHTMLファイル「test.html」を本書のサポートサイトで配布しています。レンタルサーバーや自前で運用しているWebサーバーがある場合は、このファイルをサーバーに配置すれば同じような結果を得られます。

指定したWebページの内容を取得して表示するプログラム「get_http.ino」を以下に示します。

ソース　指定したWebページの内容を取得する
アクセスポイントに接続する部分は同じなので省略した。

get_http.ino

```
#include <WiFi.h>

const char SSID[] = "hikanet";
const char PASSWD[] = "passwd";
const char server[] = "www.example.com";   ← 接続先のWebサイトのFQDNを指定する
const char pagepath[] = "/test.html";  ← 読み込むWebページのファイル名を指定する
const int port = 80;  ← ポート番号

WiFiClient client;

void setup() {
    （略）
}

void loop(){
    if ( client.connect( server, port ) ){  ← Webサーバーへアクセスする
        client.print("GET ");                    ┐
        client.print(pagepath);                  │
        client.print(" HTTP/1.1\r\n");           │
        client.print("Host: ");                  ├ Webサーバーに所定のファイルをリクエストする
        client.print(server);                    │
        client.print("\r\nConnection: close");   │
        client.print("\r\n\r\n");                ┘
    } else {
        Serial.println( "Failed to connect to server." );
    }
                          Webサーバーへの接続または受信データがある場合は繰り返す
    while( client.connected() || client.available() ){  ┘
        if ( client.available() ){
```

次ページに続く

```
            char c = client.read(); ─┐
            Serial.write( c ); ──────┘ 受信データを1文字取り出し、シリアルモニタに表示する
        }
    }
    client.stop(); ── 通信を終了する

    delay( 100000 );
}
```

プログラムの要点を説明します。

「server」にWebサーバーのFQDN、「port」にWebサーバーのポート番号、「pagepath」に取得するファイル名を指定します。FQDNとはホスト名とドメイン名を合わせた表記の形式です。例えば、ドメイン名が「example.com」、ホスト名が「www」なら、FQDNは「www.example.com」になります。ポート番号は、ここでは暗号化なしのWebアクセスで使われる「HTTP」用の80番を利用します[*3]。このプログラムの設定では、架空のWebサーバーの「http://www.example.com/test.html」にアクセスすることになりますが、実際には実在するWebサーバーを指定しましょう。

Webサーバーへ接続するには、「client.connect()」を利用します。接続先のサーバー名、ポート番号を指定しておきます。接続できたら、Webページをリクエストします。Webサーバーへのリクエストは、**下図**のような形式で記述します。1行目に「GET ＜取得するWebページのファイル名＞ HTTP/1.1」と指定します。2行目は「HOST:」の後ろにWebサーバーのFQDNを指定します。3行目はデータのやり取りが完了したあと、接続を継続し続けるかを指定します。「Connection: close」と指定すると、データのやり取りを完了したらWebサーバーとの通信を終了します。最後に空行を送ることでリクエストが完了します。プログラムでは、改行を「\r\n」と記載しています。

図　Webサーバーへのリクエストの書式

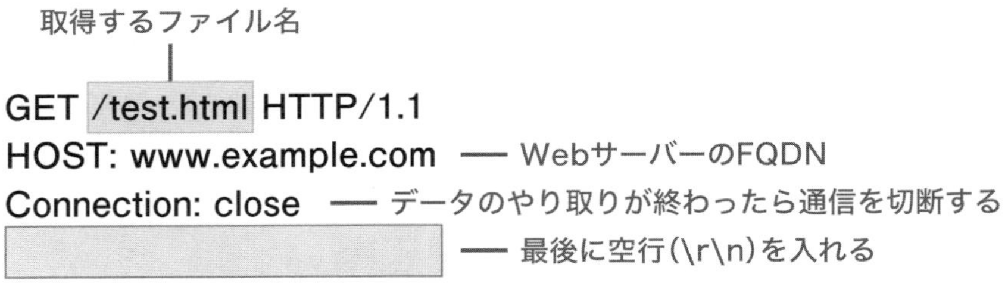

```
取得するファイル名
     |
GET /test.html HTTP/1.1
HOST: www.example.com ── WebサーバーのFQDN
Connection: close ── データのやり取りが終わったら通信を切断する
                  ── 最後に空行(\r\n)を入れる
```

*3 暗号化ありのWebアクセス(HTTPS)では443番が使われますが、今回のプログラムはHTTPSに対応しておらず、443番を指定しても正常に接続できないので注意してください。なお、HTTPSで接続する場合は、「WiFiClientSecure」ライブラリを利用します。

Webサーバーがリクエストを受け取ると、その結果をESP32に返信します。返信した内容は、「client.read()」で1文字分を取得できます。この取得した1文字をシリアル通信でPCに送ることで、Arduino IDEのシリアルモニタに表示できます。なお、文字の表示は通信が接続している間、または受信データが残っている間、繰り返します。それぞれ、「client.connected()」と「client.available()」で状態を確認できます。

すべて受信したデータをシリアルモニタへ表示し終えたら、「client.stop()」でWebサーバーとの通信を切断します。

プログラムをESP32へ送ると、アクセスポイントに接続したあと、指定したWebサイトのページを取得します。取得した結果は、**下図**のようにArduino IDEのシリアルモニタに表示されます。まず、Webサーバーから正しく取得できたかや、取得したファイルの情報などが記載されたHTTPヘッダーが表示され、空行のあとにWebページの内容が表示されます。ここでは本書のサポートサイトに用意した「test.html」を取得しています。

図　指定したWebページを取得できた

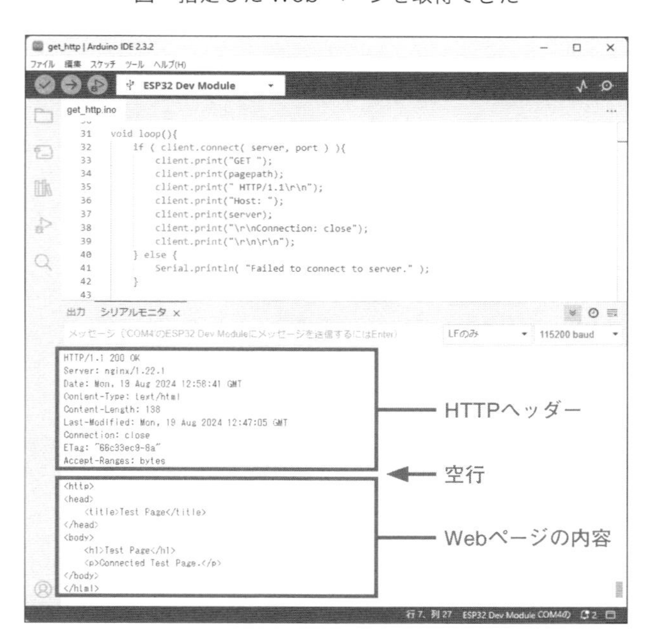

温度センサーの計測値を遠隔から確認する

ESP32をWebサーバーのように動かし、PCなどの外部からのリクエストを受け、データを返信することができます。ここでは、Webブラウザーからリクエストを受けたら、センサーで計測した結果を返信してみます。Webブラウザーからアクセスするアドレスは「http://＜ESP32の

IPアドレス>/」とします。

センサーには5-5で説明した温度センサーの「ADT7410」を使います。まずは5-5での解説を参考にして、ESP32にADT7410を接続し、温度を計測できるようにしておいてください。

温度センサーの計測値を遠隔のPCなどから確認できるようにするプログラム「wifi_temp.ino」を以下に示します。

ソース　温度センサーの計測値を遠隔で確認できるようにする
アクセスポイントに接続する部分は同じなので省略した。

wifi_temp.ino

```
#include <WiFi.h>
#include <Wire.h>

const char SSID[] = "hikanet";
const char PASSWD[] = "passwd";
const int port = 80; ── 遠隔からのアクセスを待ち受けるポート番号

const uint8_t ADT7410_ADDR = 0x48;

WiFiServer server( port );

void setup() {
    Serial.begin( 115200 );
    Wire.begin();

    （略）

    Wire.beginTransmission( ADT7410_ADDR );
    Wire.write( 0x03 );
    Wire.write( 0x80 );
    Wire.endTransmission();
    delay( 500 );

    server.begin(); ── サーバーとして動作させる
}

void loop(){
    char buf;
    String request = "";

    boolean LineBlank;
    WiFiClient client = server.available(); ──┐
            クライアントの接続があった場合に、clientという名前で扱えるようにする
    if ( client ){
        LineBlank = true;
```

次ページに続く

```
        Wire.requestFrom( ADT7410_ADDR, 2 );
        uint8_t msb = Wire.read();
        uint8_t lsb = Wire.read();
        Wire.endTransmission();

        uint16_t value = ( msb << 8 ) | lsb;
        float temp = (float)value / 128.0;

        while ( client.connected() ){
            if ( client.available() ) {
                buf = client.read();
                request += buf;
                if( buf == '\n' && LineBlank ){
                    if ( request.indexOf("GET / ") != -1 ) {
                        client.println("HTTP/1.1 200 OK");
                        client.println("Content-Type: text/html");
                        client.println("Connection: close");
                        client.println("Refresh: 10");
                        client.println();
                        client.println("<!DOCTYPE HTML>");
                        client.println("<html><body>");
                        client.print("<p>Temperature : ");
                        client.print(temp);
                        client.println("C</p>");
                        client.println("</body></html>");
                        break;
                    }
                }
                if ( buf == '\n' ) {
                    LineBlank = true;
                } else if ( buf != '\r' ) {
                    LineBlank = false;
                }
            }
        }
        delay(1);
        client.stop();
    }

}
```

温度センサーから温度を取得する

クライアントからのアクセスがあった場合に処理を実行する

クライアントからリクエストを1行分取得する

リクエストが「GET / 」の場合は返信

温度を入れ込んだ、HTMLをクライアントに送る

クライアントの通信を切断する

7章

プログラムの要点を説明します。ESP32で待ち受けるポートを指定します。一般的にWebサーバーは80番で待ち受けをしているので、ここでも80番を利用することにします。

「server.begin()」を指定することでESP32をサーバーとして動作します。

クライアントからのアクセスは「client」という名前のインスタンスで扱えるようにします。受け取ったリクエストはclient.read()で1文字ずつ取得します。リクエストの1行目分を取得する

ため、改行コード（\n）が現れるまでrequestにつなぎ合わせて記録します。1行分を取得できたら、「request.indexOf()」でrequestに「GET / 」が含まれるかを確認します。含まれていたら、温度を入れ込んだHTMLをクライアントに送り返します。最後に「client.stop()」でクライアントとの通信を切断して終了します。

ADT7410を接続した状態で、プログラムをESP32へ送ります。無線LANのアクセスポイントに接続したら、同じネットワーク上にあるPCやスマートフォンのWebブラウザーで「http://＜ESP32のIPアドレス＞/」にアクセスします。すると、**下図**のように温度が表示されます。

図　PCのWebブラウザーでESP32にアクセスして、計測した温度を取得できた

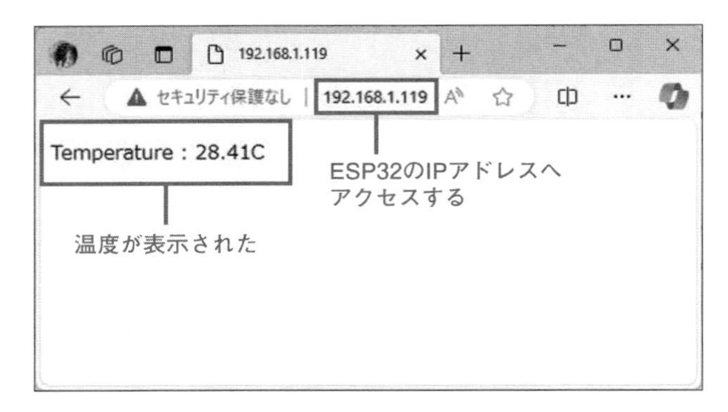

対象のファイルだけに対して返信する

一般的なWebブラウザーは、Webページへのリクエスト時に、アドレス欄の左に表示する小さなアイコンである「favicon.ico」というファイルも同時に要求します。

このため「http://＜ESP32のIPアドレス＞/」にアクセスすると、「GET /」と「GET /favicon.ico」という二つのリクエストが届きます。favicon.icoには返信する必要がないため、このプログラムでは「GET /」のリクエストだけに対して計測結果を返信するようにしています。

7-2 Bluetooth接続

ESP32の無線通信モジュールは、Bluetoothでの通信も可能です。PCなどの機器とペアリングすることでデータをやり取りできます。ここではペアリングの方法と温度センサーの計測値をPCで確認する方法、さらにESP32に接続したLEDの点灯をPCから遠隔制御する方法を紹介します。

Bluetoothの通信仕様には、大きく分けると高速で100メートル程度までの範囲で通信が可能な「Bluetooth Classic」と、消費電力が少ない「Bluetooth Low Energy（以下、BLE)」の2種類があります（**下図**)。前者のBluetooth Classicは基本となる仕様で、PCやスマートフォンなどの間でファイルを転送したり、マウスやキーボードを接続してPCを操作したり、イヤフォンなどを接続して音声をやり取りしたりする用途に利用されています。頻繁にデータをやり取りする場合や、比較的大きなデータを送る場合などに利用されています。

後者のBLEは、通信できる範囲を10メートル程度と狭めたり、通信速度を低速化したりすることで省電力化を図った拡張仕様です。大容量のデータのやり取りには向いていませんが、スマートウォッチで心拍情報を送信するなどセンサーの値をやり取りする程度のデータ量であれば問題なくやり取りでき、省電力で通信できることから、こうした用途にはBLEが向いています。

図　Bluetoothには「Bluetooth Classic」と「BLE」の2種類の通信方式がある

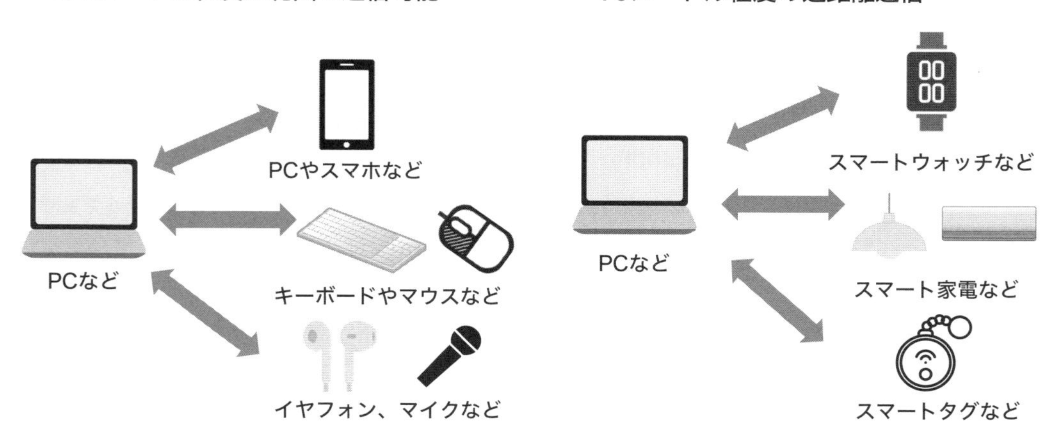

Bluetooth Classic、BLEのいずれもESP32で対応しています。本書では、Bluetooth Classicを利用する方法について説明します。

BluetoothでPCとペアリングする

Bluetooth Classicでは、機器間の通信をするためにあらかじめ接続状態にしておく「ペアリング」をしておきます。ここでは、ESP32を待ち受け状態にしておき、PCなどの機器からペアリングを要求するようにしてみます。

ESP32で他の機器からのペアリングを待ち受けるプログラム「bt_pair.ino」を以下に示します。

ソース　ESP32でペアリングを待ち受けるプログラム

bt_pair.ino

```
#include "BluetoothSerial.h" ── Bluetooth通信に関連するライブラリを読み込む

const char BT_NAME[] = "ESP32_BT"; ── ESP32のBluetooth通信をする際の名前

BluetoothSerial BT; ── BluetoothのライブラリをBTという名前で利用できるようにする

void setup() {
    Serial.begin( 115200 );

    BT.begin( BT_NAME ); ── Bluetooth通信を開始する
}

void loop() {
    delay( 1000 );
}
```

プログラムでは、Bluetooth通信をするためのライブラリ「BluetoothSerial」を読み込んでおきます。Bluetoothでペアリングを待ち受けるために、BT_NAME変数に任意の名前を付けておきます。ペアリングする際には、ここに設定した名前の機器を選択することとなります。

「BluetoothSerial BT」で、BluetoothSerialライブラリを利用できるようインスタンスを作成しておきます。ここでは「BT」という名前を付けています。「BT.begin()」でBluetooth通信を開始します。これで、ESP32にプログラムを送ると、Bluetoothのペアリングの待ち受け状態になります。

実際に他の機器からペアリングしてみましょう。ここではWindows 11の例で説明します（**下図**）。画面下のタスクバーの右にある「^」をクリックし、Bluetoothアイコン上で右クリックして、「Bluetoothデバイスの追加」を選択します。Bluetoothとデバイスという画面が表示されるので、「デバイスの追加」-「Bluetooth」の順に選択します。すると、ペアリングの待ち受け状態の機器が表示されます。この中からプログラムのBT_NAME変数で指定した名前のデバイスを選択します。これでペアリングが完了しました。なお、デバイスの状態が「接続済み」と表示されたあとに「未接続」に切り替わりますが、Bluetoothで実際に通信を開始すると再度接続状態になります。

図　PCとESP32をペアリングする
Windows 11でペアリングする方法について紹介した。

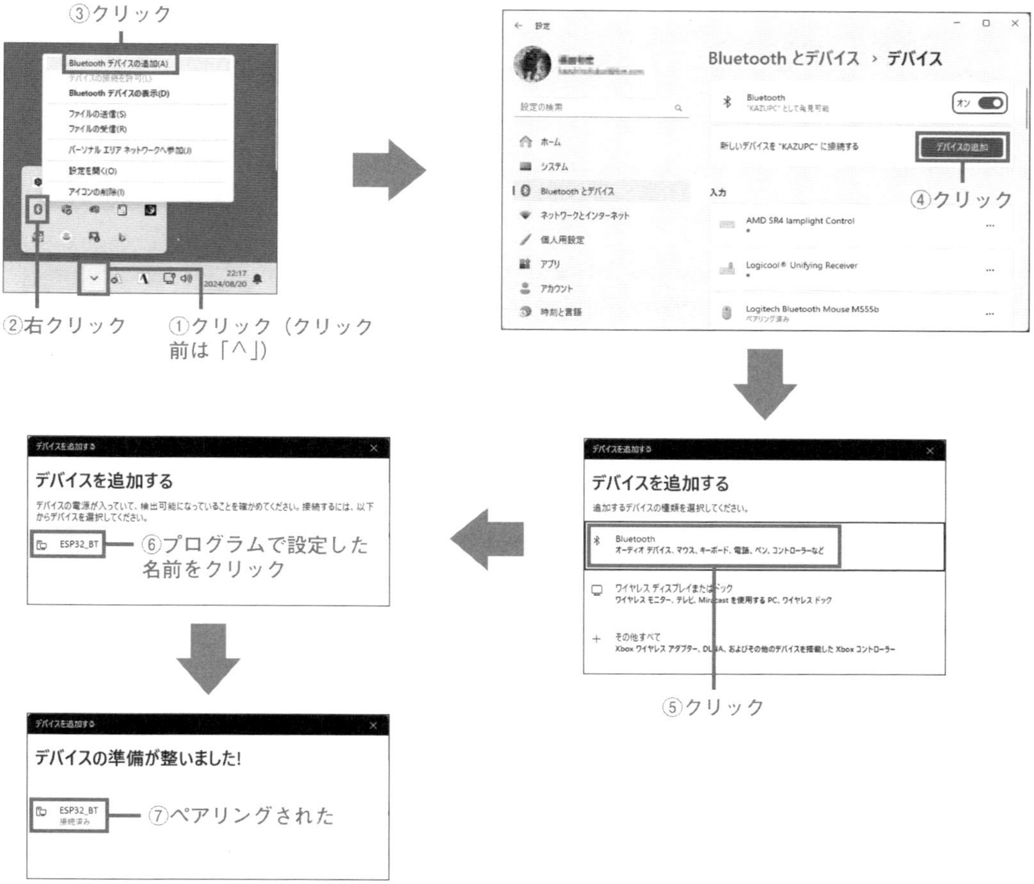

③クリック

②右クリック

①クリック（クリック前は「^」）

④クリック

⑤クリック

⑥プログラムで設定した名前をクリック

⑦ペアリングされた

BluetoothSerialライブラリを利用してESP32とのペアリングが完了すると、シリアル通信用のポートがWindowsに用意されます。このポートを利用することでESP32との通信が可能です。どのポートが割り当てられたのかは、Bluetoothの設定画面で確認できます。ペアリング時に開いた「Blueooth とデバイス」-「デバイス」の関連設定にある「その他のBluetooth設定」をクリックします（**下図**）。「COMポート」タブをクリックして開くと、割り当てられたポート名が表示されます。二つ表示されますが、このうち利用できるのは名前に「SPP」と記載されているポートです。SPPは双方向通信ができることを表しています。

図　Bluetooth通信のために割り当てられたポートを確認する

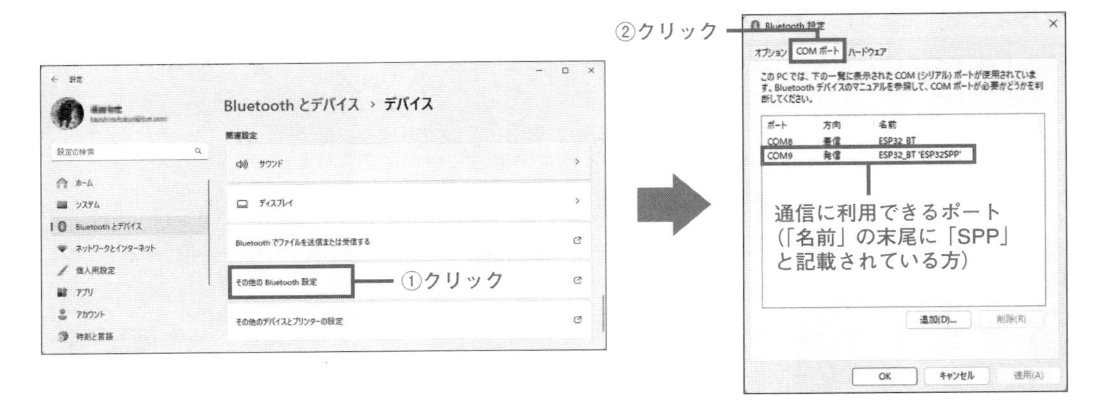

ESP32で計測した温度をPCで取得する

ペアリングが完了したら実際にBluetoohで通信してみましょう。まず、ESP32からPCにデータを送る例として、温度センサーで計測した温度をPCへ送ってみましょう。

センサーには5-5で説明した温度センサーの「ADT7410」を使います。あらかじめ5-5の解説を参考にしてESP32にADT7410を接続し、温度を計測できるようにしておいてください。

温度センサーの計測値を遠隔のPCなどから確認できるようにするプログラム「bt_temp.ino」を以下に示します。

ソース　Bluetooth通信で温度センサーの計測値を送信するプログラム

bt_temp.ino

```
#include "BluetoothSerial.h"
#include <Wire.h>

const char BT_NAME[] = "ESP32_BT";

const uint8_t ADT7410_ADDR = 0x48;

BluetoothSerial BT;

void setup() {
    Serial.begin( 115200 );

    BT.begin( BT_NAME );

    Wire.begin();
    Wire.beginTransmission( ADT7410_ADDR );
```

次ページに続く

```
    Wire.write( 0x03 );
    Wire.write( 0x80 );
    Wire.endTransmission();
    delay( 500 );
}

void loop() {
    Wire.requestFrom( ADT7410_ADDR, 2 );
    uint8_t msb = Wire.read();
    uint8_t lsb = Wire.read();
    Wire.endTransmission();

    uint16_t value = ( msb << 8 ) | lsb;
    float temp = (float)value / 128.0;

    BT.print( "Temperature : " );
    BT.print( temp );
    BT.println( "C" );

    delay( 1000 );
}
```

温度を取得する

計測した温度をBluetoothでPCへ送る

プログラムの概要を説明します。最初にBluetooth通信できるようにBluetoothSerialライブラリを利用できるようにしておきます。また、5-5で説明したのと同様に温度センサーで温度を計測できるようにします。取得した温度をBluetoothでペアリングした機器へ送信するには、「BT.print()」や「BT.println()」を利用します。これはシリアルモニタに表示する場合と同じで、BT.print()の場合は指定した文字列のみを送信し、改行しません。一方、BT.println()を利用すると文字列に改行コードを付けて送信します。

プログラムをESP32に書き込むと、ペアリングした機器へ温度が送信されます。送信された内容を確認する場合には、Arduino IDEのシリアルモニタを利用します。シリアルモニタの選択で、Bluetoothの通信に割り当てられたポートを選択します（**下図**）。この際、ボードはどれを選んでも問題ありません。

図　Bluetoothの通信をシリアルモニタで利用できるようにする設定

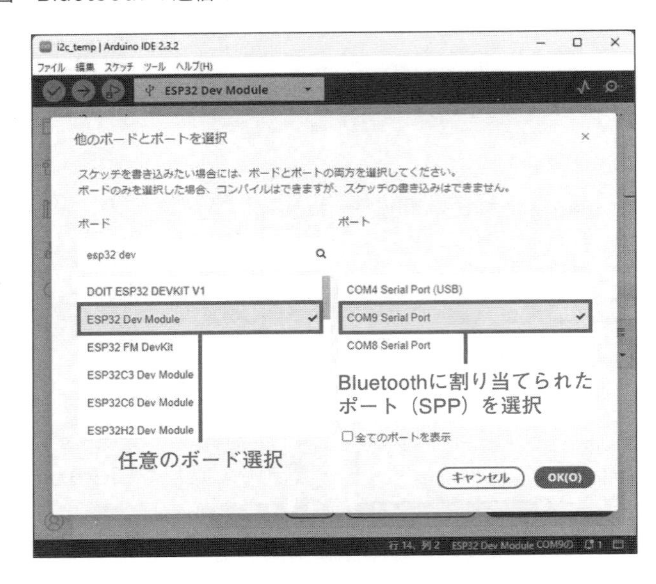

これでシリアルモニタを開くと、Bluetooth経由で送られてきた温度が表示されます（**下図**）。

図　Bluetooth通信で受信した温度が表示できた

Bluetooth通信でLEDをPCから点灯制御する

次にESP32に接続したLEDをPCからBluetooth通信で点灯してみましょう。ESP32には、あらかじめ5-1で説明した赤色LEDをGPIO 32に接続して制御できるようにしておきます。

Bluetooth通信でLEDを点灯制御するプログラム「bt_led.ino」を以下に示します。なお、前のページでBluetoothのポートに切り替えた場合は、プログラムの書き込みができません。ESP32の接続したシリアルポートを選択し直してから書き込みをしましょう。

ソース　Bluetooth通信でESP32に接続したLEDの点灯を制御するプログラム

bt_led.ino

```
#include "BluetoothSerial.h"

const char BT_NAME[] = "ESP32_BT";
const int LED_PIN = 32;

BluetoothSerial BT;

void setup() {
    Serial.begin( 115200 );
    BT.begin( BT_NAME );

    pinMode ( LED_PIN, OUTPUT );
    digitalWrite( LED_PIN, LOW );
}

void loop() {
    if ( BT.available() ) { ── Bluetooth経由でデータを受け取ったかを確かめる
        char data = BT.read(); ── 受け取ったデータの1バイト分取り出す

        if ( data == '1' ) {
            digitalWrite( LED_PIN, HIGH );   ── 「1」を受信したらLEDを点灯する
            BT.println("LED ON");
        } else if ( data == '0') {
            digitalWrite( LED_PIN, LOW );    ── 「0」を受信したらLEDを点灯する
            BT.println("LED OFF");
        }
    }

    delay( 100 );
}
```

プログラムの概要を説明します。BluetoothSerialライブラリを利用できるようにしておきます。また、digitalWrite()でGPIO 23をデジタル出力に設定し、LEDを制御できるようにしてお

7章

きます。

Bluetoothでデータを受信すると、バッファーに記録されます。このバッファーにデータが記録されているかをBT.available()で確認できます。データがある場合は、BT.read()で1文字だけ取り出します。取り出した文字が「1」の場合はLEDを点灯するようにし、「0」であった場合はLEDを消灯するようにします。また、点灯、消灯の結果を、BluetoothでPCに知らせるようにしています。

プログラムをESP32に書き込むと、ESP32はペアリングした機器からの通信を待機する状態になります。PCからESP32へデータを送るには、Arduino IDEのシリアルモニタを使います。前述したBluetoothで温度を送信する場合と同様に、Bluetooth通信用に割り当てられたポートに切り替えてから、シリアルモニタを表示します（**下図**）。「メッセージ」欄に「1⏎」と入力すると、ESP32に「1」が送られ、LEDが点灯します（⏎は［Enter］キーを押す）。また、「0⏎」と入力すると、「0」が送られてLEDが消灯します。

図　シリアルモニタでBluetoothで文字を送り、LEDを点灯制御できる

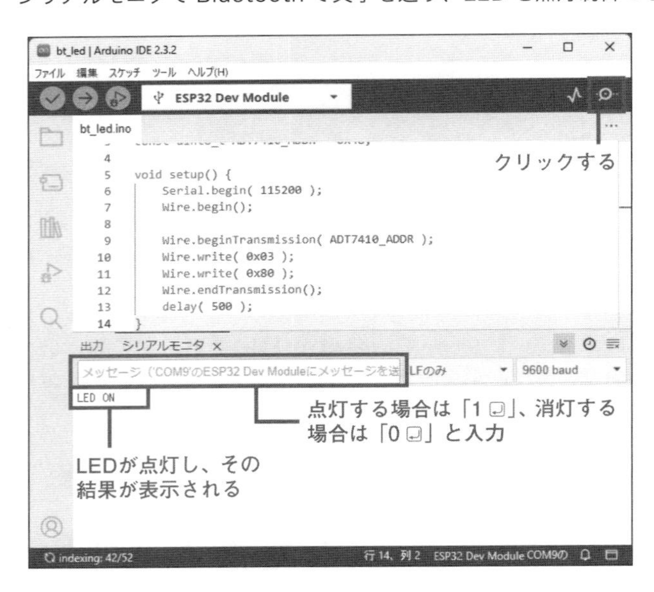

第8章

電子パーツを組み合わせて作品を作る

8-1 電子パーツを組み合わせて アイデアを実現する

第5章と第6章で紹介した電子パーツを組み合わせることで、さまざまな作品を実現できます。作品を完成させるには、アイデアを考えて利用する電子パーツを選び、動作確認をしたあと、それらを組み上げてプログラムを作成する——という手順を踏む必要があります。この8-1では、これらの手順について詳しく解説します。

第5章では、基本的な電子パーツの使い方を紹介するため、LED、スイッチ、モーター、センサーといった電子パーツを単体で使う方法を説明しました。続く第6章では、50種の主要な電子パーツについて役割や制御方法を詳しく紹介しています。

単体の電子パーツをESP32につなぐだけでも、さまざまな用途に活用できます。例えば、パワーLEDであれば、「所定の時間になったら自動的に点灯・消灯させる」、温度センサーであれば「1日の最高と最低気温を毎日記録する」、GNSSモジュールであれば「定期的に座標を記録して、歩いた道筋を表示する」といった使い方ができます。

しかし、複数の電子パーツを組み合わせると、単体で使うよりも活用できる範囲は大幅に広がります。例えば、LEDとスイッチを組み合わせれば、光らせるLEDの色をスイッチで切り替えられるようになります（**下図**）。

図　複数の電子パーツを組み合わせると応用範囲が広がる

電子パーツ一つだとできることは限られる

LEDを点灯させる

複数の電子パーツを組み合わせるとできることが増える

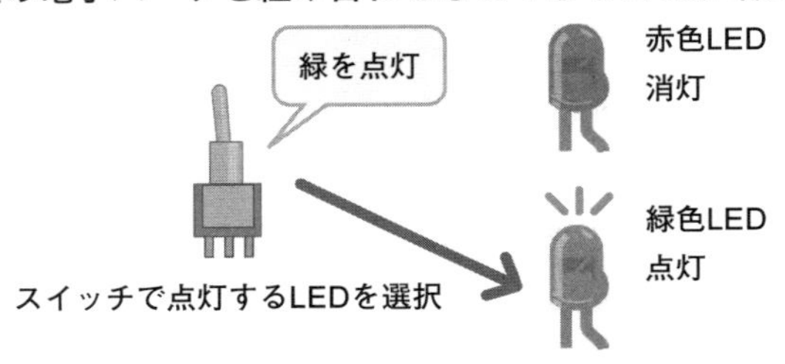

とはいえ、電子工作を始めたばかりだと、何かアイデアがあってもどのように作ってよいのかが分からず、なかなか形に結び付けられないものです。そこで第8章では、アイデアから作品を実現するための手順を一歩ずつ説明します。具体例として、第5章と第6章で紹介した電子パー

ツを組み合わせた作品も紹介します。

電子パーツを使って作品を実現する手順

まず、作品を作り上げるための手順について、全体像を押さえておきましょう（**下図**）。なお、この図で示したのはあくまでも一例であり、この通りの手順を踏まなければ作れないといった話ではありません。とはいえ、自分なりの手順を確立できるまではこの手順を参考に進めるとよいでしょう。

図　作品を作り上げるための手順

手順1　おおざっぱに作りたい作品を思い浮かべる	作品についての概要を考える手順
手順2　作品の動作を分類する	作品についての概要を考える手順
手順3　実現するのに必要な技術を考える	作品についての概要を考える手順
手順4　電子パーツを探す	作品に必要なものを集める手順
手順5　電子パーツを単体で動かす	作品に必要なものを集める手順
手順6　電子パーツを組み合わせて電子回路を作る	実際に作品を実現する手順
手順7　プログラムを作成する	実際に作品を実現する手順
手順8　外観や電子回路などを作って作品として仕上げる	実際に作品を実現する手順

■手順1　おおざっぱに作りたい作品を思い浮かべる

初めに何を作りたいかをおおざっぱに考えます。ここでは、利用する電子パーツやマイコン、プログラム、サービス（オンラインストレージといったサービス）などについて考える必要はありません。例えば、「朝になったらカーテンが自動で開いて朝日で目覚めたい」「ポストまで行かなくても郵便物が届いているか知りたい」「雨が降ったら洗濯物を自動で取り込みたい」「訪問者の顔を認識して担当者を自動的に呼び出したい」というようなアイデアです。

実際に個人で作るのは無理そうなアイデアでも、そこから別の現実的なアイデアが思い浮かぶかもしれません。この段階では技術的なことや実現可能性（フィージビリティ）などについてはあまり考えず、自由に発想してアイデアを出してください。

■手順2　作品の動作を分類する

アイデアが浮かんだら、そのアイデアに基づく作品の動作を明確にします。それぞれの動作は

「入力」「出力」「処理」のいずれかに分類します。動作を明確にしたり、分類したりしておくことで、どのような電子パーツを利用する必要があるかなどを把握しやすくなります（**下図**）。

入力は、ユーザーの操作や外部の状態をESP32や他の電子パーツに送り込む動作のことです。ボタンやスイッチ、各種センサーが入力に使える電子パーツになります。

出力は、何かを光らせたり、表示したり、音を鳴らしたり、動かしたりする動作のことです。LEDやディスプレイ、モーター、サーボモーターなどが出力のために使われる電子パーツです。

処理は、入力などを基に出力を決定する動作です。例えば、「スイッチからの入力によってLEDを点灯させるかどうかを決める」といった動作です。通常は、ESP32などのマイコン上でプログラムを動かすことで処理をさせます。

図　各動作に分類される電子パーツ

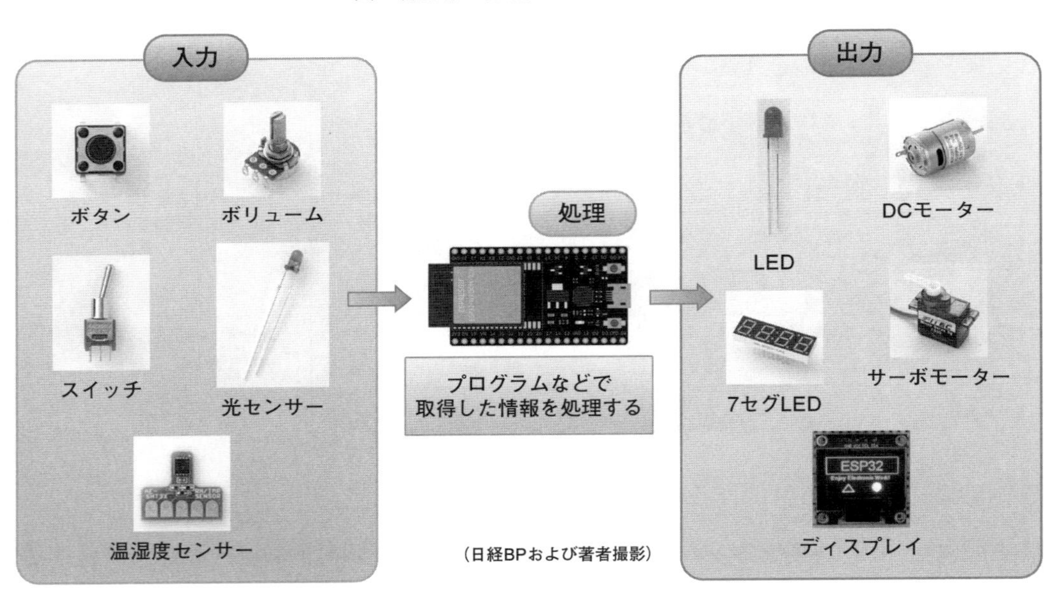

（日経BPおよび著者撮影）

先ほど挙げた中の一つ、「朝になったらカーテンが自動で開いて朝日で目覚めたい」というアイデアを例に分類してみましょう。このアイデアは、①朝日が昇ったかどうかを判定するために「現在の外の明るさを調べる」動作、②カーテンを開けるかどうかを判断するために、「一定値より明るくなったかどうかを調べる」動作、③調べた決定に基づいて「カーテンを開ける」動作——という三つの動作に分類できます。①が入力、②が処理、③が出力です。

■手順3　実現するのに必要な技術を考える

次に、手順2の各動作を実現するために必要な技術について考えましょう。例えば「ボタンを押す」「LEDを点灯する」といった一般的な動作であれば、対象の電子パーツをESP32につなぐことで簡単に実現できます。けれども「猫と会話する」といった動作は少なくとも現状では実現できる技術がありません。また、実現できる技術があっても、製作者の知識やスキル不足で実現できないケースもあります。例えば、深層学習（AI）を使えばカメラで撮影した画像から人を見分けることなどが可能ですが、利用したい深層学習に求められる知識がなければ作品で利用することはできません。

そうした技術によって目的とする動作を実現できない場合は、簡単な技術に置き換えられないかを検討します。例えば、「自分以外の誰かが入ってきたら警告する」という目的を達成したい場合に、「訪問した人物をカメラで撮影し、深層学習で自分かどうかを判断する」という手法をまず思い付いたとしましょう。けれども、深層学習のような専門的な知識を必要とする技術を使わなくても、例えば、人感センサーを使えば、人が訪れたかどうかの検知が可能です。これにスマホのGPS機能で得られる自分の位置情報を組み合わせれば、訪問者が自分でないかどうかを判断できます。この方法であれば、ESP32でスマホのGPSから位置情報を取得する方法さえ分かれば、比較的簡単に目的とする動作を実現できそうです。

スマホからGPSの情報を取得するのも難しいなら、「認証用のカードを用意してカードリーダーにかざして認証する」「キーパッドでパスワードを入力する」「ジェスチャーセンサーの前で所定の動きをする」などさまざまな手法を考え、自分で実現できる方法を探します。

■手順4　電子パーツを探す

手順3までを経て決定した動作に必要な電子パーツを探します。電子パーツを探す際に重要なのは、「ESP32など利用するマイコンでその電子パーツを実際に動かせるかどうか」です。電子パーツの中には、もっぱら特殊な産業用途で使われていて、一般的なマイコンでの動作実績がほとんどないものもあります。一般的なマイコンで動作した実績がないと、データシートなどを自分で調べて一からプログラムを作ったり動作検証をしたりする必要があり、非常に手間がかかってしまいます。

本書で紹介している電子パーツについては、すべてESP32での動作実績があるので安心して利用できます。また、他の電子工作系書籍や電子工作関連雑誌、インターネット上の情報なども、動作実績のある電子パーツを見つけるための参考になります。インターネットで情報を探す場合には、「＜パーツ名＞ ESP32 C言語」などのキーワードで検索するとよいでしょう（**下図**）。

インターネット上のブログ記事などを見ると、「うまく動作しなかった」という結論になっていることもよくあります。中身をよく読んで、実際に動いていることを確認してから購入するようにしてください。

図　インターネット検索で電子パーツの動作実績の情報を探す方法
９軸モーションセンサーの「BNO055」（秋：116996）について検索してみたところ。
気になる情報が見つかったら、必ず内容をチェックして実際に動作することを確認しよう。

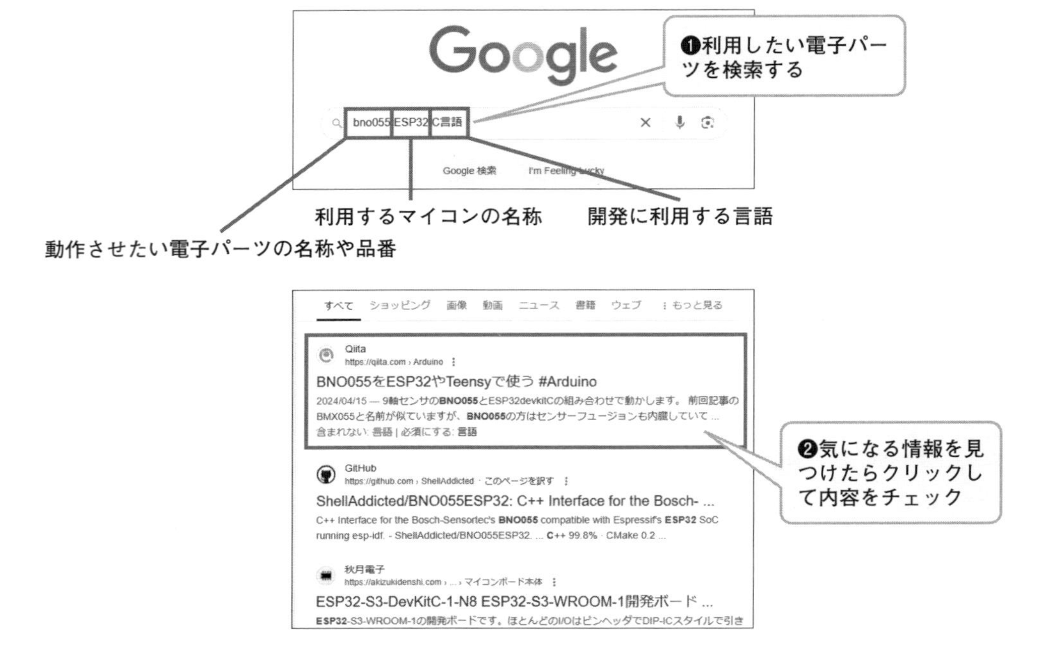

無償のソースコード管理サービス「GitHub」（https://github.com/）を使って探してみる手もあります。GitHubでは、多くの開発者が電子パーツを動かすためのプログラムのソースコードなどを公開しています。個人だけでなく、米Adafruit Industries社や中国Seeed Technology社といった電子パーツ／モジュールを販売しているメーカーも、このGitHubを通じてサンプルプログラムなどを公開しています。

GitHubで目的の電子パーツ向けのプログラムがあるかどうかを探すには、画面右上にある検索ボックスに電子パーツの名称や搭載するIC・センサーの型番を入力します（**下図**）。「ESP32」を同時に指定すると絞り込みやすくなります。また、Arduino向けのプログラムも利用できることもあります。すると、キーワードに関連するプログラムなどが一覧表示されます。ただし、C言語やPython、JavaScriptなどさまざまな言語向けのライブラリがまとめて表示されてしまいます。そこで、画面左にある「Languages」で利用したい言語をクリックして検索結果を絞り込みましょう。ここでは、CまたはC++をクリックして絞り込んでみます。

図　GitHubで電子パーツの動作実績の情報を探す方法
「SSD1306」という制御チップを使ったグラフィックスディスプレイ向けの
ESP32に対応するプログラムを探したところ。

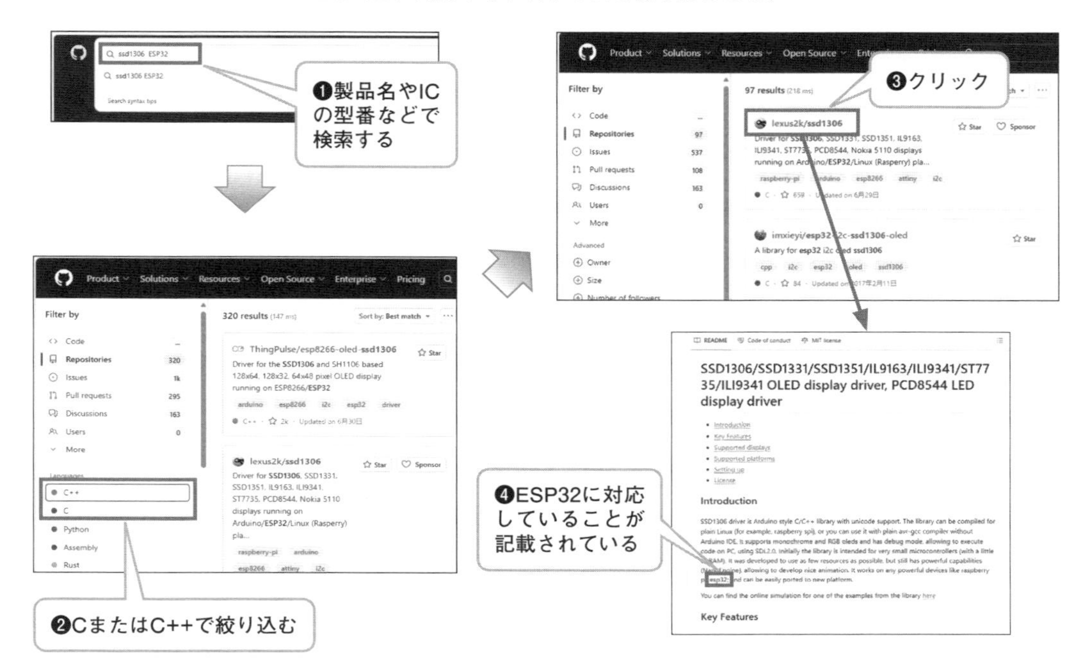

検索結果のうちどれを利用するかは、各ページに記載されている説明文を確認して決めます。例えば、グラフィックスディスプレイ用の制御チップである「SSD1306」で検索したときにヒットする「lexus2k/ssd1306」というリンクをクリックしてみましょう。説明文は、ファイル一覧の下にある「README.md」（またはREADME.rst）に記載されています。ここに「ESP32」の記載があれば、ESP32での動作が望めます。

名称の前に「adafruit」や「pimoroni」、「sparkfun」といったアカウント名が記載されているものは、電子パーツを開発・販売するメーカーが作成したライブラリです。メーカー純正のライブラリなので、そのメーカーの電子パーツであれば正しい動作が期待できるのに加え、異なるメーカーのモジュールでも同じチップを使うものなら同様に動作することが期待できます。特に、I^2CやSPIといった標準規格化された通信方式を使う電子パーツの多くは、正常に動作します。ただし、すべての電子パーツが動作するとは限りません。動かない場合は他を試してみるとよいでしょう。

動作を試すには、ページ右上にある「Code」ボタンをクリックし、「Download ZIP」を選択してサンプルプログラムを含む関連ファイルを一括ダウンロードします（**下図**）。あとはページに記載された利用方法などを見ながらサンプルプログラムをESP32で実行してください。

8章

図　GitHubからファイルをダウンロードする

■手順5　電子パーツを単体で動かす

電子パーツが用意できたら、最初にESP32で電子パーツが動作するかを確認しておきましょう。個々のパーツの動作テストをせずに作品を作り始めてしまうと、あとで動かなかったときに何が原因なのかが分からず、混乱してしまうためです。正しい挙動をしているか、必要なデータが取得できるかなどを簡易的に確認しておきます。

第6章で紹介しているように、電子パーツはデジタル入出力で動作するタイプもあれば、アナログ入力に接続するタイプもあるなど多種多様です。それぞれに合った方法でESP32と接続して動かす必要があります。

第6章で紹介している主要な50種の電子パーツについては、ESP32との接続方法とプログラムを掲載しているのですぐ動かせます。それ以外の電子パーツについては、手順4で説明したようにパーツ名称や型番でインターネット検索をして動作実績を調べてみましょう。必要なライブラリや制御方法などが記載されていれば、それをまねることで動作させられます。

■手順6　電子パーツを組み合わせて電子回路を作る

個々の電子パーツの動作を確認できたら、ESP32を中心にすべての電子パーツを組み合わせて作品用の電子回路を作ります。ただし、いきなりはんだ付けをするのではなく、まずはブレッドボードを使って作成することをお勧めします。

すべての電子パーツを組み合わせるといっても、基本的には**下図**のように単体で動作確認した電子回路をそれぞれESP32につなぐだけです。電源やGNDといった電源部分の配線については共通化できます。

図　単体で動作した回路をそれぞれESP32につなげる

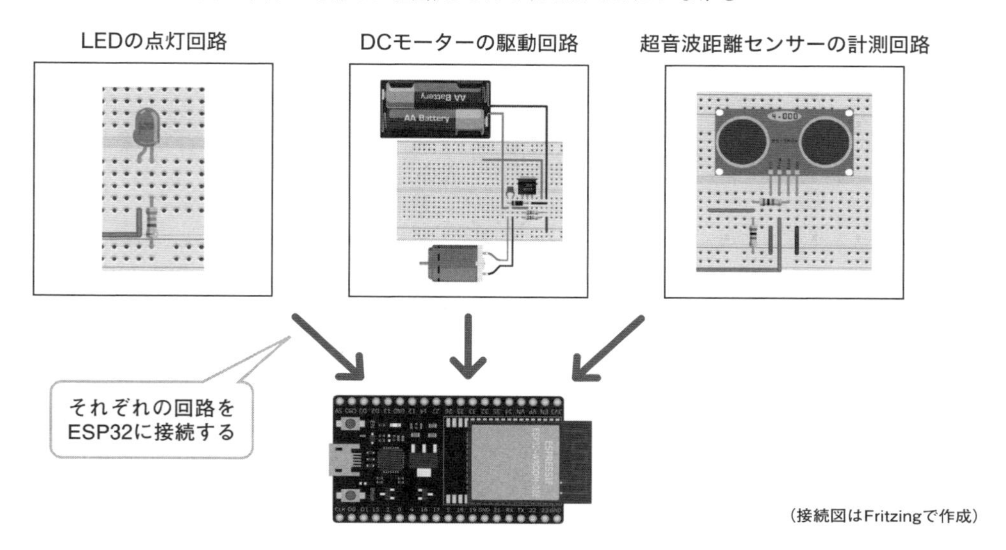

この作業を進めるに当たっては、いくつか注意すべき点があります。一つめは「電気の量（消費電力）」です。電子パーツを複数接続すると、その分、利用する電気の量が増えます。例えば、さほど電気を使わないLEDであっても、100個を同時に点灯させようとすれば、ESP32からの電源供給では確実に足りなくなります。その場合、電池やACアダプターなど外部の電源から給電する必要があります。

二つめは、制御に使う「端子の数」です。すべての電子パーツをつなぐのにESP32の入出力端子だけで足りるかどうかを確認します。ESP32には利用できるGPIO端子が26端子搭載されています。作品で使うすべての電子パーツが必要とするデジタル入出力端子の数がこれで足りない場合、電子回路の構成を変更したり、デジタル入出力ではなくI^2CやSPIを利用する電子パーツに変更するといった工夫が必要となります。

ESP32はアナログ入力に対応したGPIO端子を16端子備えています。もし、アナログ入力をそれ以上使いたい場合は不足するため、別途ADコンバーターを追加します。例えば「MCP3208」（秋：100238）を使えば12ビットのADコンバーターを8端子分増やせます。

I^2CやSPIに対応した電子パーツを複数利用する場合にも注意が必要です。それぞれが利用するアドレスが重複するなどして動かないことがあるからです。I^2Cの場合は、**下図**のように同じI^2Cアドレスを持つデバイスが同一チャンネルにあると正常に通信できません。(1) 別のチャンネルを使うようにする（重複するデバイスが二つの場合)、(2) 重複しないように変更する（アドレス変更可能なデバイスの場合)、(3) 付与されたアドレスが異なる別の電子パーツを探す（アドレスを変更できないデバイスの場合)、(4) 代わりにSPI通信を使う——などの措置を検討してください。

アドレス重複の心配がないSPI通信を使う場合も注意が必要です。複数のSPIデバイスを接続するにはCS端子をデバイス数分用意する必要があるからです。他の電子パーツの接続のためにGPIO端子を使い切ってしまうと、SPIデバイス向けのCS端子として割り当てられなくなります。そういう場合は、(1) 他の電子パーツで利用するGPIO端子を工夫して減らせないか検討する、(2) 代わりにI^{2}Cを利用する――などの対処が必要となります。

図　I^{2}C アドレスが同じデバイスは同時利用できない

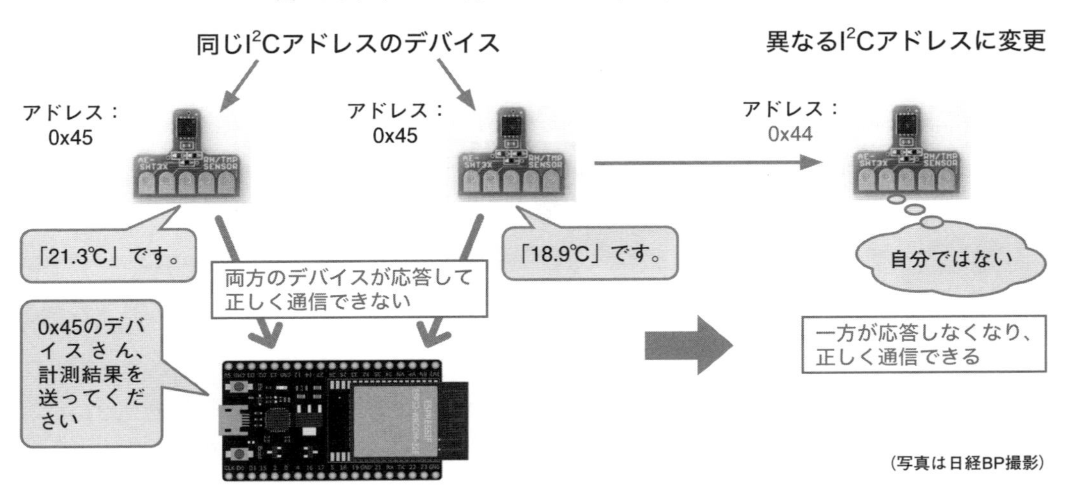

(写真は日経BP撮影)

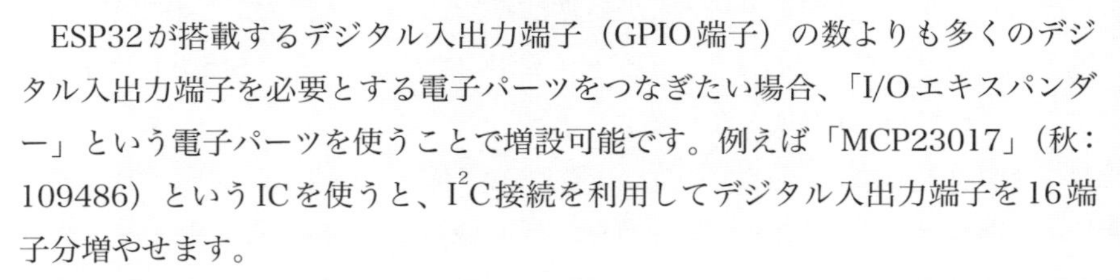

MEMO

デジタル入出力端子が足りない場合の対処法

ESP32が搭載するデジタル入出力端子（GPIO端子）の数よりも多くのデジタル入出力端子を必要とする電子パーツをつなぎたい場合、「I/Oエキスパンダー」という電子パーツを使うことで増設可能です。例えば「MCP23017」（秋：109486）というICを使うと、I^{2}C接続を利用してデジタル入出力端子を16端子分増やせます。

■手順7　プログラムを作成する

電子回路を組み上げたら、ESP32で制御するためのプログラムを作ります。電子回路を作っていくプロセスと同様に、各電子パーツを単体で動かすシンプルなプログラムをまず作り、そこに少しずつ機能を追加していくというやり方で進めるとよいでしょう。

一気にプログラムを完成させようとするのではなく、何かを追加したらその都度実行し、正しく動作するかを確認しながら着実に進めるのがポイントです。こうすることで、正しく動作しないときに何が悪いのかを判断しやすくなります。

例えば、朝になったら自動でカーテンを開けるプログラムの場合なら、**下図**に示すようにプログラムを作り上げていきます。まずは、ベースとなるプログラムを用意します。ここでは「明るさを計測するプログラム」をベースとしています（I）。これにモーターを動かすための初期設定などを追加します（II）。

朝になったかどうかは周囲の明るさから判断します。光センサーから入力された明るさの値に基づきその後の処理を決めるために、ifを使った条件分岐を使います（III）。特定の値以上であれば、モーターを動かすために、モーター回転用の処理を記述します（IV）。条件を満たさない場合はモーターを停止させる処理も記述します（V）。最後に、ベースプログラムのうち、明るさを数値で表示するといった実際の動作には不要な部分を削除します（VI）。

実際にはまだこのプログラムは機能的に不足しており、作品として完成させるには「カーテンが開き切ったことを検知してモーターを止める」といった処理なども加える必要があるでしょう。しかし作り方のエッセンスは理解できたと思います。

図　プログラムを作成する流れ

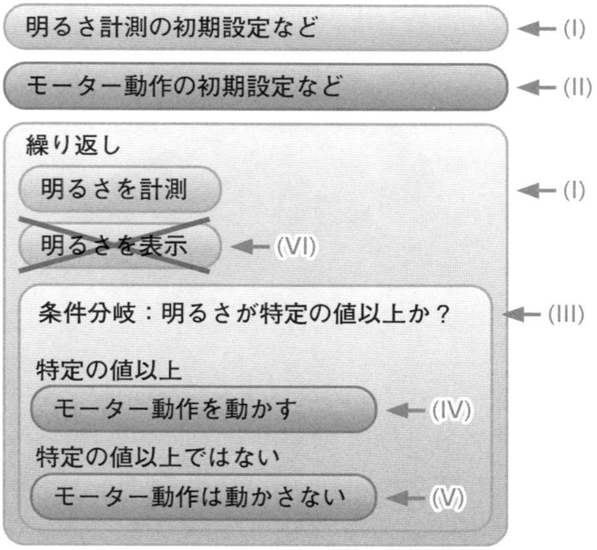

明るさ計測の初期設定など ← (I)
モーター動作の初期設定など ← (II)
繰り返し
明るさを計測 ← (I)
~~明るさを表示~~ ← (VI)
条件分岐：明るさが特定の値以上か？ ← (III)
特定の値以上
モーター動作を動かす ← (IV)
特定の値以上ではない
モーター動作は動かさない ← (V)

■手順8　外観や電子回路などを作って作品として仕上げる

作成した電子回路とプログラムが目的とする動作を実現できるようになったら、実際に作品として製作しましょう。耐久性などにこだわるなら、ブレッドボードを作って組み上げた電子回路を、**下図**のように「ユニバーサルボード」という汎用基板に部品をはんだ付けして実装します。

図　ユニバーサルボードを使って電子回路を製作した例

（日経BP撮影）

作品を複数個作って配布したり、販売したりすることも視野に入れるなら、「プリント基板」（**下図**）を作ることも検討材料となるでしょう。海外の格安プリント基板製作サービスを使えば、この図のようなプリント基板が送料込みで1枚当たり数百円程度で作れてしまいます（ただし発注は最低5枚や10枚といった単位になります）。本書の目的からは外れるため、プリント基板の設計方法やプリント基板製作サービスの利用方法については紹介しませんが、興味のある人は本書を読み終えたあと、次のステップとしてチャレンジしてみてはいかがでしょうか。「プリント基板 発注」などでインターネット検索すれば有用な情報がすぐ見つかります。

図　プリント基板サービスを使って製作した基板の例

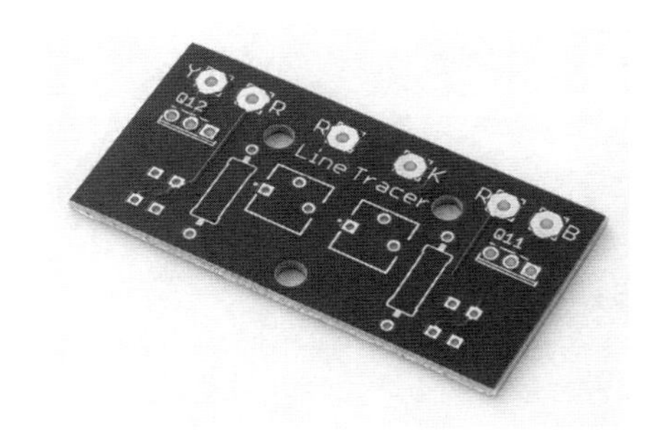

（日経BP撮影）

作品を構成する電子回路以外の部分も製作します。電子回路を格納するきょう体、タイヤの付いた車体（シャーシ）、ギヤを使った変速機構などさまざまです。

きょう体の製作には、3Dプリンターに代表されるデジタル工作機械が活用できます。PC上で設計したデータを送り込むだけで、十分な精度と強度を備え、作品にジャストフィットするきょう体などを手軽に作れます（**下図**）。

図　3D プリンターで作成したきょう体の例

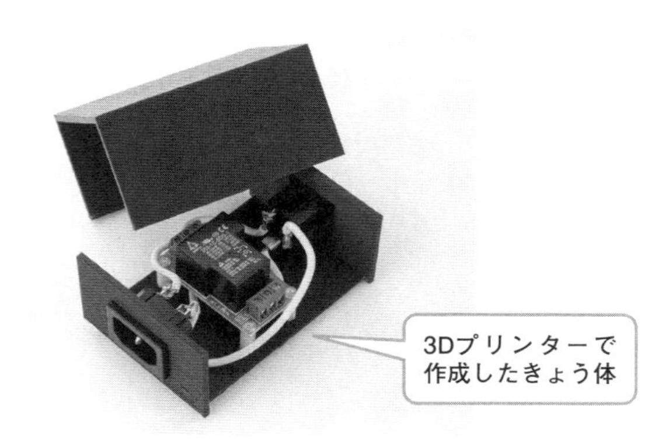

（日経BP撮影）

参考までに、作品のきょう体や部品を自作するのに役立つデジタル工作機械（**下図**）の例を以下に示します。

図　作品のきょう体や部品を作るのに役立つ主なデジタル工作機械の例

熱溶解積層方式3Dプリンター
中国Creality 3D Technology社製
「Ender-3 V3 SE」 *1

光造形方式3Dプリンター
中国Elegoo社製
「Mars 2 Pro」 *2

レーザーカッター
オーストリアのTrotec Laser社製
「Speedy 100」 *3

CNC
オリジナルマインド社製
「KitMill BS100」 *4

プリント基板加工機
ミッツ社製
「Auto Lab」 *5

＊1　出所：https://store.creality.com/jp/products/ender-3-v3-se-3d-printer
＊2　出所：https://jp.elegoo.com/products/elegoo-mars-2-pro-mono-lcd-3d-printer
＊3　出所：https://www.dreamnews.jp/press/0000229855/
＊4　出所：https://www.originalmind.co.jp/news/1505
＊5　出所：https://mits.co.jp/aline/autolab_index/autolab.html

◉3D プリンター

プラスチックなどの材料を薄い層にして重ねながら立体物を作成できます。さまざまな方式がありますが、一般向けには主に熱溶解積層方式（FDM）と光造形方式の2方式がよく利用されています。

FDM方式は、フィラメントというプラスチックを熱で溶かして層を作る方式です。光造形方式はレジンに紫外線を照射しながら薄い層を作ります。どちらの方式も数万円程度で本体を購入でき、個人でも手軽に造形物の製作に使えます。

◉レーザーカッター

レーザーカッターとは、レーザー光を材料に照射して加工する機械です。材料となる物体に高出力のレーザー光を照射すると、照射先の点が高温になり材料が溶解します。このレーザー光を動かすことで材料を切断できます。また、レーザーの出力を弱くすることで、彫刻のように材料の表面を薄く掘ることも可能です。ロゴや模様、画像などを材料表面に彫り込めます。

◉CNC、切削加工機

エンドミルと呼ぶ切削用の回転刃を高速で回転させて、金属などの材料を削って立体物を作成する工作機械です。金属の塊から削り出すため、強度のある部品を作成できます。きょう体のほか、ギヤのような細かい金属部品も作れます。

◉プリント基板加工機

電子回路用の基板を作成する工作機械です。板の上に薄い銅の膜が貼り付けられた「銅張基板」(秋:114148など)の銅を削りながら電子回路用の基板を作成します。ドリルで穴を開ける機能も搭載されている機種であれば、LEDや抵抗器を差し込むための穴も自動で開けられます。

レーザーカッターやCNC、プリント基板加工機といったデジタル工作機械は高価なため、個人で購入するのは困難です。こうした機械を使いたい場合は、ものづくりに特化したレンタルスペースである「ファブスペース(ファブ施設)」を利用するとよいでしょう。一般に数千円程度の利用料を支払うことで、そうした高価な機械を自由に使えます(使用に当たって講習の受講が必要な機械もあります)。また、自宅に置けないような大型の工具や工作機械を設置しているケースもあり、大きなサイズの作品を作りたいときに役立ちます。

■途中でつまずいた場合

手順通りにうまく進めているつもりでも、どこかの手順の途中でつまずくことは実際よくあります。そういう場合は、その手順の中だけで解決を図ろうとせず、一つ前の手順に戻って考えることも検討してください。

例えば、単体では問題なく動いた電子パーツでも、他のパーツと組み合わせるとうまく動作しないことがあります。そういう場合は何としてでも動作させようとするよりも、手順4に戻って類似の電子パーツを選び直した方が、結果的に時間を費やさずに済むかもしれません。

実際に作品を作ってみる

流れと手順が分かったところで、この8-1のまとめとして、これらを意識しながら実際に電子パーツを組み合わせて作品を製作する例を見てみましょう。途中で示す手順1～8は、本章の冒頭で説明した各手順に相当します。

まず初めにアイデアを考えます。ここでは「部屋の温湿度が快適かどうかを知りたい」というアイデアを実現してみます（手順1）。このアイデアを実現するために、どのような動作が必要となるかを考えます（手順2）。

部屋の温湿度を知るには、温度と湿度を同時に計測できるセンサーを使えばよいでしょう。センサーは、周囲の状況から計測結果を取得するので「入力」となります。取得した温度や湿度の値から快適かどうかを判断するのはESP32のプログラムの仕事です。これは「処理」ということになります。

処理した結果は、人が分かるように「出力」します。「LEDの色で知らせる」「液晶ディスプレイにメッセージを表示する」「音で知らせる」などさまざまな方法が使えそうです。ここではLEDを二つ使って、快適であれば黄緑色のLEDを、不快ならば赤色のLEDを点灯させることにします。以上を整理すると**下図**のようになります。

図　アイデアを動作で分類した例

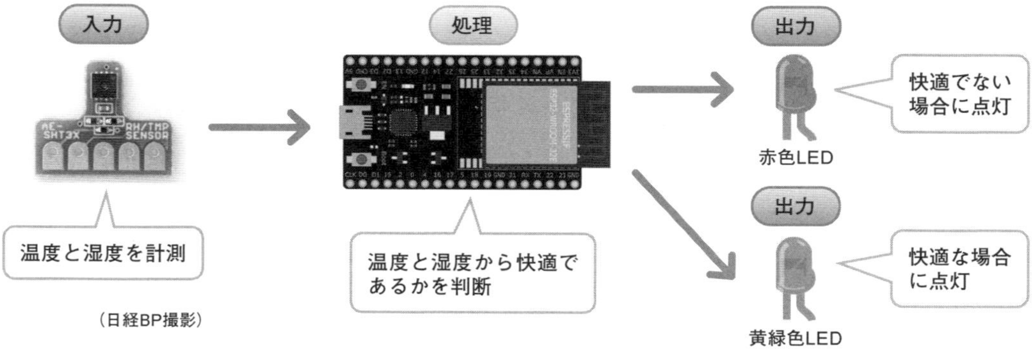

入力
温度と湿度を計測
（日経BP撮影）
処理
温度と湿度から快適であるかを判断
出力
快適でない場合に点灯
赤色LED
出力
快適な場合に点灯
黄緑色LED

手順3として、温湿度センサーの計測値を読み取るための技術やLEDを点灯させるための技術について検討します。これらはESP32だけで簡単に実現でき、本書でも第5章や第6章で説明済みです。次に進みましょう。

次は電子パーツの選択です（手順4）。さまざまな温湿度センサーやLEDが市販されていますが、ここでは第6章のNo.28で紹介した温湿度センサー「SHT31-DIS」と赤色および黄緑色LED（5-1）を使うことにします。LEDを利用する際には制限抵抗が必要なことも忘れてはいけません。330Ωの抵抗器を二つ用意しておきます。

電子パーツが準備できたら、実際にそれぞれを単体で動作させてみましょう（手順5）。それぞれのパーツの紹介ページ（上記）を見ながら、実際に動作するかを確認しておきます。

■電子パーツを組み合わせて製作

ここまでは前準備で、ここからが実際の作品製作手順となります。初めに、電子回路を作成します（手順6）。基本的に、手順5において単体で動かした電子回路をブレッドボード上に並べてそれぞれESP32とつなぎます（**下図**）。ただし、全パーツ共通で使う電源とGNDについては、ブレッドボードの端にある電源用ライン（図のように長辺を上にした場合は、上下の端にある2列ずつ。各列の穴は内部でつながっています）を使ってそれぞれの電子パーツに分配します[*1]。

図　各電子回路をESP32に接続する

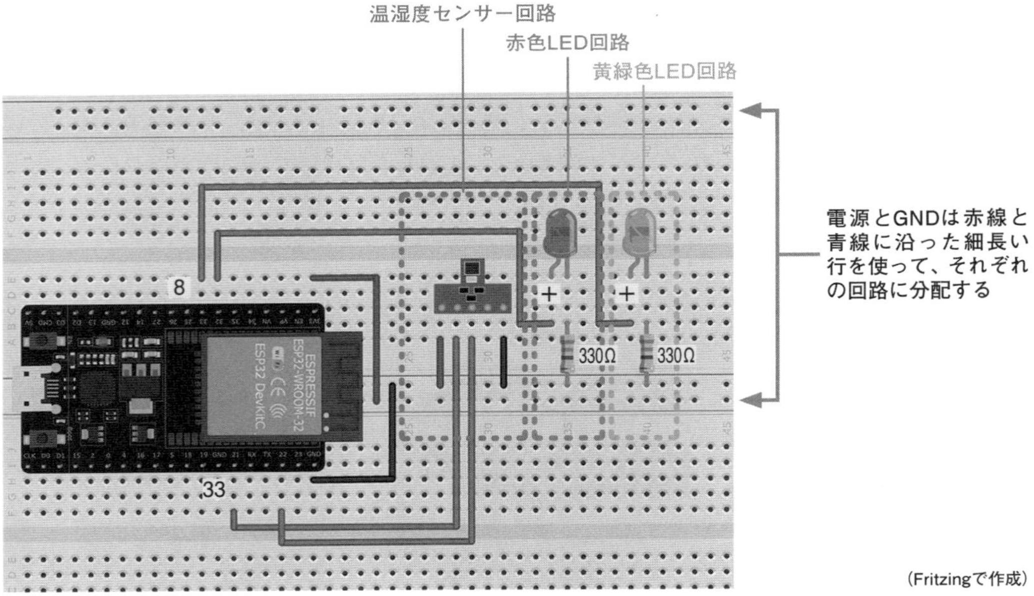

温湿度センサー回路
赤色LED回路
黄緑色LED回路
電源とGNDは赤線と青線に沿った細長い行を使って、それぞれの回路に分配する

（Fritzingで作成）

回路の配線作業を終えたら、以下に示す制御用のプログラム「comfortable.ino」を作成します（手順7）。温湿度センサーSHT31-DISを紹介したところで示したプログラム「temphumi.ino」をベースとしています。

*1 この作例ではESP32の電源端子に接続する必要があるのは温度センサーだけです。一方、GNDについては二つのLEDを加えた三つの電子パーツをブレッドボード端にある共通のGNDラインに接続しています。

ソース　部屋の温湿度を調べて快適かどうかを判定するプログラム

comfortable.ino

```
#include <Wire.h>
#include "Adafruit_SHT31.h"

Adafruit_SHT31 sht31 = Adafruit_SHT31();

const int RED_LED = 32;
const int GREEN_LED = 33;

void setup() {
    pinMode( RED_LED, OUTPUT );
    pinMode( GREEN_LED, OUTPUT );

    sht31.begin(0x45);
    Serial.begin(115200);
}

void loop() {
    float temp = sht31.readTemperature();
    float humi = sht31.readHumidity();

    if( temp >= 25.0 && temp <= 28.0 && humi >= 55.0 && humi <= 65.0 ){
        digitalWrite( RED_LED, LOW );
        digitalWrite( GREEN_LED, HIGH );
    } else {
        digitalWrite( RED_LED, HIGH );
        digitalWrite( GREEN_LED, LOW );
    }

    Serial.print( "Temp : " );
    Serial.print( temp );
    Serial.print( "C    Humi : " );
    Serial.print( humi );
    Serial.println( "%" );

    delay(1000);
}
```

(I)
LEDを制御するための初期設定
(V)
不要な部分は取り除く
センサーから温度と湿度を取得
快適かどうかを取得した温度から判断する
(II)
(III)
快適の場合は緑色LEDを点灯して赤色LEDを消灯する
(IV)
快適でない場合は緑色LEDを消灯して赤色LEDを点灯する
(V)
不要な部分は取り除く

このプログラムでは、まずLEDを点灯するために必要なLEDの端子番号の定義などをtemphumi.inoに追記しています（I）。

次に、条件分岐（if）を使って温度と湿度の条件が快適な範囲であるかどうかで処理を分岐させます（II）。快適な温度は25～28℃、湿度は55～65%と定義し、温度（temp）が「25℃以上」「28℃以下」、湿度（humi）が「55%以上」「65%以下」という四つの条件を論理和（and）でつないだ条件式とすることで、快適な範囲にあるかどうかを判定します。

条件を満たしている場合の処理として、黄緑色のLEDを点灯し、赤色のLEDを消灯するコードを追加します（III）。また、条件を満たさない場合の処理として、赤色のLEDを点灯し、黄緑色のLEDを消灯するコードも追加しておきます（IV）。

以上で、温湿度に合わせてLED の点灯状態を変化させるという目的の動作をプログラムとして実現できました。実際に実行して正しく動作するかどうか確認しましょう*2。正しく動作することが確認できたら、ベースにした温湿度センサーのプログラムに残っていて不要な温度と湿度の表示部分を取り除きます（V）。

これで電子回路とそれをESP32で制御するためのプログラムが完成しました。ここから先は、各パーツをユニバーサル基板上にはんだ付けしてコンパクトにしたり、きょう体を作って収めたり、読者のみなさんの自由なアイデアで作品として完成させてください（手順8）。

---

*2 部屋の温湿度を変化させるのは簡単ではありませんが、エアコンや加湿器を近くで使うなどしつつ、変化を確認するとよいでしょう。なお、元々快適な範囲にある場合で、範囲外になった際の処理を確認するだけなら、お湯に近づければOKです。ただし湯気で電子パーツに水滴が付かないよう注意しましょう。

8-2 自動点灯するキーボードライト

光センサーとLEDを使うと、周囲の明るさによって自動的に点灯と消灯を切り替えることが可能です。一つではあまり明るくないLEDでも、複数個を使えば明るく点灯し、照明として使えます。これらを組み合わせた応用例として、暗くなったら自動で点灯するキーボードライトを作成してみましょう。

PCで作業をしている際、日が暮れて部屋の中が暗くなるとキーボードや手元が見づらくなり、作業効率が低下します。だからといって、照明をつけるために作業を中断したら、集中力を失い作業ペースがガクンと落ちてしまうかもしれません。このような場合に自動的にキーボードライトが点灯する仕組みがあれば、集中を切らさず作業を続けられます。

そこで、部屋が暗くなったら自動的に手元を照らす照明をつける「自動点灯キーボードライト」(以下、キーボードライト)を作ってみましょう(**下図**)。このキーボードライトは、照明として白色LEDを4個取り付けてあり、キーボード上を広く照らせるようになっています*3。部屋の明るさは、支柱部分の上部に取り付けた光センサーで計測します。

図　自動点灯キーボードライト

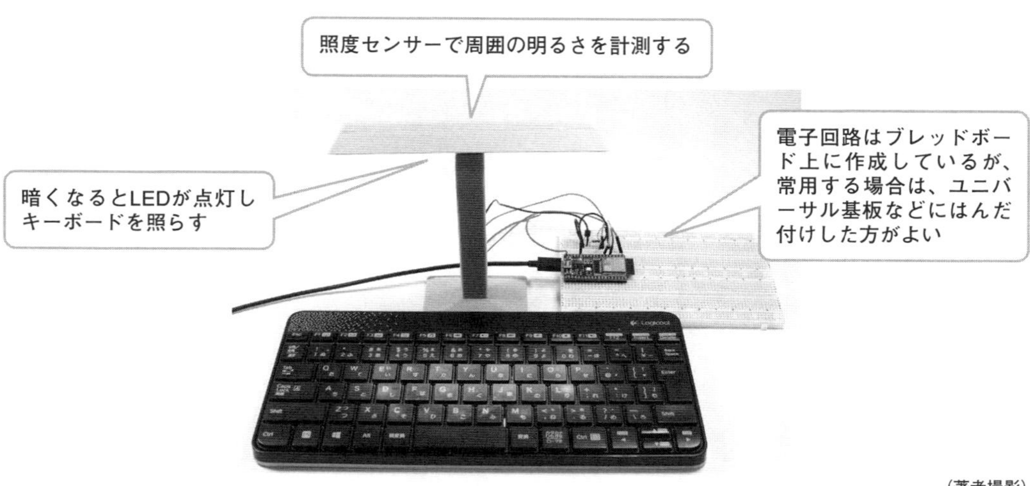

(著者撮影)

キーボードライトは**下図**のように動作させます。光センサーで周囲の明るさを計測し、あらかじめ設定しておいた「暗い」と判断する値よりも小さくなったらLEDを点灯します(ここで利用する光センサーは暗いほど値が小さくなります)。逆に、「明るい」と判断する値よりも大きくな

*3 この図の写真ではキーボードの中央付近が強く照らされていますが、LEDの前に光を拡散する半透明のプラ板を取り付けたり、LEDの個数を増やしたりすることで、キーボード全体をムラなく照らすことが可能です。各自工夫してみてください。

った場合はLEDを消灯します。

図　自動点灯キーボードライトの動作の流れ

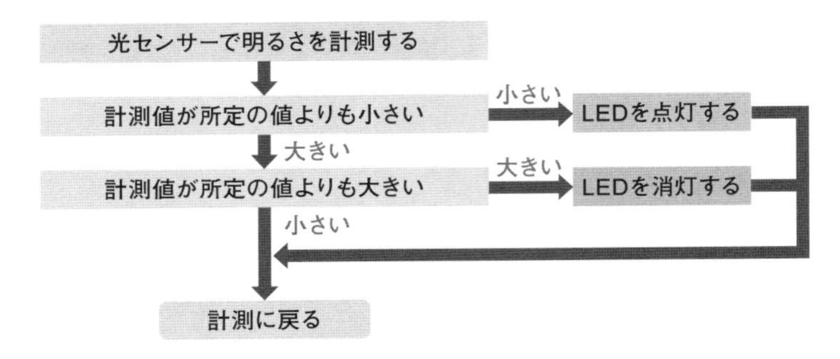

キーボードライトの作成に利用する電子パーツは以下の通りです。

◉白色LED×4（秋：114666）
◉光センサー（フォトトランジスタ）×1（秋：102325）
◉トランジスタ×1（秋：113491）
◉抵抗器100Ω×4（秋：125101）、3.3kΩ×1（秋：125332）、100kΩ×1（秋：125104）

ESP32とLEDや光センサーは、**下図**のように接続します。

図　キーボードライトの接続図

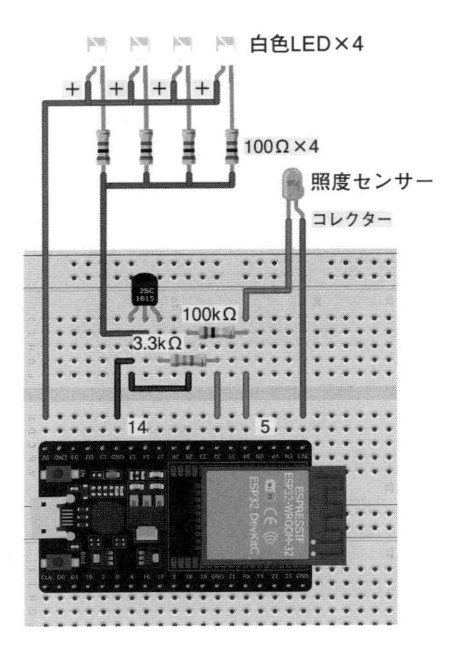

（Fritzingで作成）

ここではブレッドボード上に回路を作成する方法を紹介しています。しかし、ブレッドボードは電子パーツや配線が抜けやすいため、キーボードライトを常用する場合にはユニバーサル基板を使ってはんだ付けしておきましょう。ちなみに、**下図**のようなブレッドボードを模した見た目をしていて穴同士の接続関係も同じユニバーサル基板（秋：104303）があります。これを使うと、ブレッドボードで作った回路をそのまま移植できます。ユニバーサル基板での配線に慣れていない場合は、このようなユニバーサル基板の活用も検討するとよいでしょう。

図　ブレッドボードと同じように使えるユニバーサル基板

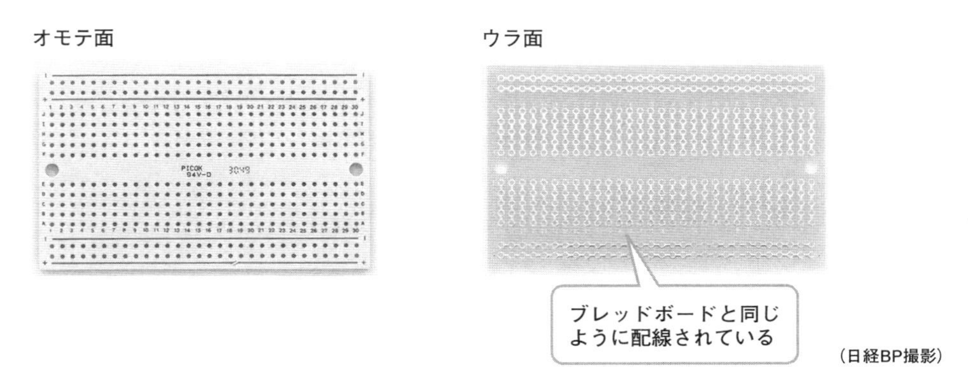

（日経BP撮影）

キーボードライトのきょう体は筆者の場合、3Dプリンターを使って作成しました。自分で設計してももちろん構いませんが、3Dプリンター用のデータ（STL形式）を本書のサポートページで配布しているので、手っ取り早く作りたい人は活用してください。段ボール箱などで自作してもよいでしょう（はんだ付けの際に燃やさないように注意します）。

LEDを取り付ける部分には穴が開いており、差し込むだけで取り付けられます（**下図**）。LEDのアノードはリード線（赤）で1本にまとめておきます。カソードには制限抵抗を直接取り付け、そこからリード線（黒）で1本にまとめます。こうすることで、赤いリード線を電源の5Vに、黒いリード線をGNDにそれぞれ1本接続するだけで四つのLEDを点灯できます。

図　LEDの取り付け部分

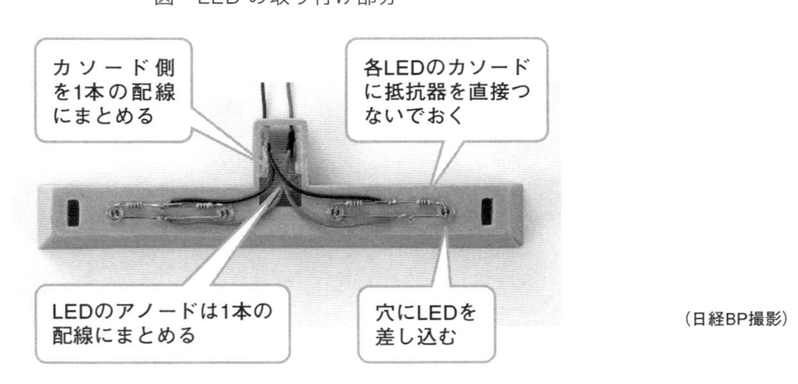

（日経BP撮影）

キーボードライトの制御用プログラム「light.ino」は以下のように作成します。

まずはPCに接続した状態でシリアルモニタを確認し、部屋を暗くするとLEDが自動的に点灯することを確認してください。もし、暗くなってもLEDが点灯しなかったり、逆に明るくなってもLEDが消灯しなかったりする場合は、プログラム中の「ON_TH」と「OFF_TH」の値を調節します。調節方法については後述します。

ソース　自動点灯するキーボードライトの制御用プログラム

light.ino

```
#include "driver/adc.h"
#include "esp_adc_cal.h"

const int LED_PIN = 32; ── LEDを接続したGPIOの番号

const float ON_TH = 0.4; ── ⑤LEDを点灯に切り替えるしきい値
const float OFF_TH = 1.0; ── ⑥LEDを消灯に切り替えるしきい値

const int MEASURE_INTERVAL = 3000; ── 計測する時間間隔(秒)
const int AVG_NUM = 10; ── 平均値を求めるために計測する回数

bool light_status = false; ── 現在のLEDの状態を記録する:「0」は消灯、「1」は点灯

esp_adc_cal_characteristics_t adcChar;

void setup() {
    Serial.begin( 115200 );
    pinMode( LED_PIN, OUTPUT ); ── LEDは出力モードで設定

    adc1_config_width( ADC_WIDTH_BIT_12 );
    adc1_config_channel_atten(ADC1_CHANNEL_6, ADC_ATTEN_DB_11 );
    esp_adc_cal_characterize(ADC_UNIT_1, ADC_ATTEN_DB_11, ADC_WIDTH_BIT_12, ⏎
1100, &adcChar);
}                                                   アナログ入力を設定

void loop(){
    uint32_t mvolt;
    float volt, sum_volt;
            AVG_NUMで設定した回数分、センサーの計測値を読み取り平均を算出する
    for ( int i = 0; i < AVG_NUM; i++ ){
        esp_adc_cal_get_voltage(ADC_CHANNEL_6, &adcChar, &mvolt);
        sum_volt += float(mvolt);
    }

    volt = sum_volt / AVG_NUM / 1000.0;
                ①LEDが点灯している場合にOFF_THを上回ったら消灯状態にする
    if( light_status == false && volt < ON_TH ){
        light_status = true;
```

次ページに続く

```
    } else if ( light_status == true && volt > OFF_TH ){
        light_status = false;
    }                           ②LEDが消灯している場合にON_THを下回ったら点灯状態にする

    if( light_status == false ){        ③light_statusが消灯(false)の場合は
        digitalWrite(LED_PIN, LOW);        LEDを消灯する
        Serial.print("Light: OFF  ");
    } else {                            ④light_statusが消灯(true)の場合は
        digitalWrite(LED_PIN, HIGH);       LEDを消灯する
        Serial.print("Light: ON   ");
    }

    Serial.print("Voltage: ");      計測した電圧の平均を表示する
    Serial.println( volt );

    delay( MEASURE_INTERVAL );
}
```

複数のLEDを並列で接続する

ここからは、作成したキーボードライトの電子回路やプログラムの内容について詳しく見ていきましょう。まずは使用する白色LEDからです。

キーボードライトに利用した白色LED「OSW5DK5111A-RA85」は、20mAの電流を流すと30cd（カンデラ）の光度で点灯します。光度の目安として、ロウソクの光度が約1cdなので、30cdはロウソク約30本分の明るさに相当します。20mAの電流を流した場合の順電圧は約2.9Vです。

作成したキーボードライトでは、このLEDの制限抵抗として100Ωの抵抗器を接続しています。このLEDを一つ用意し、5Vの電源を使って点灯したとすると、「(5V-2.9V) ÷100Ω」で「21mA」の電流が流れると分かります。

しかし、この白色LED一つだけでは暗くて実用になりません。加えて、LEDが一つだと光が十分広がらずキーボード全体を照らせません。このため四つのLEDを利用することにしました。四つのLEDを**下図**のように並列に接続すると、それぞれのLEDに流れる21mAを4倍した84mAの電流が必要となります。

しかし、この84mAはもちろん、ESP32のGPIOから流すことはできません。ESP32のGPIOは出力できる電圧が3.3V、扱える電流が40mAまでだからです。このため、5-1で説明したようにトランジスタを介して制御しています。トランジスタのベースをGPIO 32に接続し、LEDの点灯と消灯を切り替えます。

図　LEDを四つ並列に接続する

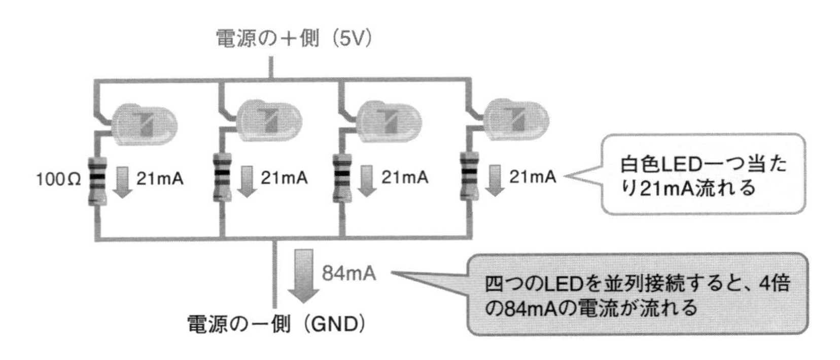

制限抵抗を変更する

ここではLEDの制限抵抗として100Ωの抵抗器を利用しましたが、もっと小さい抵抗値を持つ抵抗器に変更すれば、流れる電流が増えてLEDをより明るく点灯できます（もちろん、LEDのスペック上可能な範囲で増やすという前提です）。

例えば、20mAの電流を流したければ、80Ωの抵抗器を選択すればよいという計算になります。80Ωの抵抗器は一般的ではないので、代わりに82Ωの抵抗器を購入すればよいでしょう。82Ωの場合、LEDには約19.5mAの電流が流れることになりますが、20mAの場合と比べて明るさはほとんど変わりません。

二つのしきい値で揺らぎを吸収する

周囲の明るさを計測するための光センサーとして、ここでは「フォトトランジスタ」を使っています（詳しくは第6章のNo.32を参照）。フォトトランジスタのエミッター側に100kΩの抵抗器を接続し、抵抗器にかかる電圧をESP32のADコンバーターで読み取ります。入力される電圧は、値が大きければ明るく、小さければ暗いと分かります。

この入力値を使って明るさを判定するには、ある「しきい値」（スレッショルド）を設定して、それよりも小さければLEDを点灯、大きければ消灯という具合に制御するという方法が考えられます。

この判定方法で問題のないケースもありますが、部屋の中で使うキーボードライトのケースでは好ましくありません。「周囲の明るさの変化に敏感に反応してLEDを点灯または消灯してしまう」可能性があるからです。

例えば、周囲が暗く、LEDが点灯している状態でスマホを利用したとしましょう。このとき、スマホの画面の光が一瞬センサーに当たっただけで部屋が明るくなったと判定されてLEDが消灯し、またすぐに点灯するといった不快な挙動が発生する恐れがあります。特に、部屋の中がちょうどしきい値近辺の明るさだった場合、外光のわずかな変化やセンサーに混入する雑音などの影響によって、頻繁にしきい値を上回ったり下回ったりし、LEDが目まぐるしく点灯と消灯を繰り返すかもしれません。これでは困りますね。

そこで、プログラムでは複数回連続で計測し、平均を求めるようにすることで、突発的な明るさの変化や雑音の影響を受けづらくしています。どの程度の回数計測するかは、AVG_NUMに設定しています。プログラムでは10回に設定しています。

加えて、**下図**のように点灯と消灯それぞれについて別々のしきい値を設けて判定するという工夫も導入しています。周囲が明るくLEDが消灯中の場合、点灯用のしきい値「ON_TH」を下回ったらLEDを点灯させます。逆も同じで、周囲が暗くLEDが点灯中の場合、しきい値「OFF_TH」を上回ったらLEDを消灯します。計測値がON_THとOFF_THの間にある場合は、前のLEDの状態を保持します。このように、二つのしきい値を設定することで、わずかな変化や揺らぎの影響を吸収できるわけです。

図　点灯、消灯を異なるしきい値で切り替えるようにする

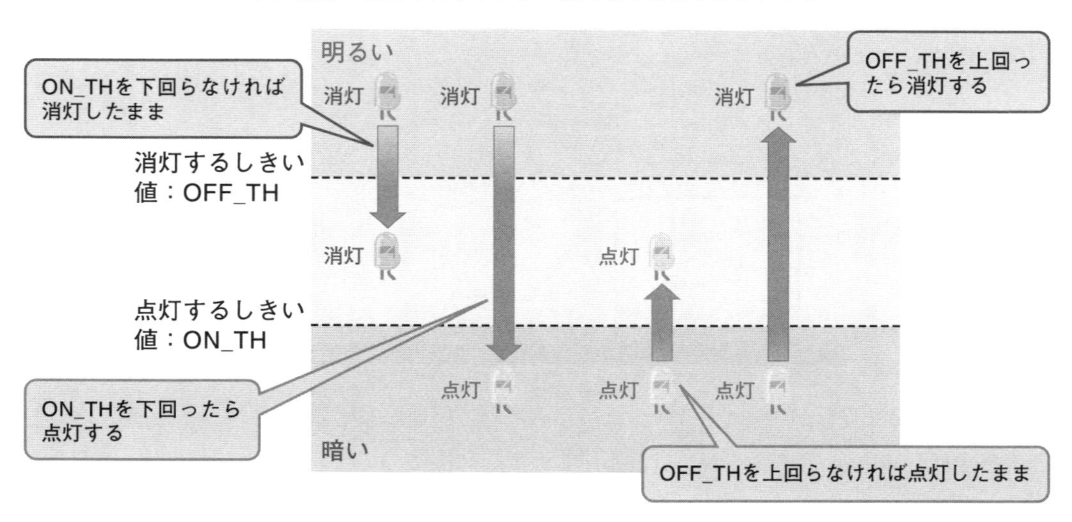

しきい値を超えたかどうかの判定にはif文を使います。現在のLEDの状態は「light_status」変数に格納しています。LEDが点灯している場合は「true」、消灯している場合は「false」です。LEDが消灯（light_statusがfalse）しており、計測値がON_THよりも小さければLEDを点灯します（プログラム内の①）。逆に、LEDが点灯（light_statusがtrue）しており、計測値がOFF_THよりも大きければLEDを消灯します（同②）。

なお、ここの二つのif文では、しきい値の判定結果に基づきlight_statusの値を変更する処理しかしていません。実際にLEDを点灯したり消灯したりする処理は、続くif文のところです。ここでGPIOの出力を切り替えてLEDを点灯または消灯しています（同③、④）。

点灯用のしきい値ON_THは「0.4」、消灯用のしきい値OFF_THは「1.0」と初期値を設定しています（同⑤、⑥）。暗くなってもLEDが点灯しなかったり、明るくなってもいつまでもLEDが点灯し続けたりする場合には、以下に示す手順でON_THとOFF_THを調節します。利用環境に合わせてADコンバーターの読み取る電圧範囲0～3.3で値を設定してください。

プログラムを実行してしばらく待つと、ESP32はフォトトランジスタが出力する電圧を3秒ごとにADコンバーターで取得してデジタルの計測値に変換します。その直近10回分の計測値を平均したものが明るさの値（volt）で、逐次シリアルモニタに「Voltage」の後ろに値が表示されます（**下図**）。

図　プログラムを実行するとフォトトランジスタの計測値が逐次表示される

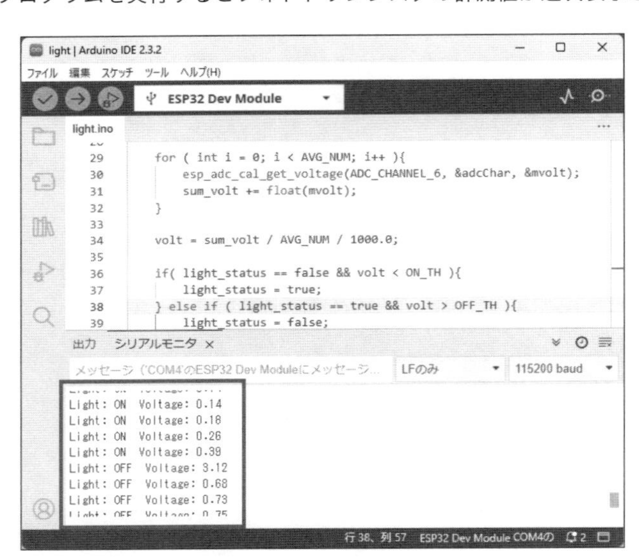

このVoltageを見ながら、キーボードが見づらくなる程度に部屋を暗くしてください。このとき表示されたVoltageの値をON_THに指定します。同様に、LEDを照らす必要がない程度の明るさにした際に表示されたVoltageの値をOFF_THに設定します。

プログラムのしきい値を書き換えたあと、再度ESP32にプログラムを転送すると設定したしきい値に従ってLEDの点灯と消灯が切り替わるようになります。

8-3 Bluetooth制御のリモコンカー

ESP32が搭載する無線通信機能を使えば、ケーブルをつながずにESP32を含む電子回路を遠隔操作可能です。そこで、Bluetoothの活用例としてリモコンカーを作成してみましょう。DCモーターを二つ搭載し、それぞれの回転を制御することで、遠隔から自在にコントロールできるようになります。

ESP32では、7-2で説明したBluetooth機能を使うことで、PCやスマホなどからケーブルをつながずに電子パーツの制御を実現できます。7-2で紹介した温度をリモートから閲覧する使い方以外に、リモートからBluetooth経由でESP32のプログラムにコマンドを送り、ESP32に接続した電子パーツの挙動を変えるといった制御も可能です。

ここでは、そうした制御の例として、無線LANを使ってリモートから制御可能な「リモコンカー」を作ってみましょう（**下図**、表紙にカラーの写真を掲載しています）。リモコンカーの操作には、PCで制御用のプログラムを利用することにします。

図　無線LANを使って制御できる「リモコンカー」

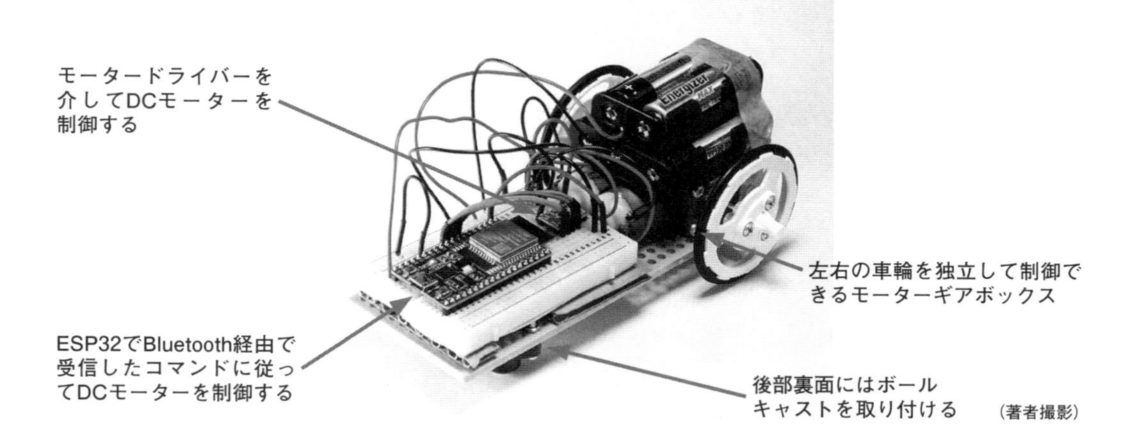

リモコンカーの本体には、タミヤの「ツインモーターギヤボックス」という組み立てキットを使いました。ツインモーターギヤボックスにはモーターが2個付属しており、それぞれの動力を別々にギヤとシャフトを通じて取り出せます。これにより、右車輪と左車輪を独立して回転させることができ、ステアリング機構なしで左右に曲がる動作を実現可能です（**下図**）。

前進または後退する場合は、右車輪と左車輪を同じ速度で回転させます。右車輪だけを動かせば左側に曲がり、左車輪だけなら右側に曲がります。

図　2個のモーターでリモコンカーの各種動きを実現する
左右の車輪を独立して動かすことで、前進や後退、左右の旋回などの動きを作り出せる。

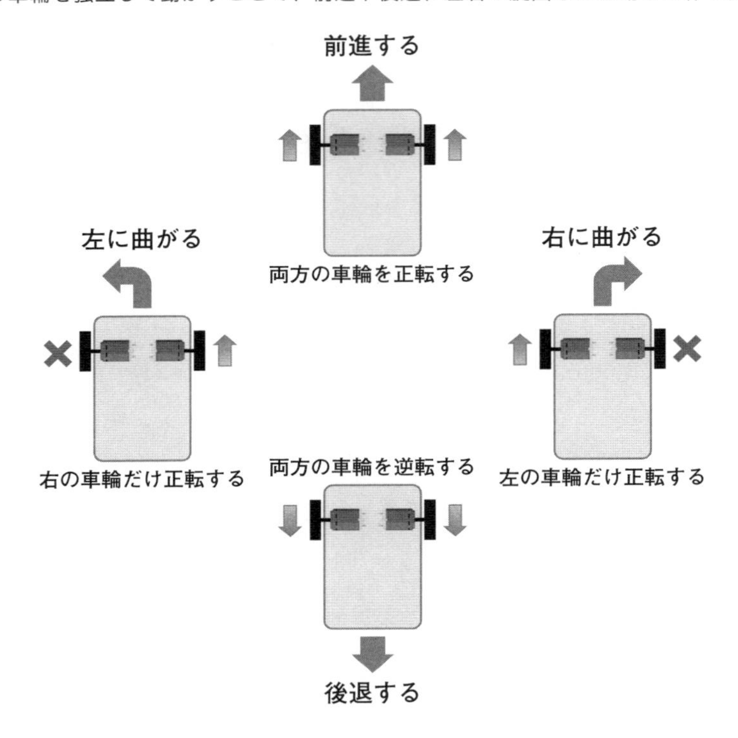

リモコンカーは下図のような動作の流れで制御します。まず、ESP32が起動すると、Bluetoothのペアリングの待ち受け状態になります。制御するPCなどでESP32とペアリングします。これで、Bluetoothを介したデータの待ち受け状態となります。

PCからデータを送ると、その内容を確認してDCモーターを制御します。このプログラムでは「F」を受信すると前進、「B」では後退、「S」では停止、「R」では右旋回、「L」では左旋回するようになっています。これ以外のデータを受け取った場合は無視します。これを繰り返すことで、自由に制御を実現しています。

図　リモコンカーの動作の流れ

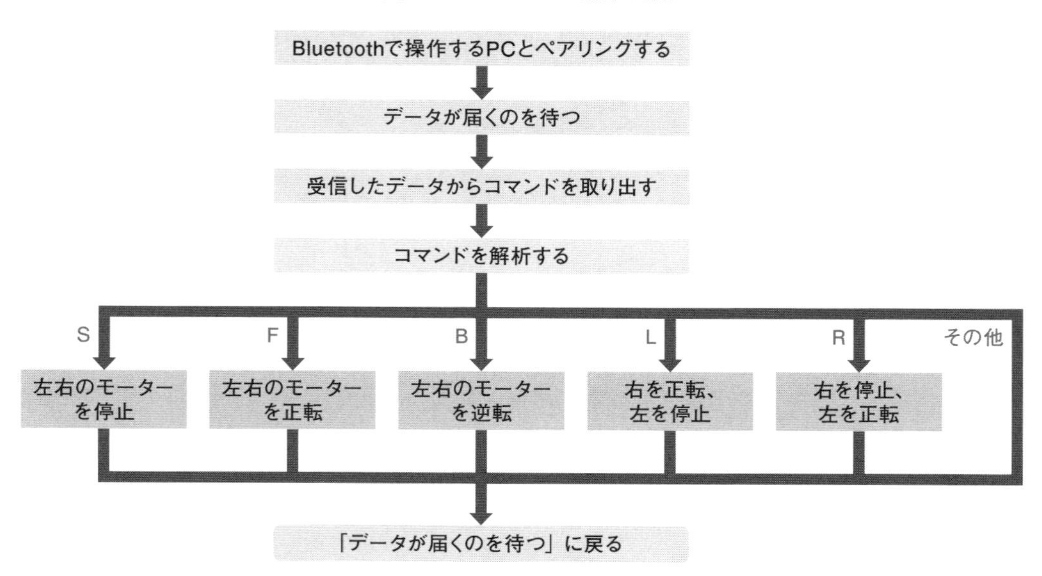

ここまで見た通り、このリモコンカーの制御では、「DCモーターの制御」と「Bluetoothを使った通信」という二つの技術要素を組み合わせることがポイントとなります。それぞれ本書の以下のページで説明しているので、ちょっと理解不足だなと思ったら、リモコンカーを作り始める前におさらいしておきましょう。

◉モータードライバーを利用したDCモーターの制御：第6章のNo.6

◉Bluetooth機能を使った通信：第7章の7-2

■リモコンカーを組み立てる

リモコンカーで利用する部品は以下の通りです[*4]。

◉ツインモーターギヤボックス×1（秋：109099、千：4A3F-KNLF、タ：70097）

◉モータードライバー×1（秋：109848）

◉電池ボックス単3×3（秋：102667）

◉電池ボックス単3×2（秋：110196）

◉ブレッドボード（30列）×1（秋：105294）

◉ボールキャスター×1（秋：110372、千：7AMV-AAKF、タ：70144）

[*4]「千:」は千石電商、「タ:」はタミヤショップオンラインの管理コードを示します。秋月電子通商や千石電商など、在庫のあるショップを探してください。

◉スリムタイヤセット×1（秋：109500、千：EEHD-04BL、タ：70193）
◉ユニバーサルプレート×1（秋：109100、千：7ATI-5UKR、タ：70157）

きょう体は、タミヤのユニバーサルプレートとスリムタイヤ、ボールキャスターで製作しました。もちろんベニヤ板や3Dプリンターなどを使って独自に製作しても構いません。

ここでは、車体の前側にツインモーターギヤボックスとスリムタイヤを取り付けて駆動させます。車体の後ろ側下部には全方向に動かせるボールキャスターを取り付けて後輪の代わりとしています。

ESP32と各電子パーツは、**下図**のように接続します。ユニバーサルプレートの空きスペースが少ないため、ここでは短いタイプ（30列）のブレッドボードを使っています。4-1で説明したとおり、ブレッドボード一つではESP32の片方の端子しか使えなくなるので注意しましょう。ESP32は、単4電池3本（4.5V）で駆動します。これとは別に、単3電池2本をDCモーター駆動用に用意します。

なお、もし図の通り配線したのにモーターの回転が逆転してしまう場合は、モーターの配線を逆にすると（赤い線と黒い線を差し込む箇所を入れ替える）正転するようになります。

図　リモコンカーの接続図

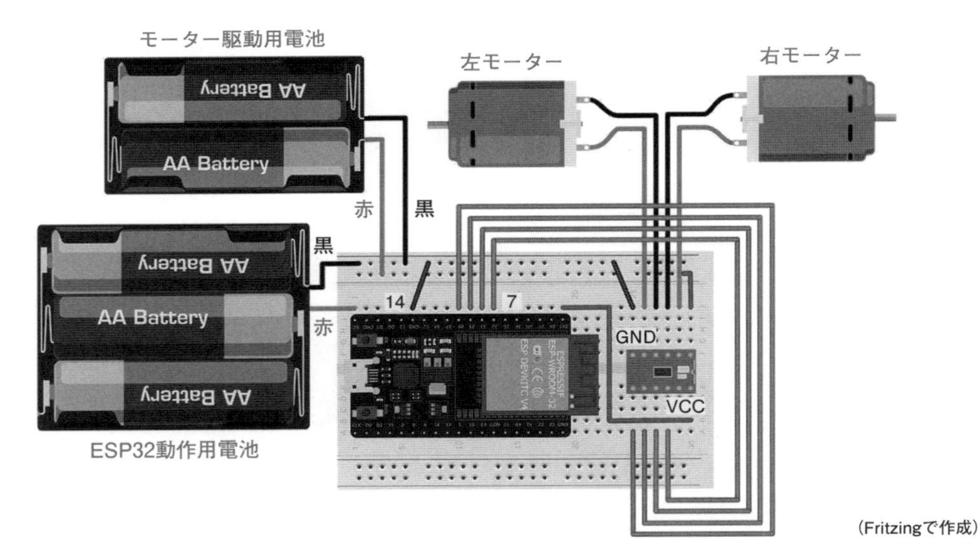

（Fritzingで作成）

ESP32と電子パーツの配線が終わり、リモコンカー本体が組み上がったら、以下に示すリモコンカーを制御するためのプログラム「bt-car.ino」を作ります。

bt-car.ino

```
#include "BluetoothSerial.h"

const char BT_NAME[] = "ESP32_BT"; ── Bluetoothの名前

const int R1_PIN = 32; ─┐
const int R2_PIN = 33;  ├ モータードライバーを接続したGPIOの番号
const int L1_PIN = 25;  │
const int L2_PIN = 26; ─┘

BluetoothSerial BT;

void setup() {
    BT.begin( BT_NAME );

    pinMode ( R1_PIN, OUTPUT ); ─┐
    pinMode ( R2_PIN, OUTPUT );  ├ モーター制御用のGPIOを出力モードにする
    pinMode ( L1_PIN, OUTPUT );  │
    pinMode ( L2_PIN, OUTPUT ); ─┘

    digitalWrite( R1_PIN, LOW ); ─┐
    digitalWrite( R2_PIN, LOW );  ├ 各GPIOをLowにする
    digitalWrite( L1_PIN, LOW );  │
    digitalWrite( L2_PIN, LOW ); ─┘
}

void loop() {
    if ( BT.available() ) {
        char data = BT.read(); ── Bluetoothで受信したデータを1文字取り出す

        if ( data == 'S' ) { ─────────────┐
            digitalWrite( R1_PIN, LOW );  │
            digitalWrite( R2_PIN, LOW );  ├ コマンドが「S」の場合は、左右の
            digitalWrite( L1_PIN, LOW );  │ DCモーターを停止する
            digitalWrite( L2_PIN, LOW );  │
            BT.println("STOP"); ──────────┘
        } else if ( data == 'F') { ───────┐
            digitalWrite( R1_PIN, HIGH ); │
            digitalWrite( R2_PIN, LOW );  ├ コマンドが「F」の場合は、左右の
            digitalWrite( L1_PIN, HIGH ); │ DCモーターを正転する
            digitalWrite( L2_PIN, LOW );  │
            BT.println("FORWARD"); ───────┘
        } else if ( data == 'B') { ───────┐
            digitalWrite( R1_PIN, LOW );  │
            digitalWrite( R2_PIN, HIGH ); ├ コマンドが「B」の場合は、左右の
            digitalWrite( L1_PIN, LOW );  │ DCモーターを逆転する
            digitalWrite( L2_PIN, HIGH ); │
            BT.println("REVERSE"); ───────┘
```

次ページに続く

```
        } else if ( data == 'L') {
            digitalWrite( R1_PIN, HIGH );
            digitalWrite( R2_PIN, LOW );
            digitalWrite( L1_PIN, LOW );
            digitalWrite( L2_PIN, LOW );
            BT.println("LEFT");
        } else if ( data == 'R') {
            digitalWrite( R1_PIN, LOW );
            digitalWrite( R2_PIN, LOW );
            digitalWrite( L1_PIN, HIGH );
            digitalWrite( L2_PIN, LOW );
            BT.println("RIGHT");
        }
    }
    delay( 10 );
}
```

コマンドが「L」の場合は、右のDCモーターを正転し、左を停止する

コマンドが「R」の場合は、左のDCモーターを正転し、右を停止する

プログラムではBluetoothで通信できるよう、BluetoothSerialライブラリを読み込み、ペアリングできるようにします。Bluetoothの名前は「BT_NAME」で指定します。

R1_PIN、R2_PIN、L1_PIN、L2_PINには、モータードライバーに接続したGPIO番号を指定しておきます。また、pinMode()で接続したGPIOをデジタル出力モードにしておきます。起動直後にリモコンカーが動いてしまわないようすべてのGPIOをLowにして、モーターを動かさないようにしておきます。

Bluetoothでペアリングしたあと、受け取ったデータによってモーターの動作を決めます。「S」を受け取ったらすべてのGPIOをLowにしてモーターを停止します。「F」の場合は、R1とL1をHighにして左右のモーターを正転させます。これでリモコンカーは前に進みます。「B」の場合は、R2とL2をHighにして左右のモーターを逆転させます。これでリモコンカーは後退させます。「R」と「L」は一方のモーターのみを正転させます。これでリモコンカーは右または左に旋回します。このほかのデータの場合は無視して、次のデータの受信まで待機します。これを繰り返すことで、リモコンカーをPCなどから自由に制御できます。

プログラムをESP32に転送し、Bluetoothのペアリングをします。次に、7-2で説明したように、Arduino IDEのポートの接続をBluetoothのポートに切り替え、シリアルモニタを表示します。これでシリアルモニタの「メッセージ」欄に「F⏎」や「R⏎」などの制御コマンドを入力することで、リモコンカーを制御できます（⏎は［Enter］キーを押す）。

制御用プログラムを使ってリモコンカーを制御する

前述したように、シリアルモニタで制御コマンドを入力してもリモコンカーを制御できますが、

直感的に制御するには向きません。そこで、制御用のプログラムを用意し、Bluetoothを介してリモコンカーを動かしてみましょう。

本書では、プログラムをPythonで作成してみます。Pythonでのプログラムを実行するには、Pythonのダウンロードページ（https://www.python.org/downloads/）からインストーラーをダウンロードしておきます（**下図**）。Windowsの場合、ダウンロードしたファイルをダブルクリックするなどして実行するとインストーラーが起動するので、画面の指示に従ってインストールを進めてください。

図　Pythonを入手する（Windowsの場合）

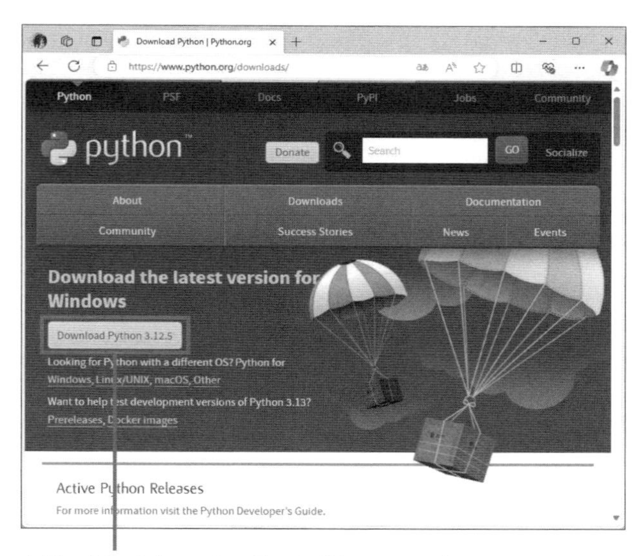

クリックしてインストーラーをダウンロードする

コントローラーのプログラム「controller.py」を以下に示します。このプログラムでは、コントロール用のボタンを配置したウインドウを開き、ボタンを押すことで制御できるようにしてます。

ソース　リモコンカーの制御ができるPythonで動作するプログラム

controller.py

```
import tkinter as tk
from tkinter import ttk
import serial
import serial.tools.list_ports

class SerialConnection:
    def __init__(self):
```

次ページに続く

```
        self.serial_port = None

    def connect(self, port):
        try:
            self.serial_port = serial.Serial(port, 9600, timeout=1)
            print(f"Connected to {port}")
        except Exception as e:
            print(f"Failed to connect to {port}: {e}")

    def disconnect(self):
        if self.serial_port and self.serial_port.is_open:
            self.serial_port.close()
            print("Serial connection closed.")

    def send_command(self, command):
        if self.serial_port and self.serial_port.is_open:
            self.serial_port.write(command.encode())
            print(f"Sent: {command}")
        else:
            print("No active serial connection.")

class CarControlApp:
    def __init__(self, root):
        self.root = root
        self.root.title("リモコンカー　コントローラー")

        self.serial_connection = SerialConnection()

        self.port_label = tk.Label(root, text="Bluetoothの制御ポートの選択")
        self.port_label.grid(row=0, column=1, pady=10)

        self.port_combobox = ttk.Combobox(root, state="readonly")
        self.port_combobox["values"] = self.get_serial_ports()
        self.port_combobox.grid(row=1, column=1, pady=10)

        self.forward_button = tk.Button(root, text="前進", command=lambda: ➡
self.send_command("F"))
        self.forward_button.grid(row=2, column=1, pady=10)

        self.left_button = tk.Button(root, text="左旋回", command=lambda: se➡
lf.send_command("L"))
        self.left_button.grid(row=3, column=0, padx=10)

        self.stop_button = tk.Button(root, text="停止", command=lambda: self➡
.send_command("S"))
        self.stop_button.grid(row=3, column=1, pady=10)

        self.right_button = tk.Button(root, text="右旋回", command=lambda: s➡
elf.send_command("R"))
```

Bluetoothのシリアル通信に関するクラス

制御用のウインドウを作成し、制御ボタンを配置するクラス

次ページに続く

```
        self.right_button.grid(row=3, column=2, padx=10)

        self.reverse_button = tk.Button(root, text="後退", command=lambda: self↩
.send_command("B"))
        self.reverse_button.grid(row=4, column=1, pady=10)

    def get_serial_ports(self):
        ports = serial.tools.list_ports.comports()
        return [port.device for port in ports]

    def send_command(self, command):
        selected_port = self.port_combobox.get()
        if selected_port:
            if not self.serial_connection.serial_port or not self.serial_connectio↩
n.serial_port.is_open:
                self.serial_connection.connect(selected_port)
            self.serial_connection.send_command(command)
        else:
            print("No COM port selected.")

if __name__ == "__main__":
    root = tk.Tk()
    app = CarControlApp(root)
    root.mainloop()
```


プログラムを用意したらPythonで実行します。Windowsの場合は、プログラムのファイル上で右クリックし「プログラムから開く」-「Python 3.12」を選択します。すると、**下図**のようなウインドウが表示されます。画面上部のプルダウンメニューで、Bluetoothの通信に利用するシリアルポートを選択します。これで、各ボタンをクリックすることで、リモコンカーが連動して動作します。

図　リモコンカー制御用のプログラムを実行

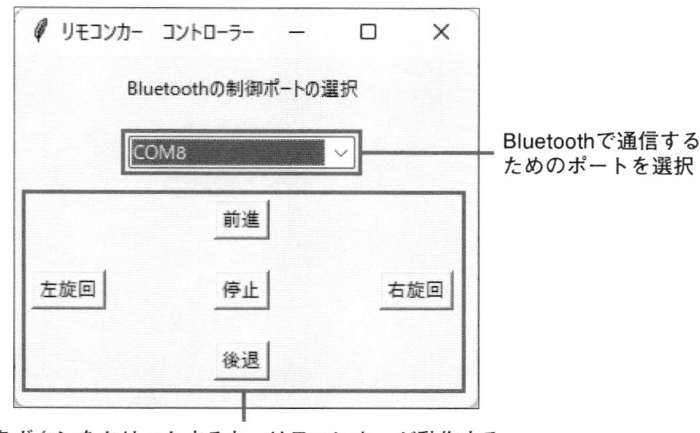

索引

い

え

お

か

き

く

け

こ

さ

し

れ

ろ

本書で利用した動作環境

本書で紹介しているアプリケーションやプログラムは、2024年9月上旬時点で最新のWindows 11環境で動作を検証しています。Windows 11の将来版や今後リリースされる新しいWindowsでは一部うまく動作しない場合があります。

訂正・補足情報について

本書のサポートサイト「https://nkbp.jp/esp32」に掲載しています。

Arduino IDEで作る!
ESP32完全ガイド

2024年10月21日　第1版第1刷発行

著　　者	福田 和宏
発 行 者	浅野 祐一
編　　集	加藤 慶信
発　　行	株式会社日経BP
発　　売	株式会社日経BPマーケティング 〒105-8308　東京都港区虎ノ門4-3-12
装　　丁	株式会社tobufune（小口 翔平＋後藤 司）
制　　作	JMCインターナショナル
印刷・製本	TOPPANクロレ株式会社

ISBN　978-4-296-20574-5